线性代数辅导

主编 沈亦一 田 原

编者 李 娜 陈晓龙 梁亦孔

谢秋玲 熊邦松 胡远波

東華大學出版社

内 容 提 要

本书为《线性代数》(田原、沈亦一主编,东华大学出版社)的配套教学辅导用书,包含了配套教材中各章习题的详细解答。全书共七章,内容包括行列式、矩阵、向量组的线性相关性、线性方程组、矩阵的相似对角化、二次型、线性空间和线性变换。每章分为七个部分:基本要求、内容提要、重点难点、常见错误、典型例题、习题详解和补充习题(附解答和提示)。

本书内容详实,叙述精练,概括了各章的知识点,明确了教学要求,指出了重点、难点以及学习过程中常见的错误,拓宽了例题和习题的深度和广度。本书可供高等工科院校师生使用,也可供考研的学生参考。

图书在版编目(CIP)数据

线性代数辅导 / 沈亦一,田原主编. —上海:东华大学出版社,2013.7

ISBN 978-7-5669-0326-6

Ⅰ.①线… Ⅱ.①沈… ②田… Ⅲ.①线性代数—高等学校—教学参考资料 Ⅳ.①O151.2

中国版本图书馆 CIP 数据核字(2013)第 167058 号

责任编辑:杜亚玲
文字编辑:库东方
封面设计:潘志远

线性代数辅导

主编 沈亦一 田 原

出　　版:东华大学出版社(上海市延安西路 1882 号,200051)
出版社网址:http://www.dhupress.net
天猫旗舰店:http://dhdx.tmall.com
营 销 中 心:021-62193056 62373056 62379558
印　　刷:苏州望电印刷有限公司
开　　本:710 mm×1 000 mm 1/16
印　　张:13
字　　数:270 千字
版　　次:2013 年 7 月第 1 版
印　　次:2013 年 7 月第 1 次印刷
书　　号:ISBN 978-7-5669-0326-6/O·018
定　　价:27.00 元

前　言

本书为《线性代数》(田原、沈亦一主编,东华大学出版社)的配套教学辅导用书,包含了配套教材中各章习题的详细解答。本书的章节次序与教材一致,内容包括行列式、矩阵、向量组的线性相关性、线性方程组、矩阵的相似对角化、二次型、线性空间和线性变换。每章分为七个部分:基本要求、内容提要、重点难点、常见错误、典型例题、习题详解和补充习题(附解答和提示)。

基本要求部分以教育部颁布的《高等学校工科各专业线性代数课程基本要求》为依据,明确了对各个章节的教学要求;内容提要部分概括了各章的知识点,包括定义、性质、定理以及重要的结论,便于读者对每一章的知识进行梳理、归纳和复习;重点难点部分进一步明确了学习的方向和策略,便于读者对可能遇到的困难有所准备;常见错误部分依据编者多年的教学经验,指出了学生在学习过程中容易出现的错误,分析了错误产生的原因,不仅给出正确的方法,而且就如何避免出现类似错误给出了建议;典型例题部分进一步拓宽了教材例题的广度和深度,题型更加丰富,分析更加详细透彻,一题多解开阔了读者的思路,有助于培养分析问题、解决问题的能力和灵活性;习题详解部分给出了配套教材中所有习题详尽的解答,方便读者自学,使读者不仅知道每道习题的正确答案,而且能够了解正确的解题过程和方法;补充习题部分包括了选择题、填空题和是非判断题,可供读者对每一章的学习进行自查。本书内容详实,叙述精练,可供高等工科院校作为教学辅导用书。例题和习题中也大量吸收了历年考研的真题,所以本书对考研学生也有很好的参考价值。

本书由沈亦一、田原主编，第一章至第七章分别由熊邦松、胡远波、田原、谢秋玲、梁亦孔、李娜和陈晓龙执笔撰写。

本书作为上海工程技术大学“建设与培养高素质应用型人才相适应的基础学科基地”学科建设项目之一，得到了学校和基础教学学院的大力支持。本书在编写过程中，得到了数学教学部全体教师的关心和支持，在此一并表示感谢！

由于编者的水平和能力有限，书中错误难免，敬请同行和读者批评和指正。

编者

2013 年 7 月

目　　录

第一章 行 列 式

一、基 本 要 求

1. 熟练掌握对角线法则计算二阶、三阶行列式.
2. 了解 n 阶行列式的定义,知道代数余子式与行列式的关系.
3. 掌握行列式的性质,会用行列式的性质计算行列式.
4. 会用克拉默法则求解线性方程组.

二、内 容 提 要

1. 二阶行列式

(1) 定义 $\begin{vmatrix} a_{11} & a_{12} \\ a_{21} & a_{22} \end{vmatrix} = a_{11}a_{22} - a_{12}a_{21}.$

(2) 计算(对角线法则) 沿实线的主对角线两数乘积减去沿虚线的副对角线两数乘积. 如下图所示:

$$\begin{vmatrix} a_{11} & a_{12} \\ a_{21} & a_{22} \end{vmatrix}$$

2. 三阶行列式

(1) 定义

$$\begin{vmatrix} a_{11} & a_{12} & a_{13} \\ a_{21} & a_{22} & a_{23} \\ a_{31} & a_{32} & a_{33} \end{vmatrix} = a_{11}a_{22}a_{33} + a_{12}a_{23}a_{31} + a_{13}a_{21}a_{32} - a_{11}a_{23}a_{32} - a_{12}a_{21}a_{33} - a_{13}a_{22}a_{31}.$$

(2) 计算(对角线法则) 三阶行列式含有 6 项,每项为取自不同行、不同列的

3 个元素的乘积，沿实线的乘积项带正号，沿虚线的乘积项带负号. 如下图所示：

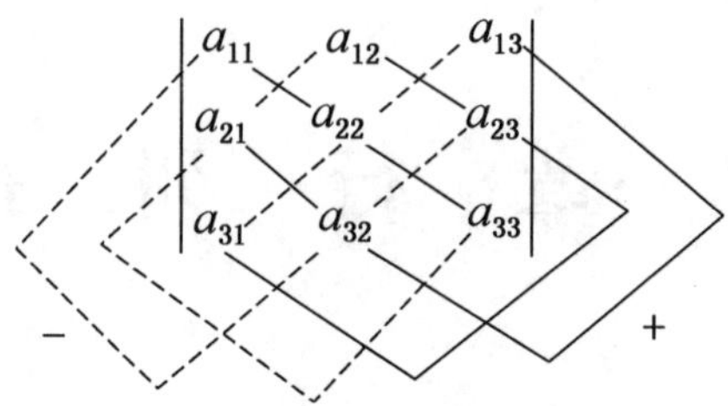

3. n 阶行列式

$$D=\begin{vmatrix} a_{11} & a_{12} & \cdots & a_{1n} \\ a_{21} & a_{22} & \cdots & a_{2n} \\ \vdots & \vdots & & \vdots \\ a_{n1} & a_{n2} & \cdots & a_{nn} \end{vmatrix}$$

$$=a_{i1}A_{i1}+a_{i2}A_{i2}+\cdots+a_{in}A_{in}=\sum_{j=1}^{n}a_{ij}A_{ij}\,(i=1,2,\cdots,n)$$

$$=a_{1j}A_{1j}+a_{2j}A_{2j}+\cdots+a_{nj}A_{nj}=\sum_{i=1}^{n}a_{ij}A_{ij}\,(j=1,2,\cdots,n),$$

其中 A_{ij} 是元素 a_{ij} 的代数余子式. 上述两式分别是 n 阶行列式 D 按第 i 行和第 j 列的展开式.

4. 几个特殊行列式

(1) 上三角行列式 $D=\begin{vmatrix} a_{11} & a_{12} & \cdots & a_{1n} \\ 0 & a_{22} & \cdots & a_{2n} \\ \vdots & \vdots & & \vdots \\ 0 & 0 & \cdots & a_{nn} \end{vmatrix}=a_{11}a_{22}\cdots a_{nn}$；

(2) 下三角行列式 $D=\begin{vmatrix} a_{11} & 0 & \cdots & 0 \\ a_{21} & a_{22} & \cdots & 0 \\ \vdots & \vdots & & \vdots \\ a_{n1} & a_{n2} & \cdots & a_{nn} \end{vmatrix}=a_{11}a_{22}\cdots a_{nn}$；

(3) 对角行列式 $D=\begin{vmatrix} a_{11} & & & \\ & a_{22} & & \\ & & \ddots & \\ & & & a_{nn} \end{vmatrix}=a_{11}a_{22}\cdots a_{nn}$.

5. 转置行列式

将行列式 D 的行与列互换得到的行列式称为 D 的转置行列式，记作 D^{T} 或 D'.

$$D=\begin{vmatrix} a_{11} & a_{12} & \cdots & a_{1n} \\ a_{21} & a_{22} & \cdots & a_{2n} \\ \vdots & \vdots & & \vdots \\ a_{n1} & a_{n2} & \cdots & a_{nn} \end{vmatrix}, \quad D^{\mathrm{T}}=\begin{vmatrix} a_{11} & a_{21} & \cdots & a_{n1} \\ a_{12} & a_{22} & \cdots & a_{n2} \\ \vdots & \vdots & & \vdots \\ a_{1n} & a_{2n} & \cdots & a_{nn} \end{vmatrix}.$$

6. 行列式的性质

(1) 性质 1　行列式与它的转置行列式相等，即 $D=D^{\mathrm{T}}$.

(2) 性质 2　互换行列式的两行(列)，行列式变号.

推论 1　如果行列式有两行(列)完全相同，则此行列式等于零.

推论 2　行列式某一行(列)的元素与另一行(列)的对应元素的代数余子式乘积之和等于零. 即

$$a_{i1}A_{j1}+a_{i2}A_{j2}+\cdots+a_{in}A_{jn}=0 \quad (i\neq j),$$

或

$$a_{1i}A_{1j}+a_{2i}A_{2j}+\cdots+a_{ni}A_{nj}=0 \quad (i\neq j).$$

令　$\delta_{ij}=\begin{cases}1 & i=j \\ 0 & i\neq j\end{cases}$，则有

$$a_{i1}A_{j1}+a_{i2}A_{j2}+\cdots+a_{in}A_{jn}=D\delta_{ij}=\begin{cases}D, & i=j; \\ 0, & i\neq j.\end{cases}$$

$$a_{1i}A_{1j}+a_{2i}A_{2j}+\cdots+a_{ni}A_{nj}=D\delta_{ij}=\begin{cases}D, & i=j; \\ 0, & i\neq j.\end{cases}$$

(3) 性质 3　行列式中某一行(列)的所有元素的公因子可以提到行列式记号的外面.

推论 1　行列式的某一行(列)所有的元素都乘以同一数 k，等于用数 k 乘此行列式.

推论 2　行列式的某一行(列)所有的元素全为零，则行列式等于零.

(4) 性质 4　行列式中如果有两行(列)元素成比例，则此行列式等于零.

(5) 性质 5　行列式的某一行(列)的元素都是两数之和，则行列式等于两个行列式之和.

$$\begin{vmatrix} a_{11} & a_{12} & \cdots & a_{1n} \\ \vdots & \vdots & & \vdots \\ b_{i1}+c_{i1} & b_{i2}+c_{i2} & \cdots & b_{in}+c_{in} \\ \vdots & \vdots & & \vdots \\ a_{n1} & a_{n2} & \cdots & a_{nn} \end{vmatrix} = \begin{vmatrix} a_{11} & a_{12} & \cdots & a_{1n} \\ \vdots & \vdots & & \vdots \\ b_{i1} & b_{i2} & \cdots & b_{in} \\ \vdots & \vdots & & \vdots \\ a_{n1} & a_{n2} & \cdots & a_{nn} \end{vmatrix} + \begin{vmatrix} a_{11} & a_{12} & \cdots & a_{1n} \\ \vdots & \vdots & & \vdots \\ c_{i1} & c_{i2} & \cdots & c_{in} \\ \vdots & \vdots & & \vdots \\ a_{n1} & a_{n2} & \cdots & a_{nn} \end{vmatrix}.$$

(6) 性质 6　把行列式的某一行(列)的各元素乘以同一数,然后加到另一行(列)对应的元素上去,行列式值不变.

7. 范德蒙德(Vandermonde)行列式

$$V_n = \begin{vmatrix} 1 & 1 & \cdots & 1 \\ x_1 & x_2 & \cdots & x_n \\ x_1^2 & x_2^2 & \cdots & x_n^2 \\ \vdots & \vdots & & \vdots \\ x_1^{n-1} & x_2^{n-1} & \cdots & x_n^{n-1} \end{vmatrix}$$
$$= (x_2-x_1)(x_3-x_1)\cdots(x_n-x_1)(x_3-x_2)\cdots(x_n-x_2)\cdots(x_n-x_{n-1})$$
$$= \prod_{n\geqslant i>j\geqslant 1}(x_i-x_j).$$

范德蒙德行列式 $V_n \neq 0$ 的充分必要条件是 $x_1, x_2, \cdots, x_n$ 互不相等,而 $V_n = 0$ 的充分必要条件是 $x_1, x_2, \cdots, x_n$ 中至少有两个数相等.

8. 常用行列式计算方法

(1) 根据定义将行列式按某行或某列展开以降低阶数.

(2) 利用性质将行列式化为上(下)三角行列式.

(3) 拆分法:利用行列式的性质 5 将行列式拆分为两个或多个行列式之和.

(4) 加边法:将行列式加一行一列,变成高一阶行列式后再计算.

(5) 递推法:根据行列式特点找出 n 阶行列式 D_n 与相应低阶行列式 $D_{n-1}, D_{n-2}, \cdots, D_1$ 间的递推关系,有时也可以用数学归纳法.

(6) 利用范德蒙德行列式的结论计算某些特殊的行列式.

9. 克拉默法则

对 n 元线性方程组

$$\begin{cases} a_{11}x_1 + a_{12}x_2 + \cdots + a_{1n}x_n = b_1, \\ a_{21}x_1 + a_{22}x_2 + \cdots + a_{2n}x_n = b_2, \\ \cdots \\ a_{n1}x_1 + a_{n2}x_2 + \cdots + a_{nn}x_n = b_n. \end{cases}$$

当其系数行列式 $D\neq 0$ 时,方程组有唯一解

$$x_1=\frac{D_1}{D},\ x_2=\frac{D_2}{D},\ \cdots,\ x_n=\frac{D_n}{D},$$

其中 $D_k(k=1,2,\cdots,n)$ 是用方程组等号右边的常数项 $b_1,b_2,\cdots,b_n$ 替换系数行列式 D 中的第 k 列所得的 n 阶行列式.

若常数项 $b_1,b_2,\cdots,b_n$ 全为零,则齐次线性方程组有非零解的充要条件是它的系数行列式 $D=0$.

三、重 点 难 点

本章重点　行列式的定义与性质,利用行列式的性质计算行列式.

本章难点　行列式按行(列)展开,一些特殊行列式的计算.

四、常 见 错 误

错误 1　互换两行(列),行列式相等.

分析　互换行列式两行(列),行列式应反号.

错误 2　$\begin{vmatrix} ka_{11} & ka_{12} & \cdots & ka_{1n} \\ ka_{21} & ka_{22} & \cdots & ka_{2n} \\ \vdots & \vdots & & \vdots \\ ka_{n1} & ka_{n2} & \cdots & ka_{nn} \end{vmatrix}=k\begin{vmatrix} a_{11} & a_{12} & \cdots & a_{1n} \\ a_{21} & a_{22} & \cdots & a_{2n} \\ \vdots & \vdots & & \vdots \\ a_{n1} & a_{n2} & \cdots & a_{nn} \end{vmatrix}$.

分析　若 n 阶行列式的所有元素都有公因式 k,则每一行都可以提出公因式 k. 故

$$\begin{vmatrix} ka_{11} & ka_{12} & \cdots & ka_{1n} \\ ka_{21} & ka_{22} & \cdots & ka_{2n} \\ \vdots & \vdots & & \vdots \\ ka_{n1} & ka_{n2} & \cdots & ka_{nn} \end{vmatrix}=k^n\begin{vmatrix} a_{11} & a_{12} & \cdots & a_{1n} \\ a_{21} & a_{22} & \cdots & a_{2n} \\ \vdots & \vdots & & \vdots \\ a_{n1} & a_{n2} & \cdots & a_{nn} \end{vmatrix}.$$

错误 3　$\begin{vmatrix} a_{11}+b_{11} & a_{12}+b_{12} & \cdots & a_{1n}+b_{1n} \\ a_{21}+b_{21} & a_{22}+b_{22} & \cdots & a_{2n}+b_{2n} \\ \vdots & \vdots & & \vdots \\ a_{n1}+b_{n1} & a_{n2}+b_{n2} & \cdots & a_{nn}+b_{nn} \end{vmatrix}$

$$=\begin{vmatrix} a_{11} & a_{12} & \cdots & a_{1n} \\ a_{21} & a_{22} & \cdots & a_{2n} \\ \vdots & \vdots & & \vdots \\ a_{n1} & a_{n2} & \cdots & a_{nn} \end{vmatrix}+\begin{vmatrix} b_{11} & b_{12} & \cdots & b_{1n} \\ b_{21} & b_{22} & \cdots & b_{2n} \\ \vdots & \vdots & & \vdots \\ b_{n1} & b_{n2} & \cdots & b_{nn} \end{vmatrix}.$$

分析 若行列式的每一行(列)的元素都是两数之和,则对于每一行(列)元素的分拆将每个行列式化为两个行列式之和.

$$\begin{vmatrix} a_{11}+b_{11} & a_{12}+b_{12} & \cdots & a_{1n}+b_{1n} \\ a_{21}+b_{21} & a_{22}+b_{22} & \cdots & a_{2n}+b_{2n} \\ \vdots & \vdots & & \vdots \\ a_{n1}+b_{n1} & a_{n2}+b_{n2} & \cdots & a_{nn}+b_{nn} \end{vmatrix}$$

$$=\begin{vmatrix} a_{11} & a_{12} & \cdots & a_{1n} \\ a_{21}+b_{21} & a_{22}+b_{22} & \cdots & a_{2n}+b_{2n} \\ \vdots & \vdots & & \vdots \\ a_{n1}+b_{n1} & a_{n2}+b_{n2} & \cdots & a_{nn}+b_{nn} \end{vmatrix}+\begin{vmatrix} b_{11} & b_{12} & \cdots & b_{1n} \\ a_{21}+b_{21} & a_{22}+b_{22} & \cdots & a_{2n}+b_{2n} \\ \vdots & \vdots & & \vdots \\ a_{n1}+b_{n1} & a_{n2}+b_{n2} & \cdots & a_{nn}+b_{nn} \end{vmatrix}$$

$$=\begin{vmatrix} a_{11} & a_{12} & \cdots & a_{1n} \\ a_{21} & a_{22} & \cdots & a_{2n} \\ \vdots & \vdots & & \vdots \\ a_{n1}+b_{n1} & a_{n2}+b_{n2} & \cdots & a_{nn}+b_{nn} \end{vmatrix}+\begin{vmatrix} a_{11} & a_{12} & \cdots & a_{1n} \\ b_{21} & b_{22} & \cdots & b_{2n} \\ \vdots & \vdots & & \vdots \\ a_{n1}+b_{n1} & a_{n2}+b_{n2} & \cdots & a_{nn}+b_{nn} \end{vmatrix}$$

$$+\begin{vmatrix} b_{11} & b_{12} & \cdots & b_{1n} \\ a_{21} & a_{22} & \cdots & a_{2n} \\ \vdots & \vdots & & \vdots \\ a_{n1}+b_{n1} & a_{n2}+b_{n2} & \cdots & a_{nn}+b_{nn} \end{vmatrix}+\begin{vmatrix} b_{11} & b_{12} & \cdots & b_{1n} \\ b_{21} & b_{22} & \cdots & b_{2n} \\ \vdots & \vdots & & \vdots \\ a_{n1}+b_{n1} & a_{n2}+b_{n2} & \cdots & a_{nn}+b_{nn} \end{vmatrix}.$$

重复上述步骤,最终将原行列式拆分成 2^n 个行列式之和,由此可见错误 3 中只写出了其中的 2 个行列式.

五、典 型 例 题

【例 1】 计算行列式 $D=\begin{vmatrix} 1 & 1 & 1 & 0 \\ 1 & 1 & 0 & 1 \\ 1 & 0 & 1 & 1 \\ 0 & 1 & 1 & 1 \end{vmatrix}$.

解一 $D \xlongequal[r_3-r_1]{r_2-r_1} \begin{vmatrix} 1 & 1 & 1 & 0 \\ 0 & 0 & -1 & 1 \\ 0 & -1 & 0 & 1 \\ 0 & 1 & 1 & 1 \end{vmatrix} \xlongequal{r_2 \leftrightarrow r_3} -\begin{vmatrix} 1 & 1 & 1 & 0 \\ 0 & -1 & 0 & 1 \\ 0 & 0 & -1 & 1 \\ 0 & 1 & 1 & 1 \end{vmatrix}$

$\xlongequal[r_4+r_3]{r_4+r_2} -\begin{vmatrix} 1 & 1 & 1 & 0 \\ 0 & -1 & 0 & 1 \\ 0 & 0 & -1 & 1 \\ 0 & 0 & 0 & 3 \end{vmatrix} = -3.$

解二 由于行列式每行之和相等，将行列式的后三列都加到第一列，再提取第一列的公因数：

$$D = \begin{vmatrix} 3 & 1 & 1 & 0 \\ 3 & 1 & 0 & 1 \\ 3 & 0 & 1 & 1 \\ 3 & 1 & 1 & 1 \end{vmatrix} = 3\begin{vmatrix} 1 & 1 & 1 & 0 \\ 1 & 1 & 0 & 1 \\ 1 & 0 & 1 & 1 \\ 1 & 1 & 1 & 1 \end{vmatrix} \xlongequal[\substack{c_3-c_1 \\ c_4-c_1}]{c_2-c_1} 3\begin{vmatrix} 1 & 0 & 0 & -1 \\ 1 & 0 & -1 & 0 \\ 1 & -1 & 0 & 0 \\ 1 & 0 & 0 & 0 \end{vmatrix},$$

按第 4 行展开，$D = 3 \times (-1)^{4+1}\begin{vmatrix} 0 & 0 & -1 \\ 0 & -1 & 0 \\ -1 & 0 & 0 \end{vmatrix} = -3.$

【例 2】 计算行列式 $D = \begin{vmatrix} 3 & 1 & -1 & 2 \\ -5 & 1 & 3 & -4 \\ 2 & 0 & 1 & -1 \\ 1 & -5 & 3 & -3 \end{vmatrix}.$

分析 此题为一般数字行列式，可以选择零最多的某一行(列)，利用行列式的性质将该行(列)元素化为只有一个元素不为零，然后展开行列式，化成一个降阶行列式计算.

解 $D \xlongequal[c_3+c_4]{c_1+2c_4} \begin{vmatrix} 7 & 1 & 1 & 2 \\ -13 & 1 & -1 & -4 \\ 0 & 0 & 0 & -1 \\ -5 & -5 & 0 & -3 \end{vmatrix}$

$= (-1) \times (-1)^{3+4}\begin{vmatrix} 7 & 1 & 1 \\ -13 & 1 & -1 \\ -5 & -5 & 0 \end{vmatrix}$

$\xlongequal{r_2+r_1} \begin{vmatrix} 7 & 1 & 1 \\ -6 & 2 & 0 \\ -5 & -5 & 0 \end{vmatrix} = (-1)^{1+3}\begin{vmatrix} -6 & 2 \\ -5 & -5 \end{vmatrix} = 40.$

【例 3】 计算行列式 $D=\begin{vmatrix} a & b & c+d & 1 \\ b & c & d+a & 1 \\ c & d & a+b & 1 \\ d & a & b+c & 1 \end{vmatrix}$.

解 注意到前三列的每行元素之和相等，于是将行列式的第二列和第三列都加到第一列上，又所得行列式的第一列与第四列对应元素成比例，即

$$D\xlongequal[c_1+c_3]{c_1+c_2}\begin{vmatrix} a+b+c+d & b & c+d & 1 \\ a+b+c+d & c & d+a & 1 \\ a+b+c+d & d & a+b & 1 \\ a+b+c+d & a & b+c & 1 \end{vmatrix}=0.$$

【例 4】 计算行列式 $D_n=\begin{vmatrix} a_1+b_1 & a_2 & \cdots & a_n \\ a_1 & a_2+b_2 & \cdots & a_n \\ \vdots & \vdots & & \vdots \\ a_1 & a_2 & \cdots & a_n+b_n \end{vmatrix}$.

解一(拆分法) 按行列式的最后一列，将它拆分成两个行列式之和，得

$$D_n=\begin{vmatrix} a_1+b_1 & a_2 & \cdots & a_{n-1} & a_n \\ a_1 & a_2+b_2 & \cdots & a_{n-1} & a_n \\ \vdots & \vdots & & \vdots & \vdots \\ a_1 & a_2 & \cdots & a_{n-1}+b_{n-1} & a_n \\ a_1 & a_2 & \cdots & a_{n-1} & a_n \end{vmatrix}+\begin{vmatrix} a_1+b_1 & a_2 & \cdots & a_{n-1} & 0 \\ a_1 & a_2+b_2 & \cdots & a_{n-1} & 0 \\ \vdots & \vdots & & \vdots & \vdots \\ a_1 & a_2 & \cdots & a_{n-1}+b_{n-1} & 0 \\ a_1 & a_2 & \cdots & a_{n-1} & b_n \end{vmatrix}$$

$$=\begin{vmatrix} b_1 & 0 & \cdots & 0 & 0 \\ 0 & b_2 & \cdots & 0 & 0 \\ \vdots & \vdots & & \vdots & \vdots \\ 0 & 0 & \cdots & b_{n-1} & 0 \\ a_1 & a_2 & \cdots & a_{n-1} & a_n \end{vmatrix}+b_n\begin{vmatrix} a_1+b_1 & a_2 & \cdots & a_{n-1} \\ a_1 & a_2+b_2 & \cdots & a_{n-1} \\ \vdots & \vdots & & \vdots \\ a_1 & a_2 & \cdots & a_{n-1}+b_{n-1} \end{vmatrix}$$

$$=b_1b_2\cdots b_{n-1}a_n+b_nD_{n-1}.$$

因为 $D_1=a_1+b_1$，由递推关系可得

$$\begin{aligned}D_n &= b_1b_2\cdots b_{n-1}a_n + b_n(b_1b_2\cdots b_{n-2}a_{n-1} + b_{n-1}D_{n-2})\\ &= b_1b_2\cdots b_{n-1}a_n + b_1b_2\cdots b_{n-2}a_{n-1}b_n + b_nb_{n-1}D_{n-2}\\ &= \cdots = b_1b_2\cdots b_{n-1}a_n + b_1b_2\cdots b_{n-2}a_{n-1}b_n + \cdots + a_1b_2\cdots b_{n-1}b_n + b_1b_2\cdots b_{n-1}b_n.\end{aligned}$$

解二(加边法) 如果 $b_1b_2\cdots b_{n-1}b_n \neq 0$，显然有

$$D_n = \begin{vmatrix} 1 & a_1 & a_2 & \cdots & a_{n-1} & a_n \\ 0 & a_1+b_1 & a_2 & \cdots & a_{n-1} & a_n \\ 0 & a_1 & a_2+b_2 & \cdots & a_{n-1} & a_n \\ \vdots & \vdots & \vdots & & \vdots & \vdots \\ 0 & a_1 & a_2 & \cdots & a_{n-1}+b_{n-1} & a_n \\ 0 & a_1 & a_2 & \cdots & a_{n-1} & a_n+b_n \end{vmatrix}$$

$$= \begin{vmatrix} 1 & a_1 & a_2 & \cdots & a_{n-1} & a_n \\ -1 & b_1 & 0 & \cdots & 0 & 0 \\ -1 & 0 & b_2 & \cdots & 0 & 0 \\ \vdots & \vdots & \vdots & & \vdots & \vdots \\ -1 & 0 & 0 & \cdots & b_{n-1} & 0 \\ -1 & 0 & 0 & \cdots & 0 & b_n \end{vmatrix}$$

$$\xlongequal[i=1,\ 2,\ \cdots,\ n]{r_1 - \frac{a_i}{b_i}r_{i+1}} \begin{vmatrix} 1+\sum\limits_{i=1}^{n}\dfrac{a_i}{b_i} & 0 & 0 & \cdots & 0 & 0 \\ -1 & b_1 & 0 & \cdots & 0 & 0 \\ -1 & 0 & b_2 & \cdots & 0 & 0 \\ \vdots & \vdots & \vdots & & \vdots & \vdots \\ -1 & 0 & 0 & \cdots & b_{n-1} & 0 \\ -1 & 0 & 0 & \cdots & 0 & b_n \end{vmatrix}$$

$$= (1+\sum_{i=1}^{n}\frac{a_i}{b_i})b_1b_2\cdots b_{n-1}b_n.$$

如果 $b_1b_2\cdots b_{n-1}b_n = 0$，请读者自行考虑. 由本例可以看出，虽然行列式加边后增加了阶数，但计算量并不一定就增加. 对一行或一列有相同字母的行列式可以考虑这种方法.

【例 5】 已知 $abcd = 1$，计算行列式 $D = \begin{vmatrix} a^2+1/a^2 & a & 1/a & 1 \\ b^2+1/b^2 & b & 1/b & 1 \\ c^2+1/c^2 & c & 1/c & 1 \\ d^2+1/d^2 & d & 1/d & 1 \end{vmatrix}$.

解
$$D=\begin{vmatrix} a^2 & a & 1/a & 1 \\ b^2 & b & 1/b & 1 \\ c^2 & c & 1/c & 1 \\ d^2 & d & 1/d & 1 \end{vmatrix}+\begin{vmatrix} 1/a^2 & a & 1/a & 1 \\ 1/b^2 & b & 1/b & 1 \\ 1/c^2 & c & 1/c & 1 \\ 1/d^2 & d & 1/d & 1 \end{vmatrix}$$

$$=abcd\begin{vmatrix} a & 1 & 1/a^2 & 1/a \\ b & 1 & 1/b^2 & 1/b \\ c & 1 & 1/c^2 & 1/c \\ d & 1 & 1/d^2 & 1/d \end{vmatrix}+(-1)^3\begin{vmatrix} a & 1 & 1/a^2 & 1/a \\ b & 1 & 1/b^2 & 1/b \\ c & 1 & 1/c^2 & 1/c \\ d & 1 & 1/d^2 & 1/d \end{vmatrix}=0.$$

【例 6】 证明
$$D_n=\begin{vmatrix} a_1 & -1 & 0 & \cdots & 0 & 0 \\ a_2 & x & -1 & \cdots & 0 & 0 \\ \vdots & \vdots & \vdots & & \vdots & \vdots \\ a_{n-1} & 0 & 0 & \cdots & x & -1 \\ a_n & 0 & 0 & \cdots & 0 & x \end{vmatrix}$$
$$=a_n+a_{n-1}x+a_{n-2}x^2+\cdots+a_2x^{n-2}+a_1x^{n-1}.$$

证一(递推法) 先计算出 $D_2=a_1x+a_2$，再将 D_n 按最后一行展开，得

$$D_n=(-1)^{n+1}a_n\begin{vmatrix} -1 & 0 & \cdots & 0 & 0 \\ x & -1 & \cdots & 0 & 0 \\ \vdots & \vdots & & \vdots & \vdots \\ 0 & 0 & \cdots & -1 & 0 \\ 0 & 0 & \cdots & x & -1 \end{vmatrix}+$$

$$(-1)^{n+n}x\begin{vmatrix} a_1 & -1 & 0 & \cdots & 0 \\ a_2 & x & -1 & \cdots & 0 \\ \vdots & \vdots & \vdots & & \vdots \\ a_{n-2} & 0 & 0 & \cdots & -1 \\ a_{n-1} & 0 & 0 & \cdots & x \end{vmatrix}$$

$$=a_n+xD_{n-1},$$

$$D_n=a_n+xD_{n-1}=a_n+x(a_{n-1}+xD_{n-2})=a_n+a_{n-1}x+x^2D_{n-2}$$
$$=\cdots=a_n+a_{n-1}x+a_{n-2}x^2+\cdots+x^{n-2}D_2$$
$$=a_n+a_{n-1}x+a_{n-2}x^2+\cdots+a_2x^{n-2}+a_1x^{n-1}.$$

注：得到递推式后，可以用数学归纳法证明.

证二 从第二行起，依次加上上一行的 x 倍，得

$$D_n=\begin{vmatrix} a_1 & -1 & 0 & \cdots & 0 & 0 \\ a_2+a_1x & 0 & -1 & \cdots & 0 & 0 \\ \vdots & \vdots & \vdots & & \vdots & \vdots \\ a_{n-1}+a_{n-2}x+\cdots+a_2x^{n-3}+a_1x^{n-2} & 0 & 0 & \cdots & 0 & -1 \\ a_n+a_{n-1}x+\cdots+a_2x^{n-2}+a_1x^{n-1} & 0 & 0 & \cdots & 0 & 0 \end{vmatrix}$$

$$=(-1)^{n+1}(a_n+a_{n-1}x+\cdots+a_2x^{n-2}+a_1x^{n-1})(-1)^{n-1}$$

$$=a_n+a_{n-1}x+\cdots+a_2x^{n-2}+a_1x^{n-1}.$$

【例 7】 计算 n 阶行列式 $D_n=\begin{vmatrix} 1 & 1 & 1 & \cdots & 1 \\ 2 & 2^2 & 2^3 & \cdots & 2^n \\ 3 & 3^2 & 3^3 & \cdots & 3^n \\ \vdots & \vdots & \vdots & & \vdots \\ n & n^2 & n^3 & \cdots & n^n \end{vmatrix}$.

解　将第二行到第 n 行的公因子提出，得到范德蒙德行列式：

$$D_n=n!\begin{vmatrix} 1 & 1 & 1 & \cdots & 1 \\ 1 & 2 & 2^2 & \cdots & 2^{n-1} \\ 1 & 3 & 3^2 & \cdots & 3^{n-1} \\ \vdots & \vdots & \vdots & & \vdots \\ 1 & n & n^2 & \cdots & n^{n-1} \end{vmatrix}=n!\prod_{1\leqslant i<j\leqslant n}(j-i)=n!(n-1)!\cdots 2!1!.$$

【例 8】 设 a, b, c 为互不相等的实数，证明

$$\begin{vmatrix} 1 & 1 & 1 \\ a & b & c \\ a^3 & b^3 & c^3 \end{vmatrix}=0$$

的充分必要条件是 $a+b+c=0$.

证　此行列式并非范德蒙德行列式，但可以利用范德蒙德行列式，将四阶范德蒙德行列式

$$D_1=\begin{vmatrix} 1 & 1 & 1 & 1 \\ x & a & b & c \\ x^2 & a^2 & b^2 & c^2 \\ x^3 & a^3 & b^3 & c^3 \end{vmatrix},$$

按第一列展开，得：

$$D_1=\begin{vmatrix} a & b & c \\ a^2 & b^2 & c^2 \\ a^3 & b^3 & c^3 \end{vmatrix}-x\begin{vmatrix} 1 & 1 & 1 \\ a^2 & b^2 & c^2 \\ a^3 & b^3 & c^3 \end{vmatrix}+x^2\begin{vmatrix} 1 & 1 & 1 \\ a & b & c \\ a^3 & b^3 & c^3 \end{vmatrix}-x^3\begin{vmatrix} 1 & 1 & 1 \\ a & b & c \\ a^2 & b^2 & c^2 \end{vmatrix},$$

可知 $\begin{vmatrix} 1 & 1 & 1 \\ a & b & c \\ a^3 & b^3 & c^3 \end{vmatrix}$ 是 D_1 展开式中 x^2 项的系数. 又根据范德蒙德行列式,知

$$\begin{aligned} D_1 &= (a-x)(b-x)(c-x)(b-a)(c-a)(c-b) \\ &= -(x-a)(x-b)(x-c)(b-a)(c-a)(c-b), \end{aligned}$$

其 x^2 项的系数为 $(b-a)(c-a)(c-b)(a+b+c)$, 所以

$$\begin{vmatrix} 1 & 1 & 1 \\ a & b & c \\ a^3 & b^3 & c^3 \end{vmatrix} = (b-a)(c-a)(c-b)(a+b+c).$$

因此,当 a, b, c 互不相等时, $\begin{vmatrix} 1 & 1 & 1 \\ a & b & c \\ a^3 & b^3 & c^3 \end{vmatrix} = 0$ 的充分必要条件是 $a+b+c=0$.

【例 9】 求二次多项式 $f(x)$, 使得 $f(1)=-1$, $f(2)=-3$, $f(3)=-3$.

解 设二次多项式 $f(x)=ax^2+bx+c$, 代入 $f(1)=-1$, $f(2)=-3$, $f(3)=-3$, 得

$$\begin{cases} a+b+c=-1, \\ 4a+2b+c=-3, \\ 9a+3b+c=-3, \end{cases}$$

关于未知数 a,b,c 的系数行列式

$$D = \begin{vmatrix} 1 & 1 & 1 \\ 4 & 2 & 1 \\ 9 & 3 & 1 \end{vmatrix} = -2.$$

又 $$D_1 = \begin{vmatrix} -1 & 1 & 1 \\ -3 & 2 & 1 \\ -3 & 3 & 1 \end{vmatrix} = -2, \quad D_2 = \begin{vmatrix} 1 & -1 & 1 \\ 4 & -3 & 1 \\ 9 & -3 & 1 \end{vmatrix} = 10,$$

$$D_3 = \begin{vmatrix} 1 & 1 & -1 \\ 4 & 2 & -3 \\ 9 & 3 & -3 \end{vmatrix} = -6.$$

由克拉默法则可得, $a=\dfrac{D_1}{D}=1$, $b=\dfrac{D_2}{D}=-5$, $c=\dfrac{D_3}{D}=3$, 所求二次多项式为 $f(x)=x^2-5x+3$.

六、习题详解

习题 1-1

1．计算下列行列式：

(1) $\begin{vmatrix} a-b & -2a \\ 2b & a-b \end{vmatrix}$.　　(2) $\begin{vmatrix} \cos\theta & -\sin\theta \\ \sin\theta & \cos\theta \end{vmatrix}$.

(3) $\begin{vmatrix} 1 & 2 & 3 \\ 2 & 3 & 1 \\ 3 & 1 & 2 \end{vmatrix}$.　　(4) $\begin{vmatrix} 10 & 8 & 5 \\ 5 & 2 & 3 \\ 1 & 5 & 6 \end{vmatrix}$.

(5) $\begin{vmatrix} ab & -ac & ae \\ bd & -cd & de \\ bf & -cf & ef \end{vmatrix}$.　　(6) $\begin{vmatrix} 0 & 1 & 1 & -2 \\ 1 & 0 & 1 & -1 \\ 3 & 2 & 0 & 1 \\ 1 & 1 & 0 & 1 \end{vmatrix}$.

解：

(1) $\begin{vmatrix} a-b & -2a \\ 2b & a-b \end{vmatrix} = (a-b)^2-(-2a)(2b) = (a+b)^2.$

(2) $\begin{vmatrix} \cos\theta & -\sin\theta \\ \sin\theta & \cos\theta \end{vmatrix} = \cos^2\theta-(-\sin^2\theta) = 1.$

(3) $\begin{vmatrix} 1 & 2 & 3 \\ 2 & 3 & 1 \\ 3 & 1 & 2 \end{vmatrix} = \begin{vmatrix} 3 & 1 \\ 1 & 2 \end{vmatrix} - 2\begin{vmatrix} 2 & 1 \\ 3 & 2 \end{vmatrix} + 3\begin{vmatrix} 2 & 3 \\ 3 & 1 \end{vmatrix} = -18.$

(4) $\begin{vmatrix} 10 & 8 & 5 \\ 5 & 2 & 3 \\ 1 & 5 & 6 \end{vmatrix} = 10\begin{vmatrix} 2 & 3 \\ 5 & 6 \end{vmatrix} - 5\begin{vmatrix} 8 & 5 \\ 5 & 6 \end{vmatrix} + \begin{vmatrix} 8 & 5 \\ 2 & 3 \end{vmatrix} = -131.$

(5) $\begin{vmatrix} ab & -ac & ae \\ bd & -cd & de \\ bf & -cf & ef \end{vmatrix} = ab\begin{vmatrix} -cd & de \\ -cf & ef \end{vmatrix} - bd\begin{vmatrix} -ac & ae \\ -cf & ef \end{vmatrix} + bf\begin{vmatrix} -ac & ae \\ -cd & de \end{vmatrix} = 0.$

(6) $$\begin{vmatrix} 0 & 1 & 1 & 2 \\ 1 & 0 & 1 & -1 \\ 3 & 2 & 0 & 1 \\ 1 & 1 & 0 & 1 \end{vmatrix} = (-1)^{1+3}\begin{vmatrix} 1 & 0 & -1 \\ 3 & 2 & 1 \\ 1 & 1 & 1 \end{vmatrix} + (-1)^{2+3}\begin{vmatrix} 0 & 1 & 2 \\ 3 & 2 & 1 \\ 1 & 1 & 1 \end{vmatrix}$$

$$= \begin{vmatrix} 2 & 1 \\ 1 & 1 \end{vmatrix} - \begin{vmatrix} 3 & 2 \\ 1 & 1 \end{vmatrix} + \begin{vmatrix} 3 & 1 \\ 1 & 1 \end{vmatrix} - 2\begin{vmatrix} 3 & 2 \\ 1 & 1 \end{vmatrix} = 0.$$

2．用定义证明：

(1) $\begin{vmatrix} a_1 & a_2 & a_3 & a_4 & a_5 \\ b_1 & b_2 & b_3 & b_4 & b_5 \\ 0 & 0 & 0 & c_4 & c_5 \\ 0 & 0 & 0 & d_4 & d_5 \\ 0 & 0 & 0 & e_4 & e_5 \end{vmatrix} = 0$；

证：$\begin{vmatrix} a_1 & a_2 & a_3 & a_4 & a_5 \\ b_1 & b_2 & b_3 & b_4 & b_5 \\ 0 & 0 & 0 & c_4 & c_5 \\ 0 & 0 & 0 & d_4 & d_5 \\ 0 & 0 & 0 & e_4 & e_5 \end{vmatrix} = a_1 \begin{vmatrix} b_2 & b_3 & b_4 & b_5 \\ 0 & 0 & c_4 & c_5 \\ 0 & 0 & d_4 & d_5 \\ 0 & 0 & e_4 & e_5 \end{vmatrix} - b_1 \begin{vmatrix} a_2 & a_3 & a_4 & a_5 \\ 0 & 0 & c_4 & c_5 \\ 0 & 0 & d_4 & d_5 \\ 0 & 0 & e_4 & e_5 \end{vmatrix}$

$$= a_1 \left(b_2 \begin{vmatrix} 0 & c_4 & c_5 \\ 0 & d_4 & d_5 \\ 0 & e_4 & e_5 \end{vmatrix} - b_3 \begin{vmatrix} 0 & c_4 & c_5 \\ 0 & d_4 & d_5 \\ 0 & e_4 & e_5 \end{vmatrix} \right) - b_1 \left(a_2 \begin{vmatrix} 0 & c_4 & c_5 \\ 0 & d_4 & d_5 \\ 0 & e_4 & e_5 \end{vmatrix} - a_3 \begin{vmatrix} 0 & c_4 & c_5 \\ 0 & d_4 & d_5 \\ 0 & e_4 & e_5 \end{vmatrix} \right)$$

$= 0.$

(2) $\begin{vmatrix} a_{11} & \cdots & a_{1,n-1} & a_{1n} \\ a_{21} & \cdots & a_{2,n-1} & 0 \\ \vdots & & \vdots & \vdots \\ a_{n1} & \cdots & 0 & 0 \end{vmatrix} = (-1)^{\frac{(n-1)n}{2}} a_{1n} a_{2,n-1} \cdots a_{n-1,2} a_{n1}.$

证:逐次将行列式按最后一行展开降阶,可得

$$D = (-1)^{n+1} a_{n1} \begin{vmatrix} a_{12} & \cdots & a_{1,n-1} & a_{1n} \\ a_{22} & \cdots & a_{2,n-1} & 0 \\ \vdots & & \vdots & \vdots \\ a_{n-1,2} & \cdots & 0 & 0 \end{vmatrix}$$

$$= (-1)^{n+1+n-1+1} a_{n1} a_{n-1,2} \begin{vmatrix} a_{13} & \cdots & a_{1,n-1} & a_{1n} \\ a_{23} & \cdots & a_{2,n-1} & 0 \\ \vdots & & \vdots & \vdots \\ a_{n-2,3} & \cdots & 0 & 0 \end{vmatrix}$$

$= \cdots = (-1)^{(n+1)+(n-1+1)+\cdots+(1+1)} a_{n1} a_{n-1,2} \cdots a_{2,n-1} a_{1n} = (-1)^{\frac{(n+3)n}{2}} a_{n1} a_{n-1,2} \cdots a_{2,n-1} a_{1n}$
$= (-1)^{\frac{(n-1)n}{2}} a_{1n} a_{2,n-1} \cdots a_{n-1,2} a_{n1}.$

3. 用行列式解下列线性方程组：

(1) $\begin{cases} 3x-2y=6, \\ 3x+8y=96. \end{cases}$

解:系数行列式 $D = \begin{vmatrix} 3 & -2 \\ 3 & 8 \end{vmatrix} = 30$；

又 $D_1 = \begin{vmatrix} 6 & -2 \\ 96 & 8 \end{vmatrix} = 240$， $D_2 = \begin{vmatrix} 3 & 6 \\ 3 & 96 \end{vmatrix} = 270.$

所以方程组的解为 $x=\dfrac{D_1}{D}=8$，$y=\dfrac{D_2}{D}=9$.

(2) $\begin{cases}3x-2y+z=-8,\\4x+5y-2z=29,\\x+y+z=-1.\end{cases}$

解：系数行列式 $D=\begin{vmatrix}3&-2&1\\4&5&-2\\1&1&1\end{vmatrix}=32$；又

$$D_1=\begin{vmatrix}-8&-2&1\\29&5&-2\\-1&1&1\end{vmatrix}=32,\ D_2=\begin{vmatrix}3&-8&1\\4&29&-2\\1&-1&1\end{vmatrix}=96,\ D_3=\begin{vmatrix}3&-2&-8\\4&5&29\\1&1&-1\end{vmatrix}=-160.$$

所以方程组的解为 $x=\dfrac{D_1}{D}=1$，$y=\dfrac{D_2}{D}=3$，$z=\dfrac{D_3}{D}=-5$.

(3) $\begin{cases}x_1+x_2+x_3=1,\\2x_1-x_2-x_3=1,\\x_1-x_2+x_3=2.\end{cases}$

解：系数行列式 $D=\begin{vmatrix}1&1&1\\2&-1&-1\\1&-1&1\end{vmatrix}=-6$；又

$$D_1=\begin{vmatrix}1&1&1\\1&-1&-1\\2&-1&1\end{vmatrix}=-4,\ D_2=\begin{vmatrix}1&1&1\\2&1&-1\\1&2&1\end{vmatrix}=3,\ D_3=\begin{vmatrix}1&1&1\\2&-1&1\\1&-1&2\end{vmatrix}=-5.$$

所以方程组的解为 $x=\dfrac{D_1}{D}=\dfrac{2}{3}$，$y=\dfrac{D_2}{D}=-\dfrac{1}{2}$，$z=\dfrac{D_3}{D}=\dfrac{5}{6}$.

习题 1-2

1. 计算下列行列式：

(1) $\begin{vmatrix}2&1&201\\3&2&302\\4&0&401\end{vmatrix}$.

(2) $\begin{vmatrix}(a+b)^2&a^2+b^2&ab\\a^2&-b^2&ab\\4&2&1\end{vmatrix}$.

(3) $\begin{vmatrix}1&-1&1&2\\1&1&-2&1\\1&1&0&1\\1&0&1&-1\end{vmatrix}$.

(4) $\begin{vmatrix} 1 & 2 & 0 & 2 \\ 4 & 1 & 2 & 4 \\ 10 & 5 & 2 & 0 \\ 0 & 1 & 1 & 7 \end{vmatrix}$.

解:(1) $\begin{vmatrix} 2 & 1 & 201 \\ 3 & 2 & 302 \\ 4 & 0 & 401 \end{vmatrix} \xlongequal[c_3-c_2]{c_3-100c_1} \begin{vmatrix} 2 & 1 & 0 \\ 3 & 2 & 0 \\ 4 & 0 & 1 \end{vmatrix} = \begin{vmatrix} 2 & 1 \\ 3 & 2 \end{vmatrix} = 1.$

(2) $$\begin{vmatrix} (a+b)^2 & a^2+b^2 & ab \\ a^2 & -b^2 & ab \\ 4 & 2 & 1 \end{vmatrix} \xlongequal[c_1-2c_3]{c_1-c_2} \begin{vmatrix} 0 & a^2+b^2 & ab \\ a^2+b^2-2ab & -b^2 & ab \\ 0 & 2 & 1 \end{vmatrix}$$

$$=-(a^2+b^2-2ab)\begin{vmatrix} a^2+b^2 & ab \\ 2 & 1 \end{vmatrix} = -(a-b)^4.$$

(3) $$\begin{vmatrix} 1 & -1 & 1 & 2 \\ 1 & 1 & -2 & 1 \\ 1 & 1 & 0 & 1 \\ 1 & 0 & 1 & -1 \end{vmatrix} = \begin{vmatrix} 1 & -1 & 1 & 2 \\ 0 & 2 & -3 & -1 \\ 0 & 2 & -1 & -1 \\ 0 & 1 & 0 & -3 \end{vmatrix} = \begin{vmatrix} 1 & -1 & 1 & 2 \\ 0 & 2 & -3 & -1 \\ 0 & 0 & 2 & 0 \\ 0 & 0 & \frac{3}{2} & -\frac{5}{2} \end{vmatrix}$$

$$=2\begin{vmatrix} 2 & 0 \\ \frac{3}{2} & -\frac{5}{2} \end{vmatrix} = -10.$$

(4) $$\begin{vmatrix} 1 & 2 & 0 & 2 \\ 4 & 1 & 2 & 4 \\ 10 & 5 & 2 & 0 \\ 0 & 1 & 1 & 7 \end{vmatrix} = \begin{vmatrix} 1 & 2 & 0 & 2 \\ 0 & -7 & 2 & -4 \\ 0 & -15 & 2 & -20 \\ 0 & 1 & 1 & 7 \end{vmatrix} = \begin{vmatrix} -7 & 2 & -4 \\ -15 & 2 & -20 \\ 1 & 1 & 7 \end{vmatrix}$$

$$= \begin{vmatrix} 0 & 9 & 45 \\ 0 & 17 & 85 \\ 1 & 1 & 7 \end{vmatrix} = \begin{vmatrix} 9 & 45 \\ 17 & 85 \end{vmatrix} = 0.$$

2. 利用行列式的性质证明下列等式:

(1) $\begin{vmatrix} a_1+b_1x+c_1y & c_1z+b_1 & c_1 \\ a_2+b_2x+c_2y & c_2z+b_2 & c_2 \\ a_3+b_3x+c_3y & c_3z+b_3 & c_3 \end{vmatrix} = \begin{vmatrix} a_1 & b_1 & c_1 \\ a_2 & b_2 & c_2 \\ a_3 & b_3 & c_3 \end{vmatrix}$.

(2) $\begin{vmatrix} a_1+b_1x & a_1x+b_1 & c_1 \\ a_2+b_2x & a_2x+b_2 & c_2 \\ a_3+b_3x & a_3x+b_3 & c_3 \end{vmatrix} = (1-x^2)\begin{vmatrix} a_1 & b_1 & c_1 \\ a_2 & b_2 & c_2 \\ a_3 & b_3 & c_3 \end{vmatrix}$.

(3) $\begin{vmatrix} a^2 & (a+1)^2 & (a+2)^2 & (a+3)^2 \\ b^2 & (b+1)^2 & (b+2)^2 & (b+3)^2 \\ c^2 & (c+1)^2 & (c+2)^2 & (c+3)^2 \\ d^2 & (d+1)^2 & (d+2)^2 & (d+3)^2 \end{vmatrix} = 0.$

证：(1)左边 $=\begin{vmatrix} a_1+b_1x & b_1 & c_1 \\ a_2+b_2x & b_2 & c_2 \\ a_3+b_3x & b_3 & c_3 \end{vmatrix}=\begin{vmatrix} a_1 & b_1 & c_1 \\ a_2 & b_2 & c_2 \\ a_3 & b_3 & c_3 \end{vmatrix}$.

(2) 左边 $=\begin{vmatrix} a_1 & a_1x+b_1 & c_1 \\ a_2 & a_2x+b_2 & c_2 \\ a_3 & a_3x+b_3 & c_3 \end{vmatrix}+\begin{vmatrix} b_1x & a_1x+b_1 & c_1 \\ b_2x & a_2x+b_2 & c_2 \\ b_3x & a_3x+b_3 & c_3 \end{vmatrix}$

$$=\begin{vmatrix} a_1 & a_1x & c_1 \\ a_2 & a_2x & c_2 \\ a_3 & a_3x & c_3 \end{vmatrix}+\begin{vmatrix} a_1 & b_1 & c_1 \\ a_2 & b_2 & c_2 \\ a_3 & b_3 & c_3 \end{vmatrix}+\begin{vmatrix} b_1x & a_1x & c_1 \\ b_2x & a_2x & c_2 \\ b_3x & a_3x & c_3 \end{vmatrix}+\begin{vmatrix} b_1x & b_1 & c_1 \\ b_2x & b_2 & c_2 \\ b_3x & b_3 & c_3 \end{vmatrix}$$

$$=0+\begin{vmatrix} a_1 & b_1 & c_1 \\ a_2 & b_2 & c_2 \\ a_3 & b_3 & c_3 \end{vmatrix}-x^2\begin{vmatrix} a_1 & b_1 & c_1 \\ a_2 & b_2 & c_2 \\ a_3 & b_3 & c_3 \end{vmatrix}+0=(1-x^2)\begin{vmatrix} a_1 & b_1 & c_1 \\ a_2 & b_2 & c_2 \\ a_3 & b_3 & c_3 \end{vmatrix}.$$

(3) 左边 $\xlongequal[c_2-c_1]{c_4-c_3,\ c_3-c_2}\begin{vmatrix} a^2 & 2a+1 & 2a+3 & 2a+5 \\ b^2 & 2b+1 & 2b+3 & 2b+5 \\ c^2 & 2c+1 & 2c+3 & 2c+5 \\ d^2 & 2d+1 & 2d+3 & 2d+5 \end{vmatrix}\xlongequal{c_4-c_3,\ c_3-c_2}\begin{vmatrix} a^2 & 2a+1 & 2 & 2 \\ b^2 & 2b+1 & 2 & 2 \\ c^2 & 2c+1 & 2 & 2 \\ d^2 & 2d+1 & 2 & 2 \end{vmatrix}=0.$

3. 计算下列行列式：

(1) $\begin{vmatrix} 1 & 2 & 3 & 4 \\ 2 & 3 & 4 & 1 \\ 3 & 4 & 1 & 2 \\ 4 & 1 & 2 & 3 \end{vmatrix}$.

(2) $\begin{vmatrix} x & y & z & 1 \\ y & z & x & 1 \\ z & x & y & 1 \\ \frac{x+z}{2} & \frac{y+x}{2} & \frac{z+y}{2} & 1 \end{vmatrix}$.

(3) $\begin{vmatrix} 1-a & a & 0 & 0 \\ -1 & 1-a & a & 0 \\ 0 & -1 & 1-a & a \\ 0 & 0 & -1 & 1-a \end{vmatrix}$.

(4) $\begin{vmatrix} 1 & 1 & 1 & 1 \\ 3 & 5 & 7 & 9 \\ 3^2 & 5^2 & 7^2 & 9^2 \\ 3^3 & 5^3 & 7^3 & 9^3 \end{vmatrix}$.

(5) $\begin{vmatrix} 1 & 2 & 2 & \cdots & 2 \\ 2 & 2 & 2 & \cdots & 2 \\ 2 & 2 & 3 & \cdots & 2 \\ \vdots & \vdots & \vdots & & \vdots \\ 2 & 2 & 2 & \cdots & n \end{vmatrix}$.

(6) $D_n = \begin{vmatrix} x & y & 0 & \cdots & 0 & 0 \\ 0 & x & y & \cdots & 0 & 0 \\ \vdots & \vdots & \vdots & & \vdots & \vdots \\ 0 & 0 & 0 & \cdots & x & y \\ y & 0 & 0 & \cdots & 0 & x \end{vmatrix}$.

(7) $D_n = \begin{vmatrix} a_1 & -1 & 0 & \cdots & 0 & 0 \\ a_2 & x & -1 & \cdots & 0 & 0 \\ \vdots & \vdots & \vdots & & \vdots & \vdots \\ a_{n-1} & 0 & 0 & \cdots & x & -1 \\ a_n & 0 & 0 & \cdots & 0 & x \end{vmatrix}$.

(8) $D_n = \begin{vmatrix} a_1+\lambda & a_2 & \cdots & a_n \\ a_1 & a_2+\lambda & \cdots & a_n \\ \vdots & \vdots & & \vdots \\ a_1 & a_2 & \cdots & a_n+\lambda \end{vmatrix}$.

(9) $D_n = \begin{vmatrix} 1/a_1 & 1 & 1 & \cdots & 1 \\ 1 & 1/a_2 & 0 & \cdots & 0 \\ 1 & 0 & 1/a_3 & \cdots & 0 \\ \vdots & \vdots & \vdots & & \vdots \\ 1 & 0 & 0 & \cdots & 1/a_n \end{vmatrix}$.

解：

(1) $$\begin{vmatrix} 1 & 2 & 3 & 4 \\ 2 & 3 & 4 & 1 \\ 3 & 4 & 1 & 2 \\ 4 & 1 & 2 & 3 \end{vmatrix} = \begin{vmatrix} 1 & 2 & 3 & 4 \\ 0 & -1 & -2 & -7 \\ 0 & -2 & -8 & -10 \\ 0 & -7 & -10 & -13 \end{vmatrix} = \begin{vmatrix} 1 & 2 & 3 & 4 \\ 0 & -1 & -2 & -7 \\ 0 & 0 & -4 & 4 \\ 0 & 0 & 4 & 36 \end{vmatrix}$$

$$= \begin{vmatrix} 1 & 2 & 3 & 4 \\ 0 & -1 & -2 & -7 \\ 0 & 0 & -4 & 4 \\ 0 & 0 & 0 & 40 \end{vmatrix} = 160.$$

(2) $$\begin{vmatrix} x & y & z & 1 \\ y & z & x & 1 \\ z & x & y & 1 \\ \frac{x+z}{2} & \frac{y+x}{2} & \frac{z+y}{2} & 1 \end{vmatrix} = \begin{vmatrix} x & y & z & 1 \\ y & z & x & 1 \\ z & x & y & 1 \\ \frac{x}{2} & \frac{y}{2} & \frac{z}{2} & \frac{1}{2} \end{vmatrix} + \begin{vmatrix} x & y & z & 1 \\ y & z & x & 1 \\ z & x & y & 1 \\ \frac{z}{2} & \frac{x}{2} & \frac{y}{2} & \frac{1}{2} \end{vmatrix} = 0.$$

(3) $$\begin{vmatrix} 1-a & a & 0 & 0 \\ -1 & 1-a & a & 0 \\ 0 & -1 & 1-a & a \\ 0 & 0 & -1 & 1-a \end{vmatrix} = \begin{vmatrix} 1 & a & 0 & 0 \\ 0 & 1-a & a & 0 \\ 0 & -1 & 1-a & a \\ -a & 0 & -1 & 1-a \end{vmatrix}$$

$$=\begin{vmatrix}1-a & a & 0\\ -1 & 1-a & a\\ 0 & -1 & 1-a\end{vmatrix}+a^4$$

$$=(1-a)\begin{vmatrix}1-a & a\\ -1 & 1-a\end{vmatrix}+\begin{vmatrix}a & 0\\ -1 & 1-a\end{vmatrix}+a^4$$

$$=a^4-a^3+a^2-a+1.$$

(4) $\begin{vmatrix}1 & 1 & 1 & 1\\ 3 & 5 & 7 & 9\\ 3^2 & 5^2 & 7^2 & 9^2\\ 3^3 & 5^3 & 7^3 & 9^3\end{vmatrix}=(5-3)(7-3)(9-3)(7-5)(9-5)(9-7)=768.$

(5) $\begin{vmatrix}1 & 2 & 2 & \cdots & 2\\ 2 & 2 & 2 & \cdots & 2\\ 2 & 2 & 3 & \cdots & 2\\ \vdots & \vdots & \vdots & & \vdots\\ 2 & 2 & 2 & \cdots & n\end{vmatrix}\xlongequal[i=2,3,\cdots,n]{r_i-r_1}\begin{vmatrix}1 & 2 & 2 & \cdots & 2\\ 1 & 0 & 0 & \cdots & 0\\ 1 & 0 & 1 & \cdots & 0\\ \vdots & \vdots & \vdots & & \vdots\\ 1 & 0 & 0 & \cdots & n-2\end{vmatrix}$

$$=-\begin{vmatrix}2 & 2 & 2 & \cdots & 2\\ 0 & 1 & 0 & \cdots & 0\\ 0 & 0 & 2 & \cdots & 0\\ \vdots & \vdots & \vdots & & \vdots\\ 0 & 0 & 0 & \cdots & n-2\end{vmatrix}=-2(n-2)!.$$

或 $\begin{vmatrix}1 & 2 & 2 & \cdots & 2\\ 2 & 2 & 2 & \cdots & 2\\ 2 & 2 & 3 & \cdots & 2\\ \vdots & \vdots & \vdots & & \vdots\\ 2 & 2 & 2 & \cdots & n\end{vmatrix}\xlongequal[i=1,3,\cdots,n]{r_i-r_2}\begin{vmatrix}-1 & 0 & 0 & \cdots & 0\\ 2 & 2 & 2 & \cdots & 2\\ 0 & 0 & 1 & \cdots & 0\\ \vdots & \vdots & \vdots & & \vdots\\ 0 & 0 & 0 & \cdots & n-2\end{vmatrix}$

$$=(n-2)!\begin{vmatrix}-1 & 0\\ 2 & 2\end{vmatrix}=-2(n-2)!.$$

(6) $D_n=\begin{vmatrix}x & y & 0 & \cdots & 0 & 0\\ 0 & x & y & \cdots & 0 & 0\\ \vdots & \vdots & \vdots & & \vdots & \vdots\\ 0 & 0 & 0 & \cdots & x & y\\ y & 0 & 0 & \cdots & 0 & x\end{vmatrix}$

$$=x\begin{vmatrix}x & y & \cdots & 0 & 0\\ \vdots & \vdots & & \vdots & \vdots\\ 0 & 0 & \cdots & x & y\\ 0 & 0 & \cdots & 0 & x\end{vmatrix}+(-1)^{n+1}y\begin{vmatrix}y & 0 & 0 & \cdots & 0 & 0\\ x & y & 0 & \cdots & 0 & 0\\ \vdots & \vdots & \vdots & & \vdots & \vdots\\ 0 & 0 & 0 & \cdots & y & 0\\ 0 & 0 & 0 & \cdots & x & y\end{vmatrix}$$

$$=x^n+(-1)^{n+1}y^n.$$

(7) $D_n=\begin{vmatrix} a_1 & -1 & 0 & \cdots & 0 & 0 \\ a_2 & x & -1 & \cdots & 0 & 0 \\ \vdots & \vdots & \vdots & & \vdots & \vdots \\ a_{n-1} & 0 & 0 & \cdots & x & -1 \\ a_n & 0 & 0 & \cdots & 0 & x \end{vmatrix}$（解见典型例题例 6）.

(8) $$D_n=\begin{vmatrix} a_1+\lambda & a_2 & \cdots & a_n \\ a_1 & a_2+\lambda & \cdots & a_n \\ \vdots & \vdots & & \vdots \\ a_1 & a_2 & \cdots & a_n+\lambda \end{vmatrix}$$

$$=\begin{vmatrix} a_1+\lambda & a_2 & \cdots & a_n \\ a_1 & a_2+\lambda & \cdots & a_n \\ \vdots & \vdots & & \vdots \\ a_1 & a_2 & \cdots & a_n \end{vmatrix}+\begin{vmatrix} a_1+\lambda & a_2 & \cdots & 0 \\ a_1 & a_2+\lambda & \cdots & 0 \\ \vdots & \vdots & & \vdots \\ a_1 & a_2 & \cdots & \lambda \end{vmatrix}$$

$$=\begin{vmatrix} \lambda & 0 & \cdots & 0 \\ 0 & \lambda & \cdots & 0 \\ \vdots & \vdots & & \vdots \\ a_1 & a_2 & \cdots & a_n \end{vmatrix}+\lambda D_{n-1}$$

即 $D_n=a_n\lambda^{n-1}+\lambda D_{n-1}$，又 $D_1=a_1+\lambda$，于是

$$D_n=a_n\lambda^{n-1}+\lambda(a_{n-1}\lambda^{n-2}+\lambda D_{n-2})=(a_n+a_{n-1})\lambda^{n-1}+\lambda^2 D_{n-2}=\cdots=\lambda^n+\lambda^{n-1}\sum_{i=1}^{n}a_i.$$

(9) 将第 i 列的 $-a_i$ 倍加到第一列，得

$$D_n=\begin{vmatrix} 1/a_1 & 1 & 1 & \cdots & 1 \\ 1 & 1/a_2 & 0 & \cdots & 0 \\ 1 & 0 & 1/a_3 & \cdots & 0 \\ \vdots & \vdots & \vdots & & \vdots \\ 1 & 0 & 0 & \cdots & 1/a_n \end{vmatrix}=\begin{vmatrix} 1/a_1-\sum\limits_{i=2}^{n}a_i & 1 & 1 & \cdots & 1 \\ 0 & 1/a_2 & 0 & \cdots & 0 \\ 0 & 0 & 1/a_3 & \cdots & 0 \\ \vdots & \vdots & \vdots & & \vdots \\ 0 & 0 & 0 & \cdots & 1/a_n \end{vmatrix}$$

$$=(1/a_1-\sum_{i=2}^{n}a_i)\frac{1}{a_2a_3\cdots a_n}.$$

4. 解方程 $\begin{vmatrix} 1 & -1 & 1 & -1 \\ 1 & 2 & 4 & 8 \\ 1 & -3 & 9 & -27 \\ 1 & x & x^2 & x^3 \end{vmatrix}=0.$

解：由范德蒙德行列式知

$$\begin{vmatrix} 1 & -1 & 1 & -1 \\ 1 & 2 & 4 & 8 \\ 1 & -3 & 9 & -27 \\ 1 & x & x^2 & x^3 \end{vmatrix}=(2+1)(-3+1)(x+1)(-3-2)(x-2)(x+3)=0,$$

因此方程的解为 $x=-1$ 或 $x=2$ 或 $x=-3$.

5. 计算 $2n$ 阶行列式 $D_{2n}=\begin{vmatrix} a & 0 & \cdots & 0 & b \\ 0 & a & \cdots & b & 0 \\ \vdots & \vdots & & \vdots & \vdots \\ 0 & b & \cdots & a & 0 \\ b & 0 & \cdots & 0 & a \end{vmatrix}$.

解：
$$D_{2n}=\begin{vmatrix} a & 0 & \cdots & 0 & b \\ 0 & a & \cdots & b & 0 \\ \vdots & \vdots & & \vdots & \vdots \\ 0 & b & \cdots & a & 0 \\ b & 0 & \cdots & 0 & a \end{vmatrix}=a\begin{vmatrix} a & \cdots & b & 0 \\ \vdots & & \vdots & \vdots \\ b & \cdots & a & 0 \\ 0 & \cdots & 0 & a \end{vmatrix}+(-1)^{2n+1}\begin{vmatrix} 0 & \cdots & 0 & b \\ a & \cdots & b & 0 \\ \vdots & & \vdots & \vdots \\ b & \cdots & a & 0 \end{vmatrix}$$
$$=a^2D_{2(n-1)}+(-1)^{2n+1}(-1)^{1+2n-1}b^2D_{2(n-1)}=(a^2-b^2)D_{2(n-1)},$$
$$D_2=\begin{vmatrix} a & b \\ b & a \end{vmatrix}=a^2-b^2,$$
所以
$$D_{2n}=(a^2-b^2)D_{2(n-1)}=(a^2-b^2)^2D_{2(n-2)}=\cdots=(a^2-b^2)^n.$$

6. 用克拉默法则解下列方程组：

(1) $\begin{cases} x_1+x_2+5x_3+7x_4=14, \\ 3x_1+5x_2+7x_3+x_4=0, \\ 5x_1+7x_2+x_3+3x_4=4, \\ 7x_1+x_2+3x_3+5x_4=16. \end{cases}$

(2) $\begin{cases} 2x_1+x_2-5x_3+x_4=8, \\ x_1-3x_2-6x_4=9, \\ 2x_2-x_3+2x_4=-5, \\ x_1+4x_2-7x_3+6x_4=0. \end{cases}$

(3) $\begin{cases} x-y+z+2t=1, \\ x+y-2z+t=1, \\ x+y+t=2, \\ x+z-t=1. \end{cases}$

解：(1) 系数行列式 $D=\begin{vmatrix} 1 & 1 & 5 & 7 \\ 3 & 5 & 7 & 1 \\ 5 & 7 & 1 & 3 \\ 7 & 1 & 3 & 5 \end{vmatrix}=1\,984$，而

$$D_1=\begin{vmatrix} 14 & 1 & 5 & 7 \\ 0 & 5 & 7 & 1 \\ 4 & 7 & 1 & 3 \\ 16 & 1 & 3 & 5 \end{vmatrix}=1\,984,\quad D_2=\begin{vmatrix} 1 & 14 & 5 & 7 \\ 3 & 0 & 7 & 1 \\ 5 & 4 & 1 & 3 \\ 7 & 16 & 3 & 5 \end{vmatrix}=-1\,984,$$

$$D_3=\begin{vmatrix}1&1&14&7\\3&5&0&1\\5&7&4&3\\7&1&16&5\end{vmatrix}=0,\ D_4=\begin{vmatrix}1&1&5&14\\3&5&7&0\\5&7&1&4\\7&1&3&16\end{vmatrix}=3\,968.$$

所以方程组的解为 $x_1=1$，$x_2=-1$，$x_3=0$，$x_4=2$.

(2) 系数行列式 $D=\begin{vmatrix}2&1&-5&1\\1&-3&0&-6\\0&2&-1&2\\1&4&-7&6\end{vmatrix}=27$，又

$$D_1=\begin{vmatrix}8&1&-5&1\\9&-3&0&-6\\-5&2&-1&2\\2&4&-7&6\end{vmatrix}=81,\ D_2=\begin{vmatrix}2&8&-5&1\\1&9&0&-6\\0&-5&-1&2\\1&0&-7&6\end{vmatrix}=-108,$$

$$D_3=\begin{vmatrix}2&1&8&1\\1&-3&9&-6\\0&2&-5&2\\1&4&0&6\end{vmatrix}=-27,\ D_4=\begin{vmatrix}2&1&-5&8\\1&-3&0&9\\0&2&-1&-5\\1&4&-7&0\end{vmatrix}=27.$$

所以方程组的解为 $x_1=3$，$x_2=-4$，$x_3=-1$，$x_4=1$.

(3) 系数行列式 $D=\begin{vmatrix}1&-1&1&2\\1&1&-2&1\\1&1&0&1\\1&0&1&-1\end{vmatrix}=-10$，又

$$D_1=\begin{vmatrix}1&-1&1&2\\1&1&-2&1\\2&1&0&1\\1&0&1&-1\end{vmatrix}=-8,\ D_2=\begin{vmatrix}1&1&1&2\\1&1&-2&1\\1&2&0&1\\1&1&1&-1\end{vmatrix}=-9,$$

$$D_3=\begin{vmatrix}1&-1&1&2\\1&1&1&1\\1&1&2&1\\1&0&1&-1\end{vmatrix}=-5,\ D_4=\begin{vmatrix}1&-1&1&1\\1&1&-2&1\\1&1&0&2\\1&0&1&1\end{vmatrix}=-3.$$

所以方程组的解为 $x=\dfrac{4}{5}$，$y=\dfrac{9}{10}$，$z=\dfrac{1}{2}$，$t=\dfrac{3}{10}$.

7. 当 λ 为何值时，下列齐次线性方程组有非零解？

$$\begin{cases}\lambda x_1+x_2+x_3=0,\\ x_1+\lambda x_2-x_3=0,\\ 2x_1-x_2+x_3=0.\end{cases}$$

解：齐次线性方程组有非零解的充要条件是系数行列式

$$D=\begin{vmatrix}\lambda & 1 & 1\\ 1 & \lambda & -1\\ 2 & -1 & 1\end{vmatrix}=0,$$

即 $$\lambda^2-3\lambda-4=(\lambda+1)(\lambda-4)=0,$$

所以方程组有非零解的充要条件是 $\lambda=-1$ 或 $\lambda=4$.

8. 假设某两物理量 x，y 之间具有关系 $y=a_0+a_1x+a_2x^2+a_3x^3$. 现测得如下一组数据：

x	0	10	20	30
y	13.60	13.57	13.55	13.52

试求 $x=15$，40 时 y 的值(保留两位小数).

解：将三组数据代入函数关系中，得关于系数 a_0，a_1，a_2，a_3 的方程组：

$$\begin{cases}a_0 & =13.60,\\ a_0+10a_1+10^2a_2+10^3a_3 & =13.57,\\ a_0+20a_1+20^2a_2+20^3a_3 & =13.55,\\ a_0+30a_1+30^2a_2+30^3a_3 & =113.52.\end{cases}$$

其系数行列式 $D=\begin{vmatrix}1 & 0 & 0 & 0\\ 1 & 10 & 10^2 & 10^3\\ 1 & 20 & 20^2 & 20^3\\ 1 & 30 & 30^2 & 30^3\end{vmatrix}=12\,000\,000$. 又

$$D_1=\begin{vmatrix}13.60 & 0 & 0 & 0\\ 13.57 & 10 & 10^2 & 10^3\\ 13.55 & 20 & 20^2 & 20^3\\ 13.52 & 30 & 30^2 & 30^3\end{vmatrix}=163\,200\,000,$$

$$D_2=\begin{vmatrix}1 & 13.60 & 0 & 0\\ 1 & 13.57 & 10^2 & 10^3\\ 1 & 13.55 & 20^2 & 20^3\\ 1 & 13.52 & 30^2 & 30^3\end{vmatrix}=-50\,000,$$

$$D_3=\begin{vmatrix}1 & 0 & 13.60 & 0\\ 1 & 10 & 13.57 & 10^3\\ 1 & 20 & 13.55 & 20^3\\ 1 & 30 & 13.52 & 30^3\end{vmatrix}=1\,800,$$

$$D_4=\begin{vmatrix}1 & 0 & 0 & 13.60\\ 1 & 10 & 10^2 & 13.57\\ 1 & 20 & 20^2 & 13.55\\ 1 & 30 & 30^2 & 13.52\end{vmatrix}=-40.$$

所以系数为 $a_0 = 13.60$，$a_1 = -0.0042$，$a_2 = 0.00015$，$a_3 = -0.0000033$.

x，y 的函数关系为 $y = 13.60 - 0.0042x + 0.00015x^2 - 0.0000033x^3$.

代入 $x = 15$，得 $y = 13.56$；代入 $x = 40$，得 $y = 13.46$.

9. 由空间解析几何知，任何一张平面的方程都可以表示成 $Ax + By + Cz + D = 0$ 的三元一次方程，其中 A, B, C, D 是不全为零的常数. 试求过三点 $(1, 1, 1)$，$(2, 3, -1)$，$(3, -1, -1)$ 的平面方程.

解一 将三点 $(1, 1, 1)$，$(2, 3, -1)$，$(3, -1, -1)$ 和平面上的动点 (x, y, z) 代入平面方程，得

$$\begin{cases} Ax+By+Cz+D=0, \\ A+B+C+D=0, \\ 2A+3B-C+D=0, \\ 3A-B-C+D=0. \end{cases}$$

由于 A, B, C, D 不全为零，即上述关于系数 A, B, C, D 的方程组有非零解. 根据齐次线性方程组有非零解的充要条件，得

$$\begin{vmatrix} x & y & z & 1 \\ 1 & 1 & 1 & 1 \\ 2 & 3 & -1 & 1 \\ 3 & -1 & -1 & 1 \end{vmatrix} = 0,$$

化简即得所求平面方程为 $4x + y + 3z - 8 = 0$.

解二 将三点坐标代入平面方程，得到关于系数 A, B, C, D 的方程组：

$$\begin{cases} A+B+C+D=0, \\ 2A+3B-C+D=0, \\ 3A-B-C+D=0. \end{cases}$$

将 D 当作已知数，得

$$\begin{cases} A+B+C=-D, \\ 2A+3B-C=-D, \\ 3A-B-C=-D. \end{cases}$$

由克拉默法则解出 A, B, C 与 D 的关系为 $A = -\frac{D}{2}$，$B = -\frac{D}{8}$，$C = -\frac{3D}{8}$. 代入平面方程中

$$-\frac{D}{2}x - \frac{D}{8}y - \frac{3D}{8}z + D = 0.$$

又因为 A, B, C, D 不全为零，所以化简可得该平面方程为 $4x + y + 3z - 8 = 0$.

七、补充习题

1. 计算下列行列式：

(1) $\begin{vmatrix} 0 & x & y & z \\ x & 0 & z & y \\ y & z & 0 & x \\ z & y & x & 0 \end{vmatrix}$.

(2) n 阶行列式 $D_n=\begin{vmatrix} 1 & 1 & 0 & \cdots & 0 & 0 \\ 0 & 1 & 1 & \cdots & 0 & 0 \\ \vdots & \vdots & \vdots & & \vdots & \vdots \\ 0 & 0 & 0 & \cdots & 1 & 1 \\ 1 & 0 & 0 & \cdots & 0 & 1 \end{vmatrix}$.

(3) n 阶行列式 $D_n=\begin{vmatrix} 0 & 1 & 1 & \cdots & 1 & 1 \\ 1 & 0 & 1 & \cdots & 1 & 1 \\ 1 & 1 & 0 & \cdots & 1 & 1 \\ \vdots & \vdots & \vdots & & \vdots & \vdots \\ 1 & 1 & 1 & \cdots & 1 & 0 \end{vmatrix}$.

(4) n 阶行列式 $D_n=\begin{vmatrix} a_1-b_1 & a_2-b_1 & \cdots & a_n-b_1 \\ a_1-b_2 & a_2-b_2 & \cdots & a_n-b_2 \\ \vdots & \vdots & & \vdots \\ a_1-b_n & a_2-b_n & \cdots & a_n-b_n \end{vmatrix}$ $(n\geqslant 3)$.

(5) n 阶行列式 $D_n=\begin{vmatrix} a_1 & x & x & \cdots & x \\ x & a_2 & x & \cdots & x \\ x & x & a_3 & \cdots & x \\ \vdots & \vdots & \vdots & & \vdots \\ x & x & x & \cdots & a_n \end{vmatrix}$ $(x\neq a_i，i=1，2，\cdots，n)$.

(6) $n+1$ 阶行列式 $D_{n+1}=\begin{vmatrix} a^n & (a-1)^n & \cdots & (a-n)^n \\ a^{n-1} & (a-1)^{n-1} & \cdots & (a-n)^{n-1} \\ \vdots & \vdots & & \vdots \\ a & a-1 & \cdots & a-n \\ 1 & 1 & \cdots & 1 \end{vmatrix}$.

(7) n 阶行列式 $D_n=\begin{vmatrix} 1 & 1 & \cdots & 1 & 1 \\ x_1 & x_2 & \cdots & x_{n-1} & x_n \\ x_1^2 & x_2^2 & \cdots & x_{n-1}^2 & x_n^2 \\ \vdots & \vdots & & \vdots & \vdots \\ x_1^{n-2} & x_2^{n-2} & \cdots & x_{n-1}^{n-2} & x_n^{n-2} \\ x_1^n & x_2^n & \cdots & x_{n-1}^n & x_n^n \end{vmatrix}$.

(8) n 阶行列式 $D=\begin{vmatrix} 1+a_1 & 1 & 1 & \cdots & 1 \\ 1 & 1+a_2 & 1 & \cdots & 1 \\ 1 & 1 & 1+a_3 & \cdots & 1 \\ \vdots & \vdots & \vdots & & \vdots \\ 1 & 1 & 1 & \cdots & 1+a_n \end{vmatrix}$ $(a_i\neq 0,\ i=1,\ 2,\ \cdots,\ n)$.

2. n 阶行列式的元素中零的个数多于 n^2-n，请问该行列式等于多少，为什么？

3. 不计算行列式的值，证明行列式 $\begin{vmatrix} 9 & 1 & 3 & 0 \\ 9 & 9 & 6 & 7 \\ 1 & 2 & 5 & 0 \\ 8 & 6 & 4 & 2 \end{vmatrix}$ 能被 18 整除.

4. 证明下列等式：

(1) n 阶行列式 $D_n=\begin{vmatrix} 2 & 1 & 0 & \cdots & 0 & 0 \\ 1 & 2 & 1 & \cdots & 0 & 0 \\ 0 & 1 & 2 & \cdots & 0 & 0 \\ \vdots & \vdots & \vdots & & \vdots & \vdots \\ 0 & 0 & 0 & \cdots & 1 & 2 \end{vmatrix}=n+1$.

(2) n 阶行列式 $D_n=\begin{vmatrix} \alpha+\beta & \alpha\beta & 0 & \cdots & 0 & 0 \\ 1 & \alpha+\beta & \alpha\beta & \cdots & 0 & 0 \\ 0 & 1 & \alpha+\beta & \cdots & 0 & 0 \\ \vdots & \vdots & \vdots & & \vdots & \vdots \\ 0 & 0 & 0 & \cdots & 1 & \alpha+\beta \end{vmatrix}=\begin{cases} (n+1)\alpha^n, & \alpha=\beta; \\ \dfrac{\beta^{n+1}-\alpha^{n+1}}{\beta-\alpha}, & \alpha\neq\beta. \end{cases}$

(3) $n+1$ 阶行列式

$$D_{n+1}=\begin{vmatrix} n!a_0 & (n-1)!a_1 & (n-2)!a_2 & \cdots & 1!a_{n-1} & a_n \\ -n & x & 0 & \cdots & 0 & 0 \\ 0 & -(n-1) & x & \cdots & 0 & 0 \\ \vdots & \vdots & \vdots & & \vdots & \vdots \\ 0 & 0 & 0 & \cdots & x & 0 \\ 0 & 0 & 0 & \cdots & -1 & x \end{vmatrix}$$

$$=n!(a_0x^n+a_1x^{n-1}+\cdots+a_{n-1}x+a_n).$$

(4) $n+1$ 阶行列式

$$D_n=\begin{vmatrix} \cos\alpha & 1 & 0 & \cdots & 0 & 0 \\ 1 & 2\cos\alpha & 1 & \cdots & 0 & 0 \\ 0 & 1 & 2\cos\alpha & \cdots & 0 & 0 \\ \vdots & \vdots & \vdots & & \vdots & \vdots \\ 0 & 0 & 0 & \cdots & 1 & 2\cos\alpha \end{vmatrix}=\cos n\alpha.$$

解答和提示

1. 计算下列行列式：

(1) $\begin{vmatrix} 0 & x & y & z \\ x & 0 & z & y \\ y & z & 0 & x \\ z & y & x & 0 \end{vmatrix} = -x\begin{vmatrix} x & y & z \\ z & 0 & x \\ y & x & 0 \end{vmatrix} + y\begin{vmatrix} x & y & z \\ 0 & z & y \\ y & x & 0 \end{vmatrix} - z\begin{vmatrix} x & y & z \\ 0 & z & y \\ z & 0 & x \end{vmatrix}$

$= -x(xz^2 + xy^2 - x^3) + y(y^3 - yz^2 - x^2y) - z(x^2z + y^2z - z^3)$

$= x^4 + y^4 + z^4 - 2(x^2y^2 + y^2z^2 + x^2z^2)$.

(2) 按第一列展开得：

$$D_n = \begin{vmatrix} 1 & 1 & \cdots & 0 & 0 \\ 0 & 1 & \cdots & 0 & 0 \\ \vdots & \vdots & & \vdots & \vdots \\ 0 & 0 & \cdots & 1 & 1 \\ 0 & 0 & \cdots & 0 & 1 \end{vmatrix} + (-1)^{n+1}\begin{vmatrix} 1 & 0 & \cdots & 0 & 0 \\ 1 & 1 & \cdots & 0 & 0 \\ \vdots & \vdots & & \vdots & \vdots \\ 0 & 0 & \cdots & 1 & 0 \\ 0 & 0 & \cdots & 1 & 1 \end{vmatrix} = 1 + (-1)^{n+1}.$$

(3) 将行列式后 $n-1$ 列都加到第一列，再从第二行起都减去第一行：

$$D_n = (n-1)\begin{vmatrix} 1 & 1 & 1 & \cdots & 1 & 1 \\ 1 & 0 & 1 & \cdots & 1 & 1 \\ 1 & 1 & 0 & \cdots & 1 & 1 \\ \vdots & \vdots & \vdots & & \vdots & \vdots \\ 1 & 1 & 1 & \cdots & 1 & 0 \end{vmatrix} = (n-1)\begin{vmatrix} 1 & 1 & 1 & \cdots & 1 & 1 \\ 0 & -1 & 0 & \cdots & 0 & 0 \\ 0 & 0 & -1 & \cdots & 0 & 0 \\ \vdots & \vdots & \vdots & & \vdots & \vdots \\ 0 & 0 & 0 & \cdots & 0 & -1 \end{vmatrix}$$

$= (-1)^{(n-1)}(n-1)$.

(4) $D_n = \begin{vmatrix} 1 & 0 & 0 & \cdots & 0 \\ b_1 & a_1-b_1 & a_2-b_1 & \cdots & a_n-b_1 \\ b_2 & a_1-b_2 & a_2-b_2 & \cdots & a_n-b_2 \\ \vdots & \vdots & \vdots & & \vdots \\ b_n & a_1-b_n & a_2-b_n & \cdots & a_n-b_n \end{vmatrix} = \begin{vmatrix} 1 & 1 & 1 & \cdots & 1 \\ b_1 & a_1 & a_2 & \cdots & a_n \\ b_2 & a_1 & a_2 & \cdots & a_n \\ \vdots & \vdots & \vdots & & \vdots \\ b_n & a_1 & a_2 & \cdots & a_n \end{vmatrix}$

再按第一行展开，所得的 $n+1$ 个 n 阶行列式都有两列相同，故 $D_n = 0$.

(5) 先从第二行起减去第一行，再提取每一列的公因式：

$$D_n = \begin{vmatrix} a_1 & x & x & \cdots & x \\ x-a_1 & a_2-x & 0 & \cdots & 0 \\ x-a_1 & 0 & a_3-x & \cdots & 0 \\ \vdots & \vdots & \vdots & & \vdots \\ x-a_1 & 0 & 0 & \cdots & a_n-x \end{vmatrix}$$

$$= \prod_{i=1}^{n}(x-a_i)\begin{vmatrix} \frac{a_1}{x-a_1} & \frac{x}{x-a_2} & \frac{x}{x-a_3} & \cdots & \frac{x}{x-a_n} \\ 1 & -1 & 0 & \cdots & 0 \\ 1 & 0 & -1 & \cdots & 0 \\ \vdots & \vdots & \vdots & & \vdots \\ 1 & 0 & 0 & \cdots & -1 \end{vmatrix}$$

$$
=\prod_{i=1}^{n}(x-a_i)\begin{vmatrix} \frac{a_1}{x-a_1}+\sum_{i=2}^{n}\frac{x}{x-a_i} & \frac{x}{x-a_2} & \frac{x}{x-a_3} & \cdots & \frac{x}{x-a_n} \\ 0 & -1 & 0 & \cdots & 0 \\ 0 & 0 & -1 & \cdots & 0 \\ \vdots & \vdots & \vdots & & \vdots \\ 0 & 0 & 0 & \cdots & -1 \end{vmatrix}
$$

$$
=(-1)^{n-1}\left(\frac{a_1}{x-a_1}+\sum_{i=2}^{n}\frac{x}{x-a_i}\right)\prod_{i=1}^{n}(x-a_i)
$$

$$
=(-1)^{n-1}(-1+\sum_{i=1}^{n}\frac{x}{x-a_i})\prod_{i=1}^{n}(x-a_i).
$$

(6) 将第一行逐行下移至第 $n+1$ 行，再将原行列式的第二行逐行下移至第 n 行，经过 $\frac{n(n+1)}{2}$ 次互换后，得

$$
D_{n+1}=(-1)^{\frac{n(n+1)}{2}}\begin{vmatrix} 1 & 1 & \cdots & 1 \\ a & a-1 & \cdots & a-n \\ \vdots & \vdots & & \vdots \\ a^{n-1} & (a-1)^{n-1} & \cdots & (a-n)^{n-1} \\ a^n & (a-1)^n & \cdots & (a-n)^n \end{vmatrix}=(-1)^{\frac{n(n+1)}{2}}\prod_{0\leqslant i<j\leqslant n}[(a-j)-(a-i)]
$$

$$
=(-1)^{\frac{n(n+1)}{2}}\prod_{0\leqslant i<j\leqslant n}(i-j).
$$

(7) 考虑 $n+1$ 阶范德蒙德行列式 $D=\begin{vmatrix} 1 & 1 & 1 & \cdots & 1 & 1 \\ x & x_1 & x_2 & \cdots & x_{n-1} & x_n \\ x^2 & x_1^2 & x_2^2 & \cdots & x_{n-1}^2 & x_n^2 \\ \vdots & \vdots & \vdots & & \vdots & \vdots \\ x^{n-2} & x_1^{n-2} & x_2^{n-2} & \cdots & x_{n-1}^{n-2} & x_n^{n-2} \\ x^{n-1} & x_1^{n-1} & x_2^{n-1} & \cdots & x_{n-1}^{n-1} & x_n^{n-1} \\ x^n & x_1^n & x_2^n & \cdots & x_{n-1}^n & x_n^n \end{vmatrix}$ 按第一列展开式，显见 $(-1)^{n+1}D_1$ 等于 D 中 x^{n-1} 的系数. 又因为

$$
D=\prod_{1\leqslant i\leqslant n}(x_i-x)\prod_{1\leqslant i<j\leqslant n}(x_j-x_i)=(-1)^n\prod_{1\leqslant i\leqslant n}(x-x_i)\prod_{1\leqslant i<j\leqslant n}(x_j-x_i),
$$

其 x^{n-1} 的系数为 $(-1)^{n+1}\sum_{i=1}^{n}x_i\prod_{1\leqslant i<j\leqslant n}(x_j-x_i)$，所以 $D_1=\sum_{i=1}^{n}x_i\prod_{1\leqslant i<j\leqslant n}(x_j-x_i)$.

$$
(8)\ D=\begin{vmatrix} 1 & 1 & 1 & \cdots & 1 \\ 0 & 1+a_1 & 1 & \cdots & 1 \\ 0 & 1 & 1+a_2 & \cdots & 1 \\ \vdots & \vdots & \vdots & & \vdots \\ 0 & 1 & 1 & \cdots & 1+a_n \end{vmatrix}=\begin{vmatrix} 1 & 1 & 1 & \cdots & 1 \\ -1 & a_1 & 0 & \cdots & 0 \\ -1 & 0 & a_2 & \cdots & 0 \\ \vdots & \vdots & \vdots & & \vdots \\ -1 & 0 & 0 & \cdots & a_n \end{vmatrix}
$$

$$= \begin{vmatrix} 1+\sum_{i=1}^{n}\frac{1}{a_i} & 0 & 0 & \cdots & 0 \\ -1 & a_1 & 0 & \cdots & 0 \\ -1 & 0 & a_2 & \cdots & 0 \\ \vdots & \vdots & \vdots & & \vdots \\ -1 & 0 & 0 & \cdots & a_n \end{vmatrix} = (1+\sum_{i=1}^{n}\frac{1}{a_i})a_1a_2\cdots a_n.$$

2. 解:该行列式等于零.根据鸽笼原理,$n(n-1)+1$个零排成n行,至少有一行的n个数全为零,因此行列式等于零.(鸽笼原理:将$mn+1$只鸟放进n个鸽笼,至少有一个鸽笼有不少于$m+1$只鸟)

3. 证: $\begin{vmatrix} 9 & 1 & 3 & 0 \\ 9 & 9 & 6 & 7 \\ 1 & 2 & 5 & 0 \\ 8 & 6 & 4 & 2 \end{vmatrix} = \begin{vmatrix} 9\,918 & 1\,926 & 3\,654 & 702 \\ 9 & 9 & 6 & 7 \\ 1 & 2 & 5 & 0 \\ 8 & 6 & 4 & 2 \end{vmatrix}$,其中9 918,1 926,3 654,702都是偶数,能被2整除;同时它们的各个数字之和是9的倍数,所以又能被9整除.因此,这四个数都能被18整除,即后一个行列式的第一行有公因子18,因此该行列式可被18整除.

4. 证明下列等式.

(1) 证: $D_1 = 2 = 1+1$, $D_2 = \begin{vmatrix} 2 & 1 \\ 1 & 2 \end{vmatrix} = 2+1$.

假设$n<k$时等式成立,那么将D_k按第一行展开有

$$D_k = 2D_{k-1} - \begin{vmatrix} 1 & 1 & 0 & \cdots & 0 & 0 \\ 0 & 2 & 1 & \cdots & 0 & 0 \\ 0 & 1 & 2 & \cdots & 0 & 0 \\ \vdots & \vdots & \vdots & & \vdots & \vdots \\ 0 & 0 & 0 & \cdots & 1 & 2 \end{vmatrix} = 2(k-1+1) - D_{k-2}$$

$$= 2(k-1+1)-(k-2+1) = k+1,$$

等式也成立.综上有$D_n = n+1$.

(2) 证: $D_1 = \alpha+\beta$,

$$D_2 = \begin{vmatrix} \alpha+\beta & \alpha\beta \\ 1 & \alpha+\beta \end{vmatrix} = \alpha^2+\alpha\beta+\beta^2 = \begin{cases} 3\alpha^2, \ \alpha=\beta; \\ \dfrac{\alpha^3-\beta^3}{\alpha-\beta}, \ \alpha\neq\beta \end{cases}$$,等式成立.

假设$n<k$时等式成立,那么将D_k按第一行展开有

$$D_k = (\alpha+\beta)D_{k-1} - \alpha\beta \begin{vmatrix} 1 & \alpha\beta & 0 & \cdots & 0 & 0 \\ 0 & \alpha+\beta & \alpha\beta & \cdots & 0 & 0 \\ 0 & 1 & \alpha+\beta & \cdots & 0 & 0 \\ \vdots & \vdots & \vdots & & \vdots & \vdots \\ 0 & 0 & 0 & \cdots & 1 & \alpha+\beta \end{vmatrix} = (\alpha+\beta)D_{k-1} - \alpha\beta D_{k-2}.$$

当$\alpha=\beta$时

$$D_k=(\alpha+\beta)D_{k-1}-\alpha\beta D_{k-2}=2\alpha\times k\alpha^{k-1}-\alpha^2\times(k-1)\alpha^{k-2}=(k+1)\alpha^k;$$

当 $\alpha\neq\beta$ 时

$$D_k=(\alpha+\beta)D_{k-1}-\alpha\beta D_{k-2}=(\alpha+\beta)\frac{\beta^k-\alpha^k}{\beta-\alpha}-\alpha\beta\frac{\beta^{k-1}-\alpha^{k-1}}{\beta-\alpha}=\frac{\beta^{k+1}-\alpha^{k+1}}{\beta-\alpha},$$

等式依然成立. 综上所述,所证等式成立.

(3) 证:将行列式按第一列展开得递推式

$$\begin{aligned}D_{n+1}&=n!a_0x^n-(-n)D_n=n!a_0x^n+n((n-1)!a_1x^{n-1}-(-n+1)D_{n-1})\\&=n!a_0x^n+n!a_1x^{n-1}+n(n-1)D_{n-1}=\cdots\\&=n!a_0x^n+n!a_1x^{n-1}+\cdots+n!a_{n-2}x^2+n(n-1)\cdots2D_2,\end{aligned}$$

注意到 $D_2=\begin{vmatrix}1!a_{n-1}&a_n\\-1&x\end{vmatrix}=a_{n-1}x+a_n$, 所以

$$D_{n+1}=n!(a_0x^n+a_1x^{n-1}+\cdots+a_{n-1}x+a_n).$$

(4) 证: $D_1=\cos\alpha$, $D_2=\begin{vmatrix}\cos\alpha&1\\1&2\cos\alpha\end{vmatrix}=2\cos^2\alpha-1=\cos2\alpha$, 等式成立.

假设 $n<k$ 时等式成立,那么将 D_k 按第 n 行展开有

$$\begin{aligned}D_n&=2\cos\alpha D_{n-1}-D_{n-2}=2\cos\alpha\cos(n-1)\alpha-\cos(n-2)\alpha\\&=2\cos\alpha(\cos n\alpha\cos\alpha+\sin n\alpha\sin\alpha)-\cos n\alpha\cos2\alpha-\sin n\alpha\sin2\alpha\\&=2\cos n\alpha\cos^2\alpha+2\sin n\alpha\cos\alpha\sin\alpha-\cos n\alpha(2\cos^2\alpha-1)-2\sin n\alpha\sin\alpha\cos\alpha\\&=\cos n\alpha.\end{aligned}$$

第二章　矩　　阵

一、基 本 要 求

1. 理解矩阵的概念，知道零矩阵、对角矩阵、单位矩阵、对称矩阵、反对称矩阵等特殊矩阵的定义与性质.

2. 熟练掌握矩阵的线性运算(加法、数乘)、矩阵与矩阵的乘法、矩阵的转置、方阵的幂、方阵的行列式以及它们的运算规律.

3. 理解逆矩阵的概念，掌握逆矩阵的性质以及矩阵可逆的充分必要条件. 理解伴随矩阵的概念与性质，会用伴随矩阵求矩阵的逆.

4. 理解矩阵分块的原则，了解分块矩阵及分块对角矩阵的运算规律.

5. 了解初等变换、初等矩阵及矩阵等价的概念，掌握用初等变换求逆矩阵和解矩阵方程的方法.

二、内 容 提 要

1. 矩阵的概念

(1) 矩阵的定义

$m\times n$ 矩阵是由 $m\times n$ 个数 $a_{ij}(i=1, 2, \cdots, m; j=1, 2, \cdots, n)$ 排成 m 行 n 列的数表

$$\boldsymbol{A}=\begin{bmatrix} a_{11} & a_{12} & \cdots & a_{1n} \\ a_{21} & a_{22} & \cdots & a_{2n} \\ \vdots & \vdots & & \vdots \\ a_{m1} & a_{m2} & \cdots & a_{mn} \end{bmatrix}$$

其中元素 a_{ij} 位于第 i 行第 j 列，$m\times n$ 矩阵也可以简记为 $\boldsymbol{A}=(a_{ij})_{m\times n}$ 或 $\boldsymbol{A}_{m\times n}$. $n\times n$ 矩阵称为 n 阶方阵，记为 $\boldsymbol{A}_n$；$a_{11}, a_{22}, \cdots, a_{nn}$ 称为方阵 $\boldsymbol{A}_n$ 的主对角线

元素.

(2) 一些特殊矩阵的概念

零矩阵:所有元素都为 0 的矩阵,记为 $\boldsymbol{O}$ 或 $\boldsymbol{O}_{m\times n}$.

行矩阵:只有一行的矩阵.

列矩阵:只有一列的矩阵.

对角矩阵:除主对角线元素之外,其余元素均为 0 的 n 阶方阵,称为 n 阶对角矩阵. 主对角线元素为 $a_1, a_2, \cdots, a_n$ 的 n 阶对角矩阵记作 $\mathrm{diag}(a_1, a_2, \cdots, a_n)$.

单位矩阵:主对角线元素都为 1 的对角矩阵,记为 $\boldsymbol{E}$.

三角矩阵:主对角线以下元素全为零的 n 阶方阵,称为 n 阶上三角矩阵;主对角线以上元素全为零的 n 阶方阵,称为 n 阶下三角矩阵. 上、下三角矩阵统称为三角矩阵.

负矩阵:设矩阵 $\boldsymbol{A}=(a_{ij})_{m\times n}$, 称矩阵 $(-a_{ij})_{m\times n}$ 为 $\boldsymbol{A}$ 的负矩阵,记为 $-\boldsymbol{A}$.

2. 矩阵的线性运算

(1) 矩阵的加法

设同型矩阵 $\boldsymbol{A}=(a_{ij})_{m\times n}$, $\boldsymbol{B}=(b_{ij})_{m\times n}$, 则矩阵

$$\boldsymbol{C}=(c_{ij})_{m\times n}=(a_{ij}+b_{ij})_{m\times n}$$

称为矩阵 $\boldsymbol{A}$ 与 $\boldsymbol{B}$ 的和,记作 $\boldsymbol{C}=\boldsymbol{A}+\boldsymbol{B}$.

规定矩阵减法为: $\boldsymbol{A}-\boldsymbol{B}=\boldsymbol{A}+(-\boldsymbol{B})$.

矩阵加法满足的运算律如下:

交换律: $\boldsymbol{A}+\boldsymbol{B}=\boldsymbol{B}+\boldsymbol{A}$.

结合律: $(\boldsymbol{A}+\boldsymbol{B})+\boldsymbol{C}=\boldsymbol{A}+(\boldsymbol{B}+\boldsymbol{C})$.

(2) 矩阵的数乘

设矩阵 $\boldsymbol{A}=(a_{ij})_{m\times n}$, k 是一个数,则矩阵 $(ka_{ij})_{m\times n}$ 称为数 k 与矩阵 $\boldsymbol{A}$ 的乘积,记作 $k\boldsymbol{A}$.

数乘满足的运算律如下:

结合律: $(kl)\boldsymbol{A}=k(l\boldsymbol{A})$.

分配律: $(k+l)\boldsymbol{A}=k\boldsymbol{A}+l\boldsymbol{A}$;

$$k(\boldsymbol{A}+\boldsymbol{B})=k\boldsymbol{A}+k\boldsymbol{B}.$$

3. 矩阵的乘法

设 $\boldsymbol{A}=(a_{ij})$ 是一个 $m\times s$ 矩阵, $\boldsymbol{B}=(b_{ij})$ 是一个 $s\times n$ 矩阵,规定矩阵 $\boldsymbol{A}$ 与 $\boldsymbol{B}$ 的乘积是一个 $m\times n$ 矩阵 $\boldsymbol{C}=(c_{ij})$, 记为 $\boldsymbol{C}=\boldsymbol{A}\boldsymbol{B}$, 其中

$$c_{ij}=a_{i1}b_{1j}+a_{i2}b_{2j}+\cdots+a_{is}b_{sj}$$
$$=\sum_{k=1}^{s}a_{ik}b_{kj}\ (i=1,2,\cdots,m;\ j=1,2,\cdots,n).$$

矩阵乘法满足的运算律如下：

结合律：$(\boldsymbol{AB})\boldsymbol{C}=\boldsymbol{A}(\boldsymbol{BC})$；

$(k\boldsymbol{A})\boldsymbol{B}=\boldsymbol{A}(k\boldsymbol{B})=k\boldsymbol{AB}$.

分配律：$\boldsymbol{A}(\boldsymbol{B}+\boldsymbol{C})=\boldsymbol{AB}+\boldsymbol{AC}$；

$(\boldsymbol{A}+\boldsymbol{B})\boldsymbol{C}=\boldsymbol{AC}+\boldsymbol{BC}$.

矩阵乘法一般不满足交换律和消去律.

4. 矩阵的转置

把矩阵 $\boldsymbol{A}$ 的行列依次互换，所得到的矩阵称为 $\boldsymbol{A}$ 的转置矩阵，记为 $\boldsymbol{A}^{\mathrm{T}}$ 或 $\boldsymbol{A}'$. 即若 $\boldsymbol{A}=(a_{ij})_{m\times n}$，则有 $\boldsymbol{A}^{\mathrm{T}}=(a_{ji})_{n\times m}$.

转置矩阵具有如下运算性质：

(1) $(\boldsymbol{A}^{\mathrm{T}})^{\mathrm{T}}=\boldsymbol{A}$.

(2) $(\boldsymbol{A}+\boldsymbol{B})^{\mathrm{T}}=\boldsymbol{A}^{\mathrm{T}}+\boldsymbol{B}^{\mathrm{T}}$.

(3) $(k\boldsymbol{A})^{\mathrm{T}}=k\boldsymbol{A}^{\mathrm{T}}$.

(4) $(\boldsymbol{AB})^{\mathrm{T}}=\boldsymbol{B}^{\mathrm{T}}\boldsymbol{A}^{\mathrm{T}}$.

对称矩阵：若 n 阶方阵 $\boldsymbol{A}$ 满足 $\boldsymbol{A}^{\mathrm{T}}=\boldsymbol{A}$，则称 $\boldsymbol{A}$ 为对称矩阵.

反对称矩阵：若 n 阶方阵 $\boldsymbol{A}$ 满足 $\boldsymbol{A}^{\mathrm{T}}=-\boldsymbol{A}$，则称 $\boldsymbol{A}$ 为反对称矩阵.

5. 方阵的幂

设 $\boldsymbol{A}$ 为 n 阶方阵，k 为正整数，称 k 个 $\boldsymbol{A}$ 的乘积为 $\boldsymbol{A}$ 的 k 次乘幂，简称为 $\boldsymbol{A}$ 的 k 次幂，记为 $\boldsymbol{A}^k$. 即 $\boldsymbol{A}^k=\underbrace{\boldsymbol{AA}\cdots\boldsymbol{A}}_{k个}$.

方阵的乘幂具有如下运算性质(其中 $\boldsymbol{A}$ 为方阵，k，l 为正整数)：

(1) $\boldsymbol{A}^k\boldsymbol{A}^l=\boldsymbol{A}^{k+l}$.

(2) $(\boldsymbol{A}^k)^l=\boldsymbol{A}^{kl}$.

(3) 若 $\boldsymbol{AB}=\boldsymbol{BA}$ (称 $\boldsymbol{A}$，$\boldsymbol{B}$ 可交换)，则 $(\boldsymbol{AB})^k=\boldsymbol{A}^k\boldsymbol{B}^k$，$(\boldsymbol{A}\pm\boldsymbol{B})^2=\boldsymbol{A}^2\pm 2\boldsymbol{AB}+\boldsymbol{B}^2$，$(\boldsymbol{A}+\boldsymbol{B})(\boldsymbol{A}-\boldsymbol{B})=\boldsymbol{A}^2-\boldsymbol{B}^2$.

6. 方阵的行列式

由 n 阶方阵 $\boldsymbol{A}$ 的元素按照原来的相对位置构成的行列式称为方阵 $\boldsymbol{A}$ 的行列式，记为 $|\boldsymbol{A}|$ 或 $\det\boldsymbol{A}$.

n 阶方阵的行列式具有如下运算性质：

(1) $|\boldsymbol{A}^{\mathrm{T}}|=|\boldsymbol{A}|$.

(2) $|\boldsymbol{AB}|=|\boldsymbol{A}||\boldsymbol{B}|$，$|\boldsymbol{A}^k|=|\boldsymbol{A}|^k$.

(3) $|k\boldsymbol{A}|=k^n|\boldsymbol{A}|$.

7. 逆矩阵

(1) 逆矩阵的定义

对于 n 阶方阵 $\boldsymbol{A}$，如果有一个 n 阶方阵 $\boldsymbol{B}$，使

$$\boldsymbol{AB}=\boldsymbol{BA}=\boldsymbol{E},$$

则称 $\boldsymbol{A}$ 为可逆矩阵，并把矩阵 $\boldsymbol{B}$ 称为 $\boldsymbol{A}$ 的逆矩阵，简称逆阵，记作 $\boldsymbol{A}^{-1}$. 于是

$$\boldsymbol{AA}^{-1}=\boldsymbol{A}^{-1}\boldsymbol{A}=\boldsymbol{E}.$$

(2) 伴随矩阵的定义与性质

$\boldsymbol{A}^*=\begin{bmatrix} A_{11} & A_{21} & \cdots & A_{n1} \\ A_{12} & A_{22} & \cdots & A_{n2} \\ \vdots & \vdots & & \vdots \\ A_{1n} & A_{2n} & \cdots & A_{nn} \end{bmatrix}$ 称为方阵 $\boldsymbol{A}$ 的伴随矩阵，其中 A_{ij} 是行列式 $|\boldsymbol{A}|$ 中元素 a_{ij} 的代数余子式 $(i, j=1, 2, \cdots, n)$.

对于方阵 $\boldsymbol{A}$，总有 $\boldsymbol{AA}^*=\boldsymbol{A}^*\boldsymbol{A}=|\boldsymbol{A}|\boldsymbol{E}$.

(3) 矩阵可逆的充分必要条件

定理：n 阶方阵 $\boldsymbol{A}=(a_{ij})$ 可逆的充分必要条件是 $|\boldsymbol{A}|\neq 0$，且 $\boldsymbol{A}^{-1}=\dfrac{\boldsymbol{A}^*}{|\boldsymbol{A}|}$.

(4) 逆矩阵的性质

① $(\boldsymbol{A}^{-1})^{-1}=\boldsymbol{A}$.

② $(k\boldsymbol{A})^{-1}=\dfrac{1}{k}\boldsymbol{A}^{-1}$.

③ $(\boldsymbol{AB})^{-1}=\boldsymbol{B}^{-1}\boldsymbol{A}^{-1}$.

④ $(\boldsymbol{A}^{\mathrm{T}})^{-1}=(\boldsymbol{A}^{-1})^{\mathrm{T}}$.

⑤ $|\boldsymbol{A}^{-1}|=|\boldsymbol{A}|^{-1}$.

8. 分块矩阵

(1) 分块矩阵的定义

用若干条横线和纵线把矩阵 $\boldsymbol{A}$ 分成许多小块，每一个小矩阵称为 $\boldsymbol{A}$ 的子块，以 $\boldsymbol{A}$ 的每一子块作为一个元素构成的矩阵称为分块矩阵. 分块矩阵的优点在于：当进行矩阵运算时，在适当的分块之下，可以把每个子块看作"数"来运算.

(2) 分块对角矩阵

设分块矩阵 $\boldsymbol{A}=\begin{bmatrix}\boldsymbol{A}_1 & \boldsymbol{O} & \cdots & \boldsymbol{O}\\ \boldsymbol{O} & \boldsymbol{A}_2 & \cdots & \boldsymbol{O}\\ \vdots & \vdots & & \vdots\\ \boldsymbol{O} & \boldsymbol{O} & \cdots & \boldsymbol{A}_s\end{bmatrix}$，其中 $\boldsymbol{A}_i(i=1,2,\cdots,s)$ 都是方阵，则称方阵 $\boldsymbol{A}$ 为分块对角阵或准对角阵. 分块对角阵有类似于对角阵的性质.

(3) 分块对角阵的运算性质

① $\begin{vmatrix}\boldsymbol{A} & \boldsymbol{C}\\ \boldsymbol{O} & \boldsymbol{B}\end{vmatrix}=\begin{vmatrix}\boldsymbol{A} & \boldsymbol{O}\\ \boldsymbol{D} & \boldsymbol{B}\end{vmatrix}=\begin{vmatrix}\boldsymbol{A} & \boldsymbol{O}\\ \boldsymbol{O} & \boldsymbol{B}\end{vmatrix}=|\boldsymbol{A}||\boldsymbol{B}|$，其中 $\boldsymbol{A}$，$\boldsymbol{B}$ 为方阵；

② $\begin{bmatrix}\boldsymbol{A} & \boldsymbol{C}\\ \boldsymbol{O} & \boldsymbol{B}\end{bmatrix}^{-1}=\begin{bmatrix}\boldsymbol{A}^{-1} & -\boldsymbol{A}^{-1}\boldsymbol{C}\boldsymbol{B}^{-1}\\ \boldsymbol{O} & \boldsymbol{B}^{-1}\end{bmatrix}$，其中 $\boldsymbol{A}$，$\boldsymbol{B}$ 为可逆方阵；

$\begin{bmatrix}\boldsymbol{A} & \boldsymbol{O}\\ \boldsymbol{C} & \boldsymbol{B}\end{bmatrix}^{-1}=\begin{bmatrix}\boldsymbol{A}^{-1} & \boldsymbol{O}\\ -\boldsymbol{B}^{-1}\boldsymbol{C}\boldsymbol{A}^{-1} & \boldsymbol{B}^{-1}\end{bmatrix}$，其中 $\boldsymbol{A}$，$\boldsymbol{B}$ 为可逆方阵；

③ 分块对角阵 $\boldsymbol{A}=\begin{bmatrix}\boldsymbol{A}_1 & \boldsymbol{O} & \cdots & \boldsymbol{O}\\ \boldsymbol{O} & \boldsymbol{A}_2 & \cdots & \boldsymbol{O}\\ \vdots & \vdots & & \vdots\\ \boldsymbol{O} & \boldsymbol{O} & \cdots & \boldsymbol{A}_s\end{bmatrix}$，$\boldsymbol{A}$ 可逆的充分必要条件是 $\boldsymbol{A}_i(i=1,2,\cdots,s)$ 都是可逆方阵，且 $\boldsymbol{A}^{-1}=\begin{bmatrix}\boldsymbol{A}_1^{-1} & \boldsymbol{O} & \cdots & \boldsymbol{O}\\ \boldsymbol{O} & \boldsymbol{A}_2^{-1} & \cdots & \boldsymbol{O}\\ \vdots & \vdots & & \vdots\\ \boldsymbol{O} & \boldsymbol{O} & \cdots & \boldsymbol{A}_s^{-1}\end{bmatrix}$.

9. 矩阵的初等变换和初等矩阵

(1) 矩阵的初等变换

① 互换矩阵中的任意两行(列)，记为 $r_i\leftrightarrow r_j$ (或 $c_i\leftrightarrow c_j$).

② 用一个非零常数 k 乘矩阵的某一行(列)，记为 kr_i (或 kc_j).

③ 用一个常数 k 乘矩阵的第 i 行(列)加到第 j 行(列)上去，记为 r_j+kr_i(或 c_j+kc_i).

上述三种变换统称为矩阵的初等变换. 对行作的初等变换称为初等行变换，对列作的初等变换称为初等列变换.

(2) 初等矩阵

单位矩阵 $\boldsymbol{E}$ 经过一次初等变换所得到的矩阵称为初等矩阵。三种初等变换对应三种初等矩阵.

初等矩阵的性质：

① 初等矩阵是可逆矩阵，并且其逆矩阵是同类型的初等矩阵.

② 设 $\boldsymbol{A}$ 是一个 $m\times n$ 矩阵，对矩阵 $\boldsymbol{A}$ 作一次初等行变换，相当于在 $\boldsymbol{A}$ 的左边乘以相应的 m 阶初等矩阵；对矩阵 $\boldsymbol{A}$ 作一次初等列变换，相当于在 $\boldsymbol{A}$ 的右边乘以相应的 n 阶初等矩阵.

③ 方阵 $\boldsymbol{A}$ 可逆的充分必要条件是 $\boldsymbol{A}$ 可以表示为若干个初等矩阵的乘积.

(3) 初等变换求逆矩阵

构造一个 $n\times 2n$ 矩阵 $(\boldsymbol{A},\boldsymbol{E})$，对其施行一系列初等行变换，当 $\boldsymbol{A}$ 化为单位矩阵 $\boldsymbol{E}$ 时，单位矩阵 $\boldsymbol{E}$ 就相应地化为 $\boldsymbol{A}^{-1}$，即 $(\boldsymbol{A},\boldsymbol{E})\xrightarrow{r}(\boldsymbol{E},\boldsymbol{A}^{-1})$.

三、重点难点

本章重点 矩阵的运算及其性质，逆矩阵的概念与计算.

本章难点 矩阵的乘法运算及其性质，逆矩阵的相关性质，矩阵的初等变换与初等矩阵的关系.

四、常见错误

错误 1 (1) $(\boldsymbol{A}\pm\boldsymbol{B})^2=\boldsymbol{A}^2\pm 2\boldsymbol{AB}+\boldsymbol{B}^2$； (2) $(\boldsymbol{A}+\boldsymbol{B})(\boldsymbol{A}-\boldsymbol{B})=\boldsymbol{A}^2-\boldsymbol{B}^2$.

分析 矩阵乘法不满足交换律，通常 $\boldsymbol{AB}\neq\boldsymbol{BA}$. 一般有

(1) $(\boldsymbol{A}+\boldsymbol{B})^2=(\boldsymbol{A}+\boldsymbol{B})(\boldsymbol{A}+\boldsymbol{B})=\boldsymbol{A}^2+\boldsymbol{AB}+\boldsymbol{BA}+\boldsymbol{B}^2$.

$(\boldsymbol{A}-\boldsymbol{B})^2=(\boldsymbol{A}-\boldsymbol{B})(\boldsymbol{A}-\boldsymbol{B})=\boldsymbol{A}^2-\boldsymbol{AB}-\boldsymbol{BA}+\boldsymbol{B}^2$.

(2) $(\boldsymbol{A}+\boldsymbol{B})(\boldsymbol{A}-\boldsymbol{B})=\boldsymbol{A}^2-\boldsymbol{AB}+\boldsymbol{BA}-\boldsymbol{B}^2$.

错误 2 (1) 若 $\boldsymbol{AB}=\boldsymbol{O}$，则 $\boldsymbol{A}=\boldsymbol{O}$ 或 $\boldsymbol{B}=\boldsymbol{O}$.

(2) $\boldsymbol{A}^2=\boldsymbol{E}$，即 $(\boldsymbol{A}-\boldsymbol{E})(\boldsymbol{A}+\boldsymbol{E})=\boldsymbol{O}$，则 $\boldsymbol{A}=\boldsymbol{E}$ 或 $\boldsymbol{A}=-\boldsymbol{E}$.

(3) $\boldsymbol{AB}=\boldsymbol{AC}$ 且 $\boldsymbol{A}\neq\boldsymbol{O}$，则 $\boldsymbol{B}=\boldsymbol{C}$.

分析 由于两个非零矩阵的乘积可能是零矩阵，所以矩阵乘法不满足消去律.

错误 3 $\boldsymbol{A}$ 为 n 阶方阵时，$|k\boldsymbol{A}|=k|\boldsymbol{A}|$. 例如 $|-\boldsymbol{A}|=-|\boldsymbol{A}|$.

分析 k 乘以行列式 $|\boldsymbol{A}|$ 是将行列式的某一行(列)乘以 k，而 k 乘以矩阵 $\boldsymbol{A}$ 是将矩阵 $\boldsymbol{A}$ 的每个元素都乘以 k. 在这一点上，两者完全不同. 请读者注意. 由行列式的性质可知

$$|k\boldsymbol{A}|=\begin{vmatrix}ka_{11}&ka_{12}&\cdots&ka_{1n}\\ka_{21}&ka_{22}&\cdots&ka_{2n}\\\vdots&\vdots&&\vdots\\ka_{n1}&ka_{n2}&\cdots&ka_{nn}\end{vmatrix}=k^n\begin{vmatrix}a_{11}&a_{12}&\cdots&a_{1n}\\a_{21}&a_{22}&\cdots&a_{2n}\\\vdots&\vdots&&\vdots\\a_{n1}&a_{n2}&\cdots&a_{nn}\end{vmatrix}=k^n|\boldsymbol{A}|.$$

错误 4 $A^* = \begin{bmatrix} A_{11} & A_{12} & \cdots & A_{1n} \\ A_{21} & A_{22} & \cdots & A_{2n} \\ \vdots & \vdots & & \vdots \\ A_{n1} & A_{n2} & \cdots & A_{nn} \end{bmatrix}$.

分析 引入矩阵 A 的伴随矩阵 A^* 是为了求矩阵 A 的逆矩阵 A^{-1}. 如果读者留意 $AA^* = A^*A = |A|E$ 的证明过程,便不难理解伴随矩阵 A^* 的定义,也就不会出现上述错误了.

五、典 型 例 题

【例 1】 设矩阵 $A = \begin{pmatrix} 1 & -3 & 2 \\ -2 & 1 & -1 \\ 1 & 2 & -1 \end{pmatrix}$, $B = \begin{pmatrix} 2 & 5 & 4 \\ 4 & -2 & 2 \\ 1 & 4 & 1 \end{pmatrix}$, 计算 $4A^2 - B^2 - 2BA + 2AB$.

解
$$\begin{aligned} 4A^2 - B^2 - 2BA + 2AB &= (4A^2 + 2AB) - (B^2 + 2BA) \\ &= 2A(2A + B) - B(B + 2A) \\ &= (2A - B)(2A + B) \\ &= \begin{pmatrix} 0 & -11 & 0 \\ -8 & 4 & -4 \\ 1 & 0 & -3 \end{pmatrix} \begin{pmatrix} 4 & -1 & 8 \\ 0 & 0 & 0 \\ 3 & 8 & -1 \end{pmatrix} \\ &= \begin{pmatrix} 0 & 0 & 0 \\ -44 & -24 & -60 \\ -5 & -25 & 11 \end{pmatrix} \end{aligned}$$

此题若直接计算,则计算量太大,故先根据分配律化简,再代入矩阵求解. 在提取公因子时,应注意相乘矩阵的左右次序.

【例 2】 设 $A = \begin{pmatrix} 1 & 0 & 1 \\ 0 & 1 & 0 \\ 0 & 0 & 1 \end{pmatrix}$, 求 A^n.

解一 因为矩阵 A 为初等矩阵,所以 $A^n = E \cdot A \cdot A \cdot \cdots \cdot A$, 相当于对 3 阶单位矩阵 E 施以 n 次相同的列变换,即连续 n 次将第一列加至第三列. 于是

$$A^n = \begin{pmatrix} 1 & 0 & n \\ 0 & 1 & 0 \\ 0 & 0 & 1 \end{pmatrix}.$$

解二 因为 $\boldsymbol{A}=\begin{pmatrix}1&0&1\\0&1&0\\0&0&1\end{pmatrix}$，$\boldsymbol{A}^2=\boldsymbol{A}\boldsymbol{A}=\begin{pmatrix}1&0&2\\0&1&0\\0&0&1\end{pmatrix}$，

$$\boldsymbol{A}^3=\boldsymbol{A}^2\boldsymbol{A}=\begin{pmatrix}1&0&3\\0&1&0\\0&0&1\end{pmatrix},$$

假设 $\boldsymbol{A}^{n-1}=\begin{pmatrix}1&0&n-1\\0&1&0\\0&0&1\end{pmatrix}$，则 $\boldsymbol{A}^n=\boldsymbol{A}^{n-1}\boldsymbol{A}=\begin{pmatrix}1&0&n-1\\0&1&0\\0&0&1\end{pmatrix}\begin{pmatrix}1&0&1\\0&1&0\\0&0&1\end{pmatrix}=\begin{pmatrix}1&0&n\\0&1&0\\0&0&1\end{pmatrix}$，

即由数学归纳法知 $\boldsymbol{A}^n=\begin{pmatrix}1&0&n\\0&1&0\\0&0&1\end{pmatrix}$.

解三 令 $\boldsymbol{A}=\begin{pmatrix}1&0&0\\0&1&0\\0&0&1\end{pmatrix}+\begin{pmatrix}0&0&1\\0&0&0\\0&0&0\end{pmatrix}=\boldsymbol{E}+\boldsymbol{B}$，

其中 $\boldsymbol{B}=\begin{pmatrix}0&0&1\\0&0&0\\0&0&0\end{pmatrix}$，$\boldsymbol{B}^2=\begin{pmatrix}0&0&0\\0&0&0\\0&0&0\end{pmatrix}$. 即 $\boldsymbol{B}^k=\boldsymbol{O}(k\geqslant 2)$.

所以
$$\begin{aligned}\boldsymbol{A}^n&=(\boldsymbol{E}+\boldsymbol{B})^n=\boldsymbol{E}^n+C_n^1\boldsymbol{E}^{n-1}\boldsymbol{B}+C_n^2\boldsymbol{E}^{n-2}\boldsymbol{B}^2+\cdots+\boldsymbol{B}^n\\&=\boldsymbol{E}^n+C_n^1\boldsymbol{E}^{n-1}\boldsymbol{B}=\boldsymbol{E}+n\boldsymbol{B}=\begin{pmatrix}1&0&n\\0&1&0\\0&0&1\end{pmatrix}.\end{aligned}$$

【例 3】 已知 $\boldsymbol{\alpha}=\begin{pmatrix}1\\2\\3\end{pmatrix}$，$\boldsymbol{\beta}=\begin{pmatrix}1\\1/2\\1/3\end{pmatrix}$，若 $\boldsymbol{A}=\boldsymbol{\alpha}\boldsymbol{\beta}^{\mathrm{T}}$，求 $\boldsymbol{A}^k$.

解 根据矩阵乘法运算的定义，有

$$\boldsymbol{A}=\boldsymbol{\alpha}\boldsymbol{\beta}^{\mathrm{T}}=\begin{pmatrix}1\\2\\3\end{pmatrix}\begin{pmatrix}1&\frac{1}{2}&\frac{1}{3}\end{pmatrix}=\begin{pmatrix}1&\frac{1}{2}&\frac{1}{3}\\2&1&\frac{2}{3}\\3&\frac{3}{2}&1\end{pmatrix},\ \boldsymbol{\beta}^{\mathrm{T}}\boldsymbol{\alpha}=\begin{pmatrix}1&\frac{1}{2}&\frac{1}{3}\end{pmatrix}\begin{pmatrix}1\\2\\3\end{pmatrix}=3.$$

再根据乘法的结合律,有

$$A^k=(\alpha\beta^{\mathrm T})^k=\overbrace{(\alpha\beta^{\mathrm T})(\alpha\beta^{\mathrm T})\cdots(\alpha\beta^{\mathrm T})}^{k}$$

$$=\alpha\overbrace{(\beta^{\mathrm T}\alpha)(\beta^{\mathrm T}\alpha)\cdots(\beta^{\mathrm T}\alpha)}^{k-1}\beta^{\mathrm T}=\alpha(\beta^{\mathrm T}\alpha)^{k-1}\beta^{\mathrm T}$$

$$=3^{k-1}\alpha\beta^{\mathrm T}=3^{k-1}\begin{pmatrix}1&\frac{1}{2}&\frac{1}{3}\\2&1&\frac{2}{3}\\3&\frac{3}{2}&1\end{pmatrix}=\begin{pmatrix}3^{k-1}&\frac{3^{k-1}}{2}&3^{k-2}\\2\cdot3^{k-1}&3^{k-1}&2\cdot3^{k-2}\\3^k&\frac{3^k}{2}&3^{k-1}\end{pmatrix}.$$

【例 4】 设方阵 A 满足 $A^2-2A+2E=O$, 证明 A 及 $A+2E$ 都可逆,并求 A^{-1} 及 $(A+2E)^{-1}$.

分析 对于元素没有具体给出、满足某个特定条件的方阵,要证明其可逆并且求其逆,总是利用如下结论:

设 A, B 为方阵,如果 $AB=E$(或 $BA=E$),则 A, B 可逆,且 $A^{-1}=B$, $B^{-1}=A$.

解 (1) 由原方程可得 $A(A-2E)+2E=O$, 即 $A(A-2E)=-2E$, 于是 $A(E-\frac{A}{2})=E$, 所以 A 可逆,且 $A^{-1}=E-\frac{A}{2}$.

(2) 因为 A 与 E 可交换,由原方程可得 $(A+2E)(A-4E)+10E=O$, 即 $(A+2E)(A-4E)=-10E$, 于是 $(A+2E)\left[\frac{1}{10}(4E-A)\right]=E$, 所以 $A+2E$ 可逆,且 $(A+2E)^{-1}=\frac{1}{10}(4E-A)$.

【例 5】 k 取何值时,矩阵 $A=\begin{bmatrix}1&0&0\\0&k&0\\1&-1&1\end{bmatrix}$ 可逆?

分析 当矩阵中的元素具体给出时,可以通过计算行列式 $|A|$ 来判断矩阵是否可逆. 当且仅当 $|A|\neq0$ 时,矩阵 A 可逆.

解 $|A|=\begin{vmatrix}1&0&0\\0&k&0\\1&-1&1\end{vmatrix}=\begin{vmatrix}k&0\\-1&1\end{vmatrix}=k$

若 $|A|\neq0$, 即 $k\neq0$ 时,矩阵 A 可逆.

【例 6】 求矩阵 $A=\begin{bmatrix}1&2&3\\2&2&1\\3&4&3\end{bmatrix}$ 的逆矩阵.

解一(公式法)

矩阵 $\boldsymbol{A}$ 的行列式 $|\boldsymbol{A}|=\begin{vmatrix}1&2&3\\2&2&1\\3&4&3\end{vmatrix}=2\neq 0$, 所以 $\boldsymbol{A}$ 可逆.

又 $\boldsymbol{A}_{11}=\begin{vmatrix}2&1\\4&3\end{vmatrix}=2$, $\boldsymbol{A}_{12}=-\begin{vmatrix}2&1\\3&3\end{vmatrix}=-3$, $\boldsymbol{A}_{13}=\begin{vmatrix}2&2\\3&4\end{vmatrix}=2$;

类似计算可得: $\boldsymbol{A}_{21}=6$, $\boldsymbol{A}_{22}=-6$, $\boldsymbol{A}_{23}=2$; $\boldsymbol{A}_{31}=-4$, $\boldsymbol{A}_{32}=5$, $\boldsymbol{A}_{33}=-2$.

所以 $\boldsymbol{A}^{-1}=\frac{1}{|\boldsymbol{A}|}\boldsymbol{A}^{*}=\frac{1}{2}\begin{bmatrix}2&6&-4\\-3&-6&5\\2&2&-2\end{bmatrix}=\begin{bmatrix}1&3&-2\\-\frac{3}{2}&-3&\frac{5}{2}\\1&1&-1\end{bmatrix}$.

解二(初等变换法) 对矩阵 $(\boldsymbol{A}\vdots\boldsymbol{E})$ 施以初等行变换:

$$(\boldsymbol{A}\vdots\boldsymbol{E})=\left[\begin{array}{ccc:ccc}1&2&3&1&0&0\\2&2&1&0&1&0\\3&4&3&0&0&1\end{array}\right]\xrightarrow[r_3-3r_1]{r_2-2r_1}\left[\begin{array}{ccc:ccc}1&2&3&1&0&0\\0&-2&-5&-2&1&0\\0&-2&-6&-3&0&1\end{array}\right]$$

$$\xrightarrow[r_3-r_2]{r_1+r_2}\left[\begin{array}{ccc:ccc}1&0&-2&-1&1&0\\0&-2&-5&-2&1&0\\0&0&-1&-1&-1&1\end{array}\right]$$

$$\xrightarrow[r_2-5r_3]{r_1-2r_3}\left[\begin{array}{ccc:ccc}1&0&0&1&3&-2\\0&-2&0&3&6&-5\\0&0&-1&-1&-1&1\end{array}\right]$$

$$\xrightarrow[r_3\times(-1)]{r_2\div(-2)}\left[\begin{array}{ccc:ccc}1&0&0&1&3&-2\\0&1&0&-\frac{3}{2}&-3&\frac{5}{2}\\0&0&1&1&1&-1\end{array}\right]=(\boldsymbol{E}\vdots\boldsymbol{A}^{-1}),$$

由此可得, $\boldsymbol{A}^{-1}=\begin{bmatrix}1&3&-2\\-\frac{3}{2}&-3&\frac{5}{2}\\1&1&-1\end{bmatrix}$.

【例 7】 求矩阵 $\boldsymbol{A}=\begin{bmatrix}1&2&0&0\\2&3&0&0\\0&0&-2&5\\0&0&3&-6\end{bmatrix}$ 的逆矩阵.

解 矩阵 $\boldsymbol{A}$ 可分块为 $\boldsymbol{A}=\begin{bmatrix}\boldsymbol{A}_1&\boldsymbol{O}\\\boldsymbol{O}&\boldsymbol{A}_2\end{bmatrix}$, 其中 $\boldsymbol{A}_1=\begin{bmatrix}1&2\\2&3\end{bmatrix}$, $\boldsymbol{A}_2=\begin{bmatrix}-2&5\\3&-6\end{bmatrix}$.

利用二阶方阵求逆的公式可得：

$$A_1^{-1}=\frac{1}{-1}\begin{bmatrix}3&-2\\-2&1\end{bmatrix}=\begin{bmatrix}-3&2\\2&-1\end{bmatrix},\ A_2^{-1}=\frac{1}{-3}\begin{bmatrix}-6&-5\\-3&-2\end{bmatrix}=\begin{bmatrix}2&\frac{5}{3}\\1&\frac{2}{3}\end{bmatrix},$$

根据分块对角阵求逆的公式，得

$$A^{-1}=\begin{bmatrix}A_1^{-1}&O\\O&A_2^{-1}\end{bmatrix}=\begin{bmatrix}-3&2&0&0\\2&-1&0&0\\0&0&2&\frac{5}{3}\\0&0&1&\frac{2}{3}\end{bmatrix}.$$

【例 8】 求解矩阵方程 $AX=A+X$，其中 $A=\begin{bmatrix}2&2&0\\2&1&3\\0&1&0\end{bmatrix}$.

解一 由 $AX=A+X$ 可得 $(A-E)X=A$，

$A-E=\begin{bmatrix}1&2&0\\2&0&3\\0&1&-1\end{bmatrix}$，因为 $|A-E|=1\neq 0$，所以 $A-E$ 可逆. 于是 $X=(A-E)^{-1}A$. 先用公式求得 $(A-E)^{-1}=\begin{bmatrix}-3&2&6\\2&-1&-3\\2&-1&-4\end{bmatrix}$，所以 $X=(A-E)^{-1}A=\begin{bmatrix}-2&2&6\\2&0&-3\\2&-1&-3\end{bmatrix}$.

解二 由于矩阵 $A-E$ 可逆，用初等行变换的方法求解矩阵方程 $(A-E)X=A$ 可得 X，

$$(A-E\ \vdots\ A)=\left[\begin{array}{ccc:ccc}1&2&0&2&2&0\\2&0&3&2&1&3\\0&1&-1&0&1&0\end{array}\right]\xrightarrow[r_3\leftrightarrow r_2]{r_2-2r_1}\left[\begin{array}{ccc:ccc}1&2&0&2&2&0\\0&1&-1&0&1&0\\0&-4&3&-2&-3&3\end{array}\right]$$

$$\xrightarrow[r_3\times(-1)]{r_3+4r_2}\left[\begin{array}{ccc:ccc}1&2&0&2&2&0\\0&1&-1&0&1&0\\0&0&1&2&-1&-3\end{array}\right]$$

$$\xrightarrow[r_1-2r_2]{r_2+r_3}\left[\begin{array}{ccc:ccc}1&0&0&-2&2&6\\0&1&0&2&0&-3\\0&0&1&2&-1&-3\end{array}\right]$$

所以 $\boldsymbol{X}=(\boldsymbol{A}-\boldsymbol{E})^{-1}\boldsymbol{A}=\begin{bmatrix}-2 & 2 & 6\\ 2 & 0 & -3\\ 2 & -1 & -3\end{bmatrix}$.

【例 9】 已知 $\boldsymbol{A}=\begin{bmatrix}1 & 0 & 0\\ 1 & 1 & 0\\ 1 & 1 & 1\end{bmatrix}$，$\boldsymbol{B}=\begin{bmatrix}0 & 1 & 1\\ 1 & 0 & 1\\ 1 & 1 & 0\end{bmatrix}$，且矩阵 $\boldsymbol{X}$ 满足方程：

$$\boldsymbol{AXA}+\boldsymbol{BXB}=\boldsymbol{AXB}+\boldsymbol{BXA}+\boldsymbol{E},$$

其中 $\boldsymbol{E}$ 是三阶单位矩阵，求 $\boldsymbol{X}$.

解 将方程整理为 $\boldsymbol{AX}(\boldsymbol{A}-\boldsymbol{B})=\boldsymbol{BX}(\boldsymbol{A}-\boldsymbol{B})+\boldsymbol{E}$,

进一步有 $(\boldsymbol{A}-\boldsymbol{B})\boldsymbol{X}(\boldsymbol{A}-\boldsymbol{B})=\boldsymbol{E}$，由 $\boldsymbol{A}-\boldsymbol{B}=\begin{bmatrix}1 & -1 & -1\\ 0 & 1 & -1\\ 0 & 0 & 1\end{bmatrix}$，$|\boldsymbol{A}-\boldsymbol{B}|=1$,

可知 $\boldsymbol{A}-\boldsymbol{B}$ 可逆，且 $(\boldsymbol{A}-\boldsymbol{B})^{-1}=\begin{bmatrix}1 & 1 & 2\\ 0 & 1 & 1\\ 0 & 0 & 1\end{bmatrix}$，所以 $\boldsymbol{X}=[(\boldsymbol{A}-\boldsymbol{B})^{-1}]^2=$

$\begin{bmatrix}1 & 1 & 2\\ 0 & 1 & 1\\ 0 & 0 & 1\end{bmatrix}^2=\begin{bmatrix}1 & 2 & 5\\ 0 & 1 & 2\\ 0 & 0 & 1\end{bmatrix}$.

【例 10】 设矩阵 $\boldsymbol{A}$ 和 $\boldsymbol{B}$ 满足 $\boldsymbol{A}^2\boldsymbol{B}-\boldsymbol{A}-\boldsymbol{B}=\boldsymbol{E}$，其中 $\boldsymbol{A}=\begin{bmatrix}1 & 0 & 1\\ 0 & 2 & 0\\ -2 & 0 & 1\end{bmatrix}$，求矩阵 $\boldsymbol{B}$.

解 因为 $\boldsymbol{A}^2\boldsymbol{B}-\boldsymbol{A}-\boldsymbol{B}=\boldsymbol{E}$，于是 $(\boldsymbol{A}^2-\boldsymbol{E})\boldsymbol{B}=\boldsymbol{A}+\boldsymbol{E}$，又
$(\boldsymbol{A}+\boldsymbol{E})(\boldsymbol{A}-\boldsymbol{E})\boldsymbol{B}=\boldsymbol{A}+\boldsymbol{E}$,

由于 $|\boldsymbol{A}+\boldsymbol{E}|=\begin{vmatrix}2 & 0 & 1\\ 0 & 3 & 0\\ -2 & 0 & 2\end{vmatrix}=18\neq 0$，所以矩阵 $\boldsymbol{A}+\boldsymbol{E}$ 可逆. 从而有

$(\boldsymbol{A}-\boldsymbol{E})\boldsymbol{B}=\boldsymbol{E}$，所以 $\boldsymbol{B}=(\boldsymbol{A}-\boldsymbol{E})^{-1}=\begin{pmatrix}0 & 0 & 1\\ 0 & 1 & 0\\ -2 & 0 & 0\end{pmatrix}^{-1}=\begin{pmatrix}0 & 0 & -1/2\\ 0 & 1 & 0\\ 1 & 0 & 0\end{pmatrix}$.

【例 11】 设 $\boldsymbol{A}=\begin{bmatrix}2 & 1 & 0\\ 1 & 2 & 0\\ 0 & 0 & 1\end{bmatrix}$，矩阵 $\boldsymbol{B}$ 满足 $\boldsymbol{ABA}^*=2\boldsymbol{BA}^*+\boldsymbol{E}$，求 $|\boldsymbol{B}|$.

分析 涉及到 $\boldsymbol{A}^*$，考虑利用公式 $\boldsymbol{AA}^*=\boldsymbol{A}^*\boldsymbol{A}=|\boldsymbol{A}|\boldsymbol{E}$.

解 由 $ABA^* = 2BA^* + E$，得 $(A-2E)BA^* = E$，等式两边右乘矩阵 A，有

$$(A-2E)BA^*A = EA.$$

由于 $A^*A = |A|E = 3E$，可得 $3(A-2E)B = A$.

因为 A 是三阶方阵，两边取行列式，得 $3^3|A-2E||B| = |A|$.

又因为，$|A| = 3$，$|A-2E| = 1$，故 $|B| = \dfrac{1}{9}$.

【例 12】 设 A，B 均为 n 阶方阵，且满足 $A^2 = E, B^2 = E$，$|A| + |B| = 0$，证明：$|A+B| = 0$.

证明 由于 $A^2 = E$，所以 $|A^2| = |E|$，即 $|A|^2 = 1$，于是 $|A| = \pm 1$；同理 $|B| = \pm 1$.

又 $|A| + |B| = 0$，所以 $|A| = -|B|$，故 $|A||B| = -1$.

$$\begin{aligned}|A+B| &= |AE+EB| = |AB^2 + A^2B| \\ &= |A(B+A)B| = |A||A+B||B| \\ &= -|A+B|,\end{aligned}$$

所以 $|A+B| = 0$.

【例 13】 设 A 为 n（$n \geqslant 2$）阶可逆方阵，交换 A 的第 1 行与第 2 行得矩阵 B，试确定 A^{-1} 与 B^{-1}，A^* 与 B^* 之间的关系.

解 记 $E(1, 2)$ 为 n 阶单位矩阵 E 互换第 1 行(列)与第 2 行(列)所得的初等矩阵，则

$$B = E(1, 2)A,\ |B| = -|A|，于是有 B^{-1} = A^{-1}[E(1, 2)]^{-1} = A^{-1}E(1, 2),$$

$$B^* = |B|B^{-1} = -|A|A^{-1}E(1, 2) = -A^*E(1, 2)$$

所以 B^{-1} 是由 A^{-1} 互换第 1 列与第 2 列所得；B^* 是由 $-A^*$ 互换第 1 列与第 2 列所得.

六、习 题 详 解

习题 2-1

1. 矩阵的定义是什么？矩阵与行列式概念有哪些异同？

答：m 行 n 列矩阵是由 $m \times n$ 个数 a_{ij} $(i = 1, 2, \cdots, m;\ j = 1, 2, \cdots, n)$ 排成 m 行 n 列的数表. 矩阵与行列式有着本质的区别，行列式是一个算式，一个数字行列式经过计算可以求得其值；而矩阵仅仅是一个数表，它的行数和列数可以不同.

2. 设 $\boldsymbol{A}$, $\boldsymbol{B}$ 为 n 阶方阵,下列结论中哪些是正确的,哪些是错误的,为什么?

(1) 若 $\boldsymbol{A}=\boldsymbol{B}$, 则 $|\boldsymbol{A}|=|\boldsymbol{B}|$.

(2) 若 $|\boldsymbol{A}|=|\boldsymbol{B}|$, 则 $\boldsymbol{A}=\boldsymbol{B}$.

(3) 若 $\boldsymbol{A}$ 为非零矩阵,即 $\boldsymbol{A}\neq\boldsymbol{O}$, 则 $|\boldsymbol{A}|\neq 0$.

(4) $\boldsymbol{E}$ 为单位阵,则 $|\boldsymbol{E}|=1$.

解:(1) 正确.

(2) 错误,例如 $\boldsymbol{A}=\begin{bmatrix}1 & 0\\ 0 & 1\end{bmatrix}$, $\boldsymbol{B}=\begin{bmatrix}-1 & 0\\ 0 & -1\end{bmatrix}$, 则 $|\boldsymbol{A}|=|\boldsymbol{B}|=1$, 但 $\boldsymbol{A}\neq\boldsymbol{B}$.

(3) 错误,例如 $\boldsymbol{A}=\begin{bmatrix}1 & 1\\ 1 & 1\end{bmatrix}$, 显然 $\boldsymbol{A}\neq\boldsymbol{O}$, 但 $|\boldsymbol{A}|=0$.

(4) 正确.

3. 试确定 a, b, c 的值,使得

$$\begin{bmatrix}2 & -1 & 0\\ a-b & 3 & 4\\ 0 & 1 & b\end{bmatrix}=\begin{bmatrix}c & -1 & 0\\ -2 & 3 & 4\\ 0 & 1 & 3\end{bmatrix}.$$

解: 两个矩阵相等,要求对应位置上的元素都相等,所以 $c=2$, $b=3$, $a=1$.

4. 一些城市间的公路网如下图所示,A, B, C, D 表示四个城市,两点间的连线代表一条公路,线旁标出的数字代表这条公路的长度(单位:km),试用矩阵形式表示该图提供的信息.

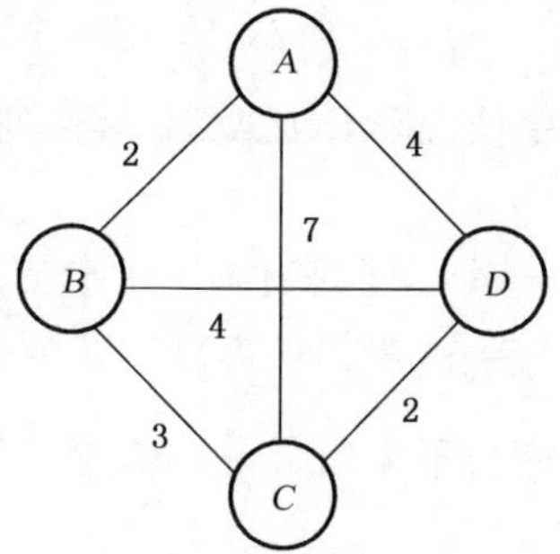

解: $\begin{bmatrix}0 & 2 & 7 & 4\\ 2 & 0 & 3 & 4\\ 7 & 3 & 0 & 2\\ 4 & 4 & 2 & 0\end{bmatrix}$, 矩阵第一行的元素依次表示城市 A 到 A, B, C, D 四个城市的公路长度;矩阵第二行的元素依次表示城市 B 到 A, B, C, D 四个城市的公路长度;矩阵第三行的元素依次表示城市 C 到 A, B, C, D 四个城市的公路长度;矩阵第四行的元素依次表示城市 D 到 A, B, C, D 四个城市的公路长度.

5. 从你的专业课程中找一个可以用矩阵描述的问题.

略.

习题 2-2

1. 两人玩"剪刀、石头、布"的游戏，规则是石头赢剪刀，剪刀赢布，布赢石头. 赢得一分，输负一分，平局零分. 用矩阵描述其中一人的输赢情况.

解：假设第一、二、三行分别表示甲出剪刀、石头、布，第一、二、三列分别表示乙出剪刀、石头、布，则甲的输赢情况可以用矩阵 $\begin{bmatrix} 0 & -1 & 1 \\ 1 & 0 & -1 \\ -1 & 1 & 0 \end{bmatrix}$ 描述.

2. 设

$$\boldsymbol{A}=\begin{bmatrix} 1 & -2 & 2 \\ 0 & 3 & 1 \end{bmatrix},\quad \boldsymbol{B}=\begin{bmatrix} -1 & 2 & 0 \\ -2 & -1 & 1 \end{bmatrix},$$

求 (1) $\boldsymbol{A}+\boldsymbol{B}$; (2) $\boldsymbol{A}-\boldsymbol{B}$; (3) $2\boldsymbol{A}-3\boldsymbol{B}$; (4) $\boldsymbol{A}\boldsymbol{B}^{\mathrm{T}}$; (5) $\boldsymbol{B}\boldsymbol{A}^{\mathrm{T}}$.

解：(1) $\boldsymbol{A}+\boldsymbol{B}=\begin{bmatrix} 0 & 0 & 2 \\ -2 & 2 & 2 \end{bmatrix}$; (2) $\boldsymbol{A}-\boldsymbol{B}=\begin{bmatrix} 2 & -4 & 2 \\ 2 & 4 & 0 \end{bmatrix}$.

(3) $2\boldsymbol{A}-3\boldsymbol{B}=\begin{bmatrix} 5 & -10 & 4 \\ 6 & 9 & -1 \end{bmatrix}$; (4) $\boldsymbol{A}\boldsymbol{B}^{\mathrm{T}}=\begin{bmatrix} 1 & -2 & 2 \\ 0 & 3 & 1 \end{bmatrix}\begin{bmatrix} -1 & -2 \\ 2 & -1 \\ 0 & 1 \end{bmatrix}=\begin{bmatrix} -5 & 2 \\ 6 & -2 \end{bmatrix}$.

(5) $\boldsymbol{B}\boldsymbol{A}^{\mathrm{T}}=\begin{bmatrix} -1 & 2 & 0 \\ -2 & -1 & 1 \end{bmatrix}\begin{bmatrix} 1 & 0 \\ -2 & 3 \\ 2 & 1 \end{bmatrix}=\begin{bmatrix} -5 & 6 \\ 2 & -2 \end{bmatrix}$.

3. 设 $\boldsymbol{A}=\begin{bmatrix} 3 & 1 & 1 \\ 2 & 1 & 2 \\ 1 & 2 & 3 \end{bmatrix}$，$\boldsymbol{B}=\begin{bmatrix} 1 & 1 & 1 \\ 2 & 1 & 0 \\ 1 & 0 & 1 \end{bmatrix}$，且 $2(\boldsymbol{X}+\boldsymbol{B})-3\boldsymbol{A}=4(\boldsymbol{X}-\boldsymbol{A})+\boldsymbol{B}$，求 $\boldsymbol{X}$.

解：由 $2(\boldsymbol{X}+\boldsymbol{B})-3\boldsymbol{A}=4(\boldsymbol{X}-\boldsymbol{A})+\boldsymbol{B}$ 可得 $2\boldsymbol{X}+2\boldsymbol{B}-3\boldsymbol{A}=4\boldsymbol{X}-4\boldsymbol{A}+\boldsymbol{B}$，

整理得 $\boldsymbol{X}=\dfrac{\boldsymbol{A}+\boldsymbol{B}}{2}=\begin{bmatrix} 2 & 1 & 1 \\ 2 & 1 & 1 \\ 1 & 1 & 2 \end{bmatrix}$.

4. 计算下列矩阵的乘积：

(1) $\begin{bmatrix} 1 & 2 & 3 \end{bmatrix}\begin{bmatrix} 3 \\ 2 \\ 1 \end{bmatrix}$.

(2) $\begin{bmatrix} -1 \\ 2 \\ 3 \end{bmatrix}\begin{bmatrix} 1 & 2 & -1 \end{bmatrix}$.

(3) $\begin{bmatrix} 2 & -1 & 0 \\ 1 & 1 & 3 \\ 4 & 2 & 1 \end{bmatrix}\begin{bmatrix} -1 & 0 \\ 1 & 1 \\ 2 & 1 \end{bmatrix}$.

(4) $\begin{bmatrix} 2 & 1 & 4 & 3 \\ 1 & -1 & 3 & 4 \end{bmatrix}\begin{bmatrix} 1 & 3 & 1 \\ 0 & -1 & 2 \\ 1 & -3 & 1 \\ 0 & 2 & -2 \end{bmatrix}$.

(5) $[x_1 \quad x_2 \quad x_3]\begin{bmatrix} a_{11} & a_{12} & a_{13} \\ a_{21} & a_{22} & a_{23} \\ a_{31} & a_{32} & a_{33} \end{bmatrix}\begin{bmatrix} x_1 \\ x_2 \\ x_3 \end{bmatrix}$.

(6) $\begin{bmatrix} 3 & 0 & 0 \\ 0 & -1 & 0 \\ 0 & 0 & 2 \end{bmatrix}^n$.

(7) $\begin{bmatrix} \cos\theta & \sin\theta \\ -\sin\theta & \cos\theta \end{bmatrix}^n$，并利用这个结果计算 $\begin{bmatrix} 0 & 1 \\ -1 & 0 \end{bmatrix}^4$.

解：(1) $[1 \quad 2 \quad 3]\begin{bmatrix} 3 \\ 2 \\ 1 \end{bmatrix}=10$.

(2) $\begin{bmatrix} -1 \\ 2 \\ 3 \end{bmatrix}[1 \quad 2 \quad -1]=\begin{bmatrix} -1 & -2 & 1 \\ 2 & 4 & -2 \\ 3 & 6 & -3 \end{bmatrix}$.

(3) $\begin{bmatrix} 2 & -1 & 0 \\ 1 & 1 & 3 \\ 4 & 2 & 1 \end{bmatrix}\begin{bmatrix} -1 & 0 \\ 1 & 1 \\ 2 & 1 \end{bmatrix}=\begin{bmatrix} -3 & -1 \\ 6 & 4 \\ 0 & 3 \end{bmatrix}$.

(4) $\begin{bmatrix} 2 & 1 & 4 & 3 \\ 1 & -1 & 3 & 4 \end{bmatrix}\begin{bmatrix} 1 & 3 & 1 \\ 0 & -1 & 2 \\ 1 & -3 & 1 \\ 0 & 2 & -2 \end{bmatrix}=\begin{bmatrix} 6 & -1 & 2 \\ 4 & 3 & -6 \end{bmatrix}$.

(5) $[x_1 \quad x_2 \quad x_3]\begin{bmatrix} a_{11} & a_{12} & a_{13} \\ a_{21} & a_{22} & a_{23} \\ a_{31} & a_{32} & a_{33} \end{bmatrix}\begin{bmatrix} x_1 \\ x_2 \\ x_3 \end{bmatrix}$

$=a_{11}x_1^2+a_{22}x_2^2+a_{33}x_3^2+(a_{12}+a_{21})x_1x_2+(a_{13}+a_{31})x_1x_3+(a_{23}+a_{32})x_2x_3$.

(6) $\begin{bmatrix} 3 & 0 & 0 \\ 0 & -1 & 0 \\ 0 & 0 & 2 \end{bmatrix}^n=\begin{bmatrix} 3^n & 0 & 0 \\ 0 & (-1)^n & 0 \\ 0 & 0 & 2^n \end{bmatrix}$.

(7) $\begin{bmatrix} \cos\theta & \sin\theta \\ -\sin\theta & \cos\theta \end{bmatrix}^2=\begin{bmatrix} \cos\theta & \sin\theta \\ -\sin\theta & \cos\theta \end{bmatrix}\begin{bmatrix} \cos\theta & \sin\theta \\ -\sin\theta & \cos\theta \end{bmatrix}$

$=\begin{bmatrix} \cos^2\theta-\sin^2\theta & 2\sin\theta\cos\theta \\ -2\sin\theta\cos\theta & \cos^2\theta-\sin^2\theta \end{bmatrix}=\begin{bmatrix} \cos 2\theta & \sin 2\theta \\ -\sin 2\theta & \cos 2\theta \end{bmatrix}$,

由数学归纳法可得 $\begin{bmatrix} \cos\theta & \sin\theta \\ -\sin\theta & \cos\theta \end{bmatrix}^n=\begin{bmatrix} \cos n\theta & \sin n\theta \\ -\sin n\theta & \cos n\theta \end{bmatrix}$.

$$\begin{bmatrix} 0 & 1 \\ -1 & 0 \end{bmatrix}^4 = \begin{bmatrix} \cos\frac{\pi}{2} & \sin\frac{\pi}{2} \\ -\sin\frac{\pi}{2} & \cos\frac{\pi}{2} \end{bmatrix}^4 = \begin{bmatrix} \cos 2\pi & \sin 2\pi \\ -\sin 2\pi & \cos 2\pi \end{bmatrix} = \begin{bmatrix} 1 & 0 \\ 0 & 1 \end{bmatrix}.$$

5. 设

$$\boldsymbol{A} = \begin{bmatrix} \lambda & 1 & 0 \\ 0 & \lambda & 1 \\ 0 & 0 & \lambda \end{bmatrix},$$

求 $\boldsymbol{A}^2$，并证明

$$\boldsymbol{A}^k = \begin{bmatrix} \lambda^k & k\lambda^{k-1} & \frac{1}{2}k(k-1)\lambda^{k-2} \\ 0 & \lambda^k & k\lambda^{k-1} \\ 0 & 0 & \lambda^k \end{bmatrix},$$

其中 k 为不小于 2 的正整数.

解： $\boldsymbol{A}^2 = \begin{bmatrix} \lambda & 1 & 0 \\ 0 & \lambda & 1 \\ 0 & 0 & \lambda \end{bmatrix}\begin{bmatrix} \lambda & 1 & 0 \\ 0 & \lambda & 1 \\ 0 & 0 & \lambda \end{bmatrix} = \begin{bmatrix} \lambda^2 & 2\lambda & 1 \\ 0 & \lambda^2 & 2\lambda \\ 0 & 0 & \lambda^2 \end{bmatrix}$，

假设 $\boldsymbol{A}^{k-1} = \begin{bmatrix} \lambda^{k-1} & (k-1)\lambda^{k-2} & \frac{1}{2}(k-1)(k-2)\lambda^{k-3} \\ 0 & \lambda^{k-1} & (k-1)\lambda^{k-2} \\ 0 & 0 & \lambda^{k-1} \end{bmatrix}$，

则 $\boldsymbol{A}^k = \boldsymbol{A}^{k-1}\boldsymbol{A} = \begin{bmatrix} \lambda^{k-1} & (k-1)\lambda^{k-2} & \frac{1}{2}(k-1)(k-2)\lambda^{k-3} \\ 0 & \lambda^{k-1} & (k-1)\lambda^{k-2} \\ 0 & 0 & \lambda^{k-1} \end{bmatrix}\begin{bmatrix} \lambda & 1 & 0 \\ 0 & \lambda & 1 \\ 0 & 0 & \lambda \end{bmatrix}$

$= \begin{bmatrix} \lambda^k & k\lambda^{k-1} & \frac{1}{2}k(k-1)\lambda^{k-2} \\ 0 & \lambda^k & k\lambda^{k-1} \\ 0 & 0 & \lambda^k \end{bmatrix}$，所以由数学归纳法得

$$\boldsymbol{A}^k = \begin{bmatrix} \lambda^k & k\lambda^{k-1} & \frac{1}{2}k(k-1)\lambda^{k-2} \\ 0 & \lambda^k & k\lambda^{k-1} \\ 0 & 0 & \lambda^k \end{bmatrix}.$$

6. 设 $\boldsymbol{A} = \begin{bmatrix} 1 & 0 \\ 0 & -1 \end{bmatrix}$，$\boldsymbol{B} = \begin{bmatrix} 0 & 1 \\ -1 & 0 \end{bmatrix}$，验证下列式子是否成立并讨论什么时候等式成立：

(1) $\boldsymbol{AB} = \boldsymbol{BA}$；(2) $(\boldsymbol{AB})^2 = \boldsymbol{A}^2\boldsymbol{B}^2$；

(3) $(\boldsymbol{A}+\boldsymbol{B})^2 = \boldsymbol{A}^2 + 2\boldsymbol{AB} + \boldsymbol{B}^2$；(4) $(\boldsymbol{A}+\boldsymbol{B})(\boldsymbol{A}-\boldsymbol{B}) = \boldsymbol{A}^2 - \boldsymbol{B}^2$.

解： (1) $\boldsymbol{AB} = \begin{bmatrix} 1 & 0 \\ 0 & -1 \end{bmatrix}\begin{bmatrix} 0 & 1 \\ -1 & 0 \end{bmatrix} = \begin{bmatrix} 0 & 1 \\ 1 & 0 \end{bmatrix}$， $\boldsymbol{BA} = \begin{bmatrix} 0 & 1 \\ -1 & 0 \end{bmatrix}\begin{bmatrix} 1 & 0 \\ 0 & -1 \end{bmatrix} =$

$\begin{bmatrix} 0 & -1 \\ -1 & 0 \end{bmatrix}$,

故 $AB \neq BA$，即矩阵乘法不满足交换律.

(2) $(AB)^2 = \begin{bmatrix} 0 & 1 \\ 1 & 0 \end{bmatrix}^2 = \begin{bmatrix} 1 & 0 \\ 0 & 1 \end{bmatrix}$, $A^2B^2 = \begin{bmatrix} 1 & 0 \\ 0 & -1 \end{bmatrix}^2 \begin{bmatrix} 0 & 1 \\ -1 & 0 \end{bmatrix}^2 = \begin{bmatrix} -1 & 0 \\ 0 & -1 \end{bmatrix}$,

故

$$(AB)^2 \neq A^2B^2.$$

(3) $A^2 + 2AB + B^2 = \begin{bmatrix} 1 & 0 \\ 0 & 1 \end{bmatrix} + 2\begin{bmatrix} 0 & 1 \\ 1 & 0 \end{bmatrix} + \begin{bmatrix} -1 & 0 \\ 0 & -1 \end{bmatrix} = \begin{bmatrix} 0 & 2 \\ 2 & 0 \end{bmatrix}$,

$$(A+B)^2 = \begin{bmatrix} 1 & 1 \\ -1 & -1 \end{bmatrix}^2 = \begin{bmatrix} 0 & 0 \\ 0 & 0 \end{bmatrix},\ (A+B)^2 \neq A^2 + 2AB + B^2.$$

(4) $A^2 - B^2 = \begin{bmatrix} 1 & 0 \\ 0 & 1 \end{bmatrix} - \begin{bmatrix} -1 & 0 \\ 0 & -1 \end{bmatrix} = \begin{bmatrix} 2 & 0 \\ 0 & 2 \end{bmatrix}$,

$$(A+B)(A-B) = \begin{bmatrix} 1 & 1 \\ -1 & -1 \end{bmatrix}\begin{bmatrix} 1 & -1 \\ 1 & -1 \end{bmatrix} = \begin{bmatrix} 2 & -2 \\ -2 & 2 \end{bmatrix},\ (A+B)(A-B) \neq A^2 - B^2.$$

只有当矩阵 A, B 可交换时，式(1) (2) (3) (4)才成立.

7. 设 $A = \begin{bmatrix} 1 & 1 \\ 0 & 2 \end{bmatrix}$，求所有与 A 可交换的矩阵.

解：设矩阵 $B = \begin{bmatrix} a & b \\ c & d \end{bmatrix}$, $AB = \begin{bmatrix} 1 & 1 \\ 0 & 2 \end{bmatrix}\begin{bmatrix} a & b \\ c & d \end{bmatrix} = \begin{bmatrix} a & b+d \\ 2c & 2d \end{bmatrix}$,

$BA = \begin{bmatrix} a & b \\ c & d \end{bmatrix}\begin{bmatrix} 1 & 1 \\ 0 & 2 \end{bmatrix} = \begin{bmatrix} a & a+2b \\ c & c+2d \end{bmatrix}$，由 $AB = BA$ 可得 $\begin{bmatrix} a & b+d \\ 2c & 2d \end{bmatrix} = \begin{bmatrix} a & a+2b \\ c & c+2d \end{bmatrix}$，即 $c = 0$, $b = d - a$，所以与 A 可交换的矩阵 $B = \begin{bmatrix} a & d-a \\ 0 & d \end{bmatrix}$（其中 a, d 为任意常数）.

8. 设 A 和 B 分别是 n 阶对称阵和反对称阵，P 是 n 阶方阵，证明：

(1) A^2, B^2, P^TAP 是对称阵；

(2) P^TBP 是反对称阵；

(3) AB 是反对称阵 $\Leftrightarrow AB = BA$；

(4) $AB - BA$ 是一个对称矩阵，而 $AB + BA$ 是一个反对称矩阵.

证明：(1) A 和 B 分别是 n 阶对称阵和反对称阵，有 $A^T = A$, $B^T = -B$,

$$(A^2)^T = (AA)^T = A^TA^T = AA = A^2\text{，所以 } A^2 \text{ 是对称阵；}$$
$$(B^2)^T = (BB)^T = B^TB^T = (-B)(-B) = B^2\text{，所以 } B^2 \text{ 是对称阵；}$$
$$(P^TAP)^T = P^TA^T(P^T)^T = P^TAP\text{，所以 } P^TAP \text{ 是对称阵.}$$

(2) $(P^TBP)^T = P^TB^T(P^T)^T = P^T(-B)P = -P^TBP$，所以 P^TBP 是反对称阵.

(3) AB 是反对称阵 $\Leftrightarrow (AB)^T = -AB \Leftrightarrow B^TA^T = -AB$

$$\Leftrightarrow -BA = -AB \Leftrightarrow AB = BA.$$

(4) $(AB - BA)^T = (AB)^T - (BA)^T = B^TA^T - A^TB^T = -BA - (-AB) = AB - BA$,

所以 $\boldsymbol{AB}-\boldsymbol{BA}$ 是一个对称矩阵;

$$\begin{aligned}(\boldsymbol{AB}+\boldsymbol{BA})^{\mathrm{T}} &= (\boldsymbol{AB})^{\mathrm{T}}+(\boldsymbol{BA})^{\mathrm{T}} = \boldsymbol{B}^{\mathrm{T}}\boldsymbol{A}^{\mathrm{T}}+\boldsymbol{A}^{\mathrm{T}}\boldsymbol{B}^{\mathrm{T}} \\ &= -\boldsymbol{BA}+(-\boldsymbol{AB}) = -(\boldsymbol{AB}+\boldsymbol{BA})\end{aligned}$$

所以 $\boldsymbol{AB}+\boldsymbol{BA}$ 是一个反对称矩阵.

9. 设 $\boldsymbol{A}$ 是一个 n 阶的实对称矩阵,且 $\boldsymbol{A}^2=\boldsymbol{O}$, 证明 $\boldsymbol{A}=\boldsymbol{O}$.

证:设 $\boldsymbol{A}=(a_{ij})$,则依题意有 $\boldsymbol{A}=\boldsymbol{A}^{\mathrm{T}}$

$$(\boldsymbol{A}^2)_{jj}=(\boldsymbol{A}^{\mathrm{T}}\boldsymbol{A})_{jj}=\begin{bmatrix}a_{1j} & a_{2j} & \cdots & a_{nj}\end{bmatrix}\begin{bmatrix}a_{1j}\\a_{2j}\\\vdots\\a_{nj}\end{bmatrix}=\sum_{i=1}^{n}a_{ij}^2 \quad (j=1,2,\cdots,n)$$

所以

$$\begin{aligned}&\boldsymbol{A}^2=\boldsymbol{O}\\ \Rightarrow\ &\sum_{i=1}^{n}a_{ij}^2=0,\quad (j=1,2,\cdots,n)\\ \Rightarrow\ &a_{ij}=0\quad (i=1,2,\cdots,n;\ j=1,2,\cdots,n)\\ \Rightarrow\ &\boldsymbol{A}=\boldsymbol{O}.\end{aligned}$$

10. 根据市场调查,了解到未来一段时间三种水果在不同地区可能达到的销售单价以及不同地区各类人群的需要量,将了解到的数据用如下表格形式表示:

不同地区的销售单价(元/公斤)

	地区 1	地区 2
品种 1	1.5	1.7
品种 2	2.0	1.9
品种 3	1.3	1.0

不同地区各类人群的需要量(公斤)

	品种 1	品种 2	品种 3
人群甲	5	10	3
人群乙	4	5	5

将上述两表中数字构成的矩阵记为 $\boldsymbol{A}$ 和 $\boldsymbol{B}$,求一矩阵 $\boldsymbol{C}$,它能给出每个地区每类人群购买新品种水果的费用是多少.

解:记矩阵 $\boldsymbol{A}=\begin{bmatrix}1.5 & 1.7\\2.0 & 1.9\\1.3 & 1.0\end{bmatrix}$, $\boldsymbol{B}=\begin{bmatrix}5 & 10 & 3\\4 & 5 & 5\end{bmatrix}$

所求的矩阵 $\boldsymbol{C}=\boldsymbol{BA}=\begin{bmatrix}5 & 10 & 3\\4 & 5 & 5\end{bmatrix}\begin{bmatrix}1.5 & 1.7\\2.0 & 1.9\\1.3 & 1.0\end{bmatrix}=\begin{bmatrix}31.4 & 30.5\\22.5 & 21.3\end{bmatrix}$.

习题 2-3

1. 求下列矩阵的逆矩阵：

(1) $\begin{bmatrix}1 & 2\\3 & 4\end{bmatrix}$. (2) $\begin{bmatrix}\cos\varphi & \sin\varphi\\-\sin\varphi & \cos\varphi\end{bmatrix}$. (3) $\begin{bmatrix}a_1 & 0 & \cdots & 0\\0 & a_2 & \cdots & 0\\\vdots & \vdots & & \vdots\\0 & 0 & \cdots & a_n\end{bmatrix}(a_1a_2\cdots a_n\neq 0)$.

解：(1) $\begin{bmatrix}1 & 2\\3 & 4\end{bmatrix}^{-1}=-\frac{1}{2}\begin{bmatrix}4 & -2\\-3 & 1\end{bmatrix}=\begin{bmatrix}-2 & 1\\\frac{3}{2} & -\frac{1}{2}\end{bmatrix}$.

(2) $\begin{bmatrix}\cos\varphi & \sin\varphi\\-\sin\varphi & \cos\varphi\end{bmatrix}^{-1}=\begin{bmatrix}\cos\varphi & -\sin\varphi\\\sin\varphi & \cos\varphi\end{bmatrix}$.

(3) $\begin{bmatrix}a_1 & 0 & \cdots & 0\\0 & a_2 & \cdots & 0\\\vdots & \vdots & & \vdots\\0 & 0 & \cdots & a_n\end{bmatrix}^{-1}=\begin{bmatrix}1/a_1 & 0 & \cdots & 0\\0 & 1/a_2 & \cdots & 0\\\vdots & \vdots & & \vdots\\0 & 0 & \cdots & 1/a_n\end{bmatrix}$.

2. 解下列方程组：

(1) $\begin{bmatrix}1 & 2\\3 & 4\end{bmatrix}\boldsymbol{X}=\begin{bmatrix}3 & 5\\5 & 9\end{bmatrix}$.

(2) $\boldsymbol{X}\begin{bmatrix}2 & -1\\1 & 1\end{bmatrix}=\begin{bmatrix}1 & 4\\-1 & 3\\3 & 2\end{bmatrix}$.

(3) $\begin{bmatrix}1 & 4\\-1 & 2\end{bmatrix}\boldsymbol{X}\begin{bmatrix}2 & 0\\-1 & 1\end{bmatrix}=\begin{bmatrix}3 & 1\\0 & -1\end{bmatrix}$.

解：(1) $\boldsymbol{X}=\begin{bmatrix}1 & 2\\3 & 4\end{bmatrix}^{-1}\begin{bmatrix}3 & 5\\5 & 9\end{bmatrix}=-\frac{1}{2}\begin{bmatrix}4 & -2\\-3 & 1\end{bmatrix}\begin{bmatrix}3 & 5\\5 & 9\end{bmatrix}=\begin{bmatrix}-1 & -1\\2 & 3\end{bmatrix}$.

(2) $\boldsymbol{X}=\begin{bmatrix}1 & 4\\-1 & 3\\3 & 2\end{bmatrix}\begin{bmatrix}2 & -1\\1 & 1\end{bmatrix}^{-1}=\begin{bmatrix}1 & 4\\-1 & 3\\3 & 2\end{bmatrix}\begin{bmatrix}\frac{1}{3} & \frac{1}{3}\\-\frac{1}{3} & \frac{2}{3}\end{bmatrix}=\begin{bmatrix}-1 & 3\\-\frac{4}{3} & \frac{5}{3}\\\frac{1}{3} & \frac{7}{3}\end{bmatrix}$.

(3) $\boldsymbol{X}=\begin{bmatrix}1 & 4\\-1 & 2\end{bmatrix}^{-1}\begin{bmatrix}3 & 1\\0 & -1\end{bmatrix}\begin{bmatrix}2 & 0\\-1 & 1\end{bmatrix}^{-1}=\frac{1}{6}\begin{bmatrix}2 & -4\\1 & 1\end{bmatrix}\begin{bmatrix}3 & 1\\0 & -1\end{bmatrix}\frac{1}{2}\begin{bmatrix}1 & 0\\1 & 2\end{bmatrix}=\begin{bmatrix}1 & 1\\\frac{1}{4} & 0\end{bmatrix}$.

3. 设 $\boldsymbol{A}$ 与 $\boldsymbol{B}$ 为 n 阶方阵，且 $|\boldsymbol{A}|=2$，$|\boldsymbol{B}^{-1}|=3$，求 $|\boldsymbol{A}^{-1}\boldsymbol{B}|$.

解：$|\boldsymbol{A}^{-1}\boldsymbol{B}|=|\boldsymbol{A}^{-1}||\boldsymbol{B}|=|\boldsymbol{A}|^{-1}|\boldsymbol{B}^{-1}|^{-1}=\frac{1}{2}\times\frac{1}{3}=\frac{1}{6}$.

4. 已知 $\boldsymbol{A}$ 为 3 阶方阵，且 $|\boldsymbol{A}|=3$，求：

(1) $|A^{-1}|$； (2) $|A^*|$； (3) $|-2A|$； (4) $|(3A)^{-1}|$；

(5) $\left|\frac{1}{3}A^* - 4A^{-1}\right|$； (6) $|(A^*)^{-1}|$.

解：(1) $|A^{-1}| = |A|^{-1} = \frac{1}{3}$.

(2) 由 $AA^* = |A|E$ 得 $|AA^*| = ||A|E|$，即 $|A||A^*| = |A|^3$，所以 $|A^*| = |A|^2 = 9$.

(3) $|-2A| = (-2)^3|A| = -24$.

(4) $|(3A)^{-1}| = \frac{1}{|3A|} = \frac{1}{3^3|A|} = \frac{1}{81}$.

(5) $\left|\frac{1}{3}A^* - 4A^{-1}\right| = \left|\frac{1}{3}|A|A^{-1} - 4A^{-1}\right| = |-3A^{-1}| = -9$.

(6) $|(A^*)^{-1}| = \left|\frac{A}{|A|}\right| = \frac{|A|}{27} = \frac{1}{9}$.

5. 设 A 满足矩阵方程 $A^2 - 2A - 4E = O$，证明 A 与 $A+E$ 皆可逆，并求其逆矩阵.

解：由 $A^2 - 2A - 4E = O \Rightarrow A\left(\frac{A-2E}{4}\right) = E$，所以，矩阵 A 可逆，且 $A^{-1} = \frac{A-2E}{4}$；

由 $A^2 - 2A - 4E = O \Rightarrow (A+E)(A-3E) = E$，所以 $A+E$ 可逆，且 $(A+E)^{-1} = A - 3E$.

6. 设矩阵 A 可逆，证明其伴随矩阵 A^* 也可逆，且 $(A^*)^{-1} = (A^{-1})^*$.

证明：由矩阵 A 可逆可得，$\frac{A}{|A|}A^* = E$，即伴随矩阵 A^* 可逆，且 $(A^*)^{-1} = \frac{A}{|A|}$.

又，$A^{-1}(A^{-1})^* = |A^{-1}|E \Rightarrow A^{-1}(A^{-1})^* = \frac{E}{|A|} \Rightarrow (A^{-1})^* = \frac{A}{|A|}$，所以 $(A^*)^{-1} = (A^{-1})^*$.

7. 设 n 阶方阵 A 与 B 满足等式 $A + B = AB$，(1) 证明 $A - E$ 可逆；(2) 已知矩阵 $B = \begin{bmatrix} 1 & -3 & 0 \\ 2 & 1 & 0 \\ 0 & 0 & 2 \end{bmatrix}$，求矩阵 A.

(1) 证明：由 $A + B = AB \Rightarrow (A-E)(B-E) = E$，所以 $A - E$ 可逆.

(2) 解：由 $A + B = AB \Rightarrow A(B-E) = B \Rightarrow A = B(B-E)^{-1}$，

$$B - E = \begin{bmatrix} 0 & -3 & 0 \\ 2 & 0 & 0 \\ 0 & 0 & 1 \end{bmatrix} \Rightarrow (B-E)^{-1} = \begin{bmatrix} 0 & \frac{1}{2} & 0 \\ -\frac{1}{3} & 0 & 0 \\ 0 & 0 & 1 \end{bmatrix},$$

$$A = B(B-E)^{-1} = \begin{bmatrix} 1 & -3 & 0 \\ 2 & 1 & 0 \\ 0 & 0 & 2 \end{bmatrix} \begin{bmatrix} 0 & \frac{1}{2} & 0 \\ -\frac{1}{3} & 0 & 0 \\ 0 & 0 & 1 \end{bmatrix} = \begin{bmatrix} 1 & \frac{1}{2} & 0 \\ -\frac{1}{3} & 1 & 0 \\ 0 & 0 & 2 \end{bmatrix}.$$

8. 设 $\boldsymbol{A}^k=\boldsymbol{O}$（$k$ 为正整数），证明 $(\boldsymbol{E}-\boldsymbol{A})^{-1}=\boldsymbol{E}+\boldsymbol{A}+\boldsymbol{A}^2+\cdots+\boldsymbol{A}^{k-1}$.

证明：$(\boldsymbol{E}-\boldsymbol{A})(\boldsymbol{E}+\boldsymbol{A}+\boldsymbol{A}^2+\cdots+\boldsymbol{A}^{k-1})=$

$$(\boldsymbol{E}+\boldsymbol{A}+\boldsymbol{A}^2+\cdots+\boldsymbol{A}^{k-1})-(\boldsymbol{A}+\boldsymbol{A}^2+\cdots+\boldsymbol{A}^k)=\boldsymbol{E}-\boldsymbol{A}^k=\boldsymbol{E},$$

所以，$(\boldsymbol{E}-\boldsymbol{A})^{-1}=\boldsymbol{E}+\boldsymbol{A}+\boldsymbol{A}^2+\cdots+\boldsymbol{A}^{k-1}$.

习题 2-4

1. 设 $\boldsymbol{M}=\begin{bmatrix}\boldsymbol{A}&\boldsymbol{B}\\\boldsymbol{C}&\boldsymbol{D}\end{bmatrix}$，其中 $\boldsymbol{A}, \boldsymbol{B}, \boldsymbol{C}, \boldsymbol{D}$ 均为 $n(n>1)$ 阶方阵，则 $\boldsymbol{M}^{\mathrm{T}}=$ (C).

(A) $\begin{bmatrix}\boldsymbol{A}&\boldsymbol{C}\\\boldsymbol{B}&\boldsymbol{D}\end{bmatrix}$；　(B) $\begin{bmatrix}\boldsymbol{A}&\boldsymbol{C}^{\mathrm{T}}\\\boldsymbol{B}^{\mathrm{T}}&\boldsymbol{D}\end{bmatrix}$；　(C) $\begin{bmatrix}\boldsymbol{A}^{\mathrm{T}}&\boldsymbol{C}^{\mathrm{T}}\\\boldsymbol{B}^{\mathrm{T}}&\boldsymbol{D}^{\mathrm{T}}\end{bmatrix}$；　(D) $\begin{bmatrix}\boldsymbol{A}^{\mathrm{T}}&\boldsymbol{B}^{\mathrm{T}}\\\boldsymbol{C}^{\mathrm{T}}&\boldsymbol{D}^{\mathrm{T}}\end{bmatrix}$.

2. 利用分块矩阵的乘法求下列矩阵的乘积：

(1) $\begin{bmatrix}1&3&0\\2&4&0\\0&0&5\end{bmatrix}\begin{bmatrix}2&4&0\\6&-8&0\\0&0&1\end{bmatrix}$.

(2) $\begin{bmatrix}2&0&0&0\\1&2&0&0\\0&0&3&0\\0&0&1&3\end{bmatrix}^2$.

(3) $\begin{bmatrix}3&-1&0&0\\2&3&0&0\\0&1&0&0\\0&0&1&4\end{bmatrix}\begin{bmatrix}1&0&0\\-2&0&0\\0&3&2\\0&4&3\end{bmatrix}$.

解：(1) 记 $\boldsymbol{A}=\begin{bmatrix}1&3&0\\2&4&0\\0&0&5\end{bmatrix}=\begin{bmatrix}\boldsymbol{A}_1&\\&\boldsymbol{A}_2\end{bmatrix}$，其中 $\boldsymbol{A}_1=\begin{bmatrix}1&3\\2&4\end{bmatrix}$，$\boldsymbol{A}_2=[5]$；

$$\boldsymbol{B}=\begin{bmatrix}2&4&0\\6&-8&0\\0&0&1\end{bmatrix}=\begin{bmatrix}\boldsymbol{B}_1&\\&\boldsymbol{B}_2\end{bmatrix},$$

其中 $\boldsymbol{B}_1=\begin{bmatrix}2&4\\6&-8\end{bmatrix}$，$\boldsymbol{B}_2=[1]$，

$$\boldsymbol{AB}=\begin{bmatrix}\boldsymbol{A}_1&\\&\boldsymbol{A}_2\end{bmatrix}\begin{bmatrix}\boldsymbol{B}_1&\\&\boldsymbol{B}_2\end{bmatrix}=\begin{bmatrix}\boldsymbol{A}_1\boldsymbol{B}_1&\\&\boldsymbol{A}_2\boldsymbol{B}_2\end{bmatrix}=\begin{bmatrix}20&-20&0\\28&-24&0\\0&0&5\end{bmatrix}.$$

(2) 记 $\boldsymbol{A}=\begin{bmatrix}2&0&0&0\\1&2&0&0\\0&0&3&0\\0&0&1&3\end{bmatrix}=\begin{bmatrix}\boldsymbol{A}_1&\\&\boldsymbol{A}_2\end{bmatrix}$，其中 $\boldsymbol{A}_1=\begin{bmatrix}2&0\\1&2\end{bmatrix}$，$\boldsymbol{A}_2=\begin{bmatrix}3&0\\1&3\end{bmatrix}$，

则，$A^2=\begin{bmatrix}A_1&\\&A_2\end{bmatrix}^2=\begin{bmatrix}A_1^2&\\&A_2^2\end{bmatrix}=\begin{bmatrix}4&0&0&0\\4&4&0&0\\0&0&9&0\\0&0&6&9\end{bmatrix}$.

(3) 记 $A=\begin{bmatrix}3&-1&0&0\\2&3&0&0\\0&1&0&0\\0&0&1&4\end{bmatrix}=\begin{bmatrix}A_1&O\\O&A_2\end{bmatrix}$，其中 $A_1=\begin{bmatrix}3&-1\\2&3\\0&1\end{bmatrix}$，$A_2=[1\quad 4]$；

$$B=\begin{bmatrix}1&0&0\\-2&0&0\\0&3&2\\0&4&3\end{bmatrix}=\begin{bmatrix}B_1&O\\O&B_2\end{bmatrix}，其中 B_1=\begin{bmatrix}1\\-2\end{bmatrix}，B_2=\begin{bmatrix}3&2\\4&3\end{bmatrix}，$$

$$AB=\begin{bmatrix}A_1&O\\O&A_2\end{bmatrix}\begin{bmatrix}B_1&O\\O&B_2\end{bmatrix}=\begin{bmatrix}A_1B_1&O\\O&A_2B_2\end{bmatrix}=\begin{bmatrix}5&0&0\\-4&0&0\\-2&0&0\\0&19&14\end{bmatrix}.$$

3. 利用矩阵分块求下列矩阵的逆矩阵：

(1) $\begin{bmatrix}2&1&0&0\\1&1&0&0\\0&0&2&5\\0&0&1&3\end{bmatrix}$.　(2) $\begin{bmatrix}2&3&0&0&0\\2&5&0&0&0\\0&0&3&0&0\\0&0&0&1&2\\0&0&0&0&1\end{bmatrix}$.　(3) $\begin{bmatrix}0&a_1&0&\cdots&0&0\\0&0&a_2&\cdots&0&0\\\vdots&\vdots&\vdots&&\vdots&\vdots\\0&0&0&\cdots&0&a_{n-1}\\a_n&0&0&\cdots&0&0\end{bmatrix}$.

解：(1) 记 $A=\begin{bmatrix}2&1&0&0\\1&1&0&0\\0&0&2&5\\0&0&1&3\end{bmatrix}=\begin{bmatrix}A_1&\\&A_2\end{bmatrix}$，其中 $A_1=\begin{bmatrix}2&1\\1&1\end{bmatrix}$，$A_2=\begin{bmatrix}2&5\\1&3\end{bmatrix}$，

$$A^{-1}=\begin{bmatrix}A_1^{-1}&\\&A_2^{-1}\end{bmatrix}=\begin{bmatrix}1&-1&0&0\\-1&2&0&0\\0&0&3&-5\\0&0&-1&2\end{bmatrix}.$$

(2) 记 $A=\begin{bmatrix}2&3&0&0&0\\2&5&0&0&0\\0&0&3&0&0\\0&0&0&1&2\\0&0&0&0&1\end{bmatrix}=\begin{bmatrix}A_1&&\\&A_2&\\&&A_3\end{bmatrix}$，

其中 $A_1=\begin{bmatrix}2&3\\2&5\end{bmatrix}$，$A_2=[3]$，$A_3=\begin{bmatrix}1&2\\0&1\end{bmatrix}$，

$$\boldsymbol{A}^{-1}=\begin{bmatrix}\boldsymbol{A}_1^{-1}&&\\&\boldsymbol{A}_2^{-1}&\\&&\boldsymbol{A}_3^{-1}\end{bmatrix}=\begin{bmatrix}\frac{5}{4}&-\frac{3}{4}&0&0&0\\-\frac{1}{2}&\frac{1}{2}&0&0&0\\0&0&\frac{1}{3}&0&0\\0&0&0&1&-2\\0&0&0&0&1\end{bmatrix}.$$

(3) $\boldsymbol{A}=\begin{bmatrix}0&a_1&0&\cdots&0&0\\0&0&a_2&\cdots&0&0\\\vdots&\vdots&\vdots&\vdots&\vdots&\vdots\\0&0&0&\cdots&0&a_{n-1}\\a_n&0&0&\cdots&0&0\end{bmatrix}=\begin{bmatrix}\boldsymbol{O}&\boldsymbol{A}_1\\\boldsymbol{A}_2&\boldsymbol{O}\end{bmatrix}$

其中，$\boldsymbol{A}_1=\begin{bmatrix}a_1&0&\cdots&0&0\\0&a_2&0&\cdots&0\\\vdots&\vdots&\vdots&\vdots&\vdots\\0&0&0&\cdots&a_{n-1}\end{bmatrix}$，$\boldsymbol{A}_2=[a_n]$，

$$\boldsymbol{A}^{-1}=\begin{bmatrix}\boldsymbol{O}&\boldsymbol{A}_1\\\boldsymbol{A}_2&\boldsymbol{O}\end{bmatrix}^{-1}=\begin{bmatrix}\boldsymbol{O}&\boldsymbol{A}_2^{-1}\\\boldsymbol{A}_1^{-1}&\boldsymbol{O}\end{bmatrix}=\begin{bmatrix}0&0&0&\cdots&0&a_n^{-1}\\a_1^{-1}&0&0&\cdots&0&0\\0&a_2^{-1}&0&\cdots&0&0\\\vdots&\vdots&\vdots&\vdots&\vdots&\vdots\\0&0&0&\cdots&a_{n-1}^{-1}&0\end{bmatrix}.$$

4. 设 $\boldsymbol{A}$ 与 $\boldsymbol{B}$ 都可逆，证明 $\begin{bmatrix}\boldsymbol{O}&\boldsymbol{A}\\\boldsymbol{B}&\boldsymbol{O}\end{bmatrix}$ 也可逆，且 $\begin{bmatrix}\boldsymbol{O}&\boldsymbol{A}\\\boldsymbol{B}&\boldsymbol{O}\end{bmatrix}^{-1}=\begin{bmatrix}\boldsymbol{O}&\boldsymbol{B}^{-1}\\\boldsymbol{A}^{-1}&\boldsymbol{O}\end{bmatrix}$，试用此结果计算

$$\begin{bmatrix}0&0&0&1&2\\0&0&0&2&3\\1&1&0&0&0\\0&1&1&0&0\\0&0&1&0&0\end{bmatrix}^{-1}.$$

证明：由 $\boldsymbol{A}$ 与 $\boldsymbol{B}$ 都可逆，则根据分块矩阵的乘法有

$\begin{bmatrix}\boldsymbol{O}&\boldsymbol{A}\\\boldsymbol{B}&\boldsymbol{O}\end{bmatrix}\begin{bmatrix}\boldsymbol{O}&\boldsymbol{B}^{-1}\\\boldsymbol{A}^{-1}&\boldsymbol{O}\end{bmatrix}=\begin{bmatrix}\boldsymbol{E}&\boldsymbol{O}\\\boldsymbol{O}&\boldsymbol{E}\end{bmatrix}=\boldsymbol{E}$，所以 $\begin{bmatrix}\boldsymbol{O}&\boldsymbol{A}\\\boldsymbol{B}&\boldsymbol{O}\end{bmatrix}$ 可逆，且 $\begin{bmatrix}\boldsymbol{O}&\boldsymbol{A}\\\boldsymbol{B}&\boldsymbol{O}\end{bmatrix}^{-1}=\begin{bmatrix}\boldsymbol{O}&\boldsymbol{B}^{-1}\\\boldsymbol{A}^{-1}&\boldsymbol{O}\end{bmatrix}$.

记 $\boldsymbol{C}=\begin{bmatrix}0&0&0&1&2\\0&0&0&2&3\\1&1&0&0&0\\0&1&1&0&0\\0&0&1&0&0\end{bmatrix}=\begin{bmatrix}\boldsymbol{O}&\boldsymbol{A}\\\boldsymbol{B}&\boldsymbol{O}\end{bmatrix}$，其中 $\boldsymbol{A}=\begin{bmatrix}1&2\\2&3\end{bmatrix}$，$\boldsymbol{B}=\begin{bmatrix}1&1&0\\0&1&1\\0&0&1\end{bmatrix}$，

$$C^{-1}=\begin{bmatrix}O & B^{-1}\\A^{-1} & O\end{bmatrix}=\begin{bmatrix}0&0&1&-1&1\\0&0&0&1&-1\\0&0&0&0&1\\-3&2&0&0&0\\2&-1&0&0&0\end{bmatrix}.$$

习题 2-5

1. 分别写出下列矩阵的行阶梯矩阵、行最简形矩阵和等价标准形：

(1) $\begin{bmatrix}1&2\\3&4\end{bmatrix}$. (2) $\begin{bmatrix}6&3&-4\\-4&1&-6\\1&2&-5\end{bmatrix}$. (3) $\begin{bmatrix}1&-2&-1&0&2\\-2&4&2&6&-6\\2&-1&0&2&3\\3&3&3&3&4\end{bmatrix}$.

解：(1) 行阶梯矩阵 $\begin{bmatrix}1&2\\0&-2\end{bmatrix}$，行最简形矩阵和等价标准形 $\begin{bmatrix}1&0\\0&1\end{bmatrix}$.

(2) 行阶梯矩阵 $\begin{bmatrix}1&2&-5\\0&9&-26\\0&0&0\end{bmatrix}$，行最简形矩阵 $\begin{bmatrix}1&0&\frac{7}{9}\\0&1&-\frac{26}{9}\\0&0&0\end{bmatrix}$，

等价标准形 $\begin{bmatrix}1&0&0\\0&1&0\\0&0&0\end{bmatrix}$.

(3) 行阶梯矩阵 $\begin{bmatrix}1&-2&-1&0&2\\-2&4&2&6&-6\\2&-1&0&2&3\\3&3&3&3&4\end{bmatrix}\xrightarrow[r_4-3r_1]{\substack{r_2+2r_1\\r_3-2r_1}}\begin{bmatrix}1&-2&-1&0&2\\0&0&0&6&-2\\0&3&2&2&-1\\0&9&6&3&-2\end{bmatrix}$

$$\xrightarrow[r_4-3r_2]{r_2\leftrightarrow r_3}\begin{bmatrix}1&-2&-1&0&2\\0&3&2&2&-1\\0&0&0&6&-2\\0&0&0&-3&1\end{bmatrix}\xrightarrow[r_4+r_3]{r_3\div 2}\begin{bmatrix}1&-2&-1&0&2\\0&3&2&2&-1\\0&0&0&3&-1\\0&0&0&0&0\end{bmatrix}.$$

行最简形矩阵 $\begin{bmatrix}1&-2&-1&0&2\\0&3&2&2&-1\\0&0&0&3&-1\\0&0&0&0&0\end{bmatrix}\xrightarrow[r_2-2r_3]{r_3\div 3}\begin{bmatrix}1&-2&-1&0&2\\0&3&2&0&-\frac{1}{3}\\0&0&0&1&-\frac{1}{3}\\0&0&0&0&0\end{bmatrix}$

$$\xrightarrow[r_1+2r_2]{r_2\div 3}\begin{bmatrix}1&0&\frac{1}{3}&0&\frac{16}{9}\\0&1&\frac{2}{3}&0&-\frac{1}{9}\\0&0&0&1&-\frac{1}{3}\\0&0&0&0&0\end{bmatrix}.$$

等价标准形 $\begin{bmatrix}1&0&0&0&0\\0&1&0&0&0\\0&0&1&0&0\\0&0&0&0&0\end{bmatrix}$.

2. 用初等变换求下列矩阵的逆矩阵：

(1) $\begin{bmatrix}1&2&-3\\0&1&2\\0&0&1\end{bmatrix}$.　　(2) $\begin{bmatrix}1&1&3\\0&1&-1\\1&0&0\end{bmatrix}$.

(3) $\begin{bmatrix}3&-2&0&-1\\0&2&2&1\\1&-2&-3&-2\\0&1&2&1\end{bmatrix}$.　　(4) $\begin{bmatrix}1&0&0&0\\2&1&0&0\\3&2&1&0\\4&3&2&1\end{bmatrix}$.

解：(1) $(\boldsymbol{A},\boldsymbol{E})=\left[\begin{array}{ccc:ccc}1&2&-3&1&0&0\\0&1&2&0&1&0\\0&0&1&0&0&1\end{array}\right]\xrightarrow[r_1-2r_2]{\substack{r_1+3r_3\\r_2-2r_3}}\left[\begin{array}{ccc:ccc}1&0&0&1&-2&7\\0&1&0&0&1&-2\\0&0&1&0&0&1\end{array}\right]$,

所以，$\begin{bmatrix}1&2&-3\\0&1&2\\0&0&1\end{bmatrix}^{-1}=\begin{bmatrix}1&-2&7\\0&1&-2\\0&0&1\end{bmatrix}$.

(2) $(\boldsymbol{A},\boldsymbol{E})=\left[\begin{array}{ccc:ccc}1&1&3&1&0&0\\0&1&-1&0&1&0\\1&0&0&0&0&1\end{array}\right]\xrightarrow[r_3\div(-4)]{\substack{r_3-r_1\\r_3+r_2}}\left[\begin{array}{ccc:ccc}1&1&3&1&0&0\\0&1&-1&0&1&0\\0&0&1&\frac{1}{4}&-\frac{1}{4}&-\frac{1}{4}\end{array}\right]$

$\xrightarrow[r_1-r_2]{\substack{r_2+r_3\\r_1-3r_3}}\left[\begin{array}{ccc:ccc}1&0&0&0&0&1\\0&1&0&\frac{1}{4}&\frac{3}{4}&-\frac{1}{4}\\0&0&1&\frac{1}{4}&-\frac{1}{4}&-\frac{1}{4}\end{array}\right]$，所以 $\begin{bmatrix}1&1&3\\0&1&-1\\1&0&0\end{bmatrix}^{-1}=\begin{bmatrix}0&0&1\\\frac{1}{4}&\frac{3}{4}&-\frac{1}{4}\\\frac{1}{4}&-\frac{1}{4}&-\frac{1}{4}\end{bmatrix}$.

(3) $(\boldsymbol{A},\boldsymbol{E})=\left[\begin{array}{cccc:cccc}3&-2&0&-1&1&0&0&0\\0&2&2&1&0&1&0&0\\1&-2&-3&-2&0&0&1&0\\0&1&2&1&0&0&0&1\end{array}\right]$

$\xrightarrow[r_2\leftrightarrow r_4]{\substack{r_1\leftrightarrow r_3\\r_3-3r_1}}\left[\begin{array}{cccc:cccc}1&-2&-3&-2&0&0&1&0\\0&1&2&1&0&0&0&1\\0&4&9&5&1&0&-3&0\\0&2&2&1&0&1&0&0\end{array}\right]$

$\xrightarrow[r_4+2r_3]{\substack{r_3-4r_2\\r_4-2r_2}}\left[\begin{array}{cccc:cccc}1&-2&-3&-2&0&0&1&0\\0&1&2&1&0&0&0&1\\0&0&1&1&1&0&-3&-4\\0&0&0&1&2&1&-6&-10\end{array}\right]$

$$\xrightarrow[r_1+2r_4]{\substack{r_3-r_4\\ r_2-r_4}}\left[\begin{array}{cccc:cccc}1&-2&-3&0&4&2&-11&-20\\0&1&2&0&-2&-1&6&11\\0&0&1&0&-1&-1&3&6\\0&0&0&1&2&1&-6&-10\end{array}\right]$$

$$\xrightarrow[r_1+2r_2]{\substack{r_2-2r_3\\ r_1+3r_3}}\left[\begin{array}{cccc:cccc}1&0&0&0&1&1&-2&-4\\0&1&0&0&0&1&0&-1\\0&0&1&0&-1&-1&3&6\\0&0&0&1&2&1&-6&-10\end{array}\right]$$

所以 $\begin{bmatrix}3&-2&0&-1\\0&2&2&1\\1&-2&-3&-2\\0&1&2&1\end{bmatrix}^{-1}=\begin{bmatrix}1&1&-2&-4\\0&1&0&-1\\-1&-1&3&6\\2&1&-6&-10\end{bmatrix}$.

(4) $(\boldsymbol{A},\boldsymbol{E})=\left[\begin{array}{cccc:cccc}1&0&0&0&1&0&0&0\\2&1&0&0&0&1&0&0\\3&2&1&0&0&0&1&0\\4&3&2&1&0&0&0&1\end{array}\right]$

$$\xrightarrow[r_4-4r_1]{\substack{r_2-2r_1\\ r_3-3r_1}}\left[\begin{array}{cccc:cccc}1&0&0&0&1&0&0&0\\0&1&0&0&-2&1&0&0\\0&2&1&0&-3&0&1&0\\0&3&2&1&-4&0&0&1\end{array}\right]\xrightarrow[r_4-2r_3]{\substack{r_3-2r_2\\ r_4-3r_2}}\left[\begin{array}{cccc:cccc}1&0&0&0&1&0&0&0\\0&1&0&0&-2&1&0&0\\0&0&1&0&1&-2&1&0\\0&0&0&1&0&1&-2&1\end{array}\right]$$

所以 $\begin{bmatrix}1&0&0&0\\2&1&0&0\\3&2&1&0\\4&3&2&1\end{bmatrix}^{-1}=\begin{bmatrix}1&0&0&0\\-2&1&0&0\\1&-2&1&0\\0&1&-2&1\end{bmatrix}$.

3. 解下列矩阵方程：

(1) $\begin{bmatrix}1&2\\3&4\end{bmatrix}\boldsymbol{X}=\begin{bmatrix}0&1&0\\1&0&-3\end{bmatrix}$.

(2) $\begin{bmatrix}1&2&-3\\3&2&-4\\2&-1&0\end{bmatrix}\boldsymbol{X}=\begin{bmatrix}1&-3&0\\10&2&7\\10&7&8\end{bmatrix}$.

(3) $\boldsymbol{X}\begin{bmatrix}2&1&-1\\2&1&0\\1&-1&1\end{bmatrix}=\begin{bmatrix}1&-1&3\\4&3&2\end{bmatrix}$.

(4) $\begin{bmatrix}-1&0&0\\0&2&0\\1&0&\frac{1}{3}\end{bmatrix}\boldsymbol{X}\begin{bmatrix}2&1\\5&3\end{bmatrix}=\begin{bmatrix}1&3\\2&0\\3&1\end{bmatrix}$.

解：(1) $\boldsymbol{X}=\begin{bmatrix}1&2\\3&4\end{bmatrix}^{-1}\begin{bmatrix}0&1&0\\1&0&-3\end{bmatrix}=\begin{bmatrix}-2&1\\\frac{3}{2}&-\frac{1}{2}\end{bmatrix}\begin{bmatrix}0&1&0\\1&0&-3\end{bmatrix}=\begin{bmatrix}1&-2&-3\\-\frac{1}{2}&\frac{3}{2}&\frac{3}{2}\end{bmatrix}$.

(2) $\boldsymbol{X}=\begin{bmatrix}1&2&-3\\3&2&-4\\2&-1&0\end{bmatrix}^{-1}\begin{bmatrix}1&-3&0\\10&2&7\\10&7&8\end{bmatrix}$,

$$\left[\begin{array}{ccc:ccc}1&2&-3&1&-3&0\\3&2&-4&10&2&7\\2&-1&0&10&7&8\end{array}\right]\xrightarrow[r_2\div(-4)]{\substack{r_2-3r_1\\r_3-2r_1}}\left[\begin{array}{ccc:ccc}1&2&-3&1&-3&0\\0&1&-\frac{5}{4}&-\frac{7}{4}&-\frac{11}{4}&-\frac{7}{4}\\0&-5&6&8&13&8\end{array}\right]\to$$

$$\xrightarrow[r_3\times(-4)]{r_3+5r_2}\left[\begin{array}{ccc:ccc}1&2&-3&1&-3&0\\0&1&-\frac{5}{4}&-\frac{7}{4}&-\frac{11}{4}&-\frac{7}{4}\\0&0&1&3&3&3\end{array}\right]\xrightarrow[r_1-2r_2]{\substack{r_2+\frac{5}{4}r_3\\r_1+3r_3}}\left[\begin{array}{ccc:ccc}1&0&0&6&4&5\\0&1&0&2&1&2\\0&0&1&3&3&3\end{array}\right]$$

所以 $\boldsymbol{X}=\begin{bmatrix}6&4&5\\2&1&2\\3&3&3\end{bmatrix}$.

(3) $\boldsymbol{X}=\begin{bmatrix}1&-1&3\\4&3&2\end{bmatrix}\begin{bmatrix}2&1&-1\\2&1&0\\1&-1&1\end{bmatrix}^{-1}$

$$\left[\begin{array}{ccc}2&1&-1\\2&1&0\\1&-1&1\\\hdashline 1&-1&3\\4&3&2\end{array}\right]\xrightarrow[c_3+c_1]{\substack{c_1\leftrightarrow c_2\\c_2-2c_1}}\left[\begin{array}{ccc}1&0&0\\1&0&1\\-1&3&0\\\hdashline -1&3&2\\3&-2&5\end{array}\right]\xrightarrow[c_1-c_2]{\substack{c_2\leftrightarrow c_3\\c_3\div 3\\c_1+c_3}}\left[\begin{array}{ccc}1&0&0\\0&1&0\\0&0&1\\\hdashline -2&2&1\\-\frac{8}{3}&5&-\frac{2}{3}\end{array}\right]$$

所以 $\boldsymbol{X}=\begin{bmatrix}-2&2&1\\-\frac{8}{3}&5&-\frac{2}{3}\end{bmatrix}$.

(4) $\boldsymbol{X}=\begin{bmatrix}-1&0&0\\0&2&0\\1&0&\frac{1}{3}\end{bmatrix}^{-1}\begin{bmatrix}1&3\\2&0\\3&1\end{bmatrix}\begin{bmatrix}2&1\\5&3\end{bmatrix}^{-1}=\begin{bmatrix}-1&0&0\\0&\frac{1}{2}&0\\3&0&3\end{bmatrix}\begin{bmatrix}1&3\\2&0\\3&1\end{bmatrix}\begin{bmatrix}3&-1\\-5&2\end{bmatrix}$

$=\begin{bmatrix}12&-5\\3&-1\\-24&12\end{bmatrix}$.

4. 设矩阵 $\boldsymbol{A}$ 和 $\boldsymbol{B}$ 满足关系式 $\boldsymbol{AB}=\boldsymbol{A}+2\boldsymbol{B}$, 其中 $\boldsymbol{A}=\begin{bmatrix}4&2&3\\1&1&0\\-1&2&3\end{bmatrix}$, 求 $\boldsymbol{B}$.

解：由 $\boldsymbol{AB}=\boldsymbol{A}+2\boldsymbol{B}\Rightarrow(\boldsymbol{A}-2\boldsymbol{E})\boldsymbol{B}=\boldsymbol{A}\Rightarrow\boldsymbol{B}=(\boldsymbol{A}-2\boldsymbol{E})^{-1}\boldsymbol{A}$,

$$(\boldsymbol{A}-2\boldsymbol{E},\boldsymbol{A})=\left[\begin{array}{ccc:ccc}2&2&3&4&2&3\\1&-1&0&1&1&0\\-1&2&1&-1&2&3\end{array}\right]\xrightarrow[r_3+r_1]{\substack{r_1\leftrightarrow r_2\\ r_2-2r_1}}\left[\begin{array}{ccc:ccc}1&-1&0&1&1&0\\0&4&3&2&0&3\\0&1&1&0&3&3\end{array}\right]$$

$$\xrightarrow[r_3\times(-1)]{\substack{r_2\leftrightarrow r_3\\ r_3-4r_2}}\left[\begin{array}{ccc:ccc}1&-1&0&1&1&0\\0&1&1&0&3&3\\0&0&1&-2&12&9\end{array}\right]\xrightarrow[r_1+r_2]{r_2-r_3}\left[\begin{array}{ccc:ccc}1&0&0&3&-8&-6\\0&1&0&2&-9&-6\\0&0&1&-2&12&9\end{array}\right]$$

所以 $\boldsymbol{B}=\begin{bmatrix}3&-8&-6\\2&-9&-6\\-2&12&9\end{bmatrix}$.

5. 设矩阵方程 $\boldsymbol{X}=\boldsymbol{AX}+\boldsymbol{B}$, 其中

$$\boldsymbol{A}=\begin{bmatrix}0&1&0\\-1&1&1\\-1&0&-1\end{bmatrix},\quad \boldsymbol{B}=\begin{bmatrix}1&-1\\2&0\\5&-3\end{bmatrix},$$

求矩阵 $\boldsymbol{X}$.

解：由 $\boldsymbol{X}=\boldsymbol{AX}+\boldsymbol{B}\Rightarrow(\boldsymbol{E}-\boldsymbol{A})\boldsymbol{X}=\boldsymbol{B}\Rightarrow\boldsymbol{X}=(\boldsymbol{E}-\boldsymbol{A})^{-1}\boldsymbol{B}$,

$$(\boldsymbol{E}-\boldsymbol{A},\boldsymbol{B})=\left[\begin{array}{ccc:cc}1&-1&0&1&-1\\1&0&-1&2&0\\1&0&2&5&-3\end{array}\right]\xrightarrow[r_3-r_2]{\substack{r_2-r_1\\ r_3-r_1}}\left[\begin{array}{ccc:cc}1&-1&0&1&-1\\0&1&-1&1&1\\0&0&3&3&-3\end{array}\right]$$

$$\xrightarrow[r_1+r_2]{\substack{r_3\div 3\\ r_2+r_3}}\left[\begin{array}{ccc:cc}1&0&0&3&-1\\0&1&0&2&0\\0&0&1&1&-1\end{array}\right],\text{所以 }\boldsymbol{X}=\begin{bmatrix}3&-1\\2&0\\1&-1\end{bmatrix}.$$

6. 设 $\boldsymbol{A}=\begin{bmatrix}1&2&-2\\0&-2&4\\0&0&1\end{bmatrix}$ 满足 $\boldsymbol{A}^*\boldsymbol{XA}=2\boldsymbol{XA}-8\boldsymbol{E}$, 求 $\boldsymbol{X}$.

解：由 $\boldsymbol{A}^*\boldsymbol{XA}=2\boldsymbol{XA}-8\boldsymbol{E}\Rightarrow\boldsymbol{A}(\boldsymbol{A}^*\boldsymbol{XA})=\boldsymbol{A}(2\boldsymbol{XA}-8\boldsymbol{E})$

$\Rightarrow|\boldsymbol{A}|\boldsymbol{XA}=2\boldsymbol{AXA}-8\boldsymbol{A}\Rightarrow-2\boldsymbol{XA}=2\boldsymbol{AXA}-8\boldsymbol{A}\quad(|\boldsymbol{A}|=-2)$

$\Rightarrow\boldsymbol{XA}=4\boldsymbol{A}-\boldsymbol{AXA}\Rightarrow(\boldsymbol{A}+\boldsymbol{E})\boldsymbol{XA}=4\boldsymbol{A}\Rightarrow(\boldsymbol{A}+\boldsymbol{E})\boldsymbol{X}=4\boldsymbol{E}$ ($\boldsymbol{A}$ 可逆)

$\Rightarrow\boldsymbol{X}=4(\boldsymbol{A}+\boldsymbol{E})^{-1}$

$$(\boldsymbol{A}+\boldsymbol{E},\boldsymbol{E})=\left[\begin{array}{ccc:ccc}2&2&-2&1&0&0\\0&-1&4&0&1&0\\0&0&2&0&0&1\end{array}\right]\xrightarrow[r_3\div 2]{\substack{r_1\div 2\\ r_2\times(-1)}}\left[\begin{array}{ccc:ccc}1&1&-1&\frac{1}{2}&0&0\\0&1&-4&0&-1&0\\0&0&1&0&0&\frac{1}{2}\end{array}\right]$$

$$\xrightarrow[r_1-r_2]{\substack{r_2+4r_3\\ r_1+r_3}}\left[\begin{array}{ccc:ccc}1&0&0&\frac{1}{2}&1&-\frac{3}{2}\\0&1&0&0&-1&2\\0&0&1&0&0&\frac{1}{2}\end{array}\right]$$，所以 $\boldsymbol{X}=4(\boldsymbol{A}+\boldsymbol{E})^{-1}=\begin{bmatrix}2&4&-6\\0&-4&8\\0&0&2\end{bmatrix}$.

7. 利用例 22 中的密码表，且发送者和接收者都知道的密码矩阵为 $\boldsymbol{A}=\begin{bmatrix}3&-3&2\\8&-6&3\\-5&4&-2\end{bmatrix}$，现接收者接到矩阵 $\boldsymbol{C}=\begin{bmatrix}-9&63&24\\-15&129&51\\13&-82&-29\end{bmatrix}$，问发送者所发的明文是什么？

解：由例 22 可得译码矩阵 $\boldsymbol{A}^{-1}=\begin{bmatrix}0&2&3\\1&4&7\\2&3&6\end{bmatrix}$，

$$\boldsymbol{A}^{-1}\boldsymbol{C}=\begin{bmatrix}0&2&3\\1&4&7\\2&3&6\end{bmatrix}\begin{bmatrix}-9&63&24\\-15&129&51\\13&-82&-29\end{bmatrix}=\begin{bmatrix}9&12&15\\22&5&25\\15&21&27\end{bmatrix},$$

发送者的明文是 I LOVE YOU.

注　这里的例 22 见同步教材《线性代数》（田原、沈亦一主编）第二章.

七、补 充 习 题

1. 填空题

(1) $\boldsymbol{A}$, $\boldsymbol{B}$ 均是 n 阶对称矩阵，则 $\boldsymbol{AB}$ 是对称矩阵的充要条件是________________.

(2) 设 $\boldsymbol{A}=\begin{bmatrix}1&0&0\\2&2&0\\3&4&5\end{bmatrix}$，$\boldsymbol{A}^*$ 是 $\boldsymbol{A}$ 的伴随矩阵，则 $(\boldsymbol{A}^*)^{-1}=$ ________________.

(3) 设 $\boldsymbol{A}$ 为三阶矩阵，$|\boldsymbol{A}|=-1$，$\boldsymbol{A}^*$ 是 $\boldsymbol{A}$ 的伴随矩阵，则 $|(2\boldsymbol{A})^{-1}+2\boldsymbol{A}^*|=$ ________.

(4) 已知 $\boldsymbol{A}=\begin{bmatrix}0&0&1&0\\0&2&0&0\\3&0&0&0\\0&0&0&4\end{bmatrix}$，则 $\boldsymbol{A}^{-1}=$ ________________.

(5) 设 $\boldsymbol{A}=(1,2,3)$，$\boldsymbol{B}=(1,1,1)$，则 $(\boldsymbol{A}^{\mathrm{T}}\boldsymbol{B})^{100}=$ ________________.

2. 选择题

(1) 设 $\boldsymbol{A}$, $\boldsymbol{B}$, $\boldsymbol{C}$ 都是 n 阶方阵，且 $\boldsymbol{ABC}=\boldsymbol{E}$，则________.

(A) $\boldsymbol{ACB}=\boldsymbol{E}$　　(B) $\boldsymbol{ACA}=\boldsymbol{E}$

(C) $\boldsymbol{BAC}=\boldsymbol{E}$　　(D) $\boldsymbol{CAB}=\boldsymbol{E}$

(2) 设 $\boldsymbol{A}, \boldsymbol{B}$ 均是 n 阶方阵,则必有________.

(A) $(\boldsymbol{A}+\boldsymbol{B})(\boldsymbol{A}-\boldsymbol{B})=\boldsymbol{A}^2-\boldsymbol{B}^2$　　(B) $|\boldsymbol{AB}|=|\boldsymbol{BA}|$

(C) $(\boldsymbol{AB})^{\mathrm{T}}=\boldsymbol{A}^{\mathrm{T}}\boldsymbol{B}^{\mathrm{T}}$　　(D) $(\boldsymbol{AB})^{-1}=\boldsymbol{A}^{-1}\boldsymbol{B}^{-1}$

(3) 设 $\boldsymbol{A}, \boldsymbol{B}$ 是 n 阶方阵, $\boldsymbol{A}\neq\boldsymbol{O}$ 且 $\boldsymbol{AB}=\boldsymbol{O}$, 则________.

(A) $\boldsymbol{B}=\boldsymbol{O}$　　(B) $|\boldsymbol{B}|=0$ 或 $|\boldsymbol{A}|=0$

(C) $||\boldsymbol{A}|\boldsymbol{B}|=||\boldsymbol{B}|\boldsymbol{A}|$　　(D) $(\boldsymbol{A}+\boldsymbol{B})^2=\boldsymbol{A}^2+\boldsymbol{B}^2$

(4) 设 4 阶矩阵 $\boldsymbol{A}=(\boldsymbol{\alpha}, \boldsymbol{\gamma}_1, \boldsymbol{\gamma}_2, \boldsymbol{\gamma}_3)$, $\boldsymbol{B}=(\boldsymbol{\beta}, \boldsymbol{\gamma}_1, \boldsymbol{\gamma}_2, \boldsymbol{\gamma}_3)$, 其中 $\boldsymbol{\alpha}, \boldsymbol{\beta}, \boldsymbol{\gamma}_1, \boldsymbol{\gamma}_2, \boldsymbol{\gamma}_3$ 均为 4 行 1 列的分块矩阵,已知 $|\boldsymbol{A}|=4$, $|\boldsymbol{B}|=1$, 则 $|\boldsymbol{A}+\boldsymbol{B}|=$ ________.

(A) 5　　(B) 4

(C) 50　　(D) 40

(5) 设 $\boldsymbol{A}, \boldsymbol{B}$ 是同阶对称矩阵且 $\boldsymbol{A}$ 可逆,则下列矩阵是对称矩阵的是________.

(A) $\boldsymbol{A}^{-1}\boldsymbol{B}-\boldsymbol{BA}^{-1}$　　(B) $\boldsymbol{A}^{-1}\boldsymbol{B}+\boldsymbol{BA}^{-1}$

(C) $\boldsymbol{A}^{-1}\boldsymbol{BA}$　　(D) $\boldsymbol{ABA}^{-1}\boldsymbol{B}$

3. 设 $\boldsymbol{A}=\begin{bmatrix}3 & 4 & 0 & 0\\ 4 & -3 & 0 & 0\\ 0 & 0 & 2 & 0\\ 0 & 0 & 2 & 2\end{bmatrix}$, 求 $|\boldsymbol{A}^8|$, $\boldsymbol{A}^4$ 及 $\boldsymbol{A}^{-1}$.

4. 设 $\boldsymbol{A}$ 是可逆方阵,且 $\boldsymbol{A}^2=|\boldsymbol{A}|\boldsymbol{E}$, 证明: $\boldsymbol{A}$ 的伴随矩阵 $\boldsymbol{A}^*=\boldsymbol{A}$.

5. 已知矩阵 $\boldsymbol{A}$ 满足关系式 $\boldsymbol{A}^2+2\boldsymbol{E}-3\boldsymbol{E}=\boldsymbol{O}$, 求 $(\boldsymbol{A}+4\boldsymbol{E})^{-1}$.

6. 设矩阵 $\boldsymbol{A}=\begin{bmatrix}1 & 1 & -1\\ -1 & 1 & 1\\ 1 & -1 & 1\end{bmatrix}$, 已知 $\boldsymbol{A}^*\boldsymbol{X}=\boldsymbol{A}^{-1}+2\boldsymbol{X}$, 其中 $\boldsymbol{A}^*$ 是 $\boldsymbol{A}$ 的伴随矩阵,求矩阵 $\boldsymbol{X}$.

7. 设矩阵 $\boldsymbol{A}=\begin{bmatrix}0 & -1 & 0 & 0\\ 0 & 0 & -1 & 0\\ 0 & 0 & 0 & -1\\ 0 & 0 & 0 & 0\end{bmatrix}$, $\boldsymbol{B}=\begin{bmatrix}2 & 1 & 3 & 4\\ 0 & 2 & 1 & 3\\ 0 & 0 & 2 & 1\\ 0 & 0 & 0 & 2\end{bmatrix}$, 已知 $\boldsymbol{X}(\boldsymbol{E}-\boldsymbol{B}^{-1}\boldsymbol{A})^{\mathrm{T}}\boldsymbol{B}^{\mathrm{T}}=\boldsymbol{E}+\boldsymbol{X}$, 求矩阵 $\boldsymbol{X}$.

8. 设 $\boldsymbol{A}$ 为 n 阶方阵, $\boldsymbol{AA}^{\mathrm{T}}=\boldsymbol{E}$, $|\boldsymbol{A}|<0$, 求 $|\boldsymbol{A}+\boldsymbol{E}|$.

解答和提示

1. 填空题

(1) $\boldsymbol{AB}=\boldsymbol{BA}$;　(2) $\begin{bmatrix}\frac{1}{10} & 0 & 0\\ \frac{1}{5} & \frac{1}{5} & 0\\ \frac{3}{10} & \frac{2}{5} & \frac{1}{2}\end{bmatrix}$;　(3) $\frac{27}{8}$;　(4) $\begin{bmatrix}0 & 0 & \frac{1}{3} & 0\\ 0 & \frac{1}{2} & 0 & 0\\ 1 & 0 & 0 & 0\\ 0 & 0 & 0 & \frac{1}{4}\end{bmatrix}$

(5) $6^{99}\begin{bmatrix}1&1&1\\2&2&2\\3&3&3\end{bmatrix}$.

2. 选择题

(1) D (2) B (3) B (4) D (5) B

3. $|\boldsymbol{A}^8|=10^{16}$, $\boldsymbol{A}^4=\begin{bmatrix}5^4&0&0&0\\0&5^4&0&0\\0&0&2^4&0\\0&0&2^6&2^4\end{bmatrix}$, $\boldsymbol{A}^{-1}=\begin{bmatrix}\frac{3}{25}&\frac{4}{25}&0&0\\\frac{4}{25}&\frac{-3}{25}&0&0\\0&0&\frac{1}{2}&0\\0&0&\frac{-1}{2}&\frac{1}{2}\end{bmatrix}$.

4. 提示:因 $\boldsymbol{A}^2=|\boldsymbol{A}|\boldsymbol{E}$, 所以 $\boldsymbol{A}^{-1}=\dfrac{\boldsymbol{A}}{|\boldsymbol{A}|}$, 从而 $\boldsymbol{A}^*=\boldsymbol{A}$.

5. 提示:由 $\boldsymbol{A}^2+2\boldsymbol{E}-3\boldsymbol{E}=\boldsymbol{O}$ 可得 $(\boldsymbol{A}+4\boldsymbol{E})(\boldsymbol{A}-2\boldsymbol{E})=-5\boldsymbol{E}$.

则 $(\boldsymbol{A}+4\boldsymbol{E})(\dfrac{2\boldsymbol{E}-\boldsymbol{A}}{5})=\boldsymbol{E}$, 所以 $(\boldsymbol{A}+4\boldsymbol{E})^{-1}=\dfrac{2\boldsymbol{E}-\boldsymbol{A}}{5}$.

6. $\boldsymbol{X}=\dfrac{1}{4}\begin{bmatrix}1&1&0\\0&1&1\\1&0&1\end{bmatrix}$

提示:由 $\boldsymbol{A}^*\boldsymbol{X}=\boldsymbol{A}^{-1}+2\boldsymbol{X}$ 可得 $\boldsymbol{A}\boldsymbol{A}^*\boldsymbol{X}=\boldsymbol{A}\boldsymbol{A}^{-1}+2\boldsymbol{A}\boldsymbol{X}$, 即 $|\boldsymbol{A}|\boldsymbol{X}=\boldsymbol{E}+2\boldsymbol{A}\boldsymbol{X}$.

7. $\boldsymbol{X}=\begin{bmatrix}1&0&0&0\\-2&1&0&0\\1&-2&1&0\\0&1&-2&1\end{bmatrix}$

提示:由 $\boldsymbol{X}(\boldsymbol{E}-\boldsymbol{B}^{-1}\boldsymbol{A})^{\mathrm{T}}\boldsymbol{B}^{\mathrm{T}}=\boldsymbol{E}+\boldsymbol{X}$ 可得 $\boldsymbol{X}[\boldsymbol{B}(\boldsymbol{E}-\boldsymbol{B}^{-1}\boldsymbol{A})]^{\mathrm{T}}=\boldsymbol{E}+\boldsymbol{X}$, 即

$$\boldsymbol{X}(\boldsymbol{B}-\boldsymbol{A})^{\mathrm{T}}=\boldsymbol{E}+\boldsymbol{X}\text{, 从而 }\boldsymbol{X}=[(\boldsymbol{B}-\boldsymbol{A})^{\mathrm{T}}-\boldsymbol{E}]^{-1}.$$

8. $|\boldsymbol{A}+\boldsymbol{E}|=0$

提示: $|\boldsymbol{A}+\boldsymbol{E}|=|A+\boldsymbol{A}\boldsymbol{A}^{\mathrm{T}}|=|\boldsymbol{A}(\boldsymbol{E}+\boldsymbol{A}^{\mathrm{T}})|=|\boldsymbol{A}(\boldsymbol{A}+\boldsymbol{E})^{\mathrm{T}}|=|\boldsymbol{A}||\boldsymbol{A}+\boldsymbol{E}|$

从而, $(1-|\boldsymbol{A}|)|\boldsymbol{A}+\boldsymbol{E}|=0$, 而 $|\boldsymbol{A}|<0$, 所以 $|\boldsymbol{A}+\boldsymbol{E}|=0$.

第三章　向量组的线性相关性

一、基 本 要 求

1. 理解 n 维向量的概念，掌握向量组与矩阵的对应关系.

2. 理解向量组的线性组合、线性相关、线性无关的概念.

3. 掌握向量组线性相关、线性无关的有关性质及判别法.

4. 了解两向量组等价的概念，了解向量组的最大线性无关组和向量组的秩的概念.

5. 理解矩阵秩的概念，了解秩的基本性质，掌握用初等变换求矩阵秩的方法.

6. 知道向量组的秩与矩阵的秩的关系，熟练掌握利用矩阵的初等变换求向量组的秩和最大线性无关组的方法.

二、内 容 提 要

1. n 维向量

(1) 定义

n 个有次序的数 $a_1, a_2, \cdots, a_n$ 组成的数组称为 n 维向量. 数 $a_i(i=1, 2, \cdots, n)$ 称为向量的第 i 个分量.

$$\boldsymbol{\alpha}=\begin{bmatrix}a_1\\a_2\\\vdots\\a_n\end{bmatrix}, \qquad \boldsymbol{\alpha}^{\mathrm{T}}=[a_1, a_2, \cdots, a_n],$$

$\boldsymbol{\alpha}$ 与 $\boldsymbol{\alpha}^{\mathrm{T}}$ 称为列向量与行向量.

注　① 若没有特别说明，所讨论的向量均为列向量.

② $\boldsymbol{A}=\begin{bmatrix} a_{11} & a_{12} & \cdots & a_{1n} \\ a_{21} & a_{22} & \cdots & a_{2n} \\ \vdots & \vdots & & \vdots \\ a_{m1} & a_{m2} & \cdots & a_{mn} \end{bmatrix}=[\boldsymbol{\alpha}_1, \boldsymbol{\alpha}_2, \cdots, \boldsymbol{\alpha}_n]$，其中 $\boldsymbol{\alpha}_i=\begin{bmatrix} a_{1i} \\ a_{2i} \\ \vdots \\ a_{mi} \end{bmatrix}$ $(i=1, 2, \cdots, n)$，$\boldsymbol{\alpha}_1, \boldsymbol{\alpha}_2, \cdots, \boldsymbol{\alpha}_n$ 称为矩阵 $\boldsymbol{A}$ 的列向量组；

$$\boldsymbol{A}=\begin{bmatrix} a_{11} & a_{12} & \cdots & a_{1n} \\ a_{21} & a_{22} & \cdots & a_{2n} \\ \vdots & \vdots & & \vdots \\ a_{m1} & a_{m2} & \cdots & a_{mn} \end{bmatrix}=\begin{bmatrix} \boldsymbol{\beta}_1^{\mathrm{T}} \\ \boldsymbol{\beta}_2^{\mathrm{T}} \\ \vdots \\ \boldsymbol{\beta}_m^{\mathrm{T}} \end{bmatrix},$$

其中 $\boldsymbol{\beta}_j^{\mathrm{T}}=[a_{j1}, a_{j2}, \cdots, a_{jn}]$ $(j=1, 2, \cdots, m)$，$\boldsymbol{\beta}_1^{\mathrm{T}}, \boldsymbol{\beta}_2^{\mathrm{T}}, \cdots, \boldsymbol{\beta}_m^{\mathrm{T}}$ 称为矩阵 $\boldsymbol{A}$ 的行向量组.

(2) 向量的运算

设 $\boldsymbol{\alpha}=[a_1, a_2, \cdots, a_n]^{\mathrm{T}}$，$\boldsymbol{\beta}=[b_1, b_2, \cdots, b_n]^{\mathrm{T}}$，则

$$\boldsymbol{\alpha}+\boldsymbol{\beta}=[a_1+b_1, a_2+b_2, \cdots, a_n+b_n]^{\mathrm{T}},\ k\boldsymbol{\alpha}=[ka_1, ka_2, \cdots, ka_n]^{\mathrm{T}}(k \text{ 为常数}).$$

2. 向量组的线性相关性

(1) 定义

① 线性组合　设 $\boldsymbol{\alpha}_1, \boldsymbol{\alpha}_2, \cdots, \boldsymbol{\alpha}_m, \boldsymbol{\beta}$ 是一组 n 维向量，如果存在一组数 $k_1, k_2, \cdots, k_m$，使

$$\boldsymbol{\beta}=k_1\boldsymbol{\alpha}_1+k_2\boldsymbol{\alpha}_2+\cdots+k_m\boldsymbol{\alpha}_m,$$

则称向量 $\boldsymbol{\beta}$ 是向量 $\boldsymbol{\alpha}_1, \boldsymbol{\alpha}_2, \cdots, \boldsymbol{\alpha}_m$ 的线性组合，或称向量 $\boldsymbol{\beta}$ 可由向量 $\boldsymbol{\alpha}_1, \boldsymbol{\alpha}_2, \cdots, \boldsymbol{\alpha}_m$ 线性表示.

② 两向量组等价　设有两个 n 维向量组 $\boldsymbol{A}$：$\boldsymbol{\alpha}_1, \boldsymbol{\alpha}_2, \cdots, \boldsymbol{\alpha}_s$ 及 $\boldsymbol{B}$：$\boldsymbol{\beta}_1, \boldsymbol{\beta}_2, \cdots, \boldsymbol{\beta}_t$，如果 $\boldsymbol{B}$ 中的每一个向量都可以由向量组 $\boldsymbol{A}$ 线性表示，则称向量组 $\boldsymbol{B}$ 可以由向量组 $\boldsymbol{A}$ 线性表示；如果两向量组可以相互线性表示，则称向量组 $\boldsymbol{A}$ 与向量组 $\boldsymbol{B}$ 等价.

③ 线性相关与线性无关　给定向量组 $\boldsymbol{A}$：$\boldsymbol{\alpha}_1, \boldsymbol{\alpha}_2, \cdots, \boldsymbol{\alpha}_m$，如果存在一组不全为零的数 $k_1, k_2, \cdots, k_m$，使 $k_1\boldsymbol{\alpha}_1+k_2\boldsymbol{\alpha}_2+\cdots+k_m\boldsymbol{\alpha}_m=\boldsymbol{0}$，则称向量组 $\boldsymbol{A}$ 线性相关，否则称它线性无关.

注　① 单个非零向量线性无关.

② 含有零向量的向量组必线性相关.

③ 基本单位向量组 $\boldsymbol{e}_1, \boldsymbol{e}_2, \cdots, \boldsymbol{e}_n$ 线性无关.

④ 两个向量线性相关的充分必要条件是对应分量成比例.

⑤ 几何上,两个向量线性相关⇔两向量共线;三个向量线性相关⇔三向量共面.

(2) 重要结论

① 向量组 $\boldsymbol{\alpha}_1, \boldsymbol{\alpha}_2, \cdots, \boldsymbol{\alpha}_m (m \geqslant 2)$ 线性相关的充分必要条件是 $\boldsymbol{\alpha}_1, \boldsymbol{\alpha}_2, \cdots, \boldsymbol{\alpha}_m$ 中至少有一个向量可以由其余 $m-1$ 个向量线性表示.

推论　向量组 $\boldsymbol{\alpha}_1, \boldsymbol{\alpha}_2, \cdots, \boldsymbol{\alpha}_m (m \geqslant 2)$ 线性无关的充分必要条件是向量组 $\boldsymbol{\alpha}_1, \boldsymbol{\alpha}_2, \cdots, \boldsymbol{\alpha}_m$ 中任何一个向量都不能由其余 $m-1$ 个向量线性表示.

② 若向量组 $\boldsymbol{\alpha}_1, \boldsymbol{\alpha}_2, \cdots, \boldsymbol{\alpha}_m$ 线性无关,且向量组 $\boldsymbol{\alpha}_1, \boldsymbol{\alpha}_2, \cdots, \boldsymbol{\alpha}_m, \boldsymbol{\beta}$ 线性相关,则 $\boldsymbol{\beta}$ 可由 $\boldsymbol{\alpha}_1, \boldsymbol{\alpha}_2, \cdots, \boldsymbol{\alpha}_m$ 线性表示且表示方法唯一.

③ 向量组 $\boldsymbol{A}$: $\boldsymbol{\alpha}_1, \boldsymbol{\alpha}_2, \cdots, \boldsymbol{\alpha}_m$ 线性相关 ⇒ 向量组 $\boldsymbol{B}$: $\boldsymbol{\alpha}_1, \boldsymbol{\alpha}_2, \cdots, \boldsymbol{\alpha}_m, \boldsymbol{\alpha}_{m+1}, \cdots, \boldsymbol{\alpha}_{m+r}$ 必线性相关(即部分相关则全体相关),如果向量组 $\boldsymbol{B}$ 线性无关 ⇒ 向量组 $\boldsymbol{A}$ 线性无关(即全体无关则部分必无关).

④ 设 $\boldsymbol{\alpha}_j = [a_{1j}, a_{2j}, \cdots, a_{nj}]^{\mathrm{T}}$, $\boldsymbol{\beta}_j = [a_{1j}, a_{2j}, \cdots, a_{nj}, a_{(n+1)j}, a_{(n+2)j}, \cdots, a_{(n+r)j}]^{\mathrm{T}} (j = 1, 2, \cdots, m)$,如果向量组 $\boldsymbol{\alpha}_1, \boldsymbol{\alpha}_2, \cdots, \boldsymbol{\alpha}_m$ 线性无关,则向量组 $\boldsymbol{\beta}_1, \boldsymbol{\beta}_2, \cdots, \boldsymbol{\beta}_m$ 也线性无关(即低维无关则高维无关).

⑤ 当 $m > n$ 时,任意 m 个 n 维向量 $\boldsymbol{\alpha}_1, \boldsymbol{\alpha}_2, \cdots, \boldsymbol{\alpha}_m$ 一定线性相关(即个数大于维数时向量组必线性相关).

⑥ 设两个 n 维向量组 $\boldsymbol{A}$: $\boldsymbol{\alpha}_1, \boldsymbol{\alpha}_2, \cdots, \boldsymbol{\alpha}_r$ 与 $\boldsymbol{B}$: $\boldsymbol{\beta}_1, \boldsymbol{\beta}_2, \cdots, \boldsymbol{\beta}_s$,如果向量组 $\boldsymbol{A}$ 可以由向量组 $\boldsymbol{B}$ 线性表示,且向量组 $\boldsymbol{A}$ 线性无关,则 $r \leqslant s$.

推论　设两个 n 维向量组 $\boldsymbol{A}$: $\boldsymbol{\alpha}_1, \boldsymbol{\alpha}_2, \cdots, \boldsymbol{\alpha}_r$ 与 $\boldsymbol{B}$: $\boldsymbol{\beta}_1, \boldsymbol{\beta}_2, \cdots, \boldsymbol{\beta}_s$,如果向量组 $\boldsymbol{A}$ 可以由向量组 $\boldsymbol{B}$ 线性表示,且 $r > s$,则向量组 $\boldsymbol{A}$ 线性相关.

3. 最大线性无关组

(1) 定义

设 $\boldsymbol{\alpha}_1, \boldsymbol{\alpha}_2, \cdots, \boldsymbol{\alpha}_r$ 是向量组 $\boldsymbol{A}$ 中的部分向量组,如果满足: $\boldsymbol{\alpha}_1, \boldsymbol{\alpha}_2, \cdots, \boldsymbol{\alpha}_r$ 线性无关,且向量组 $\boldsymbol{A}$ 中的任一向量 $\boldsymbol{\alpha}$ 都可由 $\boldsymbol{\alpha}_1, \boldsymbol{\alpha}_2, \cdots, \boldsymbol{\alpha}_r$ 线性表示,则称 $\boldsymbol{\alpha}_1, \boldsymbol{\alpha}_2, \cdots, \boldsymbol{\alpha}_r$ 为向量组 $\boldsymbol{A}$ 的一个最大线性无关组.

(2) 性质

① 向量组与它的最大无关组等价.

② 向量组的任意两个最大无关组等价.

③ 向量组的任意两个最大无关组所含向量个数相同.

4. 向量组的秩

(1) 定义

向量组 $\boldsymbol{\alpha}_1, \boldsymbol{\alpha}_2, \cdots, \boldsymbol{\alpha}_m$ 的最大无关组所含向量的个数称为该向量组的秩,记

为 $R(\boldsymbol{\alpha}_1, \boldsymbol{\alpha}_2, \cdots, \boldsymbol{\alpha}_m)$.

(2) 性质

① $\boldsymbol{\alpha}_1, \boldsymbol{\alpha}_2, \cdots, \boldsymbol{\alpha}_m$ 线性无关 $\Leftrightarrow R(\boldsymbol{\alpha}_1, \boldsymbol{\alpha}_2, \cdots, \boldsymbol{\alpha}_m) = m$;

$\boldsymbol{\alpha}_1, \boldsymbol{\alpha}_2, \cdots, \boldsymbol{\alpha}_m$ 线性相关 $\Leftrightarrow R(\boldsymbol{\alpha}_1, \boldsymbol{\alpha}_2, \cdots, \boldsymbol{\alpha}_m) < m$.

② 若向量组 $\boldsymbol{\alpha}_1, \boldsymbol{\alpha}_2, \cdots, \boldsymbol{\alpha}_r$ 可由向量组 $\boldsymbol{\beta}_1, \boldsymbol{\beta}_2, \cdots, \boldsymbol{\beta}_s$ 线性表示,则

$$R(\boldsymbol{\alpha}_1, \boldsymbol{\alpha}_2, \cdots, \boldsymbol{\alpha}_r) \leqslant R(\boldsymbol{\beta}_1, \boldsymbol{\beta}_2, \cdots, \boldsymbol{\beta}_s).$$

③ 等价向量组具有相同的秩.

5. 矩阵的秩

(1) k 阶子式

在 $\boldsymbol{A}_{m\times n}$ 中任取 k 行 k 列 ($k \leqslant \min(m, n)$),位于这些行列交叉处的元素所构成的 k 阶行列式称为矩阵 $\boldsymbol{A}$ 的一个 k 阶子式. $\boldsymbol{A}_{m\times n}$ 中共有 $C_m^k \times C_n^k$ 个 k 阶子式.

(2) 矩阵的行秩与列秩

矩阵 $\boldsymbol{A}$ 的行向量组的秩称为矩阵 $\boldsymbol{A}$ 的行秩;矩阵 $\boldsymbol{A}$ 的列向量组的秩称为矩阵 $\boldsymbol{A}$ 的列秩.

(3) 重要定理

① 矩阵 $\boldsymbol{A}$ 的行秩等于列秩,统称为矩阵 $\boldsymbol{A}$ 的秩,记为 $R(\boldsymbol{A})$.

② 矩阵 $\boldsymbol{A}$ 的秩等于矩阵 $\boldsymbol{A}$ 中不为零的子式的最高阶数.

推论 对于 n 阶方阵 $\boldsymbol{A}$,若 $|\boldsymbol{A}| \neq 0$,则 $R(\boldsymbol{A}) = n$,称 $\boldsymbol{A}$ 为满秩矩阵;若 $|\boldsymbol{A}| = 0$,则 $R(\boldsymbol{A}) < n$,称 $\boldsymbol{A}$ 为降秩矩阵.

③ 初等变换不改变矩阵的秩.

④ 若 $\boldsymbol{P}, \boldsymbol{Q}$ 可逆,则 $R(\boldsymbol{PAQ}) = R(\boldsymbol{A})$.

(4) 重要结论

① $0 \leqslant R(\boldsymbol{A}_{m\times n}) \leqslant \min(m, n)$;

② $R(\boldsymbol{A}^{\mathrm{T}}) = R(\boldsymbol{A})$;

③ $R(\boldsymbol{A}+\boldsymbol{B}) \leqslant R(\boldsymbol{A}) + R(\boldsymbol{B})$;

④ $R(\boldsymbol{AB}) \leqslant \min\{R(\boldsymbol{A}), R(\boldsymbol{B})\}$;

⑤ 若 $\boldsymbol{A}_{m\times n}\boldsymbol{B}_{n\times l} = \boldsymbol{O}$,则 $R(\boldsymbol{A}) + R(\boldsymbol{B}) \leqslant n$(证明见第四章例 10).

(5) 矩阵的秩的计算

① 若矩阵 $\boldsymbol{A}$ 中有一个 r 阶子式 D 不为零,且所有含有 D 的 $r+1$ 阶子式(如果有的话)全为零,则 $R(\boldsymbol{A}) = r$.

② $\boldsymbol{A} \xrightarrow{\text{初等变换}}$ 行阶梯形矩阵,则 $R(\boldsymbol{A})$ 等于行阶梯形矩阵中非零行的个数(常用这种方法求矩阵的秩).

(6) 向量组线性相关性的矩阵判别法

设向量组 $\boldsymbol{\alpha}_1, \boldsymbol{\alpha}_2, \cdots, \boldsymbol{\alpha}_m$ 为 m 个 n 维向量，由其组成矩阵

$$\boldsymbol{A} = [\boldsymbol{\alpha}_1, \boldsymbol{\alpha}_2, \cdots, \boldsymbol{\alpha}_m],$$

则① $\boldsymbol{\alpha}_1, \boldsymbol{\alpha}_2, \cdots, \boldsymbol{\alpha}_m$ 线性无关 $\Leftrightarrow R(\boldsymbol{A}) = m$.

② $\boldsymbol{\alpha}_1, \boldsymbol{\alpha}_2, \cdots, \boldsymbol{\alpha}_m$ 线性相关 $\Leftrightarrow R(\boldsymbol{A}) < m$.

当向量的分量已知时，首先写出向量组对应的矩阵，然后利用初等变换求该矩阵的秩（即向量组的秩），比较向量组的秩与向量组所含向量的个数，便可以确定向量组的线性相关性. 对比向量组线性相关性的定义，上述矩阵判别法更加简捷.

(7) 利用矩阵的初等变换求向量组 $\boldsymbol{\alpha}_1, \boldsymbol{\alpha}_2, \cdots, \boldsymbol{\alpha}_m$ 的秩与最大线性无关组

① 依据　若矩阵 $\boldsymbol{A}$ 经过有限次初等行（列）变换变为 $\boldsymbol{B}$，则 $\boldsymbol{A}$ 与 $\boldsymbol{B}$ 的任意 k 个列（行）向量组有相同的线性关系.

② 方法　$\boldsymbol{A} = [\boldsymbol{\alpha}_1, \boldsymbol{\alpha}_2, \cdots, \boldsymbol{\alpha}_m] \xrightarrow{\text{初等行变换}} \boldsymbol{B}$（行阶梯形矩阵）$= [\boldsymbol{\beta}_1, \boldsymbol{\beta}_2, \cdots, \boldsymbol{\beta}_m]$，则有 $R(\boldsymbol{A}) = R(\boldsymbol{\alpha}_1, \boldsymbol{\alpha}_2, \cdots, \boldsymbol{\alpha}_m) = R(\boldsymbol{B})$；由向量组 $\boldsymbol{\beta}_1, \boldsymbol{\beta}_2, \cdots, \boldsymbol{\beta}_m$ 的最大线性无关组对应可得向量组 $\boldsymbol{\alpha}_1, \boldsymbol{\alpha}_2, \cdots, \boldsymbol{\alpha}_m$ 的最大线性无关组.

三、重点难点

本章重点：向量组线性相关性的概念及判别，矩阵的秩、向量组的秩及最大线性无关组的求法.

本章难点：向量组线性相关性的判别法，对于矩阵的秩及向量组秩的概念的理解以及有关定理和结论的证明.

四、常见错误

错误 1　若向量组 $\boldsymbol{\alpha}_1, \boldsymbol{\alpha}_2, \cdots, \boldsymbol{\alpha}_m$ 和向量组 $\boldsymbol{\beta}_1, \boldsymbol{\beta}_2, \cdots, \boldsymbol{\beta}_m$ 都线性无关，则向量组 $\boldsymbol{\alpha}_1, \boldsymbol{\alpha}_2, \cdots, \boldsymbol{\alpha}_m, \boldsymbol{\beta}_1, \boldsymbol{\beta}_2, \cdots, \boldsymbol{\beta}_m$ 线性无关.

分析　线性无关的向量组添加向量后可能线性相关.

例如 $\boldsymbol{\alpha}_1 = \begin{bmatrix}1\\0\\0\end{bmatrix}, \boldsymbol{\alpha}_2 = \begin{bmatrix}0\\1\\0\end{bmatrix}; \boldsymbol{\beta}_1 = \begin{bmatrix}0\\1\\0\end{bmatrix}, \boldsymbol{\beta}_2 = \begin{bmatrix}0\\0\\1\end{bmatrix}$，向量组 $\boldsymbol{\alpha}_1, \boldsymbol{\alpha}_2$ 和向量组 $\boldsymbol{\beta}_1, \boldsymbol{\beta}_2$ 都线性无关（因为分量不成比例），而向量组 $\boldsymbol{\alpha}_1, \boldsymbol{\alpha}_2, \boldsymbol{\beta}_1, \boldsymbol{\beta}_2$ 线性相关（因为向量个数大于维数）.

错误 2　若向量组 $\boldsymbol{\alpha}_1, \boldsymbol{\alpha}_2, \cdots, \boldsymbol{\alpha}_m (m \geqslant 2)$ 线性相关，则 $\boldsymbol{\alpha}_1, \boldsymbol{\alpha}_2, \cdots, \boldsymbol{\alpha}_m$ 中的

每一个向量都可以由其余 $m-1$ 个向量线性表示.

分析 若向量组 $\boldsymbol{\alpha}_1, \boldsymbol{\alpha}_2, \cdots, \boldsymbol{\alpha}_m (m \geqslant 2)$ 线性相关，则 $\boldsymbol{\alpha}_1, \boldsymbol{\alpha}_2, \cdots, \boldsymbol{\alpha}_m$ 中至少有某个向量可以由其余 $m-1$ 个向量，这并不意味着每一个向量都可以由其余 $m-1$ 个向量线性表示.

例如 $\boldsymbol{\alpha}_1 = \begin{bmatrix}1\\0\\0\end{bmatrix}, \boldsymbol{\alpha}_2 = \begin{bmatrix}0\\0\\0\end{bmatrix}$ 线性相关(因为其中含有零向量)，$\boldsymbol{\alpha}_2 = 0\boldsymbol{\alpha}_1$，而 $\boldsymbol{\alpha}_1$ 不能由 $\boldsymbol{\alpha}_2$ 线性表示.

错误 3 若向量的个数小于向量的维数,则向量组线性无关.

分析 “若向量的个数大于向量的维数,则必线性相关”的否命题不一定成立.

例如 $\boldsymbol{\alpha}_1 = \begin{bmatrix}1\\0\\0\end{bmatrix}, \boldsymbol{\alpha}_2 = \begin{bmatrix}0\\0\\0\end{bmatrix}$ 为 2 个 3 维向量,而向量组 $\boldsymbol{\alpha}_1, \boldsymbol{\alpha}_2$ 线性相关.

错误 4 若向量组缩减分量所得的低维向量组线性相关,则原向量组线性相关.

分析 “低维无关则高维无关”的否命题不一定成立.

例如向量组 $\boldsymbol{\alpha}_1 = \begin{bmatrix}1\\0\\0\end{bmatrix}, \boldsymbol{\alpha}_2 = \begin{bmatrix}1\\0\\1\end{bmatrix}$；去掉第三个分量所得的向量组 $\boldsymbol{\beta}_1 = \begin{bmatrix}1\\0\end{bmatrix}$，$\boldsymbol{\beta}_2 = \begin{bmatrix}1\\0\end{bmatrix}$ 线性相关，而原向量组 $\boldsymbol{\alpha}_1, \boldsymbol{\alpha}_2$ 线性无关.

错误 5 在利用矩阵的初等变换求向量组 $\boldsymbol{\alpha}_1, \boldsymbol{\alpha}_2, \cdots, \boldsymbol{\alpha}_m$ 的最大线性无关组时对矩阵 $\boldsymbol{A} = [\boldsymbol{\alpha}_1, \boldsymbol{\alpha}_2, \cdots, \boldsymbol{\alpha}_m]$ 采用了列变换.

分析 尽管对矩阵 $\boldsymbol{A} = [\boldsymbol{\alpha}_1, \boldsymbol{\alpha}_2, \cdots, \boldsymbol{\alpha}_m]$ 作列变换并不影响向量组 $\boldsymbol{\alpha}_1, \boldsymbol{\alpha}_2, \cdots, \boldsymbol{\alpha}_m$ 的秩,但可能会造成向量组 $\boldsymbol{\alpha}_1, \boldsymbol{\alpha}_2, \cdots, \boldsymbol{\alpha}_m$ 的最大线性无关组的判断错误.

例如向量组 $\boldsymbol{\alpha}_1 = \begin{bmatrix}1\\0\\0\end{bmatrix}, \boldsymbol{\alpha}_2 = \begin{bmatrix}0\\1\\0\end{bmatrix}, \boldsymbol{\alpha}_3 = \begin{bmatrix}0\\0\\1\end{bmatrix}, \boldsymbol{\alpha}_4 = \begin{bmatrix}0\\0\\0\end{bmatrix}$ 的最大线性无关组显然只能是 $\boldsymbol{\alpha}_1, \boldsymbol{\alpha}_2, \boldsymbol{\alpha}_3$，如果把矩阵 $\boldsymbol{A} = [\boldsymbol{\alpha}_1, \boldsymbol{\alpha}_2, \boldsymbol{\alpha}_3, \boldsymbol{\alpha}_4]$ 的第三列加到第四列上，则

$$\boldsymbol{A} \xrightarrow{c_3 + c_4} \begin{bmatrix}1 & 0 & 0 & 0\\0 & 1 & 0 & 0\\0 & 0 & 1 & 1\end{bmatrix},$$

由此得到错误结论“$\boldsymbol{\alpha}_1, \boldsymbol{\alpha}_2, \boldsymbol{\alpha}_4$ 是一个最大线性无关组”,而正确结论是 $\boldsymbol{\alpha}_1, \boldsymbol{\alpha}_2, \boldsymbol{\alpha}_3$

$+\boldsymbol{\alpha}_4$ 是一个最大线性无关组.

五、典型例题

【例 1】 判别下列向量组的线性相关性:

(1) $\boldsymbol{\alpha}_1=\begin{bmatrix}1\\2\\-1\end{bmatrix},\boldsymbol{\alpha}_2=\begin{bmatrix}2\\3\\2\end{bmatrix},\boldsymbol{\alpha}_3=\begin{bmatrix}4\\1\\3\end{bmatrix}$;

(2) $\boldsymbol{\alpha}_1=\begin{bmatrix}1\\2\\-1\end{bmatrix},\boldsymbol{\alpha}_2=\begin{bmatrix}2\\3\\2\end{bmatrix},\boldsymbol{\alpha}_3=\begin{bmatrix}4\\1\\3\end{bmatrix},\boldsymbol{\alpha}_4=\begin{bmatrix}1\\1\\1\end{bmatrix}$;

(3) $\boldsymbol{\alpha}_1=\begin{bmatrix}2\\1\\-1\\-1\end{bmatrix},\boldsymbol{\alpha}_2=\begin{bmatrix}0\\3\\-2\\0\end{bmatrix},\boldsymbol{\alpha}_3=\begin{bmatrix}2\\4\\-3\\-1\end{bmatrix}$.

解 (1) 由于向量的个数 $m=$ 向量的维数 $n=3$,于是考察

$$|\boldsymbol{A}|=|\boldsymbol{\alpha}_1,\boldsymbol{\alpha}_2,\boldsymbol{\alpha}_3|=\begin{vmatrix}1&2&4\\2&3&1\\-1&2&3\end{vmatrix}=21,\because |\boldsymbol{A}|\neq 0,\therefore \boldsymbol{\alpha}_1,\boldsymbol{\alpha}_2,\boldsymbol{\alpha}_3 \text{ 线性无关.}$$

(2) $\because m=4>n=3$, $\therefore \boldsymbol{\alpha}_1,\boldsymbol{\alpha}_2,\boldsymbol{\alpha}_3,\boldsymbol{\alpha}_4$ 线性相关.

(3) 由于 $m<n$, 考察 $\boldsymbol{A}=[\boldsymbol{\alpha}_1,\boldsymbol{\alpha}_2,\boldsymbol{\alpha}_3]=\begin{bmatrix}2&0&2\\1&3&4\\-1&-2&-3\\-1&0&-1\end{bmatrix}\to\begin{bmatrix}1&0&1\\0&1&1\\0&0&0\\0&0&0\end{bmatrix}$

$\because R(\boldsymbol{A})=2<3$, $\therefore \boldsymbol{\alpha}_1,\boldsymbol{\alpha}_2,\boldsymbol{\alpha}_3$ 线性相关.

【例 2】 已知 $\boldsymbol{\alpha}_1,\boldsymbol{\alpha}_2,\boldsymbol{\alpha}_3$ 线性无关,证明 $\boldsymbol{\alpha}_1+\boldsymbol{\alpha}_2$, $3\boldsymbol{\alpha}_2+2\boldsymbol{\alpha}_3$, $\boldsymbol{\alpha}_1-2\boldsymbol{\alpha}_2+\boldsymbol{\alpha}_3$ 线性无关.

证一 设 $k_1(\boldsymbol{\alpha}_1+\boldsymbol{\alpha}_2)+k_2(3\boldsymbol{\alpha}_2+2\boldsymbol{\alpha}_3)+k_3(\boldsymbol{\alpha}_1-2\boldsymbol{\alpha}_2+\boldsymbol{\alpha}_3)=\boldsymbol{0}$, 整理得

$$(k_1+k_3)\boldsymbol{\alpha}_1+(k_1+3k_2-2k_3)\boldsymbol{\alpha}_2+(2k_2+k_3)\boldsymbol{\alpha}_3=\boldsymbol{0},$$

由于 $\boldsymbol{\alpha}_1,\boldsymbol{\alpha}_2,\boldsymbol{\alpha}_3$ 线性无关,故 $\begin{cases}k_1+k_3=0\\k_1+3k_2-2k_3=0\\2k_2+k_3=0\end{cases}$, 而 $\begin{vmatrix}1&0&1\\1&3&-2\\0&2&1\end{vmatrix}\neq 0$, 于是得

$k_1 = k_2 = k_3 = 0$，所以 $\boldsymbol{\alpha}_1 + \boldsymbol{\alpha}_2, 3\boldsymbol{\alpha}_2 + 2\boldsymbol{\alpha}_3, \boldsymbol{\alpha}_1 - 2\boldsymbol{\alpha}_2 + \boldsymbol{\alpha}_3$ 线性无关.

证二 $[\boldsymbol{\alpha}_1 + \boldsymbol{\alpha}_2, 3\boldsymbol{\alpha}_2 + 2\boldsymbol{\alpha}_3, \boldsymbol{\alpha}_1 - 2\boldsymbol{\alpha}_2 + \boldsymbol{\alpha}_3] = [\boldsymbol{\alpha}_1, \boldsymbol{\alpha}_2, \boldsymbol{\alpha}_3]\begin{bmatrix}1 & 0 & 1\\ 1 & 3 & -2\\ 0 & 2 & 1\end{bmatrix}$，

$\because \begin{vmatrix}1 & 0 & 1\\ 1 & 3 & -2\\ 0 & 2 & 1\end{vmatrix} \neq 0$，$\therefore \begin{bmatrix}1 & 0 & 1\\ 1 & 3 & -2\\ 0 & 2 & 1\end{bmatrix}$ 为满秩阵，于是

$R(\boldsymbol{\alpha}_1 + \boldsymbol{\alpha}_2, 3\boldsymbol{\alpha}_2 + 2\boldsymbol{\alpha}_3, \boldsymbol{\alpha}_1 - 2\boldsymbol{\alpha}_2 + \boldsymbol{\alpha}_3) = R(\boldsymbol{\alpha}_1, \boldsymbol{\alpha}_2, \boldsymbol{\alpha}_3)$，由于 $\boldsymbol{\alpha}_1, \boldsymbol{\alpha}_2, \boldsymbol{\alpha}_3$ 线性无关，故 $R(\boldsymbol{\alpha}_1, \boldsymbol{\alpha}_2, \boldsymbol{\alpha}_3) = 3$，于是 $R(\boldsymbol{\alpha}_1 + \boldsymbol{\alpha}_2, 3\boldsymbol{\alpha}_2 + 2\boldsymbol{\alpha}_3, \boldsymbol{\alpha}_1 - 2\boldsymbol{\alpha}_2 + \boldsymbol{\alpha}_3) = 3$，

$\therefore \boldsymbol{\alpha}_1 + \boldsymbol{\alpha}_2, 3\boldsymbol{\alpha}_2 + 2\boldsymbol{\alpha}_3, \boldsymbol{\alpha}_1 - 2\boldsymbol{\alpha}_2 + \boldsymbol{\alpha}_3$ 线性无关.

证三 令 $\boldsymbol{\beta}_1 = \boldsymbol{\alpha}_1 + \boldsymbol{\alpha}_2$，$\boldsymbol{\beta}_2 = 3\boldsymbol{\alpha}_2 + 2\boldsymbol{\alpha}_3$，$\boldsymbol{\beta}_3 = \boldsymbol{\alpha}_1 - 2\boldsymbol{\alpha}_2 + \boldsymbol{\alpha}_3$，则

$\boldsymbol{\alpha}_1 = \dfrac{7\boldsymbol{\beta}_1 - \boldsymbol{\beta}_2 + 2\boldsymbol{\beta}_3}{9}$，$\boldsymbol{\alpha}_2 = \dfrac{2\boldsymbol{\beta}_1 + \boldsymbol{\beta}_2 - 2\boldsymbol{\beta}_3}{9}$，$\boldsymbol{\alpha}_3 = \dfrac{-\boldsymbol{\beta}_1 + \boldsymbol{\beta}_2 + \boldsymbol{\beta}_3}{9}$，

$\because \boldsymbol{\alpha}_1, \boldsymbol{\alpha}_2, \boldsymbol{\alpha}_3$ 与 $\boldsymbol{\beta}_1, \boldsymbol{\beta}_2, \boldsymbol{\beta}_3$ 可以相互线性表示，它们是等价向量组，

$\therefore R(\boldsymbol{\alpha}_1 + \boldsymbol{\alpha}_2, 3\boldsymbol{\alpha}_2 + 2\boldsymbol{\alpha}_3, \boldsymbol{\alpha}_1 - 2\boldsymbol{\alpha}_2 + \boldsymbol{\alpha}_3) = R(\boldsymbol{\alpha}_1, \boldsymbol{\alpha}_2, \boldsymbol{\alpha}_3) = 3$，

即 $\boldsymbol{\alpha}_1 + \boldsymbol{\alpha}_2, 3\boldsymbol{\alpha}_2 + 2\boldsymbol{\alpha}_3, \boldsymbol{\alpha}_1 - 2\boldsymbol{\alpha}_2 + \boldsymbol{\alpha}_3$ 线性无关.

【例 3】 已知 $\boldsymbol{A}$ 是 n 阶方阵，$\boldsymbol{\alpha}_1, \boldsymbol{\alpha}_2, \boldsymbol{\alpha}_3$ 是三维向量，其中 $\boldsymbol{\alpha}_1 \neq \boldsymbol{0}$，满足 $\boldsymbol{A}\boldsymbol{\alpha}_1 = \boldsymbol{\alpha}_1$，$\boldsymbol{A}\boldsymbol{\alpha}_2 = \boldsymbol{\alpha}_1 + \boldsymbol{\alpha}_2$，$\boldsymbol{A}\boldsymbol{\alpha}_3 = \boldsymbol{\alpha}_2 + \boldsymbol{\alpha}_3$，，证明 $\boldsymbol{\alpha}_1, \boldsymbol{\alpha}_2, \boldsymbol{\alpha}_3$ 线性无关.

证明 设
$$k_1\boldsymbol{\alpha}_1 + k_2\boldsymbol{\alpha}_2 + k_3\boldsymbol{\alpha}_3 = \boldsymbol{0}, \tag{1}$$
则 $\boldsymbol{A}(k_1\boldsymbol{\alpha}_1 + k_2\boldsymbol{\alpha}_2 + k_3\boldsymbol{\alpha}_3) = \boldsymbol{0}$，即
$$k_1\boldsymbol{\alpha}_1 + k_2(\boldsymbol{\alpha}_1 + \boldsymbol{\alpha}_2) + k_3(\boldsymbol{\alpha}_2 + \boldsymbol{\alpha}_3) = \boldsymbol{0}, \tag{2}$$
(2) − (1) 得
$$k_2\boldsymbol{\alpha}_1 + k_3\boldsymbol{\alpha}_2 = \boldsymbol{0}, \tag{3}$$
则 $\boldsymbol{A}(k_2\boldsymbol{\alpha}_1 + k_3\boldsymbol{\alpha}_2) = \boldsymbol{0}$，即 $k_2\boldsymbol{\alpha}_1 + k_3(\boldsymbol{\alpha}_1 + \boldsymbol{\alpha}_2) = \boldsymbol{0}$， (4)

(4) − (3) 得 $k_3\boldsymbol{\alpha}_1 = \boldsymbol{0}$，$\because \boldsymbol{\alpha}_1 \neq \boldsymbol{0}$，$\therefore k_3 = 0$，代入(3)，得 $k_2\boldsymbol{\alpha}_1 = \boldsymbol{0}$，$\because \boldsymbol{\alpha}_1 \neq \boldsymbol{0}$，$\therefore k_2 = 0$，将 $k_2 = k_3 = 0$ 代入(1)得 $k_1\boldsymbol{\alpha}_1 = \boldsymbol{0}$，$\because \boldsymbol{\alpha}_1 \neq \boldsymbol{0}$，$\therefore k_1 = 0$，于是得 $\boldsymbol{\alpha}_1, \boldsymbol{\alpha}_2, \boldsymbol{\alpha}_3$ 线性无关.

【例 4】 设向量组 $\boldsymbol{\alpha}_1, \boldsymbol{\alpha}_2, \cdots, \boldsymbol{\alpha}_{m-1}(m > 3)$ 线性相关，向量组 $\boldsymbol{\alpha}_2, \cdots, \boldsymbol{\alpha}_{m-1}, \boldsymbol{\alpha}_m$ 线性无关，证明：(1) $\boldsymbol{\alpha}_1$ 能由 $\boldsymbol{\alpha}_2, \boldsymbol{\alpha}_3, \cdots, \boldsymbol{\alpha}_m$ 线性表示； (2) $\boldsymbol{\alpha}_m$ 不能由 $\boldsymbol{\alpha}_1, \boldsymbol{\alpha}_2 \cdots, \boldsymbol{\alpha}_{m-1}$ 线性表示.

证明 (1) 由 $\boldsymbol{\alpha}_2, \cdots, \boldsymbol{\alpha}_{m-1}, \boldsymbol{\alpha}_m$ 线性无关可知 $\boldsymbol{\alpha}_2, \cdots, \boldsymbol{\alpha}_{m-1}$ 线性无关；又 $\boldsymbol{\alpha}_1, \boldsymbol{\alpha}_2, \cdots, \boldsymbol{\alpha}_{m-1}$ 线性相关，所以 $\boldsymbol{\alpha}_1$ 可由 $\boldsymbol{\alpha}_2, \cdots, \boldsymbol{\alpha}_{m-1}$ 线性表示，因而 $\boldsymbol{\alpha}_1$ 能由 $\boldsymbol{\alpha}_2, \cdots, \boldsymbol{\alpha}_{m-1}, \boldsymbol{\alpha}_m$ 线性表示.

(2) 采用反证法 假设 $\boldsymbol{\alpha}_m$ 能由 $\boldsymbol{\alpha}_1, \boldsymbol{\alpha}_2, \cdots, \boldsymbol{\alpha}_{m-1}$ 线性表示，又 $\boldsymbol{\alpha}_1$ 能由 $\boldsymbol{\alpha}_2, \cdots,$

$\boldsymbol{\alpha}_{m-1}$ 线性表示,于是 $\boldsymbol{\alpha}_m$ 可由 $\boldsymbol{\alpha}_2,\cdots,\boldsymbol{\alpha}_{m-1}$ 线性表示,从而 $\boldsymbol{\alpha}_2,\cdots,\boldsymbol{\alpha}_{m-1},\boldsymbol{\alpha}_m$ 线性相关,与已知条件矛盾,故 $\boldsymbol{\alpha}_m$ 不能由 $\boldsymbol{\alpha}_1,\boldsymbol{\alpha}_2\cdots,\boldsymbol{\alpha}_{m-1}$ 线性表示.

【例 5】 讨论 n 阶方阵 $\boldsymbol{A}=\begin{bmatrix} a & b & \cdots & b \\ b & a & \cdots & b \\ \vdots & \vdots & \vdots & \vdots \\ b & b & \cdots & a \end{bmatrix}$ $(n\geqslant 2)$ 的秩.

解 $|\boldsymbol{A}|=\begin{vmatrix} a & b & \cdots & b \\ b & a & \cdots & b \\ \vdots & \vdots & \vdots & \vdots \\ b & b & \cdots & a \end{vmatrix}=[a+(n-1)b](a-b)^{n-1}$,

当 $a\neq b$ 且 $a\neq-(n-1)b$ 时,$|\boldsymbol{A}|\neq 0$,从而 $R(\boldsymbol{A})=n$;

当 $a=b\neq 0$ 时,$\boldsymbol{A}=\begin{bmatrix} b & b & \cdots & b \\ b & b & \cdots & b \\ \vdots & \vdots & \vdots & \vdots \\ b & b & \cdots & b \end{bmatrix}\rightarrow\begin{bmatrix} 1 & 1 & \cdots & 1 \\ 0 & 0 & \cdots & 0 \\ \vdots & \vdots & \vdots & \vdots \\ 0 & 0 & \cdots & 0 \end{bmatrix}$,

从而 $R(\boldsymbol{A})=1$;

当 $a=b=0$ 时,$\because \boldsymbol{A}=\boldsymbol{O}$,$\therefore R(\boldsymbol{A})=0$;

当 $a=-(n-1)b\neq 0$ 时,

$$\boldsymbol{A}=\begin{bmatrix} -(n-1)b & b & \cdots & b & b \\ b & -(n-1)b & \cdots & b & b \\ \vdots & \vdots & \vdots & \vdots & \vdots \\ b & b & \cdots & -(n-1)b & b \\ b & b & \cdots & b & -(n-1)b \end{bmatrix}\rightarrow$$

$$\begin{bmatrix} -n & 0 & \cdots & 0 & 1 \\ 0 & -n & \cdots & 0 & 1 \\ \vdots & \vdots & \vdots & \vdots & \vdots \\ 0 & 0 & \cdots & -n & 1 \\ 0 & 0 & \cdots & 0 & 0 \end{bmatrix},\text{从而 } R(\boldsymbol{A})=n-1.$$

【例 6】 $\boldsymbol{A}$ 是 n 阶方阵,$\boldsymbol{A}^*$ 是 $\boldsymbol{A}$ 的伴随矩阵,证明:

$$R(\boldsymbol{A}^*)=\begin{cases} n & R(\boldsymbol{A})=n \\ 1 & R(\boldsymbol{A})=n-1 \\ 0 & R(\boldsymbol{A})<n-1 \end{cases}$$

证明 若 $R(\boldsymbol{A})=n$,则 $|\boldsymbol{A}|\neq 0$,由 $|\boldsymbol{A}^*|=|\boldsymbol{A}|^{n-1}\neq 0$,可得 $R(\boldsymbol{A}^*)=$

n;

若$R(\boldsymbol{A})=n-1$，则$|\boldsymbol{A}|=0$，由$\boldsymbol{AA}^*=|\boldsymbol{A}|\boldsymbol{E}=\boldsymbol{O}$，有$R(\boldsymbol{A})+R(\boldsymbol{A}^*)\leqslant n$，即$R(\boldsymbol{A}^*)\leqslant 1$. 又因为$R(\boldsymbol{A})=n-1$，知$\boldsymbol{A}$中至少有一个$n-1$阶子式不为零，故$\boldsymbol{A}^*$中至少有一个非零元素，所以$R(\boldsymbol{A}^*)\geqslant 1$，从而$R(\boldsymbol{A}^*)=1$;

若$R(\boldsymbol{A})<n-1$，则$\boldsymbol{A}$的任意$(n-1)$阶子式都为零，故$\boldsymbol{A}^*=\boldsymbol{O}$，所以$R(\boldsymbol{A}^*)=0$.

【例 7】 设$\boldsymbol{A}$为n阶方阵，$\boldsymbol{A}^2=\boldsymbol{A}$，证明$R(\boldsymbol{A})+R(\boldsymbol{A}-\boldsymbol{E})=n$

证明 由$\boldsymbol{E}=\boldsymbol{A}-(\boldsymbol{A}-\boldsymbol{E})$，可知$n=R(\boldsymbol{E})=R(\boldsymbol{A}-(\boldsymbol{A}-\boldsymbol{E}))\leqslant R(\boldsymbol{A})+R(\boldsymbol{A}-\boldsymbol{E})$，又因$\boldsymbol{A}(\boldsymbol{A}-\boldsymbol{E})=\boldsymbol{A}^2-\boldsymbol{A}=\boldsymbol{O}$，故$R(\boldsymbol{A})+R(\boldsymbol{A}-\boldsymbol{E})\leqslant n$，因此$R(\boldsymbol{A})+R(\boldsymbol{A}-\boldsymbol{E})=n$.

【例 8】 已知向量组$\boldsymbol{\alpha}_1=\begin{bmatrix}1\\3\\2\\0\end{bmatrix}$，$\boldsymbol{\alpha}_2=\begin{bmatrix}7\\0\\14\\3\end{bmatrix}$，$\boldsymbol{\alpha}_3=\begin{bmatrix}2\\-1\\0\\1\end{bmatrix}$，$\boldsymbol{\alpha}_4=\begin{bmatrix}5\\1\\6\\2\end{bmatrix}$，$\boldsymbol{\alpha}_5=\begin{bmatrix}2\\-1\\4\\1\end{bmatrix}$，(1) 求$R(\boldsymbol{\alpha}_1,\boldsymbol{\alpha}_2,\boldsymbol{\alpha}_3,\boldsymbol{\alpha}_4,\boldsymbol{\alpha}_5)$；(2) 求该向量组的一个最大线性无关组，并把其余向量用这个最大线性无关组表示.

解 (1) $\boldsymbol{A}=[\boldsymbol{\alpha}_1,\boldsymbol{\alpha}_2,\boldsymbol{\alpha}_3,\boldsymbol{\alpha}_4,\boldsymbol{\alpha}_5]\xrightarrow{\text{初等行变换}}$行阶梯形矩阵

$$\boldsymbol{A}=[\boldsymbol{\alpha}_1,\boldsymbol{\alpha}_2,\boldsymbol{\alpha}_3,\boldsymbol{\alpha}_4,\boldsymbol{\alpha}_5]$$
$$=\begin{bmatrix}1&7&2&5&2\\3&0&-1&1&-1\\2&14&0&6&4\\0&3&1&2&1\end{bmatrix}\to\begin{bmatrix}1&7&2&5&2\\0&-21&-7&-14&-7\\0&0&-4&-4&0\\0&3&1&2&1\end{bmatrix}$$
$$\to\begin{bmatrix}1&7&2&5&2\\0&3&1&2&1\\0&0&1&1&0\\0&0&0&0&0\end{bmatrix}=\boldsymbol{B},$$

由此可见$R(\boldsymbol{\alpha}_1,\boldsymbol{\alpha}_2,\boldsymbol{\alpha}_3,\boldsymbol{\alpha}_4,\boldsymbol{\alpha}_5)=3$，又因非零行的第一个非零元分别在1,2,3列，所以最大线性无关组为$\boldsymbol{\alpha}_1,\boldsymbol{\alpha}_2,\boldsymbol{\alpha}_3$.

(2) 行阶梯形矩阵$\boldsymbol{B}\xrightarrow{\text{初等行变换}}$行最简形矩阵$\boldsymbol{C}=[\boldsymbol{\beta}_1,\boldsymbol{\beta}_2,\boldsymbol{\beta}_3,\boldsymbol{\beta}_4,\boldsymbol{\beta}_5]$

$$\begin{bmatrix}1&7&2&5&2\\0&3&1&2&1\\0&0&1&1&0\\0&0&0&0&0\end{bmatrix}\to\begin{bmatrix}1&0&0&\frac{2}{3}&-\frac{1}{3}\\0&1&0&\frac{1}{3}&\frac{1}{3}\\0&0&1&1&0\\0&0&0&0&0\end{bmatrix}=[\boldsymbol{\beta}_1,\boldsymbol{\beta}_2,\boldsymbol{\beta}_3,\boldsymbol{\beta}_4,\boldsymbol{\beta}_5],$$

显然有 $$\boldsymbol{\beta}_4=\frac{2}{3}\boldsymbol{\beta}_1+\frac{1}{3}\boldsymbol{\beta}_2+\boldsymbol{\beta}_3,\ \boldsymbol{\beta}_5=-\frac{1}{3}\boldsymbol{\beta}_1+\frac{1}{3}\boldsymbol{\beta}_2,$$

于是 $$\boldsymbol{\alpha}_4=\frac{2}{3}\boldsymbol{\alpha}_1+\frac{1}{3}\boldsymbol{\alpha}_2+\boldsymbol{\alpha}_3,\ \boldsymbol{\alpha}_5=-\frac{1}{3}\boldsymbol{\alpha}_1+\frac{1}{3}\boldsymbol{\alpha}_2.$$

注① 本例说明最大线性无关组可能不唯一.比如 $\boldsymbol{\alpha}_1,\boldsymbol{\alpha}_2,\boldsymbol{\alpha}_4$；$\boldsymbol{\alpha}_1,\boldsymbol{\alpha}_3,\boldsymbol{\alpha}_5$；$\boldsymbol{\alpha}_1,\boldsymbol{\alpha}_4,\boldsymbol{\alpha}_5$ 都是最大线性无关组.其次 $R(\boldsymbol{\alpha}_1,\boldsymbol{\alpha}_2,\boldsymbol{\alpha}_3,\boldsymbol{\alpha}_4,\boldsymbol{\alpha}_5)=3$ 并不意味着向量组中任意 3 个向量都可以作为最大线性无关组,事实上由于 $\boldsymbol{\alpha}_1-\boldsymbol{\alpha}_2+3\boldsymbol{\alpha}_5=\mathbf{0}$，$\boldsymbol{\alpha}_1,\boldsymbol{\alpha}_2,\boldsymbol{\alpha}_5$ 线性相关,所以 $\boldsymbol{\alpha}_1,\boldsymbol{\alpha}_2,\boldsymbol{\alpha}_5$ 不是最大线性无关组.

② 利用矩阵的初等变换求最大线性无关组时,对以列向量组按列构成的矩阵只能进行初等行变换;对以行向量组按行构成的矩阵只能进行初等列变换.

【例 9】 设 $R(\boldsymbol{\alpha}_1,\boldsymbol{\alpha}_2,\boldsymbol{\alpha}_3)=R(\boldsymbol{\alpha}_1,\boldsymbol{\alpha}_2,\boldsymbol{\alpha}_3,\boldsymbol{\alpha}_4)=3$，$R(\boldsymbol{\alpha}_1,\boldsymbol{\alpha}_2,\boldsymbol{\alpha}_3,\boldsymbol{\alpha}_5)=4$，证明 $\boldsymbol{\alpha}_1,\boldsymbol{\alpha}_2,\boldsymbol{\alpha}_3,\boldsymbol{\alpha}_5-\boldsymbol{\alpha}_4$ 线性无关.

分析 利用 $R(\boldsymbol{\alpha}_1,\boldsymbol{\alpha}_2,\cdots,\boldsymbol{\alpha}_m)=m\Leftrightarrow\boldsymbol{\alpha}_1,\boldsymbol{\alpha}_2,\cdots,\boldsymbol{\alpha}_m$ 线性无关.

证一 $R(\boldsymbol{\alpha}_1,\boldsymbol{\alpha}_2,\boldsymbol{\alpha}_3)=3\Rightarrow\boldsymbol{\alpha}_1,\boldsymbol{\alpha}_2,\boldsymbol{\alpha}_3$ 线性无关，$R(\boldsymbol{\alpha}_1,\boldsymbol{\alpha}_2,\boldsymbol{\alpha}_3,\boldsymbol{\alpha}_4)=3\Rightarrow\boldsymbol{\alpha}_1,\boldsymbol{\alpha}_2,\boldsymbol{\alpha}_3,\boldsymbol{\alpha}_4$ 线性相关,于是可得 $\boldsymbol{\alpha}_4$ 能由 $\boldsymbol{\alpha}_1,\boldsymbol{\alpha}_2,\boldsymbol{\alpha}_3$ 线性表示,即 $\boldsymbol{\alpha}_4=l_1\boldsymbol{\alpha}_1+l_2\boldsymbol{\alpha}_2+l_3\boldsymbol{\alpha}_3$，从而

$$\begin{aligned}[\boldsymbol{\alpha}_1,\boldsymbol{\alpha}_2,\boldsymbol{\alpha}_3,\boldsymbol{\alpha}_5-\boldsymbol{\alpha}_4]&=[\boldsymbol{\alpha}_1,\boldsymbol{\alpha}_2,\boldsymbol{\alpha}_3,\boldsymbol{\alpha}_5-l_1\boldsymbol{\alpha}_1-l_2\boldsymbol{\alpha}_2-l_3\boldsymbol{\alpha}_3]\\&=[\boldsymbol{\alpha}_1,\boldsymbol{\alpha}_2,\boldsymbol{\alpha}_3,\boldsymbol{\alpha}_5]\begin{bmatrix}1&0&0&-l_1\\0&1&0&-l_2\\0&0&1&-l_3\\0&0&0&1\end{bmatrix},\end{aligned}$$

$\because\begin{vmatrix}1&0&0&-l_1\\0&1&0&-l_2\\0&0&1&-l_3\\0&0&0&1\end{vmatrix}\neq0$，$\therefore\begin{bmatrix}1&0&0&-l_1\\0&1&0&-l_2\\0&0&1&-l_3\\0&0&0&1\end{bmatrix}$ 为满秩阵,所以 $R(\boldsymbol{\alpha}_1,\boldsymbol{\alpha}_2,\boldsymbol{\alpha}_3,\boldsymbol{\alpha}_5-\boldsymbol{\alpha}_4)=R(\boldsymbol{\alpha}_1,\boldsymbol{\alpha}_2,\boldsymbol{\alpha}_3,\boldsymbol{\alpha}_5)=4$，即 $\boldsymbol{\alpha}_1,\boldsymbol{\alpha}_2,\boldsymbol{\alpha}_3,\boldsymbol{\alpha}_5-\boldsymbol{\alpha}_4$ 线性无关.

证二 反证法

由 $R(\boldsymbol{\alpha}_1,\boldsymbol{\alpha}_2,\boldsymbol{\alpha}_3)=R(\boldsymbol{\alpha}_1,\boldsymbol{\alpha}_2,\boldsymbol{\alpha}_3,\boldsymbol{\alpha}_4)=3$ 可得 $\boldsymbol{\alpha}_1,\boldsymbol{\alpha}_2,\boldsymbol{\alpha}_3$ 线性无关,且 $\boldsymbol{\alpha}_4$

能由 $\boldsymbol{\alpha}_1, \boldsymbol{\alpha}_2, \boldsymbol{\alpha}_3$ 线性表示；假设 $\boldsymbol{\alpha}_1, \boldsymbol{\alpha}_2, \boldsymbol{\alpha}_3, \boldsymbol{\alpha}_5-\boldsymbol{\alpha}_4$ 线性相关，则 $\boldsymbol{\alpha}_5-\boldsymbol{\alpha}_4$ 能由 $\boldsymbol{\alpha}_1$, $\boldsymbol{\alpha}_2, \boldsymbol{\alpha}_3$ 线性表示；故 $\boldsymbol{\alpha}_5$ 能由 $\boldsymbol{\alpha}_1, \boldsymbol{\alpha}_2, \boldsymbol{\alpha}_3$ 线性表示，于是 $R(\boldsymbol{\alpha}_1, \boldsymbol{\alpha}_2, \boldsymbol{\alpha}_3, \boldsymbol{\alpha}_5)=3$，与已知条件相矛盾，所以 $\boldsymbol{\alpha}_1, \boldsymbol{\alpha}_2, \boldsymbol{\alpha}_3, \boldsymbol{\alpha}_5-\boldsymbol{\alpha}_4$ 线性无关.

【例 10】 已知三阶矩阵 $\boldsymbol{A}$ 与三维列向量 $\boldsymbol{x}$，满足 $\boldsymbol{A}^3\boldsymbol{x}=3\boldsymbol{A}\boldsymbol{x}-\boldsymbol{A}^2\boldsymbol{x}$，且向量 $\boldsymbol{x}$, $\boldsymbol{A}\boldsymbol{x}, \boldsymbol{A}^2\boldsymbol{x}$ 线性无关.

(1) 设 $\boldsymbol{P}=[\boldsymbol{x}, \boldsymbol{A}\boldsymbol{x}, \boldsymbol{A}^2\boldsymbol{x}]$，求三阶矩阵 $\boldsymbol{B}$，使 $\boldsymbol{AP}=\boldsymbol{PB}$；

(2) 求 $|\boldsymbol{A}|$.

解 (1) 由 $\boldsymbol{AP}=\boldsymbol{PB}$，可得 $\boldsymbol{A}[\boldsymbol{x}, \boldsymbol{A}\boldsymbol{x}, \boldsymbol{A}^2\boldsymbol{x}]=[\boldsymbol{x}, \boldsymbol{A}\boldsymbol{x}, \boldsymbol{A}^2\boldsymbol{x}]\boldsymbol{B}$，而

$$\boldsymbol{A}[\boldsymbol{x}, \boldsymbol{A}\boldsymbol{x}, \boldsymbol{A}^2\boldsymbol{x}]=[\boldsymbol{A}\boldsymbol{x}, \boldsymbol{A}^2\boldsymbol{x}, \boldsymbol{A}^3\boldsymbol{x}]=[\boldsymbol{A}\boldsymbol{x}, \boldsymbol{A}^2\boldsymbol{x}, 3\boldsymbol{A}\boldsymbol{x}-\boldsymbol{A}^2\boldsymbol{x}]$$

$$=[\boldsymbol{x}, \boldsymbol{A}\boldsymbol{x}, \boldsymbol{A}^2\boldsymbol{x}]\begin{bmatrix}0&0&0\\1&0&3\\0&1&-1\end{bmatrix},$$

$\because$ $\boldsymbol{x}, \boldsymbol{A}\boldsymbol{x}, \boldsymbol{A}^2\boldsymbol{x}$ 线性无关，$\therefore$ $\boldsymbol{B}=\begin{bmatrix}0&0&0\\1&0&3\\0&1&-1\end{bmatrix}$.

(2) 由 $\boldsymbol{AP}=\boldsymbol{PB}$，可得 $\boldsymbol{A}=\boldsymbol{PBP}^{-1}$，于是，

$$|\boldsymbol{A}|=|\boldsymbol{PBP}^{-1}|=|\boldsymbol{P}||\boldsymbol{B}||\boldsymbol{P}^{-1}|=|\boldsymbol{B}|=\begin{vmatrix}0&0&0\\1&0&3\\0&1&-1\end{vmatrix}=0.$$

六、习 题 详 解

习题 3-1

1. 设 $\boldsymbol{\alpha}=\begin{bmatrix}2\\-1\\0\end{bmatrix}$, $\boldsymbol{\beta}=\begin{bmatrix}-2\\4\\3\end{bmatrix}$，求：(1) $3\boldsymbol{\alpha}-\boldsymbol{\beta}$; (2) $\boldsymbol{\alpha}^{\mathrm{T}}\boldsymbol{\beta}$; (3) $\boldsymbol{\alpha}\boldsymbol{\beta}^{\mathrm{T}}$.

解：(1) $3\boldsymbol{\alpha}-\boldsymbol{\beta}=\begin{bmatrix}6\\-3\\0\end{bmatrix}-\begin{bmatrix}-2\\4\\3\end{bmatrix}=\begin{bmatrix}8\\-7\\-3\end{bmatrix}$. (2) $\boldsymbol{\alpha}^{\mathrm{T}}\boldsymbol{\beta}=[2, -1, 0]\begin{bmatrix}-2\\4\\3\end{bmatrix}=-8$.

(3) $\boldsymbol{\alpha}\boldsymbol{\beta}^{\mathrm{T}}=\begin{bmatrix}2\\-1\\0\end{bmatrix}[-2, 4, 3]=\begin{bmatrix}-4&8&6\\2&-4&-3\\0&0&0\end{bmatrix}$.

2. 试举例说明：对于方阵 $\boldsymbol{A}$，由 $\boldsymbol{A}^k=\boldsymbol{O}$ 不能得出 $\boldsymbol{A}=\boldsymbol{O}$，其中 k 为正整数.

解：设 $\boldsymbol{\alpha}$，$\boldsymbol{\beta}$ 为 n 维非零列向量，且 $\lambda=\boldsymbol{\alpha}^{\mathrm{T}}\boldsymbol{\beta}=0$，则 $\boldsymbol{A}=\boldsymbol{\alpha}\boldsymbol{\beta}^{\mathrm{T}}\neq\boldsymbol{O}$，利用例 2 的结论，$\boldsymbol{A}^k=\lambda^{k-1}\boldsymbol{A}=\boldsymbol{O}$，其中 k 为正整数.

3. 矩阵 $\boldsymbol{A}=\begin{bmatrix}-4&1&-3&2\\8&-2&6&-4\\4&-1&3&-2\\-12&3&-9&6\end{bmatrix}$ 的任意两行或两列对应元素成比例，(1)试求 4 维列向量 $\boldsymbol{\alpha}$，$\boldsymbol{\beta}$，使得 $\boldsymbol{A}=\boldsymbol{\alpha}\boldsymbol{\beta}^{\mathrm{T}}$（提示：可取 $\boldsymbol{\beta}^{\mathrm{T}}=[-4,1,-3,2]$）；(2)试求 $\boldsymbol{A}^k$，k 为正整数.

解：(1) $\boldsymbol{A}=\begin{bmatrix}-4&1&-3&2\\8&-2&6&-4\\4&-1&3&-2\\-12&3&-9&6\end{bmatrix}=\boldsymbol{\alpha}\boldsymbol{\beta}^{\mathrm{T}}=\begin{bmatrix}1\\-2\\-1\\3\end{bmatrix}[-4,1,-3,2]$.

(2) $\lambda=\boldsymbol{\alpha}^{\mathrm{T}}\boldsymbol{\beta}=[1,-2,-1,3]\begin{bmatrix}-4\\1\\-3\\2\end{bmatrix}=3$.

$$\boldsymbol{A}^k=\lambda^{k-1}\boldsymbol{A}=3^{k-1}\boldsymbol{A}=\begin{bmatrix}-4\cdot3^{k-1}&3^{k-1}&-3^k&2\cdot3^{k-1}\\8\cdot3^{k-1}&-2\cdot3^{k-1}&2\cdot3^k&-4\cdot3^{k-1}\\4\cdot3^{k-1}&-3^{k-1}&3^k&-2\cdot3^{k-1}\\-4\cdot3^k&3^k&-3^{k+1}&2\cdot3^k\end{bmatrix}.$$

4. 设 $\boldsymbol{A}=\boldsymbol{E}-\boldsymbol{\alpha}\boldsymbol{\alpha}^{\mathrm{T}}$，其中 $\boldsymbol{E}$ 为 n 阶单位矩阵，$\boldsymbol{\alpha}$ 是 n 维非零列向量，证明：

(1) $\boldsymbol{A}^2=\boldsymbol{A}$ 的充要条件是 $\boldsymbol{\alpha}^{\mathrm{T}}\boldsymbol{\alpha}=1$；　(2) 当 $\boldsymbol{\alpha}^{\mathrm{T}}\boldsymbol{\alpha}=1$ 时，矩阵 $\boldsymbol{A}$ 不可逆.

证明：(1) $\boldsymbol{A}=\boldsymbol{E}-\boldsymbol{\alpha}\boldsymbol{\alpha}^{\mathrm{T}}$，$\boldsymbol{A}^2=(\boldsymbol{E}-\boldsymbol{\alpha}\boldsymbol{\alpha}^{\mathrm{T}})(\boldsymbol{E}-\boldsymbol{\alpha}\boldsymbol{\alpha}^{\mathrm{T}})=\boldsymbol{E}-2\boldsymbol{\alpha}\boldsymbol{\alpha}^{\mathrm{T}}+\boldsymbol{\alpha}(\boldsymbol{\alpha}^{\mathrm{T}}\boldsymbol{\alpha})\boldsymbol{\alpha}^{\mathrm{T}}$，

$\boldsymbol{A}^2=\boldsymbol{A}\Leftrightarrow\boldsymbol{\alpha}\boldsymbol{\alpha}^{\mathrm{T}}=(\boldsymbol{\alpha}^{\mathrm{T}}\boldsymbol{\alpha})\boldsymbol{\alpha}\boldsymbol{\alpha}^{\mathrm{T}}\Leftrightarrow\boldsymbol{\alpha}^{\mathrm{T}}\boldsymbol{\alpha}=1(\boldsymbol{\alpha}\boldsymbol{\alpha}^{\mathrm{T}}\neq\boldsymbol{O})$.

(2) 当 $\boldsymbol{\alpha}^{\mathrm{T}}\boldsymbol{\alpha}=1$ 时，若矩阵 $\boldsymbol{A}$ 可逆，则由 $\boldsymbol{A}^2=\boldsymbol{A}$ 可得 $\boldsymbol{A}=\boldsymbol{E}$，与 $\boldsymbol{\alpha}\boldsymbol{\alpha}^{\mathrm{T}}\neq\boldsymbol{O}$ 矛盾，故矩阵 $\boldsymbol{A}$ 不可逆.

5. 设 $\boldsymbol{\alpha}=\begin{bmatrix}1\\-1\\2\end{bmatrix}$，$\boldsymbol{\beta}=\begin{bmatrix}0\\1\\3\end{bmatrix}$，向量 $\begin{bmatrix}x\\y\\z\end{bmatrix}$ 可由 $\boldsymbol{\alpha}$，$\boldsymbol{\beta}$ 线性表示，求分量 x，y，z 满足的方程，动点 (x,y,z) 在三维空间的轨迹是什么？

解：向量 $\begin{bmatrix}x\\y\\z\end{bmatrix}$ 可由 $\boldsymbol{\alpha}$，$\boldsymbol{\beta}$ 线性表示，即

$$\begin{bmatrix}x\\y\\z\end{bmatrix}=k_1\boldsymbol{\alpha}+k_2\boldsymbol{\beta}=k_1\begin{bmatrix}1\\-1\\2\end{bmatrix}+k_2\begin{bmatrix}0\\1\\3\end{bmatrix}=\begin{bmatrix}k_1\\-k_1+k_2\\2k_1+3k_2\end{bmatrix}，即\begin{cases}x=k_1\\y=-k_1+k_2\\z=2k_1+3k_2\end{cases}，消去 k_1，k_2$$

得 x，y，z 满足方程 $5x+3y-z=0$，动点 (x,y,z) 在三维空间的轨迹是过原点的一个平面

(由向量 $\boldsymbol{\alpha}$，$\boldsymbol{\beta}$ 所张成).

6. 设 $\boldsymbol{\beta}_1=\boldsymbol{\alpha}_1+\boldsymbol{\alpha}_2$，$\boldsymbol{\beta}_2=\boldsymbol{\alpha}_2+\boldsymbol{\alpha}_3$，$\boldsymbol{\beta}_3=\boldsymbol{\alpha}_3+\boldsymbol{\alpha}_1$，试证向量组 $\boldsymbol{\alpha}_1,\boldsymbol{\alpha}_2,\boldsymbol{\alpha}_3$ 与向量组 $\boldsymbol{\beta}_1,\boldsymbol{\beta}_2,\boldsymbol{\beta}_3$ 等价.

证明：$\boldsymbol{\beta}_1=\boldsymbol{\alpha}_1+\boldsymbol{\alpha}_2$，$\boldsymbol{\beta}_2=\boldsymbol{\alpha}_2+\boldsymbol{\alpha}_3$，$\boldsymbol{\beta}_3=\boldsymbol{\alpha}_3+\boldsymbol{\alpha}_1$，

即 $(\boldsymbol{\beta}_1,\boldsymbol{\beta}_2,\boldsymbol{\beta}_3)=(\boldsymbol{\alpha}_1,\boldsymbol{\alpha}_2,\boldsymbol{\alpha}_3)\begin{bmatrix}1&0&1\\1&1&0\\0&1&1\end{bmatrix}$，$\boldsymbol{Q}=\begin{bmatrix}1&0&1\\1&1&0\\0&1&1\end{bmatrix}$ 可逆（$|\boldsymbol{Q}|=2\neq 0$），所以向量组 $\boldsymbol{\alpha}_1,\boldsymbol{\alpha}_2,\boldsymbol{\alpha}_3$ 与向量组 $\boldsymbol{\beta}_1,\boldsymbol{\beta}_2,\boldsymbol{\beta}_3$ 等价.

7. 证明：若矩阵 $\boldsymbol{A}$ 经过有限次初等行(列)变换化为矩阵 $\boldsymbol{B}$，则矩阵 $\boldsymbol{A}$ 与 $\boldsymbol{B}$ 的行(列)向量组等价.

证明：若矩阵 $\boldsymbol{A}$ 经过有限次初等行(列)变换化为矩阵 $\boldsymbol{B}$，则存在可逆矩阵 $\boldsymbol{P}(\boldsymbol{Q})$，使得 $\boldsymbol{B}=\boldsymbol{PA}(\boldsymbol{B}=\boldsymbol{AQ})$，于是矩阵 $\boldsymbol{A}$ 与 $\boldsymbol{B}$ 的行(列)向量组等价.

习题 3-2

1. 设 $\boldsymbol{\alpha}_1=\begin{bmatrix}1\\-1\\2\\4\end{bmatrix}$，$\boldsymbol{\alpha}_2=\begin{bmatrix}0\\3\\1\\2\end{bmatrix}$，$\boldsymbol{\alpha}_3=\begin{bmatrix}-4\\1\\6\\8\end{bmatrix}$，$\boldsymbol{\alpha}_4=\begin{bmatrix}3\\0\\7\\14\end{bmatrix}$，判别下列向量组的线性相关性(说明理由)：(1) $\boldsymbol{\alpha}_1,\boldsymbol{\alpha}_2$；(2) $\boldsymbol{\alpha}_1,\boldsymbol{\alpha}_2,\boldsymbol{\alpha}_3$；(3) $\boldsymbol{\alpha}_1,\boldsymbol{\alpha}_2,\boldsymbol{\alpha}_3,\boldsymbol{\alpha}_4$.

解：(1) $\boldsymbol{\alpha}_1$ 与 $\boldsymbol{\alpha}_2$ 分量不成比例，故向量组 $\boldsymbol{\alpha}_1,\boldsymbol{\alpha}_2$ 线性无关.

(2) 设 $\boldsymbol{\alpha}_1,\boldsymbol{\alpha}_2,\boldsymbol{\alpha}_3$ 前三个分量组成的行列式 $\begin{vmatrix}1&0&-4\\-1&3&1\\2&1&6\end{vmatrix}=45\neq 0$，故向量组 $\begin{bmatrix}1\\-1\\2\end{bmatrix}$，$\begin{bmatrix}0\\3\\1\end{bmatrix}$，$\begin{bmatrix}-4\\1\\6\end{bmatrix}$ 线性无关，于是向量组 $\boldsymbol{\alpha}_1,\boldsymbol{\alpha}_2,\boldsymbol{\alpha}_3$ 线性无关.

(3) $\begin{vmatrix}1&0&-4&3\\-1&3&1&0\\2&1&6&7\\4&2&8&14\end{vmatrix}=\begin{vmatrix}1&0&0&0\\-1&3&-3&3\\2&1&14&1\\4&2&24&2\end{vmatrix}=0$，故向量组 $\boldsymbol{\alpha}_1,\boldsymbol{\alpha}_2,\boldsymbol{\alpha}_3,\boldsymbol{\alpha}_4$ 线性相关.

2. 设向量组 $\boldsymbol{\alpha}_1=\begin{bmatrix}1\\a\\a^2\\a^3\end{bmatrix}$，$\boldsymbol{\alpha}_2=\begin{bmatrix}1\\b\\b^2\\b^3\end{bmatrix}$，$\boldsymbol{\alpha}_3=\begin{bmatrix}1\\c\\c^2\\c^3\end{bmatrix}$，$\boldsymbol{\alpha}_4=\begin{bmatrix}1\\d\\d^2\\d^3\end{bmatrix}$，其中 a,b,c,d 为各不相同的实数，判别 $\boldsymbol{\alpha}_1,\boldsymbol{\alpha}_2,\boldsymbol{\alpha}_3,\boldsymbol{\alpha}_4$ 是否线性相关.

解：因为 a, b, c, d 为各不相同的实数，所以由范德蒙德行列式的结论可知 $\begin{vmatrix} 1 & 1 & 1 & 1 \\ a & b & c & d \\ a^2 & b^2 & c^2 & d^2 \\ a^3 & b^3 & c^3 & d^3 \end{vmatrix}$ $\neq 0$，故向量组 $\boldsymbol{\alpha}_1$, $\boldsymbol{\alpha}_2$, $\boldsymbol{\alpha}_3$, $\boldsymbol{\alpha}_4$ 线性无关.

3. 下面命题哪些是正确的，哪些是错误的，为什么？

(1) 若 $\boldsymbol{\alpha}_1$, $\boldsymbol{\alpha}_2$, $\cdots$, $\boldsymbol{\alpha}_r$ 线性相关，则其中每一个向量都可由其余向量线性表示.

(2) 若 $\boldsymbol{\alpha}_1$, $\boldsymbol{\alpha}_2$, $\cdots$, $\boldsymbol{\alpha}_r$ 线性无关，则其中每一个向量都不能由其余向量线性表示.

(3) 若 $\boldsymbol{\alpha}_1$, $\boldsymbol{\alpha}_2$, $\cdots$, $\boldsymbol{\alpha}_s$ 线性相关，$\boldsymbol{\beta}_1$, $\boldsymbol{\beta}_2$, $\cdots$, $\boldsymbol{\beta}_t$ 线性无关，则 $\boldsymbol{\alpha}_1$, $\boldsymbol{\alpha}_2$, $\cdots$, $\boldsymbol{\alpha}_s$, $\boldsymbol{\beta}_1$, $\boldsymbol{\beta}_2$, $\cdots$, $\boldsymbol{\beta}_t$ 线性相关.

(4) 若 $\boldsymbol{\alpha}_1$, $\boldsymbol{\alpha}_2$, $\cdots$, $\boldsymbol{\alpha}_s$, $\boldsymbol{\beta}_1$, $\boldsymbol{\beta}_2$, $\cdots$, $\boldsymbol{\beta}_t$ 线性无关，则 $\boldsymbol{\alpha}_1$, $\boldsymbol{\alpha}_2$, $\cdots$, $\boldsymbol{\alpha}_s$ 线性无关，且 $\boldsymbol{\beta}_1$, $\boldsymbol{\beta}_2$, $\cdots$, $\boldsymbol{\beta}_t$ 线性无关.

(5) 若 $\boldsymbol{\alpha}_1$, $\boldsymbol{\alpha}_2$, $\cdots$, $\boldsymbol{\alpha}_s$ 线性无关，$\boldsymbol{\beta}_1$, $\boldsymbol{\beta}_2$, $\cdots$, $\boldsymbol{\beta}_t$ 线性无关，则 $\boldsymbol{\alpha}_1$, $\boldsymbol{\alpha}_2$, $\cdots$, $\boldsymbol{\alpha}_s$, $\boldsymbol{\beta}_1$, $\boldsymbol{\beta}_2$, $\cdots$, $\boldsymbol{\beta}_t$ 线性无关.

解：(1) 错误.

若 $\boldsymbol{\alpha}_1$, $\boldsymbol{\alpha}_2$, $\cdots$, $\boldsymbol{\alpha}_r$ 线性相关，则其中必有某个向量可由其余向量线性表示. 例如 $\boldsymbol{\alpha}_1 \neq 0$, $\boldsymbol{\alpha}_2 = 0$，显然 $\boldsymbol{\alpha}_1$, $\boldsymbol{\alpha}_2$ 线性相关，但 $\boldsymbol{\alpha}_1$ 不能由 $\boldsymbol{\alpha}_2$ 线性表示.

(2) 正确.　(3) 正确.　(4) 正确.

(5) 错误.

例如 $\boldsymbol{\alpha}_1 = \begin{bmatrix} 1 \\ 0 \\ 0 \end{bmatrix}$, $\boldsymbol{\alpha}_2 = \begin{bmatrix} 0 \\ 1 \\ 0 \end{bmatrix}$ 线性无关，$\boldsymbol{\beta}_1 = \begin{bmatrix} 1 \\ 0 \\ 0 \end{bmatrix}$, $\boldsymbol{\beta}_2 = \begin{bmatrix} 0 \\ 0 \\ 1 \end{bmatrix}$ 线性无关，但是 $\boldsymbol{\alpha}_1$, $\boldsymbol{\alpha}_2$, $\boldsymbol{\beta}_1$, $\boldsymbol{\beta}_2$ 线性相关(个数大于维数).

4. 若向量组 $\boldsymbol{\alpha}_1$, $\boldsymbol{\alpha}_2$, $\boldsymbol{\alpha}_3$ 线性无关，证明：

(1) 向量组 $\boldsymbol{\alpha}_2 + \boldsymbol{\alpha}_3 - \boldsymbol{\alpha}_1$, $\boldsymbol{\alpha}_3 + \boldsymbol{\alpha}_1 - \boldsymbol{\alpha}_2$, $\boldsymbol{\alpha}_1 + \boldsymbol{\alpha}_2 - \boldsymbol{\alpha}_3$ 线性无关；

(2) 向量组 $\boldsymbol{\alpha}_2 - \boldsymbol{\alpha}_1$, $\boldsymbol{\alpha}_3 - \boldsymbol{\alpha}_2$, $\boldsymbol{\alpha}_1 - \boldsymbol{\alpha}_3$ 线性相关.

证明：(1) 设存在一组数 k_1, k_2, k_3，使

$$k_1(\boldsymbol{\alpha}_2 + \boldsymbol{\alpha}_3 - \boldsymbol{\alpha}_1) + k_2(\boldsymbol{\alpha}_3 + \boldsymbol{\alpha}_1 - \boldsymbol{\alpha}_2) + k_3(\boldsymbol{\alpha}_1 + \boldsymbol{\alpha}_2 - \boldsymbol{\alpha}_3) = \mathbf{0},$$

即 $(-k_1 + k_2 + k_3)\boldsymbol{\alpha}_1 + (k_1 - k_2 + k_3)\boldsymbol{\alpha}_2 + (k_1 + k_2 - k_3)\boldsymbol{\alpha}_3 = \mathbf{0}$，

由于向量组 $\boldsymbol{\alpha}_1$, $\boldsymbol{\alpha}_2$, $\boldsymbol{\alpha}_3$ 线性无关，故

$$\begin{cases} -k_1 + k_2 + k_3 = 0, \\ k_1 - k_2 + k_3 = 0, \\ k_1 + k_2 - k_3 = 0. \end{cases}$$

因为行列式 $\begin{vmatrix} -1 & 1 & 1 \\ 1 & -1 & 1 \\ 1 & 1 & -1 \end{vmatrix} = 4 \neq 0$，由克拉姆法则可得 $k_1 = k_2 = k_3 = 0$，所以向量组 $\boldsymbol{\alpha}_2 + \boldsymbol{\alpha}_3 - \boldsymbol{\alpha}_1$, $\boldsymbol{\alpha}_3 + \boldsymbol{\alpha}_1 - \boldsymbol{\alpha}_2$, $\boldsymbol{\alpha}_1 + \boldsymbol{\alpha}_2 - \boldsymbol{\alpha}_3$ 线性无关.

(2) 设存在一组数 k_1, k_2, k_3，使

$$k_1(\boldsymbol{\alpha}_2-\boldsymbol{\alpha}_1)+k_2(\boldsymbol{\alpha}_3-\boldsymbol{\alpha}_2)+k_3(\boldsymbol{\alpha}_1-\boldsymbol{\alpha}_3)=\mathbf{0},$$

即 $(-k_1+k_3)\boldsymbol{\alpha}_1+(k_1-k_2)\boldsymbol{\alpha}_2+(k_2-k_3)\boldsymbol{\alpha}_3=\mathbf{0}$,

由于向量组 $\boldsymbol{\alpha}_1, \boldsymbol{\alpha}_2, \boldsymbol{\alpha}_3$ 线性无关,故

$$\begin{cases}-k_1+k_3=0,\\ k_1-k_2=0,\\ k_2-k_3=0.\end{cases}$$

因为行列式 $\begin{vmatrix}-1&0&1\\1&-1&0\\0&1&-1\end{vmatrix}=0$,所以 k_1, k_2, k_3 有非零解,故向量组 $\boldsymbol{\alpha}_2-\boldsymbol{\alpha}_1, \boldsymbol{\alpha}_3-\boldsymbol{\alpha}_2, \boldsymbol{\alpha}_1-\boldsymbol{\alpha}_3$ 线性相关.

也可以由 $(\boldsymbol{\alpha}_2-\boldsymbol{\alpha}_1)+(\boldsymbol{\alpha}_3-\boldsymbol{\alpha}_2)+(\boldsymbol{\alpha}_1-\boldsymbol{\alpha}_3)=\mathbf{0}$ 得到向量组 $\boldsymbol{\alpha}_2-\boldsymbol{\alpha}_1, \boldsymbol{\alpha}_3-\boldsymbol{\alpha}_2, \boldsymbol{\alpha}_1-\boldsymbol{\alpha}_3$ 线性相关.

5. 设向量组 $\boldsymbol{\alpha}_1, \boldsymbol{\alpha}_2, \cdots, \boldsymbol{\alpha}_n$ 线性无关,

(1) 试证明向量组 $\boldsymbol{\alpha}_1-\boldsymbol{\alpha}_n, \boldsymbol{\alpha}_2-\boldsymbol{\alpha}_n, \cdots, \boldsymbol{\alpha}_{n-1}-\boldsymbol{\alpha}_n$ 线性无关;

(2) 试讨论向量组 $\boldsymbol{\alpha}_1+\boldsymbol{\alpha}_2, \boldsymbol{\alpha}_2+\boldsymbol{\alpha}_3, \cdots, \boldsymbol{\alpha}_{n-1}+\boldsymbol{\alpha}_n, \boldsymbol{\alpha}_n+\boldsymbol{\alpha}_1$ 的线性相关性.

证明:(1) 设存在一组数 $k_1, k_2, \cdots, k_{n-1}$,使

$$k_1(\boldsymbol{\alpha}_1-\boldsymbol{\alpha}_n)+k_2(\boldsymbol{\alpha}_2-\boldsymbol{\alpha}_n)+\cdots+k_{n-1}(\boldsymbol{\alpha}_{n-1}-\boldsymbol{\alpha}_n)=\mathbf{0},$$

即

$$k_1\boldsymbol{\alpha}_1+k_2\boldsymbol{\alpha}_2+\cdots+k_{n-1}\boldsymbol{\alpha}_{n-1}+(-k_1-k_2\cdots-k_{n-1})\boldsymbol{\alpha}_n=\mathbf{0},$$

由于向量组 $\boldsymbol{\alpha}_1, \boldsymbol{\alpha}_2, \cdots, \boldsymbol{\alpha}_n$ 线性无关,故 $k_1=k_2=\cdots=k_{n-1}=0$,所以向量组 $\boldsymbol{\alpha}_1-\boldsymbol{\alpha}_n, \boldsymbol{\alpha}_2-\boldsymbol{\alpha}_n, \cdots, \boldsymbol{\alpha}_{n-1}-\boldsymbol{\alpha}_n$ 线性无关.

解:(2) 设存在一组数 $k_1, k_2, \cdots, k_n$,使

$$k_1(\boldsymbol{\alpha}_1+\boldsymbol{\alpha}_2)+k_2(\boldsymbol{\alpha}_2+\boldsymbol{\alpha}_3)+\cdots+k_n(\boldsymbol{\alpha}_n+\boldsymbol{\alpha}_1)=\mathbf{0},$$

即 $(k_1+k_n)\boldsymbol{\alpha}_1+(k_1+k_2)\boldsymbol{\alpha}_2+\cdots+(k_{n-1}+k_n)\boldsymbol{\alpha}_n=\mathbf{0}$,

由于向量组 $\boldsymbol{\alpha}_1, \boldsymbol{\alpha}_2, \cdots, \boldsymbol{\alpha}_n$ 线性无关,故 $\begin{cases}k_1+k_n=0,\\ k_1+k_2=0,\\ \cdots\\ k_{n-1}+k_n=0.\end{cases}$

由于系数行列式 $D=\begin{vmatrix}1&0&\cdots&0&1\\1&1&\cdots&0&0\\\vdots&\vdots&&\vdots&\vdots\\0&0&\cdots&1&0\\0&0&\cdots&1&1\end{vmatrix}=1+(-1)^{n+1}=\begin{cases}2\neq0, & \text{当 } n \text{ 为奇数时}\\ 0, & \text{当 } n \text{ 为偶数时}\end{cases}$,

所以,当 n 为奇数时,$k_1=k_2=\cdots=k_n=0$;当 n 为偶数时,$k_1, k_2, \cdots, k_n$ 有非零解.

因而向量组 $\boldsymbol{\alpha}_1+\boldsymbol{\alpha}_2, \boldsymbol{\alpha}_2+\boldsymbol{\alpha}_3, \cdots, \boldsymbol{\alpha}_{n-1}+\boldsymbol{\alpha}_n, \boldsymbol{\alpha}_n+\boldsymbol{\alpha}_1$ 当 n 为奇数时线性无关;当 n 为偶数时线性相关.

6. 已知 $\boldsymbol{\alpha}_1=\begin{bmatrix}1\\1\\1\end{bmatrix}$，$\boldsymbol{\alpha}_2=\begin{bmatrix}1\\2\\3\end{bmatrix}$，$\boldsymbol{\alpha}_3=\begin{bmatrix}1\\3\\t\end{bmatrix}$，当 t 取何值时，(1) $\boldsymbol{\alpha}_1$，$\boldsymbol{\alpha}_2$，$\boldsymbol{\alpha}_3$ 线性无关；(2) $\boldsymbol{\alpha}_1$，$\boldsymbol{\alpha}_2$，$\boldsymbol{\alpha}_3$ 线性相关.

解：(1) $\boldsymbol{\alpha}_1$，$\boldsymbol{\alpha}_2$，$\boldsymbol{\alpha}_3$ 线性无关 $\Leftrightarrow \begin{vmatrix}1&1&1\\1&2&3\\1&3&t\end{vmatrix}\neq 0$，即 $t\neq 5$.

(2) $\boldsymbol{\alpha}_1$，$\boldsymbol{\alpha}_2$，$\boldsymbol{\alpha}_3$ 线性相关 $\Leftrightarrow \begin{vmatrix}1&1&1\\1&2&3\\1&3&t\end{vmatrix}=0$，即 $t=5$.

7. 已知 $\boldsymbol{\alpha}_1=\begin{bmatrix}1\\-1\\0\\3\end{bmatrix}$，$\boldsymbol{\alpha}_2=\begin{bmatrix}0\\3\\1\\-1\end{bmatrix}$，$\boldsymbol{\alpha}_3=\begin{bmatrix}3\\-2\\a\\10\end{bmatrix}$，$\boldsymbol{\alpha}_4=\begin{bmatrix}1\\1\\2\\1\end{bmatrix}$，当 a 取何值时，

(1) $\boldsymbol{\alpha}_1$，$\boldsymbol{\alpha}_2$，$\boldsymbol{\alpha}_3$，$\boldsymbol{\alpha}_4$ 线性无关；(2) $\boldsymbol{\alpha}_1$，$\boldsymbol{\alpha}_2$，$\boldsymbol{\alpha}_3$，$\boldsymbol{\alpha}_4$ 线性相关.

解：(1) $\boldsymbol{\alpha}_1$，$\boldsymbol{\alpha}_2$，$\boldsymbol{\alpha}_3$，$\boldsymbol{\alpha}_4$ 线性无关 $\Leftrightarrow \begin{vmatrix}1&0&3&1\\-1&3&-2&1\\0&1&a&2\\3&-1&10&1\end{vmatrix}=-4(a+1)\neq 0$，即 $a\neq -1$.

(2) $\boldsymbol{\alpha}_1$，$\boldsymbol{\alpha}_2$，$\boldsymbol{\alpha}_3$，$\boldsymbol{\alpha}_4$ 线性相关 $\Leftrightarrow \begin{vmatrix}1&0&3&1\\-1&3&-2&1\\0&1&a&2\\3&-1&10&1\end{vmatrix}=-4(a+1)=0$，即 $a=-1$.

8. 向量 $\boldsymbol{\beta}$ 能否由向量组 $\boldsymbol{\alpha}_1$，$\boldsymbol{\alpha}_2$，$\boldsymbol{\alpha}_3$ 线性表示，为什么？

(1) $\boldsymbol{\beta}=\begin{bmatrix}1\\2\\1\end{bmatrix}$，$\boldsymbol{\alpha}_1=\begin{bmatrix}1\\1\\1\end{bmatrix}$，$\boldsymbol{\alpha}_2=\begin{bmatrix}1\\1\\-1\end{bmatrix}$，$\boldsymbol{\alpha}_3=\begin{bmatrix}1\\-1\\-1\end{bmatrix}$.

(2) $\boldsymbol{\beta}=\begin{bmatrix}1\\2\\0\\3\end{bmatrix}$，$\boldsymbol{\alpha}_1=\begin{bmatrix}0\\1\\2\\3\end{bmatrix}$，$\boldsymbol{\alpha}_2=\begin{bmatrix}0\\0\\2\\4\end{bmatrix}$，$\boldsymbol{\alpha}_3=\begin{bmatrix}0\\0\\0\\5\end{bmatrix}$.

解：(1) 设 $\boldsymbol{\beta}=k_1\boldsymbol{\alpha}_1+k_2\boldsymbol{\alpha}_2+k_3\boldsymbol{\alpha}_3$，

即 $\begin{cases}k_1+k_2+k_3=1,\\k_1+k_2-k_3=2,\\k_1-k_2-k_3=1.\end{cases}$　由于 $\begin{vmatrix}1&1&1\\1&1&-1\\1&-1&-1\end{vmatrix}=-4\neq 0$，

由克拉姆法则可知，k_1，k_2，k_3 有唯一解，故向量 $\boldsymbol{\beta}$ 能由向量组 $\boldsymbol{\alpha}_1$，$\boldsymbol{\alpha}_2$，$\boldsymbol{\alpha}_3$ 线性表示，且表示方法唯一.

(2) $\boldsymbol{\alpha}_1$，$\boldsymbol{\alpha}_2$，$\boldsymbol{\alpha}_3$ 的第一个分量都是零，而 $\boldsymbol{\beta}$ 的第一个分量不为零，向量 $\boldsymbol{\beta}$ 不能由向量组 $\boldsymbol{\alpha}_1$，

$\boldsymbol{\alpha}_2$，$\boldsymbol{\alpha}_3$ 线性表示.

习题 3-3

1. 求下列矩阵的秩：

(1) $\begin{bmatrix}1&2&3&2&5\\2&2&1&3&1\\3&4&3&4&3\end{bmatrix}$.

(2) $\begin{bmatrix}1&2&-1&0&3\\2&-1&0&1&-1\\3&1&-1&1&2\\0&5&2&1&-7\end{bmatrix}$.

(3) $\begin{bmatrix}2&1&-1&1&1\\3&-3&1&-2&4\\1&5&-3&4&2\end{bmatrix}$.

解：(1) $\begin{bmatrix}1&2&3&2&5\\2&2&1&3&1\\3&4&4&5&6\end{bmatrix}\rightarrow\begin{bmatrix}1&2&3&2&5\\0&-2&-5&-1&-9\\0&0&0&0&0\end{bmatrix}$，$R(\mathbf{A})=2$.

(2) $\begin{bmatrix}1&2&-1&0&3\\2&-1&0&1&-1\\3&1&-1&1&2\\0&5&2&1&-7\end{bmatrix}\rightarrow\begin{bmatrix}1&2&-1&0&3\\0&-5&2&1&-7\\0&0&4&2&-14\\0&0&0&0&0\end{bmatrix}$，$R(\mathbf{A})=3$.

(3) $\begin{bmatrix}2&1&-1&1&1\\3&-3&1&-2&4\\1&5&-3&4&2\end{bmatrix}\rightarrow\begin{bmatrix}1&5&-3&4&2\\0&-9&5&-7&-3\\0&0&0&0&4\end{bmatrix}$，$R(\mathbf{A})=3$.

2. 求下列向量组的秩，并求它的一个最大无关组：

(1) $\boldsymbol{\alpha}_1=\begin{bmatrix}1\\-1\\5\\-1\end{bmatrix}$，$\boldsymbol{\alpha}_2=\begin{bmatrix}1\\1\\-2\\3\end{bmatrix}$，$\boldsymbol{\alpha}_3=\begin{bmatrix}3\\-1\\8\\1\end{bmatrix}$，$\boldsymbol{\alpha}_4=\begin{bmatrix}1\\3\\-9\\7\end{bmatrix}$，$\boldsymbol{\alpha}_5=\begin{bmatrix}2\\2\\-4\\2\end{bmatrix}$.

(2) $\boldsymbol{\alpha}_1=\begin{bmatrix}1\\3\\2\\2\\5\end{bmatrix}$，$\boldsymbol{\alpha}_2=\begin{bmatrix}2\\2\\3\\2\\5\end{bmatrix}$，$\boldsymbol{\alpha}_3=\begin{bmatrix}3\\1\\1\\2\\2\end{bmatrix}$，$\boldsymbol{\alpha}_4=\begin{bmatrix}-1\\-1\\1\\-1\\0\end{bmatrix}$.

(3) $\boldsymbol{\alpha}_1=\begin{bmatrix}3\\1\\2\\5\end{bmatrix}$，$\boldsymbol{\alpha}_2=\begin{bmatrix}1\\1\\1\\2\end{bmatrix}$，$\boldsymbol{\alpha}_3=\begin{bmatrix}2\\0\\1\\3\end{bmatrix}$，$\boldsymbol{\alpha}_4=\begin{bmatrix}1\\-1\\0\\1\end{bmatrix}$，$\boldsymbol{\alpha}_5=\begin{bmatrix}4\\2\\3\\7\end{bmatrix}$.

解：(1) $\begin{bmatrix} 1 & 1 & 3 & 1 & 2 \\ -1 & 1 & -1 & 3 & 2 \\ 5 & -2 & 8 & -9 & -4 \\ -1 & 3 & 1 & 7 & 2 \end{bmatrix} \xrightarrow{r} \begin{bmatrix} 1 & 1 & 3 & 1 & 2 \\ 0 & 2 & 2 & 4 & 4 \\ 0 & 0 & 0 & 0 & -4 \\ 0 & 0 & 0 & 0 & 0 \end{bmatrix}$，

$R(\boldsymbol{\alpha}_1, \boldsymbol{\alpha}_2, \boldsymbol{\alpha}_3, \boldsymbol{\alpha}_4, \boldsymbol{\alpha}_5) = 3$；$\boldsymbol{\alpha}_1, \boldsymbol{\alpha}_2, \boldsymbol{\alpha}_5$ 为一个最大无关组.

(2) $\begin{bmatrix} 1 & 2 & 3 & -1 \\ 3 & 2 & 1 & -1 \\ 2 & 3 & 1 & 1 \\ 2 & 2 & 2 & -1 \\ 5 & 5 & 2 & 0 \end{bmatrix} \xrightarrow{r} \begin{bmatrix} 1 & 2 & 3 & -1 \\ 0 & -1 & -5 & 3 \\ 0 & 0 & 6 & -5 \\ 0 & 0 & 0 & 0 \\ 0 & 0 & 0 & 0 \end{bmatrix}$，

$R(\boldsymbol{\alpha}_1, \boldsymbol{\alpha}_2, \boldsymbol{\alpha}_3, \boldsymbol{\alpha}_4) = 3$；$\boldsymbol{\alpha}_1, \boldsymbol{\alpha}_2, \boldsymbol{\alpha}_3$ 为一个最大无关组.

(3) $\begin{bmatrix} 3 & 1 & 2 & 1 & 4 \\ 1 & 1 & 0 & -1 & 2 \\ 2 & 1 & 1 & 0 & 3 \\ 5 & 2 & 3 & 1 & 7 \end{bmatrix} \xrightarrow{r} \begin{bmatrix} 1 & 1 & 0 & -1 & 2 \\ 0 & -1 & 1 & 2 & -1 \\ 0 & 0 & 0 & 0 & 0 \\ 0 & 0 & 0 & 0 & 0 \end{bmatrix}$

$R(\boldsymbol{\alpha}_1, \boldsymbol{\alpha}_2, \boldsymbol{\alpha}_3, \boldsymbol{\alpha}_4, \boldsymbol{\alpha}_5) = 2$；$\boldsymbol{\alpha}_1, \boldsymbol{\alpha}_2$ 为一个最大无关组.

3. 设 $\boldsymbol{\alpha} = \begin{bmatrix} t-1 \\ 1-t \\ 2 \end{bmatrix}$，$\boldsymbol{\beta} = \begin{bmatrix} 3 \\ t \\ t-1 \end{bmatrix}$，$\boldsymbol{\gamma} = \begin{bmatrix} 3 \\ t \\ t \end{bmatrix}$，问 t 取何值时，$\boldsymbol{\alpha}, \boldsymbol{\beta}, \boldsymbol{\gamma}$ 线性相关？并求向量组 $\boldsymbol{\alpha}, \boldsymbol{\beta}, \boldsymbol{\gamma}$ 的一个最大无关组.

解：$\begin{vmatrix} t-1 & 3 & 3 \\ 1-t & t & t \\ 2 & t-1 & t \end{vmatrix} = t^2 + 2t - 3$，当 $t = 1$ 或 $t = -3$ 时，$\boldsymbol{\alpha}, \boldsymbol{\beta}, \gamma$ 线性相关；

当 $t = 1$ 时，$\begin{bmatrix} 0 & 3 & 3 \\ 0 & 1 & 1 \\ 2 & 0 & 1 \end{bmatrix} \xrightarrow{r} \begin{bmatrix} 2 & 0 & 1 \\ 0 & 1 & 1 \\ 0 & 0 & 0 \end{bmatrix}$，$\boldsymbol{\alpha}, \boldsymbol{\beta}$ 为一个最大无关组；

当 $t = -3$ 时，$\begin{bmatrix} -4 & 3 & 3 \\ 4 & -3 & -3 \\ 2 & -4 & -3 \end{bmatrix} \xrightarrow{r} \begin{bmatrix} -4 & 3 & 3 \\ 0 & -5 & -3 \\ 0 & 0 & 0 \end{bmatrix}$，$\boldsymbol{\alpha}, \boldsymbol{\beta}$ 为一个最大无关组.

4. 已知 n 维向量 $\boldsymbol{\alpha}_1, \boldsymbol{\alpha}_2, \cdots, \boldsymbol{\alpha}_m$ 线性相关，但其中任意 $m-1$ 个向量线性无关，证明其中任一向量都能由其余向量线性表示且表示法唯一.

证明：向量组 $\boldsymbol{\alpha}_1, \boldsymbol{\alpha}_2, \cdots, \boldsymbol{\alpha}_m$ 线性相关，去掉其中任意一个向量 $\boldsymbol{\alpha}_k (k = 1, 2, \cdots, m)$ 后剩下的 $m-1$ 个向量线性无关，所以 $\boldsymbol{\alpha}_k$ 能由其余向量线性表示且表示法唯一.

5. 设 $\boldsymbol{\alpha}_1, \boldsymbol{\alpha}_2, \cdots, \boldsymbol{\alpha}_n$ 是一组 n 维向量，证明 $\boldsymbol{\alpha}_1, \boldsymbol{\alpha}_2, \cdots, \boldsymbol{\alpha}_n$ 线性无关的充分必要条件是任一 n 维向量都可由 $\boldsymbol{\alpha}_1, \boldsymbol{\alpha}_2, \cdots, \boldsymbol{\alpha}_n$ 线性表示.

证明：充分性　设 $\boldsymbol{\alpha}_1, \boldsymbol{\alpha}_2, \cdots, \boldsymbol{\alpha}_n$ 是一组 n 维向量，且任一 n 维向量都可由 $\boldsymbol{\alpha}_1, \boldsymbol{\alpha}_2, \cdots, \boldsymbol{\alpha}_n$ 线性表示，于是向量组 $\boldsymbol{e}_1, \boldsymbol{e}_2, \cdots, \boldsymbol{e}_n$ 可由 $\boldsymbol{\alpha}_1, \boldsymbol{\alpha}_2, \cdots, \boldsymbol{\alpha}_n$ 线性表示，又 $\boldsymbol{e}_1, \boldsymbol{e}_2, \cdots, \boldsymbol{e}_n$ 线性无关，$n = R(\boldsymbol{e}_1, \boldsymbol{e}_2, \cdots, \boldsymbol{e}_n) \leqslant R(\boldsymbol{\alpha}_1, \boldsymbol{\alpha}_2, \cdots, \boldsymbol{\alpha}_n) \leqslant n$，即 $R(\boldsymbol{\alpha}_1, \boldsymbol{\alpha}_2, \cdots, \boldsymbol{\alpha}_n) = n$，故 $\boldsymbol{\alpha}_1, \boldsymbol{\alpha}_2, \cdots,$

$\boldsymbol{\alpha}_n$ 线性无关；

必要性　设 $\boldsymbol{\alpha}_1, \boldsymbol{\alpha}_2, \cdots, \boldsymbol{\alpha}_n$ 是一组 n 维向量且线性无关，$\boldsymbol{\alpha}$ 为任一 n 维向量，由于 $\boldsymbol{\alpha}_1, \boldsymbol{\alpha}_2, \cdots, \boldsymbol{\alpha}_n, \boldsymbol{\alpha}$ 必线性相关，因而 $\boldsymbol{\alpha}$ 可由 $\boldsymbol{\alpha}_1, \boldsymbol{\alpha}_2, \cdots, \boldsymbol{\alpha}_n$ 线性表示.

6. 证明向量 $\boldsymbol{\beta}$ 可由向量组 $\boldsymbol{\alpha}_1, \boldsymbol{\alpha}_2, \cdots, \boldsymbol{\alpha}_n$ 线性表示且表示方法唯一的充分必要条件是

$$R(\boldsymbol{\alpha}_1, \boldsymbol{\alpha}_2, \cdots, \boldsymbol{\alpha}_n, \boldsymbol{\beta}) = R(\boldsymbol{\alpha}_1, \boldsymbol{\alpha}_2, \cdots, \boldsymbol{\alpha}_n) = n.$$

证明：充分性　若向量 $\boldsymbol{\beta}$ 可由向量组 $\boldsymbol{\alpha}_1, \boldsymbol{\alpha}_2, \cdots, \boldsymbol{\alpha}_n$ 线性表示，则 $R(\boldsymbol{\alpha}_1, \boldsymbol{\alpha}_2, \cdots, \boldsymbol{\alpha}_n, \boldsymbol{\beta}) = R(\boldsymbol{\alpha}_1, \boldsymbol{\alpha}_2, \cdots, \boldsymbol{\alpha}_n)$，

设 $k_1\boldsymbol{\alpha}_1 + k_2\boldsymbol{\alpha}_2 + \cdots + k_n\boldsymbol{\alpha}_n = \mathbf{0}$，且 $\boldsymbol{\beta} = l_1\boldsymbol{\alpha}_1 + l_2\boldsymbol{\alpha}_2 + \cdots + l_n\boldsymbol{\alpha}_n$，两式相加得

$$\boldsymbol{\beta} = (l_1 + k_1)\boldsymbol{\alpha}_1 + (l_2 + k_2)\boldsymbol{\alpha}_2 + \cdots + (l_n + k_n)\boldsymbol{\alpha}_n,$$

又向量 $\boldsymbol{\beta}$ 由 $\boldsymbol{\alpha}_1, \boldsymbol{\alpha}_2, \cdots, \boldsymbol{\alpha}_n$ 线性表示方法唯一，故 $l_i + k_i = l_i (i = 1, 2, \cdots, n)$，即 $k_i = 0\ (i = 1, 2, \cdots, n)$，所以向量组 $\boldsymbol{\alpha}_1, \boldsymbol{\alpha}_2, \cdots, \boldsymbol{\alpha}_n$ 线性无关，$R(\boldsymbol{\alpha}_1, \boldsymbol{\alpha}_2, \cdots, \boldsymbol{\alpha}_n) = n$.

必要性　若 $R(\boldsymbol{\alpha}_1, \boldsymbol{\alpha}_2, \cdots, \boldsymbol{\alpha}_n, \boldsymbol{\beta}) = R(\boldsymbol{\alpha}_1, \boldsymbol{\alpha}_2, \cdots, \boldsymbol{\alpha}_n) = n$，即向量组 $\boldsymbol{\alpha}_1, \boldsymbol{\alpha}_2, \cdots, \boldsymbol{\alpha}_n$ 线性无关，且向量向量组 $\boldsymbol{\alpha}_1, \boldsymbol{\alpha}_2, \cdots, \boldsymbol{\alpha}_n, \boldsymbol{\beta}$ 线性相关，所以 $\boldsymbol{\beta}$ 可由 $\boldsymbol{\alpha}_1, \boldsymbol{\alpha}_2, \cdots, \boldsymbol{\alpha}_n$ 线性表示且表示方法唯一.

7. 证明：(1) 向量组 $\boldsymbol{\beta}_1, \boldsymbol{\beta}_2, \cdots, \boldsymbol{\beta}_t$ 可由向量组 $\boldsymbol{\alpha}_1, \boldsymbol{\alpha}_2, \cdots, \boldsymbol{\alpha}_s$ 线性表示的充分必要条件是

$$R(\boldsymbol{\alpha}_1, \cdots, \boldsymbol{\alpha}_s, \boldsymbol{\beta}_1, \cdots, \boldsymbol{\beta}_t) = R(\boldsymbol{\alpha}_1, \boldsymbol{\alpha}_2, \cdots, \boldsymbol{\alpha}_s);$$

(2) 向量组 $\boldsymbol{\alpha}_1, \boldsymbol{\alpha}_2, \cdots, \boldsymbol{\alpha}_s$ 与 $\boldsymbol{\beta}_1, \boldsymbol{\beta}_2, \cdots, \boldsymbol{\beta}_t$ 等价的充分必要条件是

$$R(\boldsymbol{\alpha}_1, \cdots, \boldsymbol{\alpha}_s, \boldsymbol{\beta}_1, \cdots, \boldsymbol{\beta}_t) = R(\boldsymbol{\alpha}_1, \boldsymbol{\alpha}_2, \cdots, \boldsymbol{\alpha}_s) = R(\boldsymbol{\beta}_1, \boldsymbol{\beta}_2, \cdots, \boldsymbol{\beta}_t).$$

证明：(1) 充分性　设向量组 $\boldsymbol{\beta}_1, \boldsymbol{\beta}_2, \cdots, \boldsymbol{\beta}_t$ 可由向量组 $\boldsymbol{\alpha}_1, \boldsymbol{\alpha}_2, \cdots, \boldsymbol{\alpha}_s$ 线性表示，记 $\boldsymbol{\alpha}_1, \boldsymbol{\alpha}_2, \cdots, \boldsymbol{\alpha}_r$ 为向量组 $\boldsymbol{\alpha}_1, \boldsymbol{\alpha}_2, \cdots, \boldsymbol{\alpha}_s$ 的一个最大无关组，则向量组 $\boldsymbol{\alpha}_1, \cdots, \boldsymbol{\alpha}_s, \boldsymbol{\beta}_1, \cdots, \boldsymbol{\beta}_t$ 可由 $\boldsymbol{\alpha}_1, \boldsymbol{\alpha}_2, \cdots, \boldsymbol{\alpha}_r$ 线性表示，于是 $R(\boldsymbol{\alpha}_1, \cdots, \boldsymbol{\alpha}_s, \boldsymbol{\beta}_1, \cdots, \boldsymbol{\beta}_t) = r = R(\boldsymbol{\alpha}_1, \boldsymbol{\alpha}_2, \cdots, \boldsymbol{\alpha}_s)$；

必要性　若 $R(\boldsymbol{\alpha}_1, \cdots, \boldsymbol{\alpha}_s, \boldsymbol{\beta}_1, \cdots, \boldsymbol{\beta}_t) = R(\boldsymbol{\alpha}_1, \boldsymbol{\alpha}_2, \cdots, \boldsymbol{\alpha}_s)$，记 $\boldsymbol{\alpha}_1, \boldsymbol{\alpha}_2, \cdots, \boldsymbol{\alpha}_r$ 为向组 $\boldsymbol{\alpha}_1, \boldsymbol{\alpha}_2, \cdots, \boldsymbol{\alpha}_s$ 的一个最大无关组，则 $\boldsymbol{\alpha}_1, \boldsymbol{\alpha}_2, \cdots, \boldsymbol{\alpha}_r$ 也是向量组 $\boldsymbol{\alpha}_1, \cdots, \boldsymbol{\alpha}_s, \boldsymbol{\beta}_1, \cdots, \boldsymbol{\beta}_t$ 的一个最大无关组，于是向量组 $\boldsymbol{\beta}_1, \boldsymbol{\beta}_2, \cdots, \boldsymbol{\beta}_t$ 可由向量组 $\boldsymbol{\alpha}_1, \boldsymbol{\alpha}_2, \cdots, \boldsymbol{\alpha}_r$ 线性表示，所以向量组 $\boldsymbol{\beta}_1, \boldsymbol{\beta}_2, \cdots, \boldsymbol{\beta}_t$ 可由向量组 $\boldsymbol{\alpha}_1, \boldsymbol{\alpha}_2, \cdots, \boldsymbol{\alpha}_s$ 线性表示.

(2) 利用(1)的结论，向量组 $\boldsymbol{\beta}_1, \boldsymbol{\beta}_2, \cdots, \boldsymbol{\beta}_t$ 可由向量组 $\boldsymbol{\alpha}_1, \boldsymbol{\alpha}_2, \cdots, \boldsymbol{\alpha}_s$ 线性表示的充分必要条件是 $R(\boldsymbol{\alpha}_1, \cdots, \boldsymbol{\alpha}_s, \boldsymbol{\beta}_1, \cdots, \boldsymbol{\beta}_t) = R(\boldsymbol{\alpha}_1, \boldsymbol{\alpha}_2, \cdots, \boldsymbol{\alpha}_s)$；

同理，向量组 $\boldsymbol{\alpha}_1, \boldsymbol{\alpha}_2, \cdots, \boldsymbol{\alpha}_s$ 可由向量组 $\boldsymbol{\beta}_1, \boldsymbol{\beta}_2, \cdots, \boldsymbol{\beta}_t$ 线性表示的充分必要条件是

$$R(\boldsymbol{\alpha}_1, \cdots, \boldsymbol{\alpha}_s, \boldsymbol{\beta}_1, \cdots, \boldsymbol{\beta}_t) = R(\boldsymbol{\beta}_1, \boldsymbol{\beta}_2, \cdots, \boldsymbol{\beta}_t);$$

所以向量组 $\boldsymbol{\alpha}_1, \boldsymbol{\alpha}_2, \cdots, \boldsymbol{\alpha}_s$ 与 $\boldsymbol{\beta}_1, \boldsymbol{\beta}_2, \cdots, \boldsymbol{\beta}_t$ 等价的充分必要条件是

$$R(\boldsymbol{\alpha}_1, \cdots, \boldsymbol{\alpha}_s, \boldsymbol{\beta}_1, \cdots, \boldsymbol{\beta}_t) = R(\boldsymbol{\alpha}_1, \boldsymbol{\alpha}_2, \cdots, \boldsymbol{\alpha}_s) = R(\boldsymbol{\beta}_1, \boldsymbol{\beta}_2, \cdots, \boldsymbol{\beta}_t).$$

8. 证明 $R(\boldsymbol{A}+\boldsymbol{B}) \leqslant R(\boldsymbol{A}) + R(\boldsymbol{B})$.

证明：记 $\boldsymbol{A} = (\boldsymbol{\alpha}_1, \boldsymbol{\alpha}_2, \cdots, \boldsymbol{\alpha}_s)$，$\boldsymbol{B} = (\boldsymbol{\beta}_1, \boldsymbol{\beta}_2, \cdots, \boldsymbol{\beta}_s)$，则

$$\boldsymbol{A}+\boldsymbol{B} = (\boldsymbol{\alpha}_1 + \boldsymbol{\beta}_1, \boldsymbol{\alpha}_2 + \boldsymbol{\beta}_2, \cdots, \boldsymbol{\alpha}_s + \boldsymbol{\beta}_s),$$

向量组 $\boldsymbol{\alpha}_1+\boldsymbol{\beta}_1, \boldsymbol{\alpha}_2+\boldsymbol{\beta}_2, \cdots, \boldsymbol{\alpha}_s+\boldsymbol{\beta}_s$ 可由向量组 $\boldsymbol{\alpha}_1, \boldsymbol{\alpha}_2, \cdots, \boldsymbol{\alpha}_s; \boldsymbol{\beta}_1, \boldsymbol{\beta}_2, \cdots, \boldsymbol{\beta}_s$ 线性表示,故

$$R(\boldsymbol{\alpha}_1+\boldsymbol{\beta}_1, \boldsymbol{\alpha}_2+\boldsymbol{\beta}_2, \cdots, \boldsymbol{\alpha}_s+\boldsymbol{\beta}_s) \leqslant R(\boldsymbol{\alpha}_1, \boldsymbol{\alpha}_2, \cdots, \boldsymbol{\alpha}_s; \boldsymbol{\beta}_1, \boldsymbol{\beta}_2, \cdots, \boldsymbol{\beta}_s) \leqslant R(\boldsymbol{\alpha}_1, \boldsymbol{\alpha}_2, \cdots, \boldsymbol{\alpha}_s)+R(\boldsymbol{\beta}_1, \boldsymbol{\beta}_2, \cdots, \boldsymbol{\beta}_s),$$

即 $R(\boldsymbol{A}+\boldsymbol{B}) \leqslant R(\boldsymbol{A})+R(\boldsymbol{B})$.

9. 证明矩阵 $\boldsymbol{AB}$ 的秩不超过矩阵 $\boldsymbol{A}$ 或矩阵 $\boldsymbol{B}$ 的秩, $R(\boldsymbol{AB}) \leqslant \min\{R(\boldsymbol{A}), R(\boldsymbol{B})\}$.

证明:矩阵 $\boldsymbol{AB}$ 的列向量组可由 $\boldsymbol{A}$ 的列向量组线性表示,故 $R(\boldsymbol{AB}) \leqslant R(\boldsymbol{A})$;同理,矩阵 $\boldsymbol{AB}$ 的行向量组可由 $\boldsymbol{B}$ 的行向量组线性表示,故 $R(\boldsymbol{AB}) \leqslant R(\boldsymbol{B})$,所以矩阵 $\boldsymbol{AB}$ 的秩不超过矩阵 $\boldsymbol{A}$ 或矩阵 $\boldsymbol{B}$ 的秩,即 $R(\boldsymbol{AB}) \leqslant \min\{R(\boldsymbol{A}), R(\boldsymbol{B})\}$.

10. 设 $\boldsymbol{A}$ 为 $m \times n$ 矩阵, $\boldsymbol{B}$ 为 n 阶满秩方阵,求证 $R(\boldsymbol{AB})=R(\boldsymbol{A})$.

证明:方法一　因为 $\boldsymbol{B}$ 为 n 阶满秩方阵,矩阵 $\boldsymbol{AB}$ 的列向量组与 $\boldsymbol{A}$ 的列向量组等价,所以 $R(\boldsymbol{AB})=R(\boldsymbol{A})$.

方法二　由第 9 题的结论可知 $R(\boldsymbol{AB}) \leqslant R(\boldsymbol{A})$;又 $\boldsymbol{B}$ 为 n 阶满秩方阵,故 $\boldsymbol{A}=(\boldsymbol{AB})\boldsymbol{B}^{-1}$,于是 $R(\boldsymbol{A}) \leqslant R(\boldsymbol{AB})$,所以 $R(\boldsymbol{AB})=R(\boldsymbol{A})$.

11. 设 $\boldsymbol{A}, \boldsymbol{B}$ 为 $m \times n$ 矩阵,则矩阵 $\boldsymbol{A}, \boldsymbol{B}$ 等价的充分必要条件是 $R(\boldsymbol{A})=R(\boldsymbol{B})$.

证明:充分性　设 $\boldsymbol{A}, \boldsymbol{B}$ 为 $m \times n$ 矩阵,且 $R(\boldsymbol{A})=R(\boldsymbol{B})=r$, $\boldsymbol{A}, \boldsymbol{B}$ 可以经初等变换化为标准形 $\boldsymbol{C}=\begin{bmatrix}\boldsymbol{E}_r & \boldsymbol{O} \\ \boldsymbol{O} & \boldsymbol{O}\end{bmatrix}_{m \times n}$,故矩阵 $\boldsymbol{A}, \boldsymbol{B}$ 都等价于 $\boldsymbol{C}$,由等价的传递性知矩阵 $\boldsymbol{A}, \boldsymbol{B}$ 等价.

必要性　若矩阵 $\boldsymbol{A}, \boldsymbol{B}$ 等价,则矩阵 $\boldsymbol{A}$ 经若干次初等变换化为矩阵 $\boldsymbol{B}$,由于初等变换不改变矩阵的秩,所以 $R(\boldsymbol{A})=R(\boldsymbol{B})$.

七、补充习题

1. 填空题

(1) 已知 $\boldsymbol{\alpha}-\boldsymbol{\beta}=[0, 8, 2, 1]^{\mathrm{T}}$, $\boldsymbol{\alpha}+2\boldsymbol{\beta}=[3, -1, 5, 7]^{\mathrm{T}}$,则 $\boldsymbol{\alpha}=$______, $\boldsymbol{\beta}=$________.

(2) 设 4 阶矩阵 $\boldsymbol{A}=[\boldsymbol{\alpha}, \boldsymbol{\gamma}_1, \boldsymbol{\gamma}_2, \boldsymbol{\gamma}_3]$, $\boldsymbol{B}=[\boldsymbol{\beta}, \boldsymbol{\gamma}_1, \boldsymbol{\gamma}_2, \boldsymbol{\gamma}_3]$,且 $|\boldsymbol{A}|=2$, $|\boldsymbol{B}|=3$,则 $|\boldsymbol{A}+\boldsymbol{B}|=$________.

(3) 设向量 $\boldsymbol{\beta}$ 可由向量组 $\boldsymbol{\alpha}_1, \boldsymbol{\alpha}_2, \cdots, \boldsymbol{\alpha}_m$ 线性表示,则表示方法唯一的充分必要条件是____________________________.

(4) 设 $\boldsymbol{\alpha}_1=\begin{bmatrix}1\\0\\3\\5\end{bmatrix}$, $\boldsymbol{\alpha}_2=\begin{bmatrix}1\\2\\1\\3\end{bmatrix}$, $\boldsymbol{\alpha}_3=\begin{bmatrix}1\\1\\2\\6\end{bmatrix}$, $\boldsymbol{\alpha}_4=\begin{bmatrix}1\\\lambda\\1\\2\end{bmatrix}$ 线性相关,则 $\lambda=$______.

(5) 设 $\boldsymbol{A}=\begin{bmatrix}2 & 0 & 4\\-1 & 1 & a\\1 & 2 & 6\end{bmatrix}$,且 $R(\boldsymbol{A})=2$,则 $a=$__________.

2. 选择题

(1) 设有任意两个 n 维向量组 $\boldsymbol{\alpha}_1, \boldsymbol{\alpha}_2, \cdots, \boldsymbol{\alpha}_m; \boldsymbol{\beta}_1, \boldsymbol{\beta}_2, \cdots, \boldsymbol{\beta}_m$,若存在两组不全为零的数

$(k_1, k_2, \cdots, k_m; l_1, l_2, \cdots, l_m)$，使得 $(k_1+l_1)\boldsymbol{\alpha}_1+\cdots(k_m+l_m)\boldsymbol{\alpha}_m+(k_1-l_1)\boldsymbol{\beta}_1+\cdots+(k_m-l_m)\boldsymbol{\beta}_m=\mathbf{0}$，那么(　　).

(A) 两个 n 维向量组 $\boldsymbol{\alpha}_1, \boldsymbol{\alpha}_2, \cdots, \boldsymbol{\alpha}_m; \boldsymbol{\beta}_1, \boldsymbol{\beta}_2, \cdots, \boldsymbol{\beta}_m$ 都线性相关

(B) 两个 n 维向量组 $\boldsymbol{\alpha}_1, \boldsymbol{\alpha}_2, \cdots, \boldsymbol{\alpha}_m; \boldsymbol{\beta}_1, \boldsymbol{\beta}_2, \cdots, \boldsymbol{\beta}_m$ 都线性无关

(C) 向量组 $\boldsymbol{\alpha}_1+\boldsymbol{\beta}_1, \cdots, \boldsymbol{\alpha}_m+\boldsymbol{\beta}_m, \boldsymbol{\alpha}_1-\boldsymbol{\beta}_1, \cdots, \boldsymbol{\alpha}_m-\boldsymbol{\beta}_m$ 线性相关

(D) 向量组 $\boldsymbol{\alpha}_1+\boldsymbol{\beta}_1, \cdots, \boldsymbol{\alpha}_m+\boldsymbol{\beta}_m, \boldsymbol{\alpha}_1-\boldsymbol{\beta}_1, \cdots, \boldsymbol{\alpha}_m-\boldsymbol{\beta}_m$ 线性无关

(2) 已知 $\boldsymbol{\beta}, \boldsymbol{\alpha}_1, \boldsymbol{\alpha}_2$ 线性相关，$\boldsymbol{\beta}, \boldsymbol{\alpha}_2, \boldsymbol{\alpha}_3$ 线性无关，则(　　).

(A) 向量组 $\boldsymbol{\alpha}_1, \boldsymbol{\alpha}_2, \boldsymbol{\alpha}_3$ 线性相关　　(B) 向量组 $\boldsymbol{\alpha}_1, \boldsymbol{\alpha}_2, \boldsymbol{\alpha}_3$ 线性无关

(C) $\boldsymbol{\beta}$ 可由 $\boldsymbol{\alpha}_1, \boldsymbol{\alpha}_2$ 线性表示　　(D) $\boldsymbol{\alpha}_1$ 可由 $\boldsymbol{\beta}, \boldsymbol{\alpha}_2, \boldsymbol{\alpha}_3$ 线性表示

(3) 设 $R(\boldsymbol{\alpha}_1, \boldsymbol{\alpha}_2, \cdots, \boldsymbol{\alpha}_m)=r$，则(　　).

(A) 向量组 $\boldsymbol{\alpha}_1, \boldsymbol{\alpha}_2, \cdots, \boldsymbol{\alpha}_m$ 中任意 r 个向量线性无关

(B) 向量组 $\boldsymbol{\alpha}_1, \boldsymbol{\alpha}_2, \cdots, \boldsymbol{\alpha}_m$ 中任意 $r+1$ 个向量(如果有的话)都线性相关

(C) 向量组 $\boldsymbol{\alpha}_1, \boldsymbol{\alpha}_2, \cdots, \boldsymbol{\alpha}_m$ 中存在唯一的最大线性无关组

(D) 向量组 $\boldsymbol{\alpha}_1, \boldsymbol{\alpha}_2, \cdots, \boldsymbol{\alpha}_m$ 当 $m>r$ 时最大线性无关组不唯一

(4) 若向量 $\boldsymbol{\beta}$ 可由向量组 $\boldsymbol{A}$：$\boldsymbol{\alpha}_1, \boldsymbol{\alpha}_2, \cdots, \boldsymbol{\alpha}_m$ 线性表示，则向量组 $\boldsymbol{B}$：$\boldsymbol{\alpha}_1, \boldsymbol{\alpha}_2, \cdots, \boldsymbol{\alpha}_m, \boldsymbol{\beta}$ 的秩(　　).

(A) 等于 $\boldsymbol{A}$ 的秩　　(B) 大于 $\boldsymbol{A}$ 的秩

(C) 小于 $\boldsymbol{A}$ 的秩　　(D) 与 $\boldsymbol{A}$ 的秩无关

(5) 设 $\boldsymbol{\alpha}_1, \boldsymbol{\alpha}_2, \boldsymbol{\alpha}_3$ 线性无关，则下列向量组中，线性无关的是(　　).

(A) $\boldsymbol{\alpha}_1+\boldsymbol{\alpha}_2, \boldsymbol{\alpha}_2+\boldsymbol{\alpha}_3, \boldsymbol{\alpha}_3-\boldsymbol{\alpha}_1$

(B) $\boldsymbol{\alpha}_1+\boldsymbol{\alpha}_2, \boldsymbol{\alpha}_2+\boldsymbol{\alpha}_3, \boldsymbol{\alpha}_1+2\boldsymbol{\alpha}_2+\boldsymbol{\alpha}_3$

(C) $\boldsymbol{\alpha}_1+2\boldsymbol{\alpha}_2, 2\boldsymbol{\alpha}_2+3\boldsymbol{\alpha}_3, 3\boldsymbol{\alpha}_3+\boldsymbol{\alpha}_1$

(D) $\boldsymbol{\alpha}_1+\boldsymbol{\alpha}_2+\boldsymbol{\alpha}_3, 2\boldsymbol{\alpha}_1-3\boldsymbol{\alpha}_2+22\boldsymbol{\alpha}_3, 3\boldsymbol{\alpha}_1+5\boldsymbol{\alpha}_2-5\boldsymbol{\alpha}_3$

(6) 设 $\boldsymbol{A}$ 是 n 阶矩阵，且 $|\boldsymbol{A}|=0$，则 $\boldsymbol{A}$ 的列向量中(　　).

(A) 必有一个向量为零向量

(B) 必有一个向量是其余向量的线性组合

(C) 必有两个向量对应分量成比例

(D) 任何一向量是其余向量的线性组合

(7) $R(\boldsymbol{A}_{m\times n})=4$ 的充分必要条件是(　　).

(A) $\boldsymbol{A}$ 有一个不为零的四阶子式，而所有五阶子式均为零

(B) $\boldsymbol{A}$ 的每个四阶子式都不为零，而所有阶数大于 4 的子式都等于零

(C) $\boldsymbol{A}$ 的每个阶数小于等于 4 的子式不等于零，而所有阶数大于 4 的子式都等于零

(D) $4<\min(m, n)$

(8) 设 $\boldsymbol{A}$ 是 $m\times n$ 矩阵，$\boldsymbol{B}$ 是 $n\times m$ 矩阵，则(　　).

(A) 当 $m>n$ 时，$|\boldsymbol{AB}|\neq 0$　　(B) 当 $m>n$ 时，$|\boldsymbol{AB}|=0$

(C) 当 $n>m$ 时，$|\boldsymbol{AB}|\neq 0$　　(D) 当 $n>m$ 时，$|\boldsymbol{AB}|=0$

(9) n 维向量 $\boldsymbol{\alpha}_1, \boldsymbol{\alpha}_2, \cdots, \boldsymbol{\alpha}_s$ 线性无关的充分必要条件是(　　).

(A) 向量组中无零向量

(B) 向量组中向量个数 $s<n$

(C) 向量组中任一向量均不能由其余 $s-1$ 个向量线性表示

(D) 向量组中有一个向量不能由其余 $s-1$ 个向量线性表示

3. 已知 $\boldsymbol{\alpha}_1=\begin{bmatrix}2\\1\\4\\3\end{bmatrix}$, $\boldsymbol{\alpha}_2=\begin{bmatrix}-1\\1\\-6\\6\end{bmatrix}$, $\boldsymbol{\alpha}_3=\begin{bmatrix}-1\\-2\\2\\-9\end{bmatrix}$, $\boldsymbol{\alpha}_4=\begin{bmatrix}1\\1\\-2\\7\end{bmatrix}$, 求向量组 $\boldsymbol{\alpha}_1, \boldsymbol{\alpha}_2, \boldsymbol{\alpha}_3, \boldsymbol{\alpha}_4$ 的秩和一个最大线性无关组,并把其余的向量用这个最大线性无关组线性表示.

4. 已知 $\boldsymbol{\alpha}_1=\begin{bmatrix}2\\-1\\1\end{bmatrix}$, $\boldsymbol{\alpha}_2=\begin{bmatrix}1\\0\\3\end{bmatrix}$; $\boldsymbol{\beta}_1=\begin{bmatrix}5\\-3\\0\end{bmatrix}$, $\boldsymbol{\beta}_2=\begin{bmatrix}-8\\5\\t\end{bmatrix}$, 问 t 取何值时,向量组 $\boldsymbol{\alpha}_1, \boldsymbol{\alpha}_2$ 与向量组 $\boldsymbol{\beta}_1, \boldsymbol{\beta}_2$ 等价? 等价时,写出线性表示式.

5. 设 $\boldsymbol{\alpha}_1, \boldsymbol{\alpha}_2, \boldsymbol{\alpha}_3$ 线性无关,问当取何值时, $\boldsymbol{\alpha}_1-\boldsymbol{\alpha}_2, \boldsymbol{\alpha}_2-\boldsymbol{\alpha}_3, k\boldsymbol{\alpha}_3-\boldsymbol{\alpha}_1$ 也线性无关?

6. 设向量组 $\boldsymbol{\alpha}_1, \boldsymbol{\alpha}_2, \boldsymbol{\alpha}_3, \boldsymbol{\alpha}_4$ 线性相关,但其中任意三个都线性无关,证明必存在一组全不为零的数 k_1, k_2, k_3, k_4, 使得 $k_1\boldsymbol{\alpha}_1+k_2\boldsymbol{\alpha}_2+k_3\boldsymbol{\alpha}_3+k_4\boldsymbol{\alpha}_4=\mathbf{0}$.

7. 设向量组 $\boldsymbol{\alpha}_1, \boldsymbol{\alpha}_2, \cdots, \boldsymbol{\alpha}_m (m>1)$ 线性无关,且 $\boldsymbol{\beta}=\boldsymbol{\alpha}_1+\boldsymbol{\alpha}_2+\cdots+\boldsymbol{\alpha}_m$, 证明向量 $\boldsymbol{\beta}-\boldsymbol{\alpha}_1$, $\boldsymbol{\beta}-\boldsymbol{\alpha}_2, \cdots, \boldsymbol{\beta}-\boldsymbol{\alpha}_m$ 线性无关.

8. 设 $\boldsymbol{A}$ 为 n 阶方阵, $\boldsymbol{A}^2-\boldsymbol{A}=2\boldsymbol{E}$, $\boldsymbol{E}$ 为 n 阶单位阵,证明 $R(2\boldsymbol{E}-\boldsymbol{A})+R(\boldsymbol{E}+\boldsymbol{A})=n$.

9. 设 $\boldsymbol{A}$ 是 4×3 矩阵, $\boldsymbol{B}$ 是 3×3 矩阵,且有 $\boldsymbol{AB}=\boldsymbol{O}$, 其中 $\boldsymbol{A}=\begin{bmatrix}1&1&-1\\1&2&1\\2&3&0\\0&-1&-2\end{bmatrix}$, 证明: $\boldsymbol{B}$ 的列向量组线性相关.

10. 求矩阵 $\boldsymbol{A}=\begin{bmatrix}1&1&1&1\\0&1&-1&b\\2&3&a&4\\3&5&1&7\end{bmatrix}$ 的秩.

11. 设 $\boldsymbol{A}$ 是 $m\times n$ 矩阵, $\boldsymbol{B}$ 是 $n\times m$ 矩阵,且 $m>n$. 证明 $|\boldsymbol{AB}|=0$.

12. 向量组 $\boldsymbol{\alpha}_1, \boldsymbol{\alpha}_2, \boldsymbol{\alpha}_3$ 线性无关, $p\boldsymbol{\alpha}_1-\boldsymbol{\alpha}_2, s\boldsymbol{\alpha}_2-\boldsymbol{\alpha}_3, t\boldsymbol{\alpha}_3-\boldsymbol{\alpha}_1$ 线性相关,问 p, s, t 应满足什么条件?

解答和提示

1. 填空题

(1) $[1, 5, 3, 3]^{\mathrm{T}}, [1, -3, 1, 2]^{\mathrm{T}}$　(2) 40　(3) 向量组 $\boldsymbol{\alpha}_1, \boldsymbol{\alpha}_2, \cdots, \boldsymbol{\alpha}_m$ 线性无关　(4) $\lambda=2$　(5) $a=0$

2. 选择题

(1) C　(2) D　(3) B　(4) A　(5) C　(6) B　(7) A　(8) B　(9) C

3. $R=3$, $\boldsymbol{\alpha}_1, \boldsymbol{\alpha}_2, \boldsymbol{\alpha}_4$ 为一个最大线性无关组, $\boldsymbol{\alpha}_3=-\boldsymbol{\alpha}_1-\boldsymbol{\alpha}_2+0\boldsymbol{\alpha}_4$.

4. $t=1$；$\boldsymbol{\beta}_1=3\boldsymbol{\alpha}_1-\boldsymbol{\alpha}_2$，$\boldsymbol{\beta}_2=-5\boldsymbol{\alpha}_1+2\boldsymbol{\alpha}_2$；$\boldsymbol{\alpha}_1=2\boldsymbol{\beta}_1+\boldsymbol{\beta}_2$，$\boldsymbol{\alpha}_2=5\boldsymbol{\beta}_1+3\boldsymbol{\beta}_2$.

5. $k\neq 1$.

6. 证　由于 $\boldsymbol{\alpha}_1,\boldsymbol{\alpha}_2,\boldsymbol{\alpha}_3,\boldsymbol{\alpha}_4$ 线性相关，即存在不全为零的 k_1,k_2,k_3,k_4，使得 $k_1\boldsymbol{\alpha}_1+k_2\boldsymbol{\alpha}_2+k_3\boldsymbol{\alpha}_3+k_4\boldsymbol{\alpha}_4=\mathbf{0}$，若 $k_1=0$，则存在不全为零的 k_2,k_3,k_4，使得 $k_2\boldsymbol{\alpha}_2+k_3\boldsymbol{\alpha}_3+k_4\boldsymbol{\alpha}_4=\mathbf{0}$，于是得 $\boldsymbol{\alpha}_2,\boldsymbol{\alpha}_3,\boldsymbol{\alpha}_4$ 线性相关，矛盾！故 $k_1\neq 0$. 同理可得 k_2,k_3,k_4 都不能为零.

7. 证　$[\boldsymbol{\beta}-\boldsymbol{\alpha}_1,\boldsymbol{\beta}-\boldsymbol{\alpha}_2,\cdots,\boldsymbol{\beta}-\boldsymbol{\alpha}_m]=[\boldsymbol{\alpha}_2+\cdots+\boldsymbol{\alpha}_m,\cdots,\boldsymbol{\alpha}_1+\cdots+\boldsymbol{\alpha}_{m-1}]$

$$=[\boldsymbol{\alpha}_1,\boldsymbol{\alpha}_2,\cdots,\boldsymbol{\alpha}_m]\begin{bmatrix}0&1&\cdots&1\\1&0&\cdots&1\\\vdots&\vdots&&\vdots\\1&1&\cdots&0\end{bmatrix},$$

而 $\begin{vmatrix}0&1&\cdots&1\\1&0&\cdots&1\\\vdots&\vdots&&\vdots\\1&1&\cdots&0\end{vmatrix}=(m-1)(-1)^{m-1}\neq 0$,

所以 $R(\boldsymbol{\beta}-\boldsymbol{\alpha}_1,\boldsymbol{\beta}-\boldsymbol{\alpha}_2,\cdots,\boldsymbol{\beta}-\boldsymbol{\alpha}_m)=R(\boldsymbol{\alpha}_1,\boldsymbol{\alpha}_2,\cdots,\boldsymbol{\alpha}_m)=m$，所以 $\boldsymbol{\beta}-\boldsymbol{\alpha}_1,\boldsymbol{\beta}-\boldsymbol{\alpha}_2,\cdots,\boldsymbol{\beta}-\boldsymbol{\alpha}_m$ 线性无关.

8. 证　由 $3\boldsymbol{E}=(2\boldsymbol{E}-\boldsymbol{A})+(\boldsymbol{E}+\boldsymbol{A})$，可知

$$n=R(3\boldsymbol{E})=R((2\boldsymbol{E}-\boldsymbol{A})+(\boldsymbol{A}+\boldsymbol{E}))\leqslant R(2\boldsymbol{E}-\boldsymbol{A})+R(\boldsymbol{A}+\boldsymbol{E}),$$

又因 $(2\boldsymbol{E}-\boldsymbol{A})(\boldsymbol{E}+\boldsymbol{A})=2\boldsymbol{E}+\boldsymbol{A}-\boldsymbol{A}^2=\boldsymbol{O}$，故 $R(2\boldsymbol{E}-\boldsymbol{A})+R(\boldsymbol{A}+\boldsymbol{E})\leqslant n$，因此

$$R(2\boldsymbol{E}-\boldsymbol{A})+R(\boldsymbol{E}+\boldsymbol{A})=n.$$

9. 证　由 $\boldsymbol{AB}=\boldsymbol{O}$ 可得 $R(\boldsymbol{A})+R(\boldsymbol{B})\leqslant 3$，而 $R(\boldsymbol{A})=2$，则 $R(\boldsymbol{B})\leqslant 1$，所以 $\boldsymbol{B}$ 的列向量组线性相关.

10. 解　$\boldsymbol{A}=\begin{bmatrix}1&1&1&1\\0&1&-1&b\\2&3&a&4\\3&5&1&7\end{bmatrix}\to\begin{bmatrix}1&1&1&1\\0&1&-1&b\\0&0&a-1&2-b\\0&0&0&2-b\end{bmatrix}$,

当 $a\neq 1$ 且 $b\neq 2$ 时，$R(\boldsymbol{A})=4$；当 $a=1,b\neq 2$ 或 $b=2,a\neq 1$ 时，$R(\boldsymbol{A})=3$；当 $a=1,b=2$ 时，$R(\boldsymbol{A})=2$.

11. 证 $R(\boldsymbol{A})\leqslant n$，$R(\boldsymbol{B})\leqslant n$，又 $R(\boldsymbol{AB})\leqslant\min\{R(\boldsymbol{A}),R(\boldsymbol{B})\}\leqslant n<m$，而 $\boldsymbol{AB}$ 是 m 阶方阵，所以 $\boldsymbol{AB}$ 不是满秩阵，于是 $|\boldsymbol{AB}|=0$.

12. 解 $[p\boldsymbol{\alpha}_1-\boldsymbol{\alpha}_2,s\boldsymbol{\alpha}_2-\boldsymbol{\alpha}_3,t\boldsymbol{\alpha}_3-\boldsymbol{\alpha}_1]=[\boldsymbol{\alpha}_1,\boldsymbol{\alpha}_2,\boldsymbol{\alpha}_3]\begin{bmatrix}p&0&-1\\-1&s&0\\0&-1&t\end{bmatrix}$，而 $|\boldsymbol{A}|=$

$\begin{vmatrix}p&0&-1\\-1&s&0\\0&-1&t\end{vmatrix}=pst-1$，当 $pst=1$ 时，$R(\boldsymbol{A})<3$，又 $R(\boldsymbol{\alpha}_1,\boldsymbol{\alpha}_2,\boldsymbol{\alpha}_3)=3$，所以 $R(p\boldsymbol{\alpha}_1-\boldsymbol{\alpha}_2,s\boldsymbol{\alpha}_2-\boldsymbol{\alpha}_3,t\boldsymbol{\alpha}_3-\boldsymbol{\alpha}_1)\leqslant R(\boldsymbol{A})<3$，即 $p\boldsymbol{\alpha}_1-\boldsymbol{\alpha}_2,s\boldsymbol{\alpha}_2-\boldsymbol{\alpha}_3,t\boldsymbol{\alpha}_3-\boldsymbol{\alpha}_1$ 线性相关.

第四章 线性方程组

一、基 本 要 求

1. 理解齐次线性方程组有非零解的充分必要条件及非齐次线性方程组有解的充分必要条件.

2. 理解齐次线性方程组的基础解系、通解的概念,理解齐次线性方程组系数矩阵的秩与基础解系所含向量的个数之间的关系.

3. 理解非齐次线性方程组解的结构及通解的概念,了解非齐次线性方程组的通解与对应齐次线性方程组的通解之间的关系.

4. 熟练掌握用初等行变换求解线性方程组的方法.

二、内 容 提 要

1. 齐次线性方程组

(1) 定义

n 元齐次线性方程组的一般形式

$$\begin{cases} a_{11}x_1 + a_{12}x_2 + \cdots + a_{1n}x_n = 0, \\ a_{21}x_1 + a_{22}x_2 + \cdots + a_{2n}x_n = 0, \\ \qquad\qquad \cdots \\ a_{m1}x_1 + a_{m2}x_2 + \cdots + a_{mn}x_n = 0, \end{cases}$$

其中 $x_j(j=1, 2, \cdots, n)$ 为未知数, $a_{ij}(i=1, 2, \cdots, m; j=1, 2, \cdots, n)$ 为系数,m 为方程的个数, n 为未知数的个数.

齐次线性方程组的矩阵形式

$$\boldsymbol{Ax} = \boldsymbol{0}$$

其中 $\boldsymbol{A}=(a_{ij})_{m\times n}$ 为系数矩阵，$\boldsymbol{x}=(x_1, x_2, \cdots, x_n)^{\mathrm{T}}$ 为未知数向量.

(2) 解的存在性

① 齐次线性方程组 $\boldsymbol{Ax}=\boldsymbol{0}$ 至少有零解(即必有解).

② 齐次线性方程组 $\boldsymbol{Ax}=\boldsymbol{0}$ 只有零解(即解唯一)

$\Leftrightarrow$ 系数矩阵的秩 $R(\boldsymbol{A})=n$.

③ 齐次线性方程组 $\boldsymbol{Ax}=\boldsymbol{0}$ 有非零解(即有无穷多个解)

$\Leftrightarrow$ 系数矩阵的秩 $R(\boldsymbol{A})=r<n$.

④ 若方程个数小于未知数个数(即 $m<n$)，则齐次线性方程组 $\boldsymbol{Ax}=\boldsymbol{0}$ 有非零解.

当方程的个数与未知数的个数相等时(即 $m=n$)，$\boldsymbol{Ax}=\boldsymbol{0}$ 有非零解 $\Leftrightarrow$ $|\boldsymbol{A}|=0$.

(3) 解的性质

齐次线性方程组 $\boldsymbol{Ax}=\boldsymbol{0}$ 的解的线性组合也是它的解.

(4) 解的结构

① 基础解系　设 $\boldsymbol{\xi}_1, \boldsymbol{\xi}_2, \cdots, \boldsymbol{\xi}_s$ 为齐次线性方程组的解，若 $\boldsymbol{\xi}_1, \boldsymbol{\xi}_2, \cdots, \boldsymbol{\xi}_s$ 线性无关，且齐次线性方程组的任一个解 $\boldsymbol{x}$ 都可表示为 $\boldsymbol{\xi}_1, \boldsymbol{\xi}_2, \cdots, \boldsymbol{\xi}_s$ 的线性组合，则称 $\boldsymbol{\xi}_1, \boldsymbol{\xi}_2, \cdots, \boldsymbol{\xi}_s$ 为齐次线性方程组的一个基础解系.

② 通解　若 n 元齐次线性方程组的系数矩阵 $\boldsymbol{A}$ 的秩 $R(\boldsymbol{A})=r<n$，则此方程组的基础解系含有 $n-r$ 个解向量 $\boldsymbol{\xi}_1, \boldsymbol{\xi}_2, \cdots, \boldsymbol{\xi}_{n-r}$；齐次线性方程组的通解为

$$\boldsymbol{x}=k_1\boldsymbol{\xi}_1+k_2\boldsymbol{\xi}_2+\cdots+k_{n-r}\boldsymbol{\xi}_{n-r}\quad (k_1, k_2, \cdots, k_{n-r} \text{ 为任意常数}).$$

2. 非齐次线性方程组

(1) 定义

非齐次线性方程组的一般形式

$$\begin{cases} a_{11}x_1+a_{12}x_2+\cdots+a_{1n}x_n=b_1, \\ a_{21}x_1+a_{22}x_2+\cdots+a_{2n}x_n=b_2, \\ \qquad\cdots \\ a_{m1}x_1+a_{m2}x_2+\cdots+a_{mn}x_n=b_m, \end{cases}$$

其中常数项 $b_1, b_2, \cdots, b_m$ 不全为零.

非齐次线性方程组的矩阵形式　　$\boldsymbol{Ax}=\boldsymbol{b}$

其中 $\boldsymbol{b}=(b_1, b_2, \cdots, b_m)^{\mathrm{T}}$，由系数和常数项构成的矩阵 $\overline{\boldsymbol{A}}=[\boldsymbol{A}, \boldsymbol{b}]$ 称为非齐次线性方程组的增广矩阵.

(2) 解的存在性

① 非齐次线性方程组 $\boldsymbol{A}\boldsymbol{x}=\boldsymbol{b}$ 无解 $\Leftrightarrow R(\overline{\boldsymbol{A}})>R(\boldsymbol{A})$.

② 非齐次线性方程组 $\boldsymbol{A}\boldsymbol{x}=\boldsymbol{b}$ 有唯一解 $\Leftrightarrow R(\overline{\boldsymbol{A}})=R(\boldsymbol{A})=n$.

③ 非齐次线性方程组 $\boldsymbol{A}\boldsymbol{x}=\boldsymbol{b}$ 有无穷多解 $\Leftrightarrow R(\overline{\boldsymbol{A}})=R(\boldsymbol{A})=r<n$.

④ $R(\boldsymbol{A})=m=n\Rightarrow$ 非齐次线性方程组 $\boldsymbol{A}\boldsymbol{x}=\boldsymbol{b}$ 有唯一解

$R(\boldsymbol{A})=m<n\Rightarrow$ 非齐次线性方程组 $\boldsymbol{A}\boldsymbol{x}=\boldsymbol{b}$ 有无穷多解.

(3) 解的性质

① 设 $\boldsymbol{\eta}_1$，$\boldsymbol{\eta}_2$ 是非齐次线性方程组 $\boldsymbol{A}\boldsymbol{x}=\boldsymbol{b}$ 的解，则 $\boldsymbol{\eta}_1-\boldsymbol{\eta}_2$ 为对应的齐次线性方程组 $\boldsymbol{A}\boldsymbol{x}=\boldsymbol{0}$ 的解.

② 设 $\boldsymbol{\eta}$ 是非齐次线性方程组 $\boldsymbol{A}\boldsymbol{x}=\boldsymbol{b}$ 的解，$\boldsymbol{\xi}$ 是它所对应的齐次线性方程组 $\boldsymbol{A}\boldsymbol{x}=\boldsymbol{0}$ 的解，则 $\boldsymbol{x}=\boldsymbol{\xi}+\boldsymbol{\eta}$ 是 $\boldsymbol{A}\boldsymbol{x}=\boldsymbol{b}$ 的解.

(4) 解的结构

若 $R(\overline{\boldsymbol{A}})=R(\boldsymbol{A})=r<n$，$\boldsymbol{\eta}^*$ 是非齐次线性方程组 $\boldsymbol{A}\boldsymbol{x}=\boldsymbol{b}$ 的一个解，$\boldsymbol{\xi}_1$，$\boldsymbol{\xi}_2$，…，$\boldsymbol{\xi}_{n-r}$ 是对应齐次线性方程组 $\boldsymbol{A}\boldsymbol{x}=\boldsymbol{0}$ 的一个基础解系，则非齐次线性方程组 $\boldsymbol{A}\boldsymbol{x}=\boldsymbol{b}$ 的通解为

$$\boldsymbol{x}=k_1\boldsymbol{\xi}_1+k_2\boldsymbol{\xi}_2+\cdots+k_{n-r}\boldsymbol{\xi}_{n-r}+\boldsymbol{\eta}^*,$$

其中 k_1，k_2…，k_{n-r} 为任意常数.

三、重点难点

本章重点：齐次线性方程组的基础解系与通解，非齐次线性方程组的通解与对应齐次线性方程组的通解之间的关系，用初等行变换求解线性方程组.

本章难点：齐次线性方程组有非零解的充分必要条件，非齐次线性方程组有解（有唯一解和有无穷多解）的充分必要条件，非齐次线性方程组与对应齐次线性方程的解之间的关系.

四、常见错误

错误 1　设 $\boldsymbol{A}$ 是 $m\times n(m\neq n)$ 矩阵，若齐次线性方程组 $\boldsymbol{A}\boldsymbol{x}=\boldsymbol{0}$ 仅有零解，则非齐次线性方程组 $\boldsymbol{A}\boldsymbol{x}=\boldsymbol{b}$ 有唯一解.

分析　非齐次线性方程组 $\boldsymbol{A}\boldsymbol{x}=\boldsymbol{b}$ 有唯一解 $\Leftrightarrow R(\overline{\boldsymbol{A}})=R(\boldsymbol{A})=n$

$\Rightarrow R(\boldsymbol{A})=n\Leftrightarrow$ 齐次线性方程组 $\boldsymbol{A}\boldsymbol{x}=\boldsymbol{0}$ 仅有零解

所以，齐次线性方程组 $\boldsymbol{A}\boldsymbol{x}=\boldsymbol{0}$ 仅有零解 $\nRightarrow$ 非齐次线性方程组 $\boldsymbol{A}\boldsymbol{x}=\boldsymbol{b}$ 有唯一解，

原因是未必有 $R(\overline{\mathbf{A}})=R(\mathbf{A})$，也就是说非齐次线性方程组 $\mathbf{A}\mathbf{x}=\mathbf{b}$ 未必有解.

错误 2 设 $\mathbf{A}$ 是 $m\times n(m\neq n)$ 矩阵,若齐次线性方程组 $\mathbf{A}\mathbf{x}=\mathbf{0}$ 有非零解,则非齐次线性方程组 $\mathbf{A}\mathbf{x}=\mathbf{b}$ 有无穷多解.

分析 非齐次线性方程组 $\mathbf{A}\mathbf{x}=\mathbf{b}$ 有无穷多解 $\Leftrightarrow R(\overline{\mathbf{A}})=R(\mathbf{A})<n$

$\Rightarrow R(\mathbf{A})<n\Leftrightarrow$ 齐次线性方程组 $\mathbf{A}\mathbf{x}=\mathbf{b}$ 有非零解

所以,齐次线性方程组 $\mathbf{A}\mathbf{x}=\mathbf{0}$ 有非零解 $\not\Rightarrow$ 非齐次线性方程组 $\mathbf{A}\mathbf{x}=\mathbf{b}$ 有无穷多个解,理由是 $R(\overline{\mathbf{A}})=R(\mathbf{A})$ 可能不成立,也就是说非齐次线性方程组 $\mathbf{A}\mathbf{x}=\mathbf{b}$ 可能无解.

错误 3 若 $\mathbf{A}\mathbf{x}=\mathbf{b}$ 有两个不同的解,则 $\mathbf{A}\mathbf{x}=\mathbf{0}$ 的基础解系中含有两个以上向量.

分析 非齐次线性方程组 $\mathbf{A}\mathbf{x}=\mathbf{b}$ 有两个不同的解 $\Rightarrow R(\overline{\mathbf{A}})=R(\mathbf{A})<n$

$\Rightarrow R(\mathbf{A})<n\Leftrightarrow$ 齐次线性方程组 $\mathbf{A}\mathbf{x}=\mathbf{0}$ 有无穷多个解

然而,$n-R(\mathbf{A})$ 有可能等于 1,所以 $\mathbf{A}\mathbf{x}=\mathbf{0}$ 的基础解系中未必含有两个以上向量.

五、典型例题

【例 1】 求齐次线性方程组

$$\begin{cases}x_1+x_2+x_3-x_4=0,\\ x_1-x_2+x_3-3x_4=0,\\ x_1+3x_2+x_3+x_4=0,\end{cases}$$

的基础解系和通解.

解 对系数矩阵 $\mathbf{A}$ 作初等行变换,化为行最简形矩阵.

$$\mathbf{A}=\begin{bmatrix}1&1&1&-1\\1&-1&1&-3\\1&3&1&1\end{bmatrix}\xrightarrow[r_3-r_1]{r_2-r_1}\begin{bmatrix}1&1&1&-1\\0&-2&0&-2\\0&2&0&2\end{bmatrix}\xrightarrow{r_3+r_2}\begin{bmatrix}1&1&1&-1\\0&-2&0&-2\\0&0&0&0\end{bmatrix}$$

$$\xrightarrow{r_2\cdot\left(-\frac{1}{2}\right)}\begin{bmatrix}1&1&1&-1\\0&1&0&1\\0&0&0&0\end{bmatrix}\xrightarrow{r_1-r_2}\begin{bmatrix}1&0&1&-2\\0&1&0&1\\0&0&0&0\end{bmatrix},$$

由于 $R(\mathbf{A})=2<4$,故基础解系有 $4-2=2$ 个解向量.原方程组的同解方程组为

$$\begin{cases}x_1=-x_3+2x_4,\\ x_2=\qquad\quad -x_4.\end{cases}$$

分别取 $\begin{bmatrix} x_3 \\ x_4 \end{bmatrix} = \begin{bmatrix} 1 \\ 0 \end{bmatrix}, \begin{bmatrix} 0 \\ 1 \end{bmatrix}$，相应得 $\begin{bmatrix} x_1 \\ x_2 \end{bmatrix} = \begin{bmatrix} -1 \\ 0 \end{bmatrix}, \begin{bmatrix} 2 \\ -1 \end{bmatrix}$，

于是得方程组的一个基础解系 $\boldsymbol{\xi}_1 = \begin{bmatrix} -1 \\ 0 \\ 1 \\ 0 \end{bmatrix}, \boldsymbol{\xi}_2 = \begin{bmatrix} 2 \\ -1 \\ 0 \\ 1 \end{bmatrix}$，

故方程组的通解为 $\quad \boldsymbol{x} = k_1\boldsymbol{\xi}_1 + k_2\boldsymbol{\xi}_2 = k_1 \begin{bmatrix} -1 \\ 0 \\ 1 \\ 0 \end{bmatrix} + k_2 \begin{bmatrix} 2 \\ -1 \\ 0 \\ 1 \end{bmatrix}$（$k_1$，$k_2$ 为任意常数）.

由上述解题过程可以看到，化系数矩阵为行最简形非常重要，每一步计算都必须认真仔细，否则一点闪失都可能导致最终方程组通解的错误.

【例 2】 求非齐次线性方程组

$$\begin{cases} x_1 + x_2 + x_3 + x_4 = 0, \\ x_2 + 2x_3 + 2x_4 = 1, \\ 3x_1 + 2x_2 + x_3 + x_4 = -1, \\ -x_1 + x_3 + x_4 = 1. \end{cases}$$

的通解.

解 将增广矩阵化为行最简形

$$\overline{\mathbf{A}} = \left[\begin{array}{cccc:c} 1 & 1 & 1 & 1 & 0 \\ 0 & 1 & 2 & 2 & 1 \\ 3 & 2 & 1 & 1 & -1 \\ -1 & 0 & 1 & 1 & 1 \end{array}\right] \xrightarrow[r_4 + r_1]{r_3 - 3r_1} \left[\begin{array}{cccc:c} 1 & 1 & 1 & 1 & 0 \\ 0 & 1 & 2 & 2 & 1 \\ 0 & -1 & -2 & -2 & -1 \\ 0 & 1 & 2 & 2 & 1 \end{array}\right]$$

$$\xrightarrow[r_4 - r_2]{r_3 + r_2} \left[\begin{array}{cccc:c} 1 & 1 & 1 & 1 & 0 \\ 0 & 1 & 2 & 2 & 1 \\ 0 & 0 & 0 & 0 & 0 \\ 0 & 0 & 0 & 0 & 0 \end{array}\right] \xrightarrow{r_1 - r_2} \left[\begin{array}{cccc:c} 1 & 0 & -1 & -1 & -1 \\ 0 & 1 & 2 & 2 & 1 \\ 0 & 0 & 0 & 0 & 0 \\ 0 & 0 & 0 & 0 & 0 \end{array}\right],$$

由于 $R(\mathbf{A}) = R(\overline{\mathbf{A}}) = 2 < 4$，故方程组有依赖于 $4 - 2 = 2$ 个独立参数的无穷多解. 于是原方程组的同解方程组为

$$\begin{cases} x_1 = x_3 + x_4 - 1, \\ x_2 = -2x_3 - 2x_4 + 1, \end{cases}$$

取 $\begin{bmatrix} x_3 \\ x_4 \end{bmatrix} = \begin{bmatrix} 0 \\ 0 \end{bmatrix}$，得 $\begin{bmatrix} x_1 \\ x_2 \end{bmatrix} = \begin{bmatrix} -1 \\ 1 \end{bmatrix}$，于是得非齐次线性方程组的一个特解

$$\boldsymbol{\eta}^* = \begin{bmatrix} -1 \\ 1 \\ 0 \\ 0 \end{bmatrix}.$$

在对应的齐次线性方程组

$$\begin{cases} x_1 = x_3 + x_4, \\ x_2 = -2x_3 - 2x_4, \end{cases}$$

中，取 $\begin{bmatrix} x_3 \\ x_4 \end{bmatrix} = \begin{bmatrix} 1 \\ 0 \end{bmatrix}$ 及 $\begin{bmatrix} 0 \\ 1 \end{bmatrix}$，得 $\begin{bmatrix} x_1 \\ x_2 \end{bmatrix} = \begin{bmatrix} 1 \\ -2 \end{bmatrix}$ 及 $\begin{bmatrix} 1 \\ -2 \end{bmatrix}$，于是得对应齐次线性方程组的基础解系

$$\boldsymbol{\xi}_1 = \begin{bmatrix} 1 \\ -2 \\ 1 \\ 0 \end{bmatrix}, \quad \boldsymbol{\xi}_2 = \begin{bmatrix} 1 \\ -2 \\ 0 \\ 1 \end{bmatrix}.$$

故原方程组的通解为

$$\boldsymbol{x} = k_1\boldsymbol{\xi}_1 + k_2\boldsymbol{\xi}_2 + \boldsymbol{\eta}^* \quad (k_1, k_2 \text{ 为任意常数}).$$

原方程组的同解方程组也可以写成如下形式

$$\begin{cases} x_1 = x_3 + x_4 - 1, \\ x_2 = -2x_3 - 2x_4 + 1, \\ x_3 = x_3, \\ x_4 = x_4, \end{cases}$$

其向量形式为

$$\boldsymbol{x} = \begin{bmatrix} x_1 \\ x_2 \\ x_3 \\ x_4 \end{bmatrix} = x_3 \begin{bmatrix} 1 \\ -2 \\ 1 \\ 0 \end{bmatrix} + x_4 \begin{bmatrix} 1 \\ -2 \\ 0 \\ 1 \end{bmatrix} + \begin{bmatrix} -1 \\ 1 \\ 0 \\ 0 \end{bmatrix},$$

于是原方程组的通解为

$$\boldsymbol{x} = k_1 \begin{bmatrix} 1 \\ -2 \\ 1 \\ 0 \end{bmatrix} + k_2 \begin{bmatrix} 1 \\ -2 \\ 0 \\ 1 \end{bmatrix} + \begin{bmatrix} -1 \\ 1 \\ 0 \\ 0 \end{bmatrix} \quad (k_1, k_2 \text{ 为任意常数}).$$

对照解的结构，由上述非齐次线性方程组的通解，还可以得出下列结论：

$\boldsymbol{\xi}_1=\begin{bmatrix}1\\-2\\1\\0\end{bmatrix}$，$\boldsymbol{\xi}_2=\begin{bmatrix}1\\-2\\0\\1\end{bmatrix}$为对应齐次线性方程组的一个基础解系，$\boldsymbol{\eta}^*=\begin{bmatrix}-1\\1\\0\\0\end{bmatrix}$为非齐次线性方程组的一个特解，对应齐次线性方程组的通解为 $\boldsymbol{x}=k_1\boldsymbol{\xi}_1+k_2\boldsymbol{\xi}_2$（$k_1$，$k_2$ 为任意常数）.

比较上述两种解法，第一种解法能够加深对解的结构的理解，但在实际计算过程中常常出现两种错误：一是代入齐次线性方程组求非齐次线性方程组的特解；二是代入非齐次线性方程组求齐次线性方程组的基础解系. 第二种解法更加简便易行，所以通常采用第二种方法求线性方程组的通解.

如果取$\begin{bmatrix}x_3\\x_4\end{bmatrix}=\begin{bmatrix}1\\1\end{bmatrix}$，$\begin{bmatrix}1\\-1\end{bmatrix}$，代入齐次线性方程组得$\begin{bmatrix}x_1\\x_2\end{bmatrix}=\begin{bmatrix}2\\-4\end{bmatrix}$，$\begin{bmatrix}0\\0\end{bmatrix}$，即得齐次线性方程组的另一个基础解系 $\boldsymbol{\zeta}_1=\begin{bmatrix}2\\-4\\1\\1\end{bmatrix}$，$\boldsymbol{\zeta}_2=\begin{bmatrix}0\\0\\1\\-1\end{bmatrix}$，显然基础解系 $\boldsymbol{\xi}_1$，$\boldsymbol{\xi}_2$ 与 $\boldsymbol{\zeta}_1$，$\boldsymbol{\zeta}_2$ 是等价的，从而得非齐次线性方程组另一个形式的通解

$$\boldsymbol{x}=k_1\begin{bmatrix}2\\-4\\1\\1\end{bmatrix}+k_2\begin{bmatrix}0\\0\\1\\-1\end{bmatrix}+\begin{bmatrix}-1\\1\\0\\0\end{bmatrix}\quad(k_1,\ k_2\text{ 为任意常数}).$$

【例 3】　λ 取何值时，非齐次线性方程组

$$\begin{cases}\lambda x_1+x_2+x_3=1,\\x_1+\lambda x_2+x_3=\lambda,\\x_1+x_2+\lambda x_3=\lambda^2,\end{cases}$$

（1）有唯一解；（2）无解；（3）有无穷多个解.

解一　设系数矩阵为 $\boldsymbol{A}$，利用初等行变换化增广矩阵 $\overline{\boldsymbol{A}}$ 为行阶梯形，

$$\overline{\boldsymbol{A}}=\left[\begin{array}{ccc:c}\lambda&1&1&1\\1&\lambda&1&\lambda\\1&1&\lambda&\lambda^2\end{array}\right]\xrightarrow[r_2\leftrightarrow r_3]{r_1\leftrightarrow r_2}\left[\begin{array}{ccc:c}1&\lambda&1&\lambda\\1&1&\lambda&\lambda^2\\\lambda&1&1&1\end{array}\right]\xrightarrow[r_3-\lambda r_1]{r_2-r_1}\left[\begin{array}{ccc:c}1&\lambda&1&\lambda\\0&1-\lambda&\lambda-1&\lambda^2-\lambda\\0&1-\lambda^2&1-\lambda&1-\lambda^2\end{array}\right]$$

$$\xrightarrow{r_3-(1+\lambda)\cdot r_2}\left[\begin{array}{ccc|c}1 & \lambda & 1 & \lambda \\ 0 & 1-\lambda & \lambda-1 & \lambda^2-\lambda \\ 0 & 0 & (2+\lambda)(1-\lambda) & -(\lambda-1)(\lambda+1)^2\end{array}\right]$$

(1) 当 $\lambda \neq 1$ 且 $\lambda \neq -2$ 时，$R(\mathbf{A}) = R(\overline{\mathbf{A}}) = 3$，方程组有唯一解；

(2) 当 $\lambda = -2$ 时，$R(\mathbf{A}) = 2$，$R(\overline{\mathbf{A}}) = 3$，方程组无解；

(3) 当 $\lambda = 1$ 时，$R(\mathbf{A}) = R(\overline{\mathbf{A}}) = 1$，方程组有无穷多解.

解二　系数矩阵 $\mathbf{A} = \begin{bmatrix}\lambda & 1 & 1 \\ 1 & \lambda & 1 \\ 1 & 1 & \lambda\end{bmatrix}$，增广矩阵 $\overline{\mathbf{A}} = \left[\begin{array}{ccc|c}\lambda & 1 & 1 & 1 \\ 1 & \lambda & 1 & \lambda \\ 1 & 1 & \lambda & \lambda^2\end{array}\right]$，

$$|\mathbf{A}| = \begin{vmatrix}\lambda & 1 & 1 \\ 1 & \lambda & 1 \\ 1 & 1 & \lambda\end{vmatrix} = (\lambda+2)(\lambda-1)^2,$$

(1) 当 $\lambda \neq 1$ 且 $\lambda \neq -2$ 时，$|\mathbf{A}| \neq 0$，由克拉默法则，方程组有唯一解；

(2) 当 $\lambda = -2$ 时，通过初等行变换

$$\overline{\mathbf{A}} = \left[\begin{array}{ccc|c}-2 & 1 & 1 & 1 \\ 1 & -2 & 1 & -2 \\ 1 & 1 & -2 & 4\end{array}\right] \to \left[\begin{array}{ccc|c}1 & -1 & 0 & -1 \\ 0 & 0 & 0 & 1 \\ 0 & 1 & -1 & 2\end{array}\right]$$

显然，$R(\mathbf{A}) = 2$，$R(\overline{\mathbf{A}}) = 3$，所以方程组无解；

(3) 当 $\lambda = 1$ 时，

$$\overline{\mathbf{A}} = \left[\begin{array}{ccc|c}1 & 1 & 1 & 1 \\ 1 & 1 & 1 & 1 \\ 1 & 1 & 1 & 1\end{array}\right] \to \left[\begin{array}{ccc|c}1 & 1 & 1 & 1 \\ 0 & 0 & 0 & 0 \\ 0 & 0 & 0 & 0\end{array}\right],$$

故 $R(\mathbf{A}) = R(\overline{\mathbf{A}}) = 1$，方程组有无穷多解.

讨论含参数的方程组何时无解、有唯一解、有无穷多个解，是综合应用线性方程组解的存在性定理. 求解这一类这问题，一般采用上述两种求解方法. 第一种方法是对增广矩阵 $\overline{\mathbf{A}}$ 作初等行变换，此方法虽更具一般性，但由于运算涉及 λ，计算复杂，容易出错；第二种方法是根据系数行列式 $|\mathbf{A}| \neq 0$，求得使方程组有唯一解的 λ 值，然后再将 λ 的其他值分别代入原方程组，再对具体的方程组进行讨论，此方法优点是避免了对含参数 λ 的矩阵作初等行变换，缺点是仅适用于 $\mathbf{A}$ 为方阵的情形.

【例 4】　问 a, b 为何值时，线性方程组

$$\begin{cases} x_1+x_2+x_3+x_4=0, \\ x_2+2x_3+2x_4=1, \\ -x_2+(a-3)x_3-2x_4=b, \\ 3x_1+2x_2+x_3+ax_4=-1. \end{cases}$$

有唯一解、无解、有无穷多个解？并在有无穷多个解时，求其通解.

分析　当方程的个数 $m\neq$ 未知数的个数 n，或者 $m=n>3$ 时，通常是对方程组的增广矩阵施以初等行变换化为行阶梯形，然后再对参数讨论方程组有无解，有解时求出其解.

解　对增广矩阵 $\overline{\mathbf{A}}$ 施以初等行变换，得

$$\overline{\mathbf{A}}=\left[\begin{array}{cccc:c} 1 & 1 & 1 & 1 & 0 \\ 0 & 1 & 2 & 2 & 1 \\ 0 & -1 & a-3 & -2 & b \\ 3 & 2 & 1 & a & -1 \end{array}\right] \xrightarrow{r_4-3r_1} \left[\begin{array}{cccc:c} 1 & 1 & 1 & 1 & 0 \\ 0 & 1 & 2 & 2 & 1 \\ 0 & -1 & a-3 & -2 & b \\ 0 & -1 & -2 & a-3 & -1 \end{array}\right]$$

$$\xrightarrow[r_4+r_2]{r_3+r_2} \left[\begin{array}{cccc:c} 1 & 1 & 1 & 1 & 0 \\ 0 & 1 & 2 & 2 & 1 \\ 0 & 0 & a-1 & 0 & b+1 \\ 0 & 0 & 0 & a-1 & 0 \end{array}\right]$$

(1) 当 $a\neq 1$, $b\in R$ 时，$R(\mathbf{A})=R(\overline{\mathbf{A}})=4$，方程组有唯一解；

(2) 当 $a=1$, $b\neq -1$ 时，$R(\mathbf{A})=2$, $R(\overline{\mathbf{A}})=3$，方程组无解；

(3) 当 $a=1$, $b=-1$ 时，$R(\mathbf{A})=R(\overline{\mathbf{A}})=2$，方程组有无穷多个解，且

$$\overline{\mathbf{A}}\longrightarrow \left[\begin{array}{cccc:c} 1 & 1 & 1 & 1 & 0 \\ 0 & 1 & 2 & 2 & 1 \\ 0 & 0 & 0 & 0 & 0 \\ 0 & 0 & 0 & 0 & 0 \end{array}\right] \xrightarrow{r_1-r_2} \left[\begin{array}{cccc:c} 1 & 0 & -1 & -1 & -1 \\ 0 & 1 & 2 & 2 & 1 \\ 0 & 0 & 0 & 0 & 0 \\ 0 & 0 & 0 & 0 & 0 \end{array}\right]$$

同解方程组为

$$\begin{cases} x_1=x_3+x_4-1, \\ x_2=-2x_3-2x_4+1, \\ x_3=x_3, \\ x_4=x_4, \end{cases}$$

即得通解为

$$\boldsymbol{x}=k_1\begin{bmatrix} 1 \\ -2 \\ 1 \\ 0 \end{bmatrix}+k_2\begin{bmatrix} 1 \\ -2 \\ 0 \\ 1 \end{bmatrix}+\begin{bmatrix} -1 \\ 1 \\ 0 \\ 0 \end{bmatrix}\quad (k_1,\ k_2\in R).$$

【例 5】 已知线性方程组 $\boldsymbol{A}\boldsymbol{x}=\boldsymbol{b}$ 的三个解为 $\boldsymbol{\eta}_1=[1,-2,1]^{\mathrm{T}}$，$\boldsymbol{\eta}_2=[2,0,-1]^{\mathrm{T}}$，$\boldsymbol{\eta}_3=[2,-1,1]^{\mathrm{T}}$，且 $R(\boldsymbol{A})=1$，求线性方程组 $\boldsymbol{A}\boldsymbol{x}=\boldsymbol{b}$ 的通解.

分析 本例中方程组没有具体给出，根据已知特解求方程组的通解，常常运用方程组解的结构定理. 这类问题不需要矩阵的初等变换，计算量并不大，需要的是对问题的分析和对定理的理解与综合运用.

解 由于所给方程组的解是 3 维向量，所以方程组有 3 个未知数，即 $n=3$，而 $R(\boldsymbol{A})=1$，所以对应齐次线性方程组 $\boldsymbol{A}\boldsymbol{x}=\boldsymbol{0}$ 的基础解系所含解向量的个数为 $n-R(\boldsymbol{A})=3-1=2$.

令 $\boldsymbol{\xi}_1=\boldsymbol{\eta}_2-\boldsymbol{\eta}_1=[1,2,-2]^{\mathrm{T}}$，$\boldsymbol{\xi}_2=\boldsymbol{\eta}_3-\boldsymbol{\eta}_1=[1,1,0]^{\mathrm{T}}$，
则 $\boldsymbol{\xi}_1$，$\boldsymbol{\xi}_2$ 是 $\boldsymbol{A}\boldsymbol{x}=\boldsymbol{0}$ 的两个线性无关的解向量，所以 $\boldsymbol{\xi}_1$，$\boldsymbol{\xi}_2$ 是 $\boldsymbol{A}\boldsymbol{x}=\boldsymbol{0}$ 的一个基础解系.

所以 $\boldsymbol{A}\boldsymbol{x}=\boldsymbol{b}$ 的通解为

$$\boldsymbol{x}=k_1\boldsymbol{\xi}_1+k_2\boldsymbol{\xi}_2+\boldsymbol{\eta}_1 \quad (k_1,\ k_2\ \text{为任意常数}).$$

注 这类问题的答案形式不是唯一的，例如，$\boldsymbol{A}\boldsymbol{x}=\boldsymbol{b}$ 的通解也可以是

$$\boldsymbol{x}=k_1(\boldsymbol{\eta}_2-\boldsymbol{\eta}_1)+k_2(\boldsymbol{\eta}_3-\boldsymbol{\eta}_2)+\boldsymbol{\eta}_2 \quad (k_1,\ k_2\ \text{为任意常数}).$$

【例 6】 已知 $\boldsymbol{\alpha}_1=[1,2,0]^{\mathrm{T}}$，$\boldsymbol{\alpha}_2=[1,a+2,-3a]^{\mathrm{T}}$，$\boldsymbol{\alpha}_3=[-1,-b-2,a+2b]^{\mathrm{T}}$，$\boldsymbol{\beta}=[1,3,-3]^{\mathrm{T}}$，试讨论当 a，b 为何值时：

(1) $\boldsymbol{\beta}$ 不能由 $\boldsymbol{\alpha}_1$，$\boldsymbol{\alpha}_2$，$\boldsymbol{\alpha}_3$ 线性表示；

(2) $\boldsymbol{\beta}$ 可由 $\boldsymbol{\alpha}_1$，$\boldsymbol{\alpha}_2$，$\boldsymbol{\alpha}_3$ 唯一线性表示，写出此表达式；

(3) $\boldsymbol{\beta}$ 可由 $\boldsymbol{\alpha}_1$，$\boldsymbol{\alpha}_2$，$\boldsymbol{\alpha}_3$ 线性表示，但表示法不唯一，并写出此表达式.

分析 $\boldsymbol{\beta}$ 可否由 $\boldsymbol{\alpha}_1$，$\boldsymbol{\alpha}_2$，$\boldsymbol{\alpha}_3$ 线性表示，即线性方程组 $x_1\boldsymbol{\alpha}_1+x_2\boldsymbol{\alpha}_2+x_3\boldsymbol{\alpha}_3=\boldsymbol{\beta}$ 是否有解.

解 设 x_1，x_2，x_3 使得 $x_1\boldsymbol{\alpha}_1+x_2\boldsymbol{\alpha}_2+x_3\boldsymbol{\alpha}_3=\boldsymbol{\beta}$，记 $\boldsymbol{A}=[\boldsymbol{\alpha}_1,\boldsymbol{\alpha}_2,\boldsymbol{\alpha}_3]$，$\overline{\boldsymbol{A}}=[\boldsymbol{\alpha}_1,\boldsymbol{\alpha}_2,\boldsymbol{\alpha}_3,\boldsymbol{\beta}]$.

对 $\overline{\boldsymbol{A}}$ 施以初等行变换，化为行阶梯形，

$$\overline{\boldsymbol{A}}=\left[\begin{array}{ccc:c}1&1&-1&1\\2&a+2&-b-2&3\\0&-3a&a+2b&-3\end{array}\right]\xrightarrow{r_2-2r_1}\left[\begin{array}{ccc:c}1&1&-1&1\\0&a&-b&1\\0&-3a&a+2b&-3\end{array}\right]$$

$$\xrightarrow{r_3+3r_2}\begin{bmatrix}1&1&-1&1\\0&a&-b&1\\0&0&a-b&0\end{bmatrix},$$

(1) 当 $a=0$ 时，有 $\overline{\boldsymbol{A}}\longrightarrow\left[\begin{array}{ccc:c}1&1&-1&1\\0&0&-b&1\\0&0&-b&0\end{array}\right]\xrightarrow{r_3-r_2}\left[\begin{array}{ccc:c}1&1&-1&1\\0&0&-b&1\\0&0&0&-1\end{array}\right]$,

可知 $R(\overline{\mathbf{A}}) > R(\mathbf{A})$，故方程组无解，$\boldsymbol{\beta}$ 不能由 $\boldsymbol{\alpha}_1$，$\boldsymbol{\alpha}_2$，$\boldsymbol{\alpha}_3$ 线性表示.

(2) 当 $a \neq 0$ 且 $a \neq b$ 时，$R(\mathbf{A}) = R(\overline{\mathbf{A}}) = 3$，方程组有唯一解，此时 $\boldsymbol{\beta}$ 可由 $\boldsymbol{\alpha}_1$，$\boldsymbol{\alpha}_2$，$\boldsymbol{\alpha}_3$ 唯一线性表示. 把上面的增广矩阵化为行最简形

$$\overline{\mathbf{A}} \to \left[\begin{array}{ccc:c} 1 & 1 & -1 & 1 \\ 0 & a & -b & 1 \\ 0 & 0 & a-b & 0 \end{array}\right] \xrightarrow[r_1+r_2]{\substack{r_3 \div (a-b) \\ r_2 + b \cdot r_3}} \left[\begin{array}{ccc:c} 1 & 1 & 0 & 1 \\ 0 & a & 0 & 1 \\ 0 & 0 & 1 & 0 \end{array}\right] \xrightarrow[r_1-r_2]{r_2 \div a} \left[\begin{array}{ccc:c} 1 & 0 & 0 & 1-\dfrac{1}{a} \\ 0 & 1 & 0 & \dfrac{1}{a} \\ 0 & 0 & 1 & 0 \end{array}\right],$$

求得方程组的唯一解为 $x_1 = 1-\dfrac{1}{a}$，$x_2 = \dfrac{1}{a}$，$x_3 = 0$，

此时 $\boldsymbol{\beta}$ 可由 $\boldsymbol{\alpha}_1$，$\boldsymbol{\alpha}_2$，$\boldsymbol{\alpha}_3$ 唯一线性表示，其表达式为 $\boldsymbol{\beta} = \left(1-\dfrac{1}{a}\right)\boldsymbol{\alpha}_1 + \dfrac{1}{a}\boldsymbol{\alpha}_2$.

(3) 当 $a = b \neq 0$ 时，$R(\mathbf{A}) = R(\overline{\mathbf{A}}) = 2 < 3$，方程组有无穷多解，此时 $\boldsymbol{\beta}$ 可由 $\boldsymbol{\alpha}_1$，$\boldsymbol{\alpha}_2$，$\boldsymbol{\alpha}_3$ 线性表示，但表达式不唯一，此时增广矩阵化为行最简形

$$\overline{\mathbf{A}} \to \left[\begin{array}{ccc:c} 1 & 1 & -1 & 1 \\ 0 & a & -a & 1 \\ 0 & 0 & 0 & 0 \end{array}\right] \xrightarrow[r_1-r_2]{r_2 \div a} \left[\begin{array}{ccc:c} 1 & 0 & 0 & 1-\dfrac{1}{a} \\ 0 & 1 & -1 & \dfrac{1}{a} \\ 0 & 0 & 0 & 0 \end{array}\right],$$

其通解为 $x_1 = 1-\dfrac{1}{a}$，$x_2 = k+\dfrac{1}{a}$，$x_3 = k$，其中 k 为任意常数.

所以 $\boldsymbol{\beta} = x_1\boldsymbol{\alpha}_1 + x_2\boldsymbol{\alpha}_2 + x_3\boldsymbol{\alpha}_3 = \left(1-\dfrac{1}{a}\right)\boldsymbol{\alpha}_1 + \left(k+\dfrac{1}{a}\right)\boldsymbol{\alpha}_2 + k\boldsymbol{\alpha}_3 \quad (k \in R)$.

【例 7】 求一个齐次线性方程组，使它的基础解系为

$$\boldsymbol{\xi}_1 = [1,\ 2,\ 3,\ 4]^{\mathrm{T}},\ \boldsymbol{\xi}_2 = [4,\ 3,\ 2,\ 1]^{\mathrm{T}}.$$

解 设所求齐次线性方程组为 $\mathbf{A}\boldsymbol{x} = \mathbf{0}$.

因 $\boldsymbol{\xi}_1$ 是 4 维的，故方程有 4 个未知数，即矩阵 $\mathbf{A}$ 的列数 $n = 4$. 另一方面，基础解系含 2 个向量，故由 $n - R(\mathbf{A}) = 2$ 得 $R(\mathbf{A}) = 4 - 2 = 2$，因此方程的个数 $m \geqslant 2$. 这样，我们只需构造一个满足题设要求而行数最少的矩阵 $\mathbf{A}$，即 $\mathbf{A}$ 取 2×4 型矩阵，且 $R(\mathbf{A}) = 2$.

记 $\boldsymbol{B} = [\boldsymbol{\xi}_1,\ \boldsymbol{\xi}_2]$，由于 $\boldsymbol{\xi}_1$，$\boldsymbol{\xi}_2$ 是方程 $\mathbf{A}\boldsymbol{x} = \mathbf{0}$ 的基础解系，所以有 $\mathbf{A}\boldsymbol{\xi}_1 = \mathbf{0}$，$\mathbf{A}\boldsymbol{\xi}_2 = \mathbf{0}$，于是

$$\mathbf{A}\boldsymbol{B} = \mathbf{A}(\boldsymbol{\xi}_1,\ \boldsymbol{\xi}_2) = (\mathbf{A}\boldsymbol{\xi}_1,\ \mathbf{A}\boldsymbol{\xi}_2) = (\mathbf{0},\ \mathbf{0}) = \boldsymbol{O},$$

且 $R(\boldsymbol{A})=2 \Leftrightarrow \boldsymbol{B}^{\mathrm{T}}\boldsymbol{A}^{\mathrm{T}}=\boldsymbol{O}$，且 $R(\boldsymbol{A}^{\mathrm{T}})=2$，
所以 $\boldsymbol{A}^{\mathrm{T}}$ 的两个列向量即是齐次线性方程组 $\boldsymbol{B}^{\mathrm{T}}\boldsymbol{x}=\boldsymbol{0}$ 的一个基础解系[由 $R(\boldsymbol{B})=2$].

由 $$\boldsymbol{B}^{\mathrm{T}}=\begin{bmatrix}1&2&3&4\\4&3&2&1\end{bmatrix}\xrightarrow{r_2-4r_1}\begin{bmatrix}1&2&3&4\\0&-5&-10&-15\end{bmatrix}\xrightarrow[r_1-2r_2]{r_2\div(-5)}\begin{bmatrix}1&0&-1&-2\\0&1&2&3\end{bmatrix},$$

得 $\boldsymbol{B}^{\mathrm{T}}\boldsymbol{x}=\boldsymbol{0}$ 的一个基础解系 $\boldsymbol{\eta}_1=[1,-2,1,0]^{\mathrm{T}}$，$\boldsymbol{\eta}_2=[2,-3,0,1]^{\mathrm{T}}$，

故 $\boldsymbol{A}$ 可取为 $\boldsymbol{A}=(\boldsymbol{A}^{\mathrm{T}})^{\mathrm{T}}=[\boldsymbol{\eta}_1,\boldsymbol{\eta}_2]^{\mathrm{T}}=\begin{bmatrix}\boldsymbol{\eta}_1^{\mathrm{T}}\\\boldsymbol{\eta}_2^{\mathrm{T}}\end{bmatrix}=\begin{bmatrix}1&-2&1&0\\2&-3&0&1\end{bmatrix}$，对应齐次线性方程组为

$$\begin{cases}x_1-2x_2+x_3=0,\\2x_1-3x_2+x_4=0.\end{cases}$$

注 (1) 以 $\boldsymbol{\xi}_1,\boldsymbol{\xi}_2$ 为基础解系的齐次线性方程组有无限多个，所以本题答案不唯一.

(2) 由于 $\boldsymbol{AB}=\boldsymbol{O}\Leftrightarrow\boldsymbol{B}^{\mathrm{T}}\boldsymbol{A}^{\mathrm{T}}=\boldsymbol{O}$，已知系数矩阵 $\boldsymbol{A}$ 求解矩阵 $\boldsymbol{B}$（解矩阵 $\boldsymbol{B}$ 的列向量为 $\boldsymbol{Ax}=\boldsymbol{0}$ 的解向量），或者已知解矩阵 $\boldsymbol{B}$ 反过来求系数矩阵 $\boldsymbol{A}$，这两种问题通过转置可以相互转化.

【例 8】 设四元齐次线性方程组（Ⅰ）为

$$\begin{cases}x_1+x_2=0,\\x_2-x_4=0,\end{cases}$$

且已知另一个四元齐次线性方程组（Ⅱ）的一个基础解系为

$$\boldsymbol{\alpha}_1=\begin{bmatrix}0\\1\\1\\0\end{bmatrix},\quad\boldsymbol{\alpha}_2=\begin{bmatrix}-1\\2\\2\\1\end{bmatrix}.$$

(1) 求方程组（Ⅰ）的一个基础解系；

(2) 方程组（Ⅰ）与（Ⅱ）是否有非零公共解？若有，求出全部非零公共解；若没有，则说明理由.

分析 对于(2)中“非零公共解”，可以有两种理解：(a)方程组（Ⅱ）的通解中有满足方程组（Ⅰ）的非零解，即为方程组（Ⅰ）与（Ⅱ）的非零公共解；(b)既可以用

方程组(Ⅰ)的通解表示，又可用方程组(Ⅱ)的通解表示的非零解，即为方程组(Ⅰ)与(Ⅱ)的非零公共解.

解　(1) 对方程组(Ⅰ)的系数矩阵作初等行变换，有

$$\boldsymbol{A}=\begin{bmatrix}1&1&0&0\\0&1&0&-1\end{bmatrix}\to\begin{bmatrix}1&0&0&1\\0&1&0&-1\end{bmatrix},$$

方程组(Ⅰ)的同解方程组为

$$\begin{cases}x_1= & -x_4,\\x_2= & x_4,\\x_3=x_3,\\x_4= & x_4,\end{cases}$$

由此可得方程组(Ⅰ)的一个基础解系为：$\boldsymbol{\beta}_1=[0,0,1,0]^{\mathrm{T}}$，$\boldsymbol{\beta}_2=[-1,1,0,1]^{\mathrm{T}}$.

(2) 方法一：由题设方程组(Ⅱ)的全部解为

$$\boldsymbol{x}=k_1\boldsymbol{\alpha}_1+k_2\boldsymbol{\alpha}_2\quad(k_1,k_2\text{ 为任意常数})$$

将上式代入方程组(Ⅰ)得$\begin{cases}k_1+k_2=0,\\k_1+k_2=0,\end{cases}$(∗)要使方程组(Ⅰ)与(Ⅱ)有非零公共解，只需方程组(∗)有非零解. 因为系数行列式$\begin{vmatrix}1&1\\1&1\end{vmatrix}=0$，所以(∗)有非零解$k_1=-k_2$($k_2$为任意非零常数)，代入$\boldsymbol{x}=k_1\boldsymbol{\alpha}_1+k_2\boldsymbol{\alpha}_2$可得方程组(Ⅰ)与(Ⅱ)的全部非零公共解为

$$\begin{bmatrix}x_1\\x_2\\x_3\\x_4\end{bmatrix}=-k_2\begin{bmatrix}0\\1\\1\\0\end{bmatrix}+k_2\begin{bmatrix}-1\\2\\2\\1\end{bmatrix}=k\begin{bmatrix}-1\\1\\1\\1\end{bmatrix}\quad(\text{令 }k_2=k\text{ 为任意非零常数}).$$

方法二：设方程组(Ⅰ)与(Ⅱ)的公共解为$\boldsymbol{\eta}$，则有数组k_1,k_2,k_3,k_4，使

$$\boldsymbol{\eta}=k_1\boldsymbol{\beta}_1+k_2\boldsymbol{\beta}_2=k_3\boldsymbol{\alpha}_1+k_4\boldsymbol{\alpha}_2.$$

由此得线性方程组(Ⅲ)

$$k_1\begin{bmatrix}0\\0\\1\\0\end{bmatrix}+k_2\begin{bmatrix}-1\\1\\0\\1\end{bmatrix}+k_3\begin{bmatrix}0\\-1\\-1\\0\end{bmatrix}+k_4\begin{bmatrix}1\\-2\\-2\\-1\end{bmatrix}=\begin{bmatrix}0\\0\\0\\0\end{bmatrix}$$

对方程组(Ⅲ)的系数矩阵作初等行变换，有

$$\begin{bmatrix}0 & -1 & 0 & 1\\ 0 & 1 & -1 & -2\\ 1 & 0 & -1 & -2\\ 0 & 1 & 0 & -1\end{bmatrix}\xrightarrow{r}\begin{bmatrix}1 & 0 & 0 & -1\\ 0 & 1 & 0 & -1\\ 0 & 0 & 1 & 1\\ 0 & 0 & 0 & 0\end{bmatrix},$$

由此可知，方程组(Ⅲ)的系数矩阵秩 $R(\boldsymbol{A})=3<n=4$，有非零解，方程组(Ⅲ)的同解方程组为

$$\begin{cases}k_1=k_4,\\ k_2=k_4,\\ k_3=-k_4,\\ k_4=k_4,\end{cases}$$

令 $k_4=k$ 得方程组(Ⅰ)与(Ⅱ)的非零公共解为

$$\boldsymbol{\eta}=k\begin{bmatrix}0\\0\\1\\0\end{bmatrix}+k\begin{bmatrix}-1\\1\\0\\1\end{bmatrix}=k\begin{bmatrix}-1\\1\\1\\1\end{bmatrix}\quad(\text{其中 }k\text{ 为任意非零常数}).$$

【例 9】 已知四阶方阵 $\boldsymbol{A}=[\boldsymbol{\alpha}_1,\boldsymbol{\alpha}_2,\boldsymbol{\alpha}_3,\boldsymbol{\alpha}_4]$，$\boldsymbol{\alpha}_1,\boldsymbol{\alpha}_2,\boldsymbol{\alpha}_3,\boldsymbol{\alpha}_4$ 均为四维列向量,其中 $\boldsymbol{\alpha}_2,\boldsymbol{\alpha}_3,\boldsymbol{\alpha}_4$ 线性无关，$\boldsymbol{\alpha}_1=2\boldsymbol{\alpha}_2-\boldsymbol{\alpha}_3$，如果 $\boldsymbol{\beta}=\boldsymbol{\alpha}_1+\boldsymbol{\alpha}_2+\boldsymbol{\alpha}_3+\boldsymbol{\alpha}_4$，求线性方程组 $\boldsymbol{Ax}=\boldsymbol{\beta}$ 的通解.

解一 $\boldsymbol{\alpha}_1=2\boldsymbol{\alpha}_2-\boldsymbol{\alpha}_3$，即 $\boldsymbol{\alpha}_1-2\boldsymbol{\alpha}_2+\boldsymbol{\alpha}_3+0\boldsymbol{\alpha}_4=\boldsymbol{0}$，所以 $\boldsymbol{\alpha}_1,\boldsymbol{\alpha}_2,\boldsymbol{\alpha}_3,\boldsymbol{\alpha}_4$ 线性相关,又 $\boldsymbol{\alpha}_2,\boldsymbol{\alpha}_3,\boldsymbol{\alpha}_4$ 线性无关,可得向量组 $\boldsymbol{\alpha}_1,\boldsymbol{\alpha}_2,\boldsymbol{\alpha}_3,\boldsymbol{\alpha}_4$ 秩为 3,即 $\boldsymbol{A}$ 的秩为 3,因此 $\boldsymbol{Ax}=\boldsymbol{0}$ 的基础解系中只包含一个非零解向量.

$\boldsymbol{\alpha}_1-2\boldsymbol{\alpha}_2+\boldsymbol{\alpha}_3+0\boldsymbol{\alpha}_4=\boldsymbol{0}$ 即 $[\boldsymbol{\alpha}_1,\boldsymbol{\alpha}_2,\boldsymbol{\alpha}_3,\boldsymbol{\alpha}_4]\begin{bmatrix}1\\-2\\1\\0\end{bmatrix}=\boldsymbol{0}$，于是 $(1,-2,1,0)^{\mathrm{T}}$

为齐次线性方程组 $\boldsymbol{Ax}=\boldsymbol{0}$ 的一个解，所以其通解为 $\boldsymbol{x}=k\begin{bmatrix}1\\-2\\1\\0\end{bmatrix}$，$k$ 为任意常数.

再由 $\boldsymbol{\beta}=\boldsymbol{\alpha}_1+\boldsymbol{\alpha}_2+\boldsymbol{\alpha}_3+\boldsymbol{\alpha}_4=[\boldsymbol{\alpha}_1,\boldsymbol{\alpha}_2,\boldsymbol{\alpha}_3,\boldsymbol{\alpha}_4]\begin{bmatrix}1\\1\\1\\1\end{bmatrix}=\boldsymbol{A}\begin{bmatrix}1\\1\\1\\1\end{bmatrix}$ 知 $[1,1,1,1]^{\mathrm{T}}$

为非齐次线性方程组 $\boldsymbol{A}\boldsymbol{x}=\boldsymbol{\beta}$ 的一个特解.

于是 $\boldsymbol{A}\boldsymbol{x}=\boldsymbol{\beta}$ 的通解为 $\boldsymbol{x}=k\begin{bmatrix}1\\-2\\1\\0\end{bmatrix}+\begin{bmatrix}1\\1\\1\\1\end{bmatrix}$，$k$ 为任意常数.

解二　先求含 4 个未知量的齐次方程组 $\boldsymbol{A}\boldsymbol{x}=\boldsymbol{0}$ 的基础解系. 由于 $\boldsymbol{\alpha}_2$，$\boldsymbol{\alpha}_3$，$\boldsymbol{\alpha}_4$ 线性无关，$\boldsymbol{\alpha}_1=2\boldsymbol{\alpha}_2-\boldsymbol{\alpha}_3$，故 $R(\boldsymbol{A})=3$，$\boldsymbol{A}\boldsymbol{x}=\boldsymbol{0}$ 的基础解系中只包含一个非零解向量. 为此求解

$$\boldsymbol{A}\boldsymbol{x}=[\boldsymbol{\alpha}_1,\ \boldsymbol{\alpha}_2,\ \boldsymbol{\alpha}_3,\ \boldsymbol{\alpha}_4]\begin{bmatrix}x_1\\x_2\\x_3\\x_4\end{bmatrix}=\boldsymbol{0},$$

得 $x_1\boldsymbol{\alpha}_1+x_2\boldsymbol{\alpha}_2+x_3\boldsymbol{\alpha}_3+x_4\boldsymbol{\alpha}_4=\boldsymbol{0}$.

将 $\boldsymbol{\alpha}_1=2\boldsymbol{\alpha}_2-\boldsymbol{\alpha}_3$ 代入上式，整理得 $(2x_1+x_2)\boldsymbol{\alpha}_2+(x_3-x_1)\boldsymbol{\alpha}_3+x_4\boldsymbol{\alpha}_4=\boldsymbol{0}$

由于 $\boldsymbol{\alpha}_2$，$\boldsymbol{\alpha}_3$，$\boldsymbol{\alpha}_4$ 线性无关，因此 x_1，x_2，x_3，x_4 需满足下列方程组

$$\begin{cases}2x_1+x_2=0,\\x_1-x_3=0,\\x_4=0.\end{cases}$$

解得 $\boldsymbol{A}\boldsymbol{x}=\boldsymbol{0}$ 的一个非零解向量为 $(1,\ -2,\ 1,\ 0)^{\mathrm{T}}$.

由于 $R(\boldsymbol{A})=R(\boldsymbol{A},\ \boldsymbol{\beta})=3$，方程组 $\boldsymbol{A}\boldsymbol{x}=\boldsymbol{\beta}$ 有解. 因为

$$\boldsymbol{A}\boldsymbol{x}=[2\boldsymbol{\alpha}_2-\boldsymbol{\alpha}_3,\ \boldsymbol{\alpha}_2,\ \boldsymbol{\alpha}_3,\ \boldsymbol{\alpha}_4]\begin{bmatrix}x_1\\x_2\\x_3\\x_4\end{bmatrix}=\boldsymbol{\beta}=3\boldsymbol{\alpha}_2+\boldsymbol{\alpha}_4,$$

利用比较系数法得方程组 $\boldsymbol{A}\boldsymbol{x}=\boldsymbol{\beta}$ 的一个特解 $[1,\ 1,\ 1,\ 1]^{\mathrm{T}}$.

则 $\boldsymbol{A}\boldsymbol{x}=\boldsymbol{\beta}$ 的通解为　$\boldsymbol{x}=k\begin{bmatrix}1\\-2\\1\\0\end{bmatrix}+\begin{bmatrix}1\\1\\1\\1\end{bmatrix}$，$k$ 为任意常数.

【例 10】　若 $\boldsymbol{A}_{m\times n}\boldsymbol{B}_{n\times l}=\boldsymbol{O}$，试证：$R(\boldsymbol{A})+R(\boldsymbol{B})\leqslant n$.

证明　设 $\boldsymbol{B}=[\boldsymbol{\beta}_1,\ \boldsymbol{\beta}_2,\ \cdots,\ \boldsymbol{\beta}_l]$，$R(\boldsymbol{A})=r$，于是

$$\boldsymbol{A}\boldsymbol{B}=\boldsymbol{A}[\boldsymbol{\beta}_1,\ \boldsymbol{\beta}_2,\ \cdots,\ \boldsymbol{\beta}_l]=[\boldsymbol{A}\boldsymbol{\beta}_1,\ \boldsymbol{A}\boldsymbol{\beta}_2,\ \cdots,\ \boldsymbol{A}\boldsymbol{\beta}_l]=[\boldsymbol{0},\ \boldsymbol{0},\ \cdots,\ \boldsymbol{0}],$$

即 $\boldsymbol{B}$ 的列向量组 $\boldsymbol{\beta}_i\ (i=1, 2, \cdots, l)$ 是方程组 $\boldsymbol{Ax}=\boldsymbol{0}$ 的解. 方程组 $\boldsymbol{Ax}=\boldsymbol{0}$ 的基础解系中含有 $n-R(\boldsymbol{A})=n-r$ 个解向量,所以 $R(\boldsymbol{\beta}_1, \boldsymbol{\beta}_2, \cdots, \boldsymbol{\beta}_l)\leqslant n-r$, 即 $R(\boldsymbol{A})+R(\boldsymbol{B})\leqslant n$.

六、习 题 详 解

习题 4-1

用 Guass 消元法解下列线性方程组:

(1) $\begin{cases} 2x_1-x_2+3x_3=1, \\ 4x_1-2x_2+5x_3=4, \\ 2x_1-x_2+4x_3=0; \end{cases}$ (2) $\begin{cases} x_1+3x_2-2x_3=4, \\ 3x_1+2x_2-5x_3=11, \\ x_1-4x_2-x_3=3, \\ -2x_1+x_2+3x_3=-7; \end{cases}$

(3) $\begin{cases} x_1+2x_2-5x_3=19, \\ 2x_1+8x_2+3x_3=-22, \\ x_1+3x_2+2x_3=-11. \end{cases}$

解:(1) 无解. (2) $\begin{cases} x_1=\dfrac{11}{7}x_3+\dfrac{25}{7}, \\ x_2=\dfrac{1}{7}x_3+\dfrac{1}{7}. \end{cases}$ (x_3 可取任意值) (3) $\begin{cases} x_1=3, \\ x_2=-2, \\ x_3=-4. \end{cases}$

习题 4-2

1. 不解方程组,讨论下列齐次线性方程组解的情况:

(1) $\begin{cases} x_1+2x_2+x_3-x_4=0, \\ 5x_1+10x_2+x_3-5x_4=0, \\ 3x_1+6x_2-x_3-3x_4=0; \end{cases}$ (2) $\begin{cases} x_1+3x_2+x_3+2x_4=0, \\ 3x_1+10x_2+2x_3-3x_4=0, \\ -x_1-5x_2+4x_3+x_4=0, \\ 2x_1+7x_2+x_3-6x_4=0. \end{cases}$

解:(1) $\boldsymbol{A}=\begin{bmatrix} 1 & 2 & 1 & -1 \\ 5 & 10 & 1 & -5 \\ 3 & 6 & -1 & -3 \end{bmatrix} \xrightarrow[r_3-3r_1]{r_2-5r_1} \begin{bmatrix} 1 & 2 & 1 & -1 \\ 0 & 0 & -4 & 0 \\ 0 & 0 & -4 & 0 \end{bmatrix}$

$$\xrightarrow{r_3-r_2} \begin{bmatrix} 1 & 2 & 1 & -1 \\ 0 & 0 & -4 & 0 \\ 0 & 0 & 0 & 0 \end{bmatrix}$$

因为 $R(\boldsymbol{A})=2<n=4$, 所以方程组有依赖于 2 个独立参数的无穷多个非零解.

(2) $\boldsymbol{A}=\begin{bmatrix}1&3&1&2\\3&10&2&-3\\-1&-5&4&1\\2&7&1&-6\end{bmatrix}\xrightarrow[r_4-2r_1]{\substack{r_2-3r_1\\r_3+r_1}}\begin{bmatrix}1&3&1&2\\0&1&-1&-9\\0&-2&5&3\\0&1&-1&-10\end{bmatrix}$

$\xrightarrow[r_4-r_2]{r_3+2r_2}\begin{bmatrix}1&3&1&2\\0&1&-1&-9\\0&0&3&-15\\0&0&0&-1\end{bmatrix}$

因为 $R(\boldsymbol{A})=4=n$，所以方程组只有零解.

2. 问 λ 为何值时，下列齐次线性方程组有非零解或只有零解？

(1) $\begin{cases}\lambda x_1+x_2+x_3=0,\\x_1+\lambda x_2+x_3=0,\\x_1+x_2+\lambda x_3=0;\end{cases}$　　(2) $\begin{cases}(1+\lambda)x_1+2x_2+3x_3+4x_4=0,\\x_1+(2+\lambda)x_2+3x_3+4x_4=0,\\x_1+2x_2+(3+\lambda)x_3+4x_4=0,\\x_1+2x_2+3x_3+(4+\lambda)x_4=0.\end{cases}$

解：(1) $|\boldsymbol{A}|=\begin{vmatrix}\lambda&1&1\\1&\lambda&1\\1&1&\lambda\end{vmatrix}=(\lambda+2)\begin{vmatrix}1&1&1\\1&\lambda&1\\1&1&\lambda\end{vmatrix}=(\lambda+2)\begin{vmatrix}1&1&1\\0&\lambda-1&0\\0&0&\lambda-1\end{vmatrix}$

$=(\lambda+2)(\lambda-1)^2$.

当 $|\boldsymbol{A}|=0$，即 $\lambda=1$ 或 $\lambda=-2$ 时，方程组有非零解；

当 $|\boldsymbol{A}|\neq0$，即 $\lambda\neq1$ 且 $\lambda\neq-2$ 时，方程组只有零解.

(2) $|\boldsymbol{A}|=\begin{vmatrix}1+\lambda&2&3&4\\1&2+\lambda&3&4\\1&2&3+\lambda&4\\1&2&3&4+\lambda\end{vmatrix}\overset{\substack{c_1+c_2\\c_1+c_3\\c_1+c_4}}{=\!=\!=}\begin{vmatrix}10+\lambda&2&3&4\\10+\lambda&2+\lambda&3&4\\10+\lambda&2&3+\lambda&4\\10+\lambda&2&3&4+\lambda\end{vmatrix}$

$=(10+\lambda)\begin{vmatrix}1&2&3&4\\1&2+\lambda&3&4\\1&2&3+\lambda&4\\1&2&3&4+\lambda\end{vmatrix}\overset{\substack{r_2-r_1\\r_3-r_1\\r_4-r_1}}{=\!=\!=}(10+\lambda)\begin{vmatrix}1&2&3&4\\0&\lambda&0&0\\0&0&\lambda&0\\0&0&0&\lambda\end{vmatrix}$

$=(10+\lambda)\lambda^3$，

当 $|\boldsymbol{A}|=0$，即 $\lambda=-10$ 或 $\lambda=0$ 时，方程组有非零解；当 $|\boldsymbol{A}|\neq0$，即 $\lambda\neq-10$ 且 $\lambda\neq0$ 时，方程组只有零解.

本题也可以对系数矩阵作初等行变换.

3. 求下列齐次线性方程组的基础解系和通解：

(1) $\begin{cases}x_1+x_2-3x_3=0,\\3x_1-x_2-3x_3=0,\\x_1-x_2+x_3=0;\end{cases}$　　(2) $\begin{cases}x_1-x_2+x_3=0,\\2x_1-x_2+3x_3-x_4=0,\\2x_1-2x_2+x_3+2x_4=0;\end{cases}$

(3) $\begin{cases} x_1+2x_2+4x_3-3x_4=0, \\ 3x_1+5x_2+6x_3-4x_4=0, \\ 4x_1+5x_2-2x_3+3x_4=0; \end{cases}$　　(4) $\begin{cases} x_1+x_2+x_3+x_4+x_5=0, \\ 3x_1+2x_2+x_3+x_4-3x_5=0, \\ x_2+2x_3+2x_4+6x_5=0, \\ 5x_1+4x_2+3x_3+3x_4-x_5=0. \end{cases}$

解：(1) $\boldsymbol{A}=\begin{bmatrix}1&1&-3\\3&-1&-3\\1&-1&1\end{bmatrix}\xrightarrow[r_3-r_1]{r_2-3r_1}\begin{bmatrix}1&1&-3\\0&-4&6\\0&-2&4\end{bmatrix}\xrightarrow[r_3-r_2]{r_2\div 2}\begin{bmatrix}1&1&-3\\0&-2&3\\0&0&1\end{bmatrix}$

由于 $R(\boldsymbol{A})=3=n$，故该齐次线性方程组只有零解，不存在基础解系.

(2) $\boldsymbol{A}=\begin{bmatrix}1&-1&1&0\\2&-1&3&-1\\2&-2&1&2\end{bmatrix}\xrightarrow[r_3-2r_1]{r_2-2r_1}\begin{bmatrix}1&-1&1&0\\0&1&1&-1\\0&0&-1&2\end{bmatrix}$

$\xrightarrow{\substack{r_2+r_3\\r_1+r_3\\r_3\cdot(-1)}}\begin{bmatrix}1&-1&0&2\\0&1&0&1\\0&0&1&-2\end{bmatrix}\xrightarrow{r_1+r_2}\begin{bmatrix}1&0&0&3\\0&1&0&1\\0&0&1&-2\end{bmatrix}$

得同解方程组 $\begin{cases} x_1=-3x_4, \\ x_2=-x_4, \\ x_3=2x_4, \\ x_4=x_4. \end{cases}$ 于是,基础解系 $\boldsymbol{\xi}=\begin{bmatrix}-3\\-1\\2\\1\end{bmatrix}$，通解为 $\boldsymbol{x}=k\begin{bmatrix}-3\\-1\\2\\1\end{bmatrix}$ $(k\in R)$.

(3) $\boldsymbol{A}=\begin{bmatrix}1&2&4&-3\\3&5&6&-4\\4&5&-2&3\end{bmatrix}\xrightarrow[r_3-4r_1]{r_2-3r_1}\begin{bmatrix}1&2&4&-3\\0&-1&-6&5\\0&-3&-18&15\end{bmatrix}$

$\xrightarrow[r_1+2r_2]{r_3-3r_2}\begin{bmatrix}1&0&-8&7\\0&-1&-6&5\\0&0&0&0\end{bmatrix}\xrightarrow{r_2\cdot(-1)}\begin{bmatrix}1&0&-8&7\\0&1&6&-5\\0&0&0&0\end{bmatrix}$

得同解方程组 $\begin{cases} x_1=8x_3-7x_4, \\ x_2=-6x_3+5x_4, \\ x_3=x_3, \\ x_4=x_4. \end{cases}$

所以,基础解系为 $\boldsymbol{\xi}_1=\begin{bmatrix}8\\-6\\1\\0\end{bmatrix}$，$\boldsymbol{\xi}_2=\begin{bmatrix}-7\\5\\0\\1\end{bmatrix}$，通解为 $\boldsymbol{x}=k_1\begin{bmatrix}8\\-6\\1\\0\end{bmatrix}+k_2\begin{bmatrix}-7\\5\\0\\1\end{bmatrix}$ $(k_1,k_2\in R)$.

(4) $\boldsymbol{A}=\begin{bmatrix}1&1&1&1&1\\3&2&1&1&-3\\0&1&2&2&6\\5&4&3&3&-1\end{bmatrix}\xrightarrow[r_4-5r_1]{r_2-3r_1}\begin{bmatrix}1&1&1&1&1\\0&-1&-2&-2&-6\\0&1&2&2&6\\0&-1&-2&-2&-6\end{bmatrix}$

$$\xrightarrow[r_4-r_2]{r_3+r_2}\begin{bmatrix}1&1&1&1&1\\0&-1&-2&-2&-6\\0&0&0&0&0\\0&0&0&0&0\end{bmatrix}\xrightarrow[r_2\cdot(-1)]{r_1+r_2}\begin{bmatrix}1&0&-1&-1&-5\\0&1&2&2&6\\0&0&0&0&0\\0&0&0&0&0\end{bmatrix}$$

得同解方程组 $\begin{cases}x_1= x_3+x_4+5x_5,\\x_2=-2x_3-2x_4-6x_5,\\x_3= x_3,\\x_4= x_4,\\x_5= x_5.\end{cases}$

于是,基础解系为 $\boldsymbol{\xi}_1=\begin{bmatrix}1\\-2\\1\\0\\0\end{bmatrix}$, $\boldsymbol{\xi}_2=\begin{bmatrix}1\\-2\\0\\1\\0\end{bmatrix}$, $\boldsymbol{\xi}_3=\begin{bmatrix}5\\-6\\0\\0\\1\end{bmatrix}$,

所以通解为 $\boldsymbol{x}=k_1\begin{bmatrix}1\\-2\\1\\0\\0\end{bmatrix}+k_2\begin{bmatrix}1\\-2\\0\\1\\0\end{bmatrix}+k_3\begin{bmatrix}5\\-6\\0\\0\\1\end{bmatrix}$ $(k_1,k_2,k_3\in R)$

4. 若向量 $\boldsymbol{\alpha}_1,\boldsymbol{\alpha}_2,\boldsymbol{\alpha}_3$ 是 $\boldsymbol{Ax}=\boldsymbol{0}$ 的基础解系,证明 $\boldsymbol{\alpha}_1+\boldsymbol{\alpha}_2,\boldsymbol{\alpha}_2+\boldsymbol{\alpha}_3,\boldsymbol{\alpha}_3+\boldsymbol{\alpha}_1$ 也是该方程组的一个基础解系.

证一:令 $\boldsymbol{\beta}_1=\boldsymbol{\alpha}_1+\boldsymbol{\alpha}_2,\boldsymbol{\beta}_2=\boldsymbol{\alpha}_2+\boldsymbol{\alpha}_3,\boldsymbol{\beta}_3=\boldsymbol{\alpha}_3+\boldsymbol{\alpha}_1$,则 $\boldsymbol{\beta}_1,\boldsymbol{\beta}_2,\boldsymbol{\beta}_3$ 都是 $\boldsymbol{Ax}=\boldsymbol{0}$ 的解;且

$[\boldsymbol{\beta}_1,\boldsymbol{\beta}_2,\boldsymbol{\beta}_3]=[\boldsymbol{\alpha}_1,\boldsymbol{\alpha}_2,\boldsymbol{\alpha}_3]\begin{bmatrix}1&0&1\\1&1&0\\0&1&1\end{bmatrix}$, 因为 $\boldsymbol{A}=\begin{bmatrix}1&0&1\\1&1&0\\0&1&1\end{bmatrix}$ 可逆($|\boldsymbol{A}|=2\neq0$),

所以 $[\boldsymbol{\alpha}_1,\boldsymbol{\alpha}_2,\boldsymbol{\alpha}_3]=[\boldsymbol{\beta}_1,\boldsymbol{\beta}_2,\boldsymbol{\beta}_3]\boldsymbol{A}^{-1}$.

因此向量组 $\boldsymbol{\alpha}_1,\boldsymbol{\alpha}_2,\boldsymbol{\alpha}_3$ 与 $\boldsymbol{\beta}_1,\boldsymbol{\beta}_2,\boldsymbol{\beta}_3$ 等价,所以 $\boldsymbol{\alpha}_1+\boldsymbol{\alpha}_2,\boldsymbol{\alpha}_2+\boldsymbol{\alpha}_3,\boldsymbol{\alpha}_3+\boldsymbol{\alpha}_1$ 也是该方程组的基础解系.

证二:$\boldsymbol{\alpha}_1+\boldsymbol{\alpha}_2,\boldsymbol{\alpha}_2+\boldsymbol{\alpha}_3,\boldsymbol{\alpha}_3+\boldsymbol{\alpha}_1$ 是方程组 $\boldsymbol{Ax}=\boldsymbol{0}$ 的解;设常数 k_1,k_2,k_3 使

$$k_1(\boldsymbol{\alpha}_1+\boldsymbol{\alpha}_2)+k_2(\boldsymbol{\alpha}_2+\boldsymbol{\alpha}_3)+k_3(\boldsymbol{\alpha}_3+\boldsymbol{\alpha}_1)=\boldsymbol{0},$$

即 $(k_1+k_3)\boldsymbol{\alpha}_1+(k_1+k_2)\boldsymbol{\alpha}_2+(k_2+k_3)\boldsymbol{\alpha}_3=\boldsymbol{0}$,由于 $\boldsymbol{\alpha}_1,\boldsymbol{\alpha}_2,\boldsymbol{\alpha}_3$ 线性无关,所以 $\begin{cases}k_1+k_3=0,\\k_1+k_2=0,\\k_2+k_3=0.\end{cases}$ 其系数行列式 $|\boldsymbol{A}|=\begin{vmatrix}1&0&1\\1&1&0\\0&1&1\end{vmatrix}=2\neq0$,所以方程组只有零解 $k_1=0$, $k_2=0$, $k_3=0$,故 $\boldsymbol{\alpha}_1+\boldsymbol{\alpha}_2,\boldsymbol{\alpha}_2+\boldsymbol{\alpha}_3,\boldsymbol{\alpha}_3+\boldsymbol{\alpha}_1$ 线性无关;

由齐次线性方程组解的性质知,$\boldsymbol{\alpha}_1+\boldsymbol{\alpha}_2,\boldsymbol{\alpha}_2+\boldsymbol{\alpha}_3,\boldsymbol{\alpha}_3+\boldsymbol{\alpha}_1$ 也是该方程组的基础解系.

5. 设 $\boldsymbol{A}$ 是 $m\times n$ 矩阵, $R(\boldsymbol{A})=r$,证明:存在秩为 $n-r$ 的 n 阶矩阵 $\boldsymbol{B}$,使得 $\boldsymbol{AB}=\boldsymbol{O}$.

证明：若 $R(\boldsymbol{A})<n$，因为 $R(\boldsymbol{A})=r$，故线性方程组 $\boldsymbol{Ax}=\boldsymbol{0}$ 的基础解系包含了 $n-r$ 个线性无关的解向量 $\boldsymbol{\beta}_1,\boldsymbol{\beta}_2,\cdots,\boldsymbol{\beta}_{n-r}$，设 $\boldsymbol{B}=[\boldsymbol{\beta}_1,\boldsymbol{\beta}_2,\cdots,\boldsymbol{\beta}_{n-r},\boldsymbol{0},\cdots,\boldsymbol{0}]$，构成一个秩为 $n-r$ 的 n 阶矩阵，显然

$$\boldsymbol{AB}=[\boldsymbol{A\beta}_1,\boldsymbol{A\beta}_2,\cdots,\boldsymbol{A\beta}_{n-r},\boldsymbol{A0},\cdots,\boldsymbol{A0}]=[\boldsymbol{0},\boldsymbol{0},\cdots,\boldsymbol{0}]=\boldsymbol{O}.$$

若 $R(\boldsymbol{A})=n$，则取 $\boldsymbol{B}=\boldsymbol{O}$，满足题意.

综上，命题得证.

习题 4-3

1. 不解方程组，判别下列非齐次线性方程组是否有解：

(1) $\begin{cases}2x_1+x_2+x_3=1,\\x_1+2x_2+x_3=2,\\x_1+x_2+2x_3=4;\end{cases}$　　(2) $\begin{cases}x_1+x_2-3x_3-x_4=1,\\3x_1-x_2-3x_3+4x_4=4,\\x_1+5x_2-9x_3-8x_4=0;\end{cases}$

(3) $\begin{cases}x_1-x_2+3x_3-x_4=1,\\2x_1-x_2-x_3+4x_4=2,\\3x_1-2x_2+2x_3+3x_4=3,\\x_1-4x_3+5x_4=-1.\end{cases}$

解：(1) $\overline{\mathbf{A}}=\left[\begin{array}{ccc:c}2&1&1&1\\1&2&1&2\\1&1&2&4\end{array}\right]\xrightarrow{r_1\leftrightarrow r_3}\left[\begin{array}{ccc:c}1&1&2&4\\1&2&1&2\\2&1&1&1\end{array}\right]$

$$\xrightarrow[r_3-2r_1]{r_2-r_1}\left[\begin{array}{ccc:c}1&1&2&4\\0&1&-1&-2\\0&-1&-3&-7\end{array}\right]\xrightarrow{r_3+r_2}\left[\begin{array}{ccc:c}1&1&2&4\\0&1&-1&-2\\0&0&-4&-9\end{array}\right]$$

由于 $R(\mathbf{A})=R(\overline{\mathbf{A}})=3=n$，所以方程组有唯一解.

(2) $\overline{\mathbf{A}}=\left[\begin{array}{cccc:c}1&1&-3&-1&1\\3&-1&-3&4&4\\1&5&-9&-8&0\end{array}\right]\xrightarrow[r_3-r_1]{r_2-3r_1}\left[\begin{array}{cccc:c}1&1&-3&-1&1\\0&-4&6&7&1\\0&4&-6&-7&-1\end{array}\right]$

$$\xrightarrow{r_3+r_2}\left[\begin{array}{cccc:c}1&1&-3&-1&1\\0&-4&6&7&1\\0&0&0&0&0\end{array}\right]$$

由于 $R(\mathbf{A})=R(\overline{\mathbf{A}})=2<n$，方程组有依赖于 $n-R(\mathbf{A})=4-2=2$ 个独立参数的无穷多个解.

(3) $\overline{\mathbf{A}}=\left[\begin{array}{cccc:c}1&-1&3&-1&1\\2&-1&-1&4&2\\3&-2&2&3&3\\1&0&-4&5&-1\end{array}\right]\xrightarrow[\substack{r_3-3r_1\\r_4-r_1}]{r_2-2r_1}\left[\begin{array}{cccc:c}1&-1&3&-1&1\\0&1&-7&6&0\\0&1&-7&6&0\\0&1&-7&6&-2\end{array}\right]$

$$\xrightarrow[r_4-r_2]{r_3-r_2}\left[\begin{array}{cccc:c}1&-1&3&-1&1\\0&1&-7&6&0\\0&0&0&0&0\\0&0&0&0&-2\end{array}\right],$$

由于 $R(\boldsymbol{A})=2\neq R(\overline{\boldsymbol{A}})=3$，所以原方程组无解.

2. λ 取何值时，非齐次线性方程组

$$\begin{cases}\lambda x_1+x_2+x_3=\lambda-3,\\ x_1+\lambda x_2+x_3=-2,\\ x_1+x_2+\lambda x_3=-2,\end{cases}$$

(1) 有唯一解；(2)无解；(3)有无穷多个解，并求其通解.

解：

$$\overline{\boldsymbol{A}}=\left[\begin{array}{ccc:c}\lambda&1&1&\lambda-3\\1&\lambda&1&-2\\1&1&\lambda&-2\end{array}\right]\xrightarrow{r_1\leftrightarrow r_3}\left[\begin{array}{ccc:c}1&1&\lambda&-2\\1&\lambda&1&-2\\\lambda&1&1&\lambda-3\end{array}\right]$$

$$\xrightarrow[r_3-\lambda r_1]{r_2-r_1}\left[\begin{array}{ccc:c}1&1&\lambda&-2\\0&\lambda-1&1-\lambda&0\\0&1-\lambda&1-\lambda^2&3\lambda-3\end{array}\right]\xrightarrow{r_3+r_2}\left[\begin{array}{ccc:c}1&1&\lambda&-2\\0&\lambda-1&1-\lambda&0\\0&0&(1-\lambda)(2+\lambda)&3(\lambda-1)\end{array}\right]$$

(1) 当 $\lambda\neq1$ 且 $\lambda\neq-2$ 时，$R(\boldsymbol{A})=R(\overline{\boldsymbol{A}})=3$，方程组有唯一解；

(2) 当 $\lambda=-2$ 时，$R(\boldsymbol{A})=2$，$R(\overline{\boldsymbol{A}})=3$，方程组无解；

(3) 当 $\lambda=1$ 时，$R(\boldsymbol{A})=R(\overline{\boldsymbol{A}})=1$，方程组有无穷多解.

此时，$\overline{\boldsymbol{A}}\longrightarrow\left[\begin{array}{ccc:c}1&1&1&-2\\0&0&0&0\\0&0&0&0\end{array}\right]$，同解方程组为 $\begin{cases}x_1=-x_2-x_3-2,\\x_2=\quad x_2,\\x_3=\qquad x_3,\end{cases}$

所以当 $\lambda=1$ 时方程组的通解为　$\boldsymbol{x}=k_1\begin{bmatrix}-1\\1\\0\end{bmatrix}+k_2\begin{bmatrix}-1\\0\\1\end{bmatrix}+\begin{bmatrix}-2\\0\\0\end{bmatrix}$　$(k_1,\ k_2\in R)$.

3. 求下列非齐次线性方程组的通解：

(1) $\begin{cases}x_1+x_2+x_3+x_4=0,\\x_2+2x_3+2x_4=1,\\3x_1+2x_2+x_3+x_4=-1;\end{cases}$　　(2) $\begin{cases}x+4y-3z=0,\\3x+2y+z=20,\\y-z=-2;\end{cases}$

(3) $\begin{cases}x_1-2x_2+x_3+x_4=1,\\x_1-2x_2+x_3-x_4=-1,\\x_1-2x_2+x_3+5x_4=5;\end{cases}$　　(4) $\begin{cases}x_1+x_2-2x_3=2,\\2x_1+3x_2+x_3=1,\\4x_1+7x_2+7x_3=-1,\\x_1+3x_2+8x_3=-4.\end{cases}$

解：(1) $\overline{\boldsymbol{A}}=\left[\begin{array}{cccc:c}1&1&1&1&0\\0&1&2&2&1\\3&2&1&1&-1\end{array}\right]\xrightarrow{r_3-3r_1}\left[\begin{array}{cccc:c}1&1&1&1&0\\0&1&2&2&1\\0&-1&-2&-2&-1\end{array}\right]$

$$\xrightarrow{r_3+r_2}\left[\begin{array}{cccc:c}1&1&1&1&0\\0&1&2&2&1\\0&0&0&0&0\end{array}\right]\xrightarrow{r_1-r_2}\left[\begin{array}{cccc:c}1&0&-1&-1&-1\\0&1&2&2&1\\0&0&0&0&0\end{array}\right]$$

由于 $R(\mathbf{A})=R(\overline{\mathbf{A}})=2<4$，故方程组有依赖于 $4-2=2$ 个独立参数的无穷多解.

原方程组的同解方程组为

$$\begin{cases}x_1= \quad x_3+x_4-1,\\x_2=-2x_3-2x_4+1,\\x_3= \quad x_3,\\x_4= \qquad x_4,\end{cases}$$

于是原方程组的通解为

$$\boldsymbol{x}=k_1\begin{bmatrix}1\\-2\\1\\0\end{bmatrix}+k_2\begin{bmatrix}1\\-2\\0\\1\end{bmatrix}+\begin{bmatrix}-1\\1\\0\\0\end{bmatrix}\quad(k_1,k_2\in R).$$

(2) $$\overline{\mathbf{A}}=\left[\begin{array}{ccc:c}1&4&-3&0\\3&2&1&20\\0&1&-1&-2\end{array}\right]\xrightarrow{r_2-3r_1}\left[\begin{array}{ccc:c}1&4&-3&0\\0&-10&10&20\\0&1&-1&-2\end{array}\right]$$

$$\xrightarrow[r_3-r_2]{r_2\div(-10)}\left[\begin{array}{ccc:c}1&4&-3&0\\0&1&-1&-2\\0&0&0&0\end{array}\right]\xrightarrow{r_1-4r_2}\left[\begin{array}{ccc:c}1&0&1&8\\0&1&-1&-2\\0&0&0&0\end{array}\right]$$

得到同解方程组
$$\begin{cases}x=-z+8,\\y=z-2,\\z=z,\end{cases}$$

即得通解
$$\begin{bmatrix}x\\y\\z\end{bmatrix}=k\begin{bmatrix}-1\\1\\1\end{bmatrix}+\begin{bmatrix}8\\-2\\0\end{bmatrix}\quad(k\in R).$$

(3) $$\overline{\mathbf{A}}=\left[\begin{array}{cccc:c}1&-2&1&1&1\\1&-2&1&-1&-1\\1&-2&1&5&5\end{array}\right]\xrightarrow[r_3-r_1]{r_2-r_1}\left[\begin{array}{cccc:c}1&-2&1&1&1\\0&0&0&-2&-2\\0&0&0&4&4\end{array}\right]$$

$$\xrightarrow[\substack{r_3-4r_2\\r_1-r_2}]{r_2\div(-2)}\left[\begin{array}{cccc:c}1&-2&1&0&0\\0&0&0&1&1\\0&0&0&0&0\end{array}\right]$$

得到同解方程组
$$\begin{cases}x_1=2x_2-x_3,\\x_2= x_2,\\x_3= \qquad x_3,\\x_4= \qquad\quad 1,\end{cases}$$
通解为
$$\boldsymbol{x}=k_1\begin{bmatrix}2\\1\\0\\0\end{bmatrix}+k_2\begin{bmatrix}-1\\0\\1\\0\end{bmatrix}+\begin{bmatrix}0\\0\\0\\1\end{bmatrix}\quad(k_1,k_2\in R).$$

(4) $\overline{\mathbf{A}}=\left[\begin{array}{ccc:c}1&1&-2&2\\2&3&1&1\\4&7&7&-1\\1&3&8&-4\end{array}\right]\xrightarrow[r_4-r_1]{\substack{r_2-2r_1\\r_3-4r_1}}\left[\begin{array}{ccc:c}1&1&-2&2\\0&1&5&-3\\0&3&15&-9\\0&2&10&-6\end{array}\right]$

$$\xrightarrow[r_4-2r_2]{r_3-3r_2}\left[\begin{array}{ccc:c}1&1&-2&2\\0&1&5&-3\\0&0&0&0\\0&0&0&0\end{array}\right]\xrightarrow{r_1-r_2}\left[\begin{array}{ccc:c}1&0&-7&5\\0&1&5&-3\\0&0&0&0\\0&0&0&0\end{array}\right]$$

由于 $R(\mathbf{A})=R(\overline{\mathbf{A}})=2<3$，故方程组有依赖于 $3-2=1$ 个独立参数的无穷多解.

同解方程组为$\begin{cases}x_1=\ 7x_3\ +5,\\x_2=-5x_3-3,\\x_3=\ x_3.\end{cases}$　原方程组的通解为 $\boldsymbol{x}=k\begin{bmatrix}7\\-5\\1\end{bmatrix}+\begin{bmatrix}5\\-3\\0\end{bmatrix}$　$(k\in R)$.

4. a 取何值时，线性方程组

$$\begin{cases}x_1+3x_2-\quad 3x_4=1,\\ \quad x_2-x_3+x_4=-3,\\x_1-2x_2+3x_3-4x_4=4,\\ \quad -7x_2+3x_3+x_4=a,\end{cases}$$

有解，并求通解.

解：$\overline{\mathbf{A}}=\left[\begin{array}{cccc:c}1&3&0&-3&1\\0&1&-1&1&-3\\1&-2&3&-4&4\\0&-7&3&1&a\end{array}\right]\xrightarrow{r_3-r_1}\left[\begin{array}{cccc:c}1&3&0&-3&1\\0&1&-1&1&-3\\0&-5&3&-1&3\\0&-7&3&1&a\end{array}\right]$

$$\xrightarrow[r_4+7r_2]{r_3+5r_2}\left[\begin{array}{cccc:c}1&3&0&-3&1\\0&1&-1&1&-3\\0&0&-2&4&-12\\0&0&-4&8&a-21\end{array}\right]\xrightarrow[r_3\div(-2)]{r_4-2r_3}\left[\begin{array}{cccc:c}1&3&0&-3&1\\0&1&-1&1&-3\\0&0&1&-2&6\\0&0&0&0&a+3\end{array}\right]$$

所以当 $a=-3$ 时，$R(\mathbf{A})=R(\overline{\mathbf{A}})$，方程组有解. 此时

$$\overline{\mathbf{A}}\xrightarrow{r_2+r_3}\left[\begin{array}{cccc:c}1&3&0&-3&1\\0&1&0&-1&3\\0&0&1&-2&6\\0&0&0&0&0\end{array}\right]\xrightarrow{r_1-3r_2}\left[\begin{array}{cccc:c}1&0&0&0&-8\\0&1&0&-1&3\\0&0&1&-2&6\\0&0&0&0&0\end{array}\right]$$

同解方程组为 $\begin{cases}x_1=\qquad -8,\\x_2=\ x_4+\ 3,\\x_3=2x_4+\ 6,\\x_4=\ x_4\ ,\end{cases}$ 通解为 $\boldsymbol{x}=k\begin{bmatrix}0\\1\\2\\1\end{bmatrix}+\begin{bmatrix}-8\\3\\6\\0\end{bmatrix}$　$(k\in R)$.

5. 讨论参数 p，t 取何值时，线性方程组

$$\begin{cases} x_1+x_2+2x_3+3x_4=1, \\ x_1+3x_2+6x_3+x_4=3, \\ 3x_1-x_2-px_3+15x_4=3, \\ x_1-5x_2-10x_3+12x_4=t, \end{cases}$$

有唯一解，无解，有无穷多个解？并在有无穷多个解时，求其通解.

解：对方程组的增广矩阵施以初等行变换，得

$$\overline{\mathbf{A}}=\left[\begin{array}{cccc:c} 1 & 1 & 2 & 3 & 1 \\ 1 & 3 & 6 & 1 & 3 \\ 3 & -1 & -p & 15 & 3 \\ 1 & -5 & -10 & 12 & t \end{array}\right] \xrightarrow[r_4-r_1]{\substack{r_2-r_1 \\ r_3-3r_1}} \left[\begin{array}{cccc:c} 1 & 1 & 2 & 3 & 1 \\ 0 & 2 & 4 & -2 & 2 \\ 0 & -4 & -p-6 & 6 & 0 \\ 0 & -6 & -12 & 9 & t-1 \end{array}\right]$$

$$\xrightarrow[r_4+6r_2]{\substack{r_2\div 2 \\ r_3+4r_2}} \left[\begin{array}{cccc:c} 1 & 1 & 2 & 3 & 1 \\ 0 & 1 & 2 & -1 & 1 \\ 0 & 0 & -p+2 & 2 & 4 \\ 0 & 0 & 0 & 3 & t+5 \end{array}\right]$$

(1) 当 $p\neq 2$, $t\in R$ 时，$R(\mathbf{A})=R(\overline{\mathbf{A}})=4$，方程组有唯一解；

(2) 当 $p=2$ 时，

$$\overline{\mathbf{A}}\longrightarrow \left[\begin{array}{cccc:c} 1 & 1 & 2 & 3 & 1 \\ 0 & 1 & 2 & -1 & 1 \\ 0 & 0 & 0 & 2 & 4 \\ 0 & 0 & 0 & 3 & t+5 \end{array}\right] \xrightarrow[r_4-3r_3]{r_3\div 2} \left[\begin{array}{cccc:c} 1 & 1 & 2 & 3 & 1 \\ 0 & 1 & 2 & -1 & 1 \\ 0 & 0 & 0 & 1 & 2 \\ 0 & 0 & 0 & 0 & t-1 \end{array}\right],$$

当 $p=2$, $t\neq 1$ 时，$R(\mathbf{A})=3\neq R(\overline{\mathbf{A}})=4$，方程组无解；

当 $p=2$, $t=1$ 时，$R(\mathbf{A})=R(\overline{\mathbf{A}})=3$，方程组有无穷多个解，此时，把 $\overline{\mathbf{A}}$ 化为行最简形

$$\overline{\mathbf{A}}\rightarrow \left[\begin{array}{cccc:c} 1 & 1 & 2 & 3 & 1 \\ 0 & 1 & 2 & -1 & 1 \\ 0 & 0 & 0 & 1 & 2 \\ 0 & 0 & 0 & 0 & 0 \end{array}\right] \xrightarrow[r_1-3r_3]{r_2+r_3} \left[\begin{array}{cccc:c} 1 & 1 & 2 & 0 & -5 \\ 0 & 1 & 2 & 0 & 3 \\ 0 & 0 & 0 & 1 & 2 \\ 0 & 0 & 0 & 0 & 0 \end{array}\right] \xrightarrow{r_1-r_2} \left[\begin{array}{cccc:c} 1 & 0 & 0 & 0 & -8 \\ 0 & 1 & 2 & 0 & 3 \\ 0 & 0 & 0 & 1 & 2 \\ 0 & 0 & 0 & 0 & 0 \end{array}\right]$$

同解方程组为 $\begin{cases} x_1=-8, \\ x_2=-2x_3+3, \\ x_3=x_3, \\ x_4=2, \end{cases}$ 通解为 $\boldsymbol{x}=k\begin{bmatrix} 0 \\ -2 \\ 1 \\ 0 \end{bmatrix}+\begin{bmatrix} -8 \\ 3 \\ 0 \\ 2 \end{bmatrix}$ $(k\in R)$.

6. 设方程组 $(\text{I})\begin{cases} x_1+3x_3=-2, \\ x_2-2x_3=5, \\ x_4=-10, \end{cases}$

与方程组

$$(\text{Ⅱ})\begin{cases}3x_1+mx_2+3x_3+2x_4=-11,\\ x_1+2x_2-x_3+x_4=l,\\ 2x_1+2x_2+nx_3+x_4=-4,\end{cases}$$

是同解方程组，求 l, m, n.

解：由方程组（Ⅰ）解得 $\begin{bmatrix}x_1\\x_2\\x_3\\x_4\end{bmatrix}=\begin{bmatrix}-3x_3-2\\2x_3+5\\x_3\\-10\end{bmatrix}$,

因为方程组（Ⅰ）与方程组（Ⅱ）是同解方程组，所以（Ⅰ）的解都满足（Ⅱ），因此把上式通解代入（Ⅱ），

得 $$(\text{Ⅲ})\begin{cases}(2m-6)x_3+5m=15,\\ -2=l,\\ (n-2)x_3-4=-4,\end{cases}$$

因为 x_3 为自由未知量，所以要使方程组（Ⅲ）对任意 x_3 成立，则 $l=-2$, $m=3$, $n=2$.

7. 证明线性方程组

$$\begin{cases}x_1-x_2=a_1,\\ x_2-x_3=a_2,\\ x_3-x_4=a_3,\\ x_4-x_5=a_4,\\ -x_1+x_5=a_5,\end{cases}$$

有解的充要条件是 $\sum_{i=1}^{5}a_i=0$，在有解时，求其解.

证明：$$\overline{\mathbf{A}}=\left[\begin{array}{ccccc:c}1&-1&0&0&0&a_1\\0&1&-1&0&0&a_2\\0&0&1&-1&0&a_3\\0&0&0&1&-1&a_4\\-1&0&0&0&1&a_5\end{array}\right]\xrightarrow[r_5+r_4]{\substack{r_5+r_1\\r_5+r_2\\r_5+r_3}}\left[\begin{array}{ccccc:c}1&-1&0&0&0&a_1\\0&1&-1&0&0&a_2\\0&0&1&-1&0&a_3\\0&0&0&1&-1&a_4\\0&0&0&0&0&\sum_{i=1}^{5}a_i\end{array}\right]$$

所以由方程组 $\mathbf{A}\boldsymbol{x}=\boldsymbol{b}$ 有解的充要条件 $R(\mathbf{A})=R(\overline{\mathbf{A}})$，即 $\sum_{i=1}^{5}a_i=0$.

此时，把 $\overline{\mathbf{A}}$ 化为行最简形，

$$\overline{\mathbf{A}}\xrightarrow[r_1+r_2]{\substack{r_3+r_4\\r_2+r_3}}\left[\begin{array}{ccccc:c}1&0&0&0&-1&a_1+a_2+a_3+a_4\\0&1&0&0&-1&a_2+a_3+a_4\\0&0&1&0&-1&a_3+a_4\\0&0&0&1&-1&a_4\\0&0&0&0&0&0\end{array}\right]$$

得同解方程组 $\begin{cases} x_1 = x_5 + a_1 + a_2 + a_3 + a_4, \\ x_2 = x_5 + a_2 + a_3 + a_4, \\ x_3 = x_5 + a_3 + a_4, \\ x_4 = x_5 + a_4, \\ x_5 = x_5, \end{cases}$

故原方程组在 $\sum_{i=1}^{5} a_i = 0$ 时，通解为 $\boldsymbol{x} = k\begin{bmatrix} 1 \\ 1 \\ 1 \\ 1 \\ 1 \end{bmatrix} + \begin{bmatrix} a_1 + a_2 + a_3 + a_4 \\ a_2 + a_3 + a_4 \\ a_3 + a_4 \\ a_4 \\ 0 \end{bmatrix} \quad (k \in R).$

8. 设 $\boldsymbol{\alpha}_1$，$\boldsymbol{\alpha}_2$，$\boldsymbol{\alpha}_3$ 是四元非齐次线性方程组 $\boldsymbol{Ax} = \boldsymbol{b}$ 的三个解向量，且 $R(\boldsymbol{A}) = 3$，其中 $\boldsymbol{\alpha}_1 + \boldsymbol{\alpha}_2 = \begin{bmatrix} -1 \\ 0 \\ 3 \\ 1 \end{bmatrix}$，$\boldsymbol{\alpha}_2 + \boldsymbol{\alpha}_3 = \begin{bmatrix} 2 \\ -2 \\ 0 \\ 4 \end{bmatrix}$，试写出方程组 $\boldsymbol{Ax} = \boldsymbol{b}$ 的通解.

解：因为未知量个数 $n = 4$，且 $R(\boldsymbol{A}) = 3$，所以 $\boldsymbol{Ax} = \boldsymbol{0}$ 的基础解系含有 $4 - 3 = 1$ 个线性无关的解向量. 令 $\boldsymbol{\beta}_1 = \boldsymbol{\alpha}_1 + \boldsymbol{\alpha}_2$，$\boldsymbol{\beta}_2 = \boldsymbol{\alpha}_2 + \boldsymbol{\alpha}_3$，

则 $\boldsymbol{\beta}_1 - \boldsymbol{\beta}_2 = \boldsymbol{\alpha}_1 - \boldsymbol{\alpha}_3 = \begin{bmatrix} -3 \\ 2 \\ 3 \\ -3 \end{bmatrix}$ 为 $\boldsymbol{Ax} = \boldsymbol{0}$ 基础解系的解向量. 又 $\dfrac{\boldsymbol{\alpha}_2 + \boldsymbol{\alpha}_3}{2} = \begin{bmatrix} 1 \\ -1 \\ 0 \\ 2 \end{bmatrix}$ 为 $\boldsymbol{Ax} = \boldsymbol{b}$ 的一个特解，故 $\boldsymbol{Ax} = \boldsymbol{b}$ 的通解为

$$\boldsymbol{x} = k\begin{bmatrix} -3 \\ 2 \\ 3 \\ -3 \end{bmatrix} + \begin{bmatrix} 1 \\ -1 \\ 0 \\ 2 \end{bmatrix} \quad (k \in R).$$ （注：此题答案不唯一）

9. 设齐次线性方程组

$$\begin{cases} a_{11}x_1 + a_{12}x_2 + \cdots + a_{1n}x_n = b_1, \\ a_{21}x_1 + a_{22}x_2 + \cdots + a_{2n}x_n = b_2, \\ \cdots \\ a_{n1}x_1 + a_{n2}x_2 + \cdots + a_{nn}x_n = b_n, \end{cases}$$

的系数矩阵 $\boldsymbol{A}$ 的秩等于矩阵 $\boldsymbol{B} = \begin{bmatrix} a_{11} & a_{12} & \cdots & a_{1n} & b_1 \\ a_{21} & a_{22} & \cdots & a_{2n} & b_2 \\ \vdots & \vdots & \vdots & \vdots & \vdots \\ a_{n1} & a_{n2} & \cdots & a_{nn} & b_n \\ b_1 & b_2 & \cdots & b_n & 0 \end{bmatrix}$ 的秩，证明此方程组有解.

证明：注意到系数矩阵 $\boldsymbol{A}$ 是 $n\times n$ 矩阵，其增广矩阵 $\overline{\boldsymbol{A}}$ 是 $n\times(n+1)$ 矩阵，矩阵 $\boldsymbol{B}$ 是 $(n+1)\times(n+1)$ 矩阵，由矩阵的秩的定义，有

$$\boldsymbol{A}\text{ 比 }\overline{\boldsymbol{A}}\text{ 少一列}\Rightarrow R(\boldsymbol{A})\leqslant R(\overline{\boldsymbol{A}})$$

$$\overline{\boldsymbol{A}}\text{ 比 }\boldsymbol{B}\text{ 少一行}\Rightarrow R(\overline{\boldsymbol{A}})\leqslant R(\boldsymbol{B}),$$

于是
$$R(\boldsymbol{A})\leqslant R(\overline{\boldsymbol{A}})\leqslant R(\boldsymbol{B})$$

由题设 $R(\boldsymbol{A})=R(\boldsymbol{B})$，所以 $R(\boldsymbol{A})=R(\overline{\boldsymbol{A}})$，原方程组必有解.

10. 设 $\boldsymbol{\eta}$ 是非齐次线性方程组 $\boldsymbol{Ax}=\boldsymbol{b}$ 的一个解向量，$\boldsymbol{\xi}_1$，$\boldsymbol{\xi}_2$，$\boldsymbol{\xi}_3$ 是对应的齐次线性方程组 $\boldsymbol{Ax}=\boldsymbol{0}$ 的一个基础解系. 证明

$$\boldsymbol{\alpha}_0=\boldsymbol{\eta},\quad \boldsymbol{\alpha}_1=\boldsymbol{\eta}+\boldsymbol{\xi}_1,\quad \boldsymbol{\alpha}_2=\boldsymbol{\eta}+\boldsymbol{\xi}_2,\quad \boldsymbol{\alpha}_3=\boldsymbol{\eta}+\boldsymbol{\xi}_3$$

为非齐次线性方程组的线性无关的解向量，且 $\boldsymbol{Ax}=\boldsymbol{b}$ 的任一解向量 $\boldsymbol{x}$ 可表示为

$$\boldsymbol{x}=k_0\boldsymbol{\alpha}_0+k_1\boldsymbol{\alpha}_1+k_2\boldsymbol{\alpha}_2+k_3\boldsymbol{\alpha}_3,$$

其中　$k_0+k_1+k_2+k_3=1.$

证明：因为 $\boldsymbol{A\alpha}_0=\boldsymbol{A\eta}=\boldsymbol{b}$，$\boldsymbol{A\alpha}_i=\boldsymbol{A}(\boldsymbol{\eta}+\boldsymbol{\xi}_i)=\boldsymbol{A\eta}+\boldsymbol{A\xi}_i=\boldsymbol{b}\quad(i=1,2,3)$，所以 $\boldsymbol{\alpha}_0$，$\boldsymbol{\alpha}_1$，$\boldsymbol{\alpha}_2$，$\boldsymbol{\alpha}_3$ 是 $\boldsymbol{Ax}=\boldsymbol{b}$ 的解. 设有数组 k_0，k_1，k_2，k_3 使

$$k_0\boldsymbol{\alpha}_0+k_1\boldsymbol{\alpha}_1+k_2\boldsymbol{\alpha}_2+k_3\boldsymbol{\alpha}_3=\boldsymbol{0},$$

即
$$(k_0+k_1+k_2+k_3)\boldsymbol{\eta}+k_1\boldsymbol{\xi}_1+k_2\boldsymbol{\xi}_2+k_3\boldsymbol{\xi}_3=\boldsymbol{0},\tag{a}$$

上式两边都乘 $\boldsymbol{A}$ 得

$$(k_0+k_1+k_2+k_3)A\boldsymbol{\eta}+k_1A\boldsymbol{\xi}_1+k_2A\boldsymbol{\xi}_2+k_3A\boldsymbol{\xi}_3=\boldsymbol{0},$$

因为 $\boldsymbol{A\eta}=\boldsymbol{b}$，$\boldsymbol{A\xi}_i=\boldsymbol{0}\quad(i=1,2,3)$，

所以
$$(k_0+k_1+k_2+k_3)\boldsymbol{b}=\boldsymbol{0},$$

于是
$$k_0+k_1+k_2+k_3=0\tag{b}$$

将(b)式代入(a)式，可得 $k_1\boldsymbol{\xi}_1+k_2\boldsymbol{\xi}_2+k_3\boldsymbol{\xi}_3=\boldsymbol{0}$.

由于 $\boldsymbol{\xi}_1$，$\boldsymbol{\xi}_2$，$\boldsymbol{\xi}_3$ 线性无关，所以 $k_1=k_2=k_3=0$. 将 $k_1=k_2=k_3=0$ 代入(b)式得 $k_0=0$. 故 $\boldsymbol{\alpha}_0$，$\boldsymbol{\alpha}_1$，$\boldsymbol{\alpha}_2$，$\boldsymbol{\alpha}_3$ 线性无关.

对 $\boldsymbol{Ax}=\boldsymbol{b}$ 的任一解 $\boldsymbol{x}$，有

$$\begin{aligned}\boldsymbol{x}&=\boldsymbol{\eta}+\lambda_1\boldsymbol{\xi}_1+\lambda_2\boldsymbol{\xi}_2+\lambda_3\boldsymbol{\xi}_3\\&=(1-\lambda_1-\lambda_2-\lambda_3)\boldsymbol{\eta}+\lambda_1(\boldsymbol{\eta}+\boldsymbol{\xi}_1)+\lambda_2(\boldsymbol{\eta}+\boldsymbol{\xi}_2)+\lambda_3(\boldsymbol{\eta}+\boldsymbol{\xi}_3)\\&=(1-\lambda_1-\lambda_2-\lambda_3)\boldsymbol{\alpha}_0+\lambda_1\boldsymbol{\alpha}_1+\lambda_2\boldsymbol{\alpha}_2+\lambda_3\boldsymbol{\alpha}_3\\&=k_0\boldsymbol{\alpha}_0+k_1\boldsymbol{\alpha}_1+k_2\boldsymbol{\alpha}_2+k_3\boldsymbol{\alpha}_3.\end{aligned}$$

其中 $k_0=(1-\lambda_1-\lambda_2-\lambda_3)$，$k_i=\lambda_i(i=1,2,3)$，

所以　$k_0+k_1+k_2+k_3=1.$

七、补充习题

1. 填空题

(1) 设四阶方阵 $\boldsymbol{A}=\begin{bmatrix}1 & a & a & a\\ a & 1 & a & a\\ a & a & 1 & a\\ a & a & a & 1\end{bmatrix}$，且方程组 $\boldsymbol{Ax}=\boldsymbol{0}$ 的基础解系只有一个非零解向量，则 $a=$_________.

(2) 已知方程组 $\begin{bmatrix}a & 1 & 1\\ 1 & a & 1\\ 1 & 1 & a\end{bmatrix}\begin{bmatrix}x_1\\ x_2\\ x_3\end{bmatrix}=\begin{bmatrix}1\\ 1\\ -2\end{bmatrix}$ 无解，则 $a=$_________.

(3) 设 $\boldsymbol{A}$ 为 n 阶方阵，若任意的 n 维向量 $\boldsymbol{x}$ 均满足方程 $\boldsymbol{Ax}=\boldsymbol{0}$，则 $\boldsymbol{A}=$_________.

(4) 设 $\boldsymbol{A}=\begin{bmatrix}1 & -1 & 2\\ 2 & 0 & 4\\ 3 & 2 & t\end{bmatrix}$，若存在三阶非零方阵 $\boldsymbol{B}$，使得 $\boldsymbol{AB}=\boldsymbol{O}$，则 $t=$_______.

(5) 已知 $\boldsymbol{\alpha}_1$，$\boldsymbol{\alpha}_2$ 是非齐次线性方程组 $\boldsymbol{Ax}=\boldsymbol{b}$ 线性无关的解向量，$\boldsymbol{A}$ 为 2×3 矩阵，且秩 $R(\boldsymbol{A})=2$. 若 $\boldsymbol{\alpha}=k\boldsymbol{\alpha}_1+l\boldsymbol{\alpha}_2$ 是方程组 $\boldsymbol{Ax}=\boldsymbol{b}$ 的通解，则常数 k，l 须满足关系式_________.

(6) 设 $\boldsymbol{A}=\begin{bmatrix}1 & 1 & 1\\ a_1 & a_2 & a_3\\ a_1^2 & a_2^2 & a_3^2\end{bmatrix}$，$\boldsymbol{x}=\begin{bmatrix}x_1\\ x_2\\ x_3\end{bmatrix}$，$\boldsymbol{b}=\begin{bmatrix}1\\ 1\\ 1\end{bmatrix}$，其中 $a_i\neq a_j\,(i,j=1,2,3)$，则线性方程组 $\boldsymbol{A}^{\mathrm{T}}\boldsymbol{x}=\boldsymbol{b}$ 的解是______________________.

2. 选择题

(1) 设 $\boldsymbol{A}$ 为 $m\times n$ 矩阵，齐次线性方程组 $\boldsymbol{Ax}=\boldsymbol{0}$ 仅有零解的充要条件是(　　).

(A) $\boldsymbol{A}$ 的列向量组线性无关　　(B) $\boldsymbol{A}$ 的行向量组线性无关

(C) $\boldsymbol{A}$ 的列向量组线性相关　　(D) $\boldsymbol{A}$ 的行向量组线性相关

(2) 设线性方程组 $\boldsymbol{A}_{m\times n}\boldsymbol{x}=\boldsymbol{b}\ (m\neq n)$，则下列结论中正确的是(　　).

(A) 若 $\boldsymbol{Ax}=\boldsymbol{0}$ 仅有零解，则 $\boldsymbol{Ax}=\boldsymbol{b}$ 有唯一解

(B) 若 $\boldsymbol{Ax}=\boldsymbol{0}$ 有非零解，则 $\boldsymbol{Ax}=\boldsymbol{b}$ 有无穷多解

(C) 若 $\boldsymbol{Ax}=\boldsymbol{b}$ 有无穷多个解，则 $\boldsymbol{Ax}=\boldsymbol{0}$ 仅有零解

(D) 若 $\boldsymbol{Ax}=\boldsymbol{b}$ 有无穷多个解，则 $\boldsymbol{Ax}=\boldsymbol{0}$ 有非零解

(3) 设 $\boldsymbol{\alpha}_1$，$\boldsymbol{\alpha}_2$，$\boldsymbol{\alpha}_3$ 是 $\boldsymbol{Ax}=\boldsymbol{0}$ 的基础解系，则该方程组的基础解系还可表示为(　　).

(A) $\boldsymbol{\alpha}_1+\boldsymbol{\alpha}_2$，$\boldsymbol{\alpha}_2+\boldsymbol{\alpha}_3$，$\boldsymbol{\alpha}_1+2\boldsymbol{\alpha}_2+\boldsymbol{\alpha}_3$　　(B) $\boldsymbol{\alpha}_1+\boldsymbol{\alpha}_2$，$\boldsymbol{\alpha}_2+\boldsymbol{\alpha}_3$，$\boldsymbol{\alpha}_3-\boldsymbol{\alpha}_1$

(C) $\boldsymbol{\alpha}_1+\boldsymbol{\alpha}_2$，$\boldsymbol{\alpha}_2+\boldsymbol{\alpha}_3$，$\boldsymbol{\alpha}_3+\boldsymbol{\alpha}_1$　　(D) $\boldsymbol{\alpha}_1-\boldsymbol{\alpha}_2$，$\boldsymbol{0}$，$\boldsymbol{\alpha}_2-\boldsymbol{\alpha}_3$

(4) 已知 $\boldsymbol{\alpha}_1=\begin{bmatrix}1\\ 0\\ 2\end{bmatrix}$，$\boldsymbol{\alpha}_2=\begin{bmatrix}0\\ 1\\ -1\end{bmatrix}$ 都是线性方程组 $\boldsymbol{Ax}=\boldsymbol{0}$ 的解，则 $\boldsymbol{A}$ 为(　　).

(A) $\begin{bmatrix}-2 & 1 & 1\\ 2 & -1 & -1\end{bmatrix}$　　(B) $\begin{bmatrix}2 & 0 & 1\\ 0 & 1 & 1\end{bmatrix}$

(C) $\begin{bmatrix}-1 & 0 & 2\\ 0 & 1 & -1\end{bmatrix}$　　(D) $\begin{bmatrix}0 & 1 & -1\\ 4 & -2 & -2\end{bmatrix}$

(5) 非齐次线性方程组 $\boldsymbol{Ax}=\boldsymbol{b}$ 中 $\boldsymbol{A}$ 为 $m\times n$ 矩阵,则(　　).

(A) $R(\boldsymbol{A})=m$ 时, $\boldsymbol{Ax}=\boldsymbol{b}$ 有解　　(B) $R(\boldsymbol{A})=n$ 时, $\boldsymbol{Ax}=\boldsymbol{b}$ 有唯一解

(C) $m=n$ 时, $\boldsymbol{Ax}=\boldsymbol{b}$ 有唯一解　　(D) $R(\boldsymbol{A})<n$ 时, $\boldsymbol{Ax}=\boldsymbol{b}$ 有无穷多解

(6) 已知 $\boldsymbol{\beta}_1$, $\boldsymbol{\beta}_2$ 是 $\boldsymbol{Ax}=\boldsymbol{b}$ 的两个不同的解, $\boldsymbol{\alpha}_1$, $\boldsymbol{\alpha}_2$ 是相应的齐次线性方程组 $\boldsymbol{Ax}=\boldsymbol{0}$ 的基础解系, k_1, k_2 是任意常数,则 $\boldsymbol{Ax}=\boldsymbol{b}$ 的通解是(　　).

(A) $k_1\boldsymbol{\alpha}_1+k_2(\boldsymbol{\alpha}_1+\boldsymbol{\alpha}_2)+\dfrac{\boldsymbol{\beta}_1-\boldsymbol{\beta}_2}{2}$　　(B) $k_1\boldsymbol{\alpha}_1+k_2(\boldsymbol{\alpha}_1-\boldsymbol{\alpha}_2)+\dfrac{\boldsymbol{\beta}_1+\boldsymbol{\beta}_2}{2}$

(C) $k_1\boldsymbol{\alpha}_1+k_2(\boldsymbol{\beta}_1-\boldsymbol{\beta}_2)+\dfrac{\boldsymbol{\beta}_1-\boldsymbol{\beta}_2}{2}$　　(D) $k_1\boldsymbol{\alpha}_1+k_2(\boldsymbol{\beta}_1-\boldsymbol{\beta}_2)+\dfrac{\boldsymbol{\beta}_1+\boldsymbol{\beta}_2}{2}$

(7) 设 $\boldsymbol{\alpha}_1$, $\boldsymbol{\alpha}_2$, $\boldsymbol{\alpha}_3$ 是四元非齐次线性方程组 $\boldsymbol{Ax}=\boldsymbol{b}$ 的三个解向量,且 $R(\boldsymbol{A})=3$, $\boldsymbol{\alpha}_1=\begin{bmatrix}1\\2\\3\\4\end{bmatrix}$, $\boldsymbol{\alpha}_2+\boldsymbol{\alpha}_3=\begin{bmatrix}0\\1\\2\\3\end{bmatrix}$, k 是任意常数,则方程组 $\boldsymbol{Ax}=\boldsymbol{b}$ 的通解是(　　).

(A) $\begin{bmatrix}1\\2\\3\\4\end{bmatrix}+k\begin{bmatrix}1\\1\\1\\1\end{bmatrix}$　　(B) $\begin{bmatrix}1\\2\\3\\4\end{bmatrix}+k\begin{bmatrix}0\\1\\2\\3\end{bmatrix}$　　(C) $\begin{bmatrix}1\\2\\3\\4\end{bmatrix}+k\begin{bmatrix}2\\3\\4\\5\end{bmatrix}$　　(D) $\begin{bmatrix}1\\2\\3\\4\end{bmatrix}+k\begin{bmatrix}3\\4\\5\\6\end{bmatrix}$

(8) 设 $\boldsymbol{A}$ 为 4×5 矩阵,且 $\boldsymbol{A}$ 的行向量组线性无关,则(　　)

(A) $\boldsymbol{A}$ 的列向量组线性无关

(B) 方程组 $\boldsymbol{Ax}=\boldsymbol{b}$ 的增广矩阵 $\overline{\boldsymbol{A}}$ 的行向量组线性无关

(C) 方程组 $\boldsymbol{Ax}=\boldsymbol{b}$ 的增广矩阵 $\overline{\boldsymbol{A}}$ 的任意四个列向量构成的向量组线性无关

(D) 方程组 $\boldsymbol{Ax}=\boldsymbol{b}$ 有唯一解

(9) 齐次线性方程组 $\begin{cases}a_1x_1+a_2x_2+\cdots+a_nx_n=0,\\ b_1x_1+b_2x_2+\cdots+b_nx_n=0.\end{cases}$ 的基础解系含有 $n-1$ 个解向量,则(　　)

(A) $a_1=a_2=\cdots=a_n$　　(B) $b_1=b_2=\cdots=b_n$

(C) $\begin{vmatrix}a_1 & a_2\\ b_1 & b_2\end{vmatrix}=0$　　(D) $\dfrac{a_i}{b_i}=m\ (i=1,2,\cdots,n)$

(10) 设齐次线性方程组 $\begin{cases}\lambda x_1+x_2+\lambda^2x_3=0,\\ x_1+\lambda x_2+x_3=0,\\ x_1+x_2+\lambda x_3=0.\end{cases}$ 的系数矩阵为 $\boldsymbol{A}$,若存在 3 阶矩阵 $\boldsymbol{B}\neq\boldsymbol{O}$,使得 $\boldsymbol{AB}=\boldsymbol{O}$,则(　　)

(A) $\lambda=-2$ 且 $|\boldsymbol{B}|=0$　　(B) $\lambda=-2$ 且 $|\boldsymbol{B}|\neq 2$

(C) $\lambda = 1$ 且 $|\boldsymbol{B}| = 0$　　　　(D) $\lambda = 1$ 且 $|\boldsymbol{B}| \neq 0$

(11) 设 $\boldsymbol{A}$ 为 n 阶方阵，$\boldsymbol{\alpha}$ 为 n 维列向量，若 $R(\boldsymbol{A}) = R\left(\begin{bmatrix} \boldsymbol{A} & \boldsymbol{\alpha} \\ \boldsymbol{\alpha}^{\mathrm{T}} & 0 \end{bmatrix}\right)$，则线性方程(　　)

(A) $\boldsymbol{Ax} = \boldsymbol{\alpha}$ 必有无穷个多解　　　　(B) $\boldsymbol{Ax} = \boldsymbol{\alpha}$ 必有唯一解

(C) $\begin{bmatrix} \boldsymbol{A} & \boldsymbol{\alpha} \\ \boldsymbol{\alpha}^{\mathrm{T}} & 0 \end{bmatrix}\begin{bmatrix} \boldsymbol{x} \\ y \end{bmatrix} = \boldsymbol{0}$ 只有零解　　　　(D) $\begin{bmatrix} \boldsymbol{A} & \boldsymbol{\alpha} \\ \boldsymbol{\alpha}^{\mathrm{T}} & 0 \end{bmatrix}\begin{bmatrix} \boldsymbol{x} \\ y \end{bmatrix} = \boldsymbol{0}$ 必有非零解

3. 设 $\boldsymbol{A} = \begin{bmatrix} 1 & 2 & 1 & 2 \\ 0 & 1 & t & t \\ 1 & t & 0 & 1 \end{bmatrix}$，且齐次线性方程组 $\boldsymbol{Ax} = \boldsymbol{0}$ 的基础解系中有两个解向量，求 $\boldsymbol{Ax} = \boldsymbol{0}$ 的通解.

4. 已知 $\boldsymbol{\alpha}_1 = \begin{bmatrix} 1 \\ 4 \\ 0 \\ 2 \end{bmatrix}$，$\boldsymbol{\alpha}_2 = \begin{bmatrix} 2 \\ 7 \\ 1 \\ 3 \end{bmatrix}$，$\boldsymbol{\alpha}_3 = \begin{bmatrix} 0 \\ 1 \\ -1 \\ a \end{bmatrix}$，$\boldsymbol{\beta} = \begin{bmatrix} 3 \\ 10 \\ b \\ 4 \end{bmatrix}$，

(1) a，b 为何值时，$\boldsymbol{\beta}$ 不能由 $\boldsymbol{\alpha}_1$，$\boldsymbol{\alpha}_2$，$\boldsymbol{\alpha}_3$ 线性表示；

(2) a，b 为何值时，$\boldsymbol{\beta}$ 可由 $\boldsymbol{\alpha}_1$，$\boldsymbol{\alpha}_2$，$\boldsymbol{\alpha}_3$ 唯一线性表示，写出此表达式；

(3) a，b 为何值时，$\boldsymbol{\beta}$ 可由 $\boldsymbol{\alpha}_1$，$\boldsymbol{\alpha}_2$，$\boldsymbol{\alpha}_3$ 线性表示，但表示法不唯一，并写出此表达式.

5. 设 $\boldsymbol{A}$ 是 $m \times n$ 矩阵，若 $\boldsymbol{A}$ 的每一行元素之和均为零，且 $R(\boldsymbol{A}) = n-1$，求 $\boldsymbol{Ax} = \boldsymbol{0}$ 的通解.

6. 设四元齐次线性方程组(Ⅰ)为

$$\begin{cases} 2x_1 + 3x_2 - x_3 = 0, \\ x_1 + 2x_2 + x_3 - x_4 = 0. \end{cases}$$

且已知另一个四元齐次线性方程组(Ⅱ)的一个基础解系为

$$\boldsymbol{\alpha}_1 = \begin{bmatrix} 2 \\ -1 \\ a+2 \\ 1 \end{bmatrix}, \quad \boldsymbol{\alpha}_2 = \begin{bmatrix} -1 \\ 2 \\ 4 \\ a+8 \end{bmatrix},$$

(1) 求方程组(Ⅰ)的一个基础解系；

(2) a 为何值时，方程组(Ⅰ)与(Ⅱ)有非零公共解？在有非零公共解时，求出全部非零公共解.

7. 设有空间中的三个平面

$$\pi_1: x + y - 2z = 0,$$
$$\pi_2: 3x + 2y + pz = -1,$$
$$\pi_3: x - y - 6z = q.$$

讨论这三个平面的位置关系.

8. 设齐次线性方程组

$$\begin{cases} ax_1+bx_2+bx_3+\cdots+bx_n=0, \\ bx_1+ax_2+bx_3+\cdots+bx_n=0, \\ \cdots \\ bx_1+bx_2+bx_3+\cdots+ax_n=0. \end{cases}$$

其中 $a\neq 0$, $b\neq 0$, $n\geqslant 2$. 试讨论 a, b 为何值时,方程组仅有零解,有无穷多解? 在有无穷多解时,求出全部解,并用基础解系表示全部解.

9. 已知 $\boldsymbol{A},\boldsymbol{B}$ 为 n 阶非零方阵,且 $\boldsymbol{AB}=\boldsymbol{O}$, 证明 $R(\boldsymbol{A})<n$.

10. $\boldsymbol{A}$ 为 $m\times n$ 的实矩阵, $m>n$, 非齐次线性方程组 $\boldsymbol{Ax}=\boldsymbol{b}$ 有唯一解. 证明 $\boldsymbol{A}^{\mathrm{T}}\boldsymbol{A}$ 为可逆矩阵,且该方程组的解为 $\boldsymbol{x}=(\boldsymbol{A}^{\mathrm{T}}\boldsymbol{A})^{-1}\boldsymbol{A}^{\mathrm{T}}b$.

11. 已知 $\boldsymbol{A}$ 为 $m\times n$ 矩阵,其 m 个行向量是齐次线性方程组 $\boldsymbol{Cx}=\boldsymbol{0}$ 的基础解系, $\boldsymbol{B}$ 是 m 阶可逆矩阵,证明 $\boldsymbol{BA}$ 的行向量也是 $\boldsymbol{Cx}=\boldsymbol{0}$ 的基础解系.

12. 已知三元线性方程组 $\boldsymbol{Ax}=\boldsymbol{b}$ 的三个解向量为 $\boldsymbol{\alpha}_1$, $\boldsymbol{\alpha}_2$, $\boldsymbol{\alpha}_3$, 且

$$\boldsymbol{\alpha}_1+\boldsymbol{\alpha}_2=\begin{bmatrix}1\\0\\0\end{bmatrix},\quad \boldsymbol{\alpha}_2+\boldsymbol{\alpha}_3=\begin{bmatrix}1\\1\\0\end{bmatrix},\quad \boldsymbol{\alpha}_1+\boldsymbol{\alpha}_3=\begin{bmatrix}1\\1\\1\end{bmatrix},$$

又 $R(\boldsymbol{A})=1$ 已知, 求线性方程组 $\boldsymbol{Ax}=\boldsymbol{b}$ 的通解.

13. 选取 k 的值:(1) 使齐次线性方程组

$$\begin{cases} x_1+x_2+kx_3=0, \\ -x_1+kx_2+x_3=0, \\ x_1-2x_2+2x_3=0. \end{cases}$$

有非零解,并求其解;

(2) 使非齐次线性方程组

$$\begin{cases} x+y+kz=1, \\ kx+y+z=1, \\ x+y+z=k. \end{cases}$$

有解, 并求其解.

14. 已知线性方程组 $\begin{cases} x_1+x_2-2x_3=1, \\ x_1-2x_2+x_3=2, \\ ax_2+bx_2+cx_3=d. \end{cases}$ 的两个解为 $\boldsymbol{\eta}_1=\left[2,\dfrac{1}{3},\dfrac{2}{3}\right]^{\mathrm{T}}$, $\boldsymbol{\eta}_2=\left[\dfrac{1}{3},-\dfrac{4}{3},-1\right]^{\mathrm{T}}$, 试求该方程组的全部解.

15. 设线性方程组 $\begin{cases} x_1+x_2=a_1, \\ x_3+x_4=a_2, \\ x_1+x_3=b_1, \\ x_2+x_4=b_2. \end{cases}$ 其中 a_1, a_2, b_1, b_2 满足 $a_1+a_2=b_1+b_2$, 证明: 线性方程组有解, 且其系数矩阵的秩为 3.

16. 设 4 阶矩阵 $\boldsymbol{A}$ 的伴随矩阵 $\boldsymbol{A}^* \neq \boldsymbol{O}$，若 $\boldsymbol{\xi}_1, \boldsymbol{\xi}_2, \boldsymbol{\xi}_3, \boldsymbol{\xi}_4$ 是非齐次线性方程组 $\boldsymbol{Ax}=\boldsymbol{b}$ 的互不相等的解，试问对应的齐次线性方程组 $\boldsymbol{Ax}=\boldsymbol{0}$ 的基础解系包含几个解向量？

17. 设有齐次线性方程组 $\begin{cases}(1+a)x_1+x_2+\cdots+x_n=0,\\ 2x_1+(2+a)x_2+\cdots+2x_n=0,\\ \cdots\\ nx_1+nx_2+\cdots+(n+a)x_n=0.\end{cases}$ $(n\geqslant 2)$，

试问：a 取何值时，该方程组有非零解？并求出其通解.

18. 设 $\boldsymbol{A}$ 是 $m\times n$ 矩阵，$\boldsymbol{B}$ 是 $n\times l$ 矩阵，证明 $\boldsymbol{ABx}=\boldsymbol{0}$ 和 $\boldsymbol{Bx}=\boldsymbol{0}$ 是同解方程组的充分必要条件是 $R(\boldsymbol{AB})=R(\boldsymbol{B})$.

解答和提示

1. 填空题

(1) $-\dfrac{1}{3}$ (2) 1 (3) $\boldsymbol{O}$ (4) 6 (5) $k+l=1$ (6) $[1, 0, 0]^{\mathrm{T}}$

2. 选择题

(1) A (2) D (3) C (4) A (5) A (6) B (7) C (8) B (9) C (10) C (11) D

3. 要使 $R(\boldsymbol{A})=4-2=2$. 必须 $t=1$. 通解为 $\boldsymbol{x}=k_1\begin{bmatrix}1\\-1\\1\\0\end{bmatrix}+k_2\begin{bmatrix}0\\-1\\0\\1\end{bmatrix}$ (k_1, k_2 为任意常数).

4. (1) $b\neq 2, a\in R$； (2) $b=2, a\neq 1, \boldsymbol{\beta}=-\boldsymbol{\alpha}_1+2\boldsymbol{\alpha}_2$；

(3) $b=2, a=1, \boldsymbol{\beta}=x_1\boldsymbol{\alpha}_1+x_2\boldsymbol{\alpha}_2+x_3\boldsymbol{\alpha}_3=-(2k+1)\boldsymbol{\alpha}_1+(k+2)\boldsymbol{\alpha}_2+k\boldsymbol{\alpha}_3 (k\in R)$.

5. $k(1, 1, \cdots, 1)^{\mathrm{T}}$ 为齐次方程组的通解，其中 k 为任意常数.

6. (1) 基础解系为 $(5, -3, 1, 0)^{\mathrm{T}}, (-3, 2, 0, 1)^{\mathrm{T}}$.

(2) 当 $a=-1$ 时，方程组(Ⅰ)与(Ⅱ)的全部非零公共解为 $\begin{bmatrix}x_1\\x_2\\x_3\\x_4\end{bmatrix}=k_1\begin{bmatrix}2\\-1\\1\\1\end{bmatrix}+k_2\begin{bmatrix}-1\\2\\4\\7\end{bmatrix}$，

k_1, k_2 为不全为零的任意常数.

7. 当 $p\neq -8, q\in R$ 时，三个平面交于一点；

当 $p=-8, q=-2$ 时，三个平面交于一直线 $\begin{cases}x=4t-1,\\ y=-2t+1,\\ z=t.\end{cases}$ $(t\in R)$；

当 $p=-8, q\neq -2$ 时，三个平面两两互不平行，它们两两相交于三条彼此平行但不重合的直线.

8. (1) 当 $a=b$ 时，$R(\boldsymbol{A})=1<n$，方程组有无穷多个解，基础解系为

$$\boldsymbol{\xi}_1 = \begin{bmatrix} -1 \\ 1 \\ 0 \\ \vdots \\ 0 \end{bmatrix}, \quad \boldsymbol{\xi}_2 = \begin{bmatrix} -1 \\ 0 \\ 1 \\ \vdots \\ 0 \end{bmatrix}, \quad \boldsymbol{\xi}_{n-1} = \begin{bmatrix} -1 \\ 0 \\ 0 \\ \vdots \\ 1 \end{bmatrix},$$

通解为 $\boldsymbol{x} = k_1\boldsymbol{\xi}_1 + k_2\boldsymbol{\xi}_2 + \cdots + k_{n-1}\boldsymbol{\xi}_{n-1}$，其中 k_1，k_2，…，k_{n-1} 为任意常数.

(2) 当 $a = (1-n)b$ 时，方程组有无穷多个解，基础解系为 $\boldsymbol{\beta} = [1, 1, \cdots, 1]^{\mathrm{T}}$，通解为

$$\boldsymbol{x} = k\boldsymbol{\beta}，其中 k 为任意常数.$$

(3) 当 $a \neq b$ 且 $a \neq (1-n)b$ 时，方程组仅有零解.

9. 证明：设 $\boldsymbol{B} = [\boldsymbol{\beta}_1, \boldsymbol{\beta}_2, \cdots, \boldsymbol{\beta}_n]$，$\boldsymbol{\beta}_i (i = 1, 2, \cdots, n)$ 皆为 n 维列向量，由 $\boldsymbol{AB} = \boldsymbol{O}$，有

$$\boldsymbol{A}[\boldsymbol{\beta}_1, \boldsymbol{\beta}_2, \cdots, \boldsymbol{\beta}_n] = [\boldsymbol{A\beta}_1, \boldsymbol{A\beta}_2, \cdots, \boldsymbol{A\beta}_n] = [\boldsymbol{0}, \boldsymbol{0}, \cdots, \boldsymbol{0}],$$

故

$$\boldsymbol{A\beta}_i = \boldsymbol{0}, \quad (i = 1, 2, \cdots, n),$$

该式说明 $\boldsymbol{\beta}_1$，$\boldsymbol{\beta}_2$，…，$\boldsymbol{\beta}_n$ 皆是方程组 $\boldsymbol{Ax} = \boldsymbol{0}$ 的解. 又由 $\boldsymbol{B}$ 为非零方阵，所以 $\boldsymbol{\beta}_1$，$\boldsymbol{\beta}_2$，…，$\boldsymbol{\beta}_n$ 至少有一个非零向量. 即方程组 $\boldsymbol{Ax} = \boldsymbol{0}$ 有非零解，所以 $R(\boldsymbol{A}) < n$ 得证.

10. 证明：首先证 $\boldsymbol{A}^{\mathrm{T}}\boldsymbol{A}$ 可逆，用反证法.

假设 $\boldsymbol{A}^{\mathrm{T}}\boldsymbol{A}$ 不可逆，即 $R(\boldsymbol{A}^{\mathrm{T}}\boldsymbol{A}) < n$，则方程组 $\boldsymbol{A}^{\mathrm{T}}\boldsymbol{Ax} = \boldsymbol{0}$ 有非零解，即存在 $\boldsymbol{\alpha} \neq \boldsymbol{0}$ 使 $\boldsymbol{A}^{\mathrm{T}}\boldsymbol{A\alpha} = \boldsymbol{0}$. 用 $\boldsymbol{\alpha}^{\mathrm{T}}$ 左乘上式两边得　$\boldsymbol{\alpha}^{\mathrm{T}}(\boldsymbol{A}^{\mathrm{T}}\boldsymbol{A})\boldsymbol{\alpha} = (\boldsymbol{A\alpha})^{\mathrm{T}}(\boldsymbol{A\alpha}) = 0$.

设 $(\boldsymbol{A\alpha})^{\mathrm{T}} = [a_1, a_2, \cdots, a_m]$，则　$(\boldsymbol{A\alpha})^{\mathrm{T}}(\boldsymbol{A\alpha}) = a_1^2 + a_2^2 + \cdots + a_m^2 = 0$，

从而 $\boldsymbol{A\alpha} = \boldsymbol{0}$. 但已知 $\boldsymbol{Ax} = \boldsymbol{b}$ 有唯一解，所以 $R(\boldsymbol{A}) = R(\boldsymbol{A}, \boldsymbol{b}) = R(\overline{\boldsymbol{A}}) = n$，矛盾.

所以 $R(\boldsymbol{A}^{\mathrm{T}}\boldsymbol{A}) = n$，故 $\boldsymbol{A}^{\mathrm{T}}\boldsymbol{A}$ 可逆. 用 $\boldsymbol{A}^{\mathrm{T}}$ 左乘 $\boldsymbol{Ax} = \boldsymbol{b}$，得 $\boldsymbol{A}^{\mathrm{T}}\boldsymbol{Ax} = \boldsymbol{A}^{\mathrm{T}}\boldsymbol{b}$，故 $\boldsymbol{x} = (\boldsymbol{A}^{\mathrm{T}}\boldsymbol{A})^{-1}\boldsymbol{A}^{\mathrm{T}}\boldsymbol{b}$.

11. 证明　设　$\boldsymbol{A} = \begin{bmatrix} \boldsymbol{\alpha}_1^{\mathrm{T}} \\ \boldsymbol{\alpha}_2^{\mathrm{T}} \\ \vdots \\ \boldsymbol{\alpha}_m^{\mathrm{T}} \end{bmatrix}$，$\boldsymbol{BA} = \begin{bmatrix} \boldsymbol{\eta}_1^{\mathrm{T}} \\ \boldsymbol{\eta}_2^{\mathrm{T}} \\ \vdots \\ \boldsymbol{\eta}_m^{\mathrm{T}} \end{bmatrix}$，则 $\begin{bmatrix} \boldsymbol{\eta}_1^{\mathrm{T}} \\ \boldsymbol{\eta}_2^{\mathrm{T}} \\ \vdots \\ \boldsymbol{\eta}_m^{\mathrm{T}} \end{bmatrix} = \boldsymbol{B}\begin{bmatrix} \boldsymbol{\alpha}_1^{\mathrm{T}} \\ \boldsymbol{\alpha}_2^{\mathrm{T}} \\ \vdots \\ \boldsymbol{\alpha}_m^{\mathrm{T}} \end{bmatrix}$，

说明 $\boldsymbol{BA}$ 的行向量组可由 $\boldsymbol{A}$ 的行向量组线性表示；

由于 $\boldsymbol{B}$ 可逆，所以　$\begin{bmatrix} \boldsymbol{\alpha}_1^{\mathrm{T}} \\ \boldsymbol{\alpha}_2^{\mathrm{T}} \\ \vdots \\ \boldsymbol{\alpha}_m^{\mathrm{T}} \end{bmatrix} = \boldsymbol{B}^{-1}\begin{bmatrix} \boldsymbol{\eta}_1^{\mathrm{T}} \\ \boldsymbol{\eta}_2^{\mathrm{T}} \\ \vdots \\ \boldsymbol{\eta}_m^{\mathrm{T}} \end{bmatrix}$，

说明 $\boldsymbol{A}$ 的行向量组可由 $\boldsymbol{BA}$ 的行向量组线性表示.

所以 $\boldsymbol{A}$ 的行向量组与 $\boldsymbol{BA}$ 的行向量组等价，所以 $\boldsymbol{Cx} = \boldsymbol{0}$ 的任一解向量都可由 $\boldsymbol{BA}$ 的行向量组线性表示，且 $\boldsymbol{BA}$ 含 m 个行向量. 所以 $\boldsymbol{BA}$ 的行向量组也是 $\boldsymbol{Cx} = \boldsymbol{0}$ 的基础解系.

12. $\boldsymbol{x} = k_1\boldsymbol{\eta}_1 + k_2\boldsymbol{\eta}_2 + \boldsymbol{\alpha}(k_1, k_2 \in R)$（注：本题答案不唯一），其中

$$\boldsymbol{\eta}_1=(\boldsymbol{\alpha}_2+\boldsymbol{\alpha}_3)-(\boldsymbol{\alpha}_1+\boldsymbol{\alpha}_2)=\begin{bmatrix}0\\1\\0\end{bmatrix},\ \boldsymbol{\eta}_2=(\boldsymbol{\alpha}_1+\boldsymbol{\alpha}_3)-(\boldsymbol{\alpha}_2+\boldsymbol{\alpha}_3)=\begin{bmatrix}0\\0\\1\end{bmatrix},$$

$$\boldsymbol{\alpha}=\frac{1}{2}(\boldsymbol{\alpha}_1+\boldsymbol{\alpha}_2)=\begin{bmatrix}\frac{1}{2}\\0\\0\end{bmatrix}.$$

13. (1) 当 $k=-1$ 或 $k=5$ 时方程组有非零解.

当 $k=-1$ 时，通解为 $\boldsymbol{x}=k\begin{bmatrix}0\\1\\1\end{bmatrix}$ $(k\in R)$；当 $k=5$ 时，通解为 $\boldsymbol{x}=k\begin{bmatrix}-4\\-1\\1\end{bmatrix}$ $(k\in R)$.

(2) 当 $k\neq 1$ 时，方程组有唯一解 $\begin{bmatrix}x\\y\\z\end{bmatrix}=\begin{bmatrix}-1\\k+2\\-1\end{bmatrix}$；

当 $k=1$ 时，方程组的通解为

$$\begin{bmatrix}x\\y\\z\end{bmatrix}=k_1\begin{bmatrix}-1\\1\\0\end{bmatrix}+k_2\begin{bmatrix}-1\\0\\1\end{bmatrix}+\begin{bmatrix}1\\0\\0\end{bmatrix}\ (k_1,\ k_2\in R).$$

14. $\boldsymbol{x}=k\left[\frac{5}{3},\frac{5}{3},\frac{5}{3}\right]^{\mathrm{T}}+\left[2,\ \frac{1}{3},\ \frac{2}{3}\right]^{\mathrm{T}}$ $(k\in R)$,

提示：$2\leqslant R(\boldsymbol{A})\leqslant 3$，所以 $\boldsymbol{Ax}=\boldsymbol{0}$ 的基础解系含解向量个数满足 $0\leqslant n-R(\boldsymbol{A})\leqslant 1$，

故 $\boldsymbol{x}=k(\boldsymbol{\eta}_1-\boldsymbol{\eta}_2)+\boldsymbol{\eta}_1(k\in R)$；

16. 提示：$\boldsymbol{A}^*\neq\boldsymbol{O}$，即 $\boldsymbol{A}^*$ 中至少有一个非零元素，故 $\boldsymbol{A}$ 至少有一个 3 阶子式不为零，因此 $R(\boldsymbol{A})\geqslant 3$；如果 $R(\boldsymbol{A})=4$，即 $|\boldsymbol{A}|\neq 0$，则由克莱姆法则知 $\boldsymbol{Ax}=\boldsymbol{b}$ 只有唯一解，与已知矛盾，故 $R(\boldsymbol{A})=3$.

17. 当 $a=0$ 时，通解为 $\boldsymbol{x}=k_1\begin{bmatrix}-1\\1\\0\\\vdots\\0\end{bmatrix}+k_2\begin{bmatrix}-1\\0\\1\\\vdots\\0\end{bmatrix}+\cdots+k_{n-1}\begin{bmatrix}-1\\0\\0\\\vdots\\1\end{bmatrix}$，$(k_1,k_2\cdots,k_{n-1}$ 为任意常数)；当 $a=-\frac{n(n+1)}{2}$ 时，通解为 $\boldsymbol{x}=k[1,2,\cdots,n]^{\mathrm{T}}$，($k$ 为任意常数).

18. 提示：(充分性) 两个方程组的基础解系解向量个数都为 $l-r$，一方面，$\boldsymbol{Bx}=\boldsymbol{0}$ 的解都是 $\boldsymbol{ABx}=\boldsymbol{0}$ 的解，那么 $\boldsymbol{Bx}=\boldsymbol{0}$ 的基础解系 $\boldsymbol{\xi}_1,\boldsymbol{\xi}_2,\cdots\boldsymbol{\xi}_{l-r}$ 包含在 $\boldsymbol{ABx}=\boldsymbol{0}$ 的基础解系中，而 $\boldsymbol{ABx}=\boldsymbol{0}$ 的线性无关解的个数也是 $l-r$ 个，那么两个方程组的基础解系相同，通解也完全相同，则 $\boldsymbol{ABx}=\boldsymbol{0}$ 和 $\boldsymbol{Bx}=\boldsymbol{0}$ 同解.

第五章　矩阵的相似对角化

一、基 本 要 求

1. 理解矩阵的特征值和特征向量的概念和性质，熟练掌握求矩阵的特征值和特征向量的方法.

2. 理解相似矩阵的概念、性质及矩阵可相似对角化的充分必要条件，熟练掌握将矩阵化为相似对角阵的方法.

3. 了解向量的内积、向量的长度、标准正交向量组与正交矩阵的概念，了解线性无关向量组规范正交化的施密特方法.

4. 了解实对称矩阵特征值和特征向量的性质，熟练掌握实对称矩阵的对角化.

二、内 容 提 要

1. 特征值与特征向量

(1) 定义

设 $\boldsymbol{A}=(a_{ij})$ 为 n 阶方阵，如果对于数 λ，存在 n 维非零列向量 $\boldsymbol{x}$，满足 $\boldsymbol{Ax}=\lambda\boldsymbol{x}$，则称数 λ 为方阵 $\boldsymbol{A}$ 的特征值，而称非零列向量 $\boldsymbol{x}$ 为方阵 $\boldsymbol{A}$ 对应于特征值 λ 的特征向量.

$f(\lambda)=|\lambda\boldsymbol{E}-\boldsymbol{A}|=0$ 称为方阵 $\boldsymbol{A}$ 的特征方程，

$$f(\lambda)=|\lambda\boldsymbol{E}-\boldsymbol{A}|=\begin{vmatrix}\lambda-a_{11} & -a_{12} & \cdots & -a_{1n}\\ -a_{21} & \lambda-a_{22} & \cdots & -a_{2n}\\ \vdots & \vdots & & \vdots\\ -a_{n1} & -a_{n2} & \cdots & \lambda-a_{nn}\end{vmatrix}$$

是一个关于 λ 的 n 次多项式，称为方阵 $\boldsymbol{A}$ 的特征多项式. 显然，$\boldsymbol{A}$ 的特征值就是 $\boldsymbol{A}$ 的特征方程的解.

(2) 特征值与特征向量的性质

设 n 阶方阵 $\boldsymbol{A}$ 的 n 个特征值为 $\lambda_1, \lambda_2, \cdots, \lambda_n$,则

① $\lambda_1 + \lambda_2 + \cdots + \lambda_n = \sum_{i=1}^{n} a_{ii} = \mathrm{tr}(\boldsymbol{A})$(称为方阵 $\boldsymbol{A}$ 的迹).

② $\lambda_1 \cdot \lambda_2 \cdot \cdots \cdot \lambda_n = |\boldsymbol{A}|$.

③ 若 λ 是方阵 $\boldsymbol{A}$ 的特征值,$f(x) = a_n x^n + a_{n-1} x^{n-1} + \cdots + a_1 x + a_0$,则 $f(\lambda)$ 是矩阵 $f(\boldsymbol{A})$ 的特征值.

④ 若 $\lambda \neq 0$ 是可逆方阵 $\boldsymbol{A}$ 的特征值,则 λ^{-1} 是逆矩阵 $\boldsymbol{A}^{-1}$ 的特征值,$|\boldsymbol{A}|\lambda^{-1}$ 是伴随矩阵 $\boldsymbol{A}^*$ 的特征值.

⑤ n 阶方阵 $\boldsymbol{A}$ 的不同特征值所对应的特征向量必线性无关.

⑥ $\boldsymbol{p}_{i1}, \boldsymbol{p}_{i2}, \cdots, \boldsymbol{p}_{ir_i}$ 是方阵 $\boldsymbol{A}$ 对应于 λ_i 的线性无关的特征向量($i = 1, 2, \cdots, s$),则向量组 $\boldsymbol{p}_{11}, \boldsymbol{p}_{12}, \cdots, \boldsymbol{p}_{1r_1}; \boldsymbol{p}_{21}, \boldsymbol{p}_{22}, \cdots, \boldsymbol{p}_{2r_2}; \cdots; \boldsymbol{p}_{s1}, \boldsymbol{p}_{s2}, \cdots, \boldsymbol{p}_{sr_s}$ 也线性无关.

(3) 特征值与特征向量的计算

① 求解 n 阶方阵 $\boldsymbol{A}$ 的特征方程 $|\lambda\boldsymbol{E} - \boldsymbol{A}| = 0$,即得 $\boldsymbol{A}$ 的 n 个特征值 $\lambda_1, \lambda_2, \cdots, \lambda_n$.

② 对于 $\boldsymbol{A}$ 的每一个不同特征值 $\lambda_i (1 \leqslant i \leqslant n)$,求对应齐次线性方程组 $(\lambda_i \boldsymbol{E} - \boldsymbol{A})\boldsymbol{x} = \boldsymbol{0}$ 的一个基础解系,其非零线性组合即为方阵 $\boldsymbol{A}$ 的对应于特征值 λ_i 的特征向量.

2. 相似矩阵

(1) 定义

设 $\boldsymbol{A}, \boldsymbol{B}$ 为 n 阶方阵,如果存在可逆方阵 $\boldsymbol{P}$,使得 $\boldsymbol{B} = \boldsymbol{P}^{-1}\boldsymbol{A}\boldsymbol{P}$,则称矩阵 $\boldsymbol{A}$ 与 $\boldsymbol{B}$ 相似,而称方阵 $\boldsymbol{P}$ 为相似变换矩阵.

(2) 相似矩阵的性质

① 反身性　矩阵 $\boldsymbol{A}$ 与 $\boldsymbol{A}$ 相似.

② 对称性　若矩阵 $\boldsymbol{A}$ 与 $\boldsymbol{B}$ 相似,则矩阵 $\boldsymbol{B}$ 与 $\boldsymbol{A}$ 相似.

③ 传递性　若矩阵 $\boldsymbol{A}$ 与 $\boldsymbol{B}$ 相似,矩阵 $\boldsymbol{B}$ 与 $\boldsymbol{C}$ 相似,则矩阵 $\boldsymbol{A}$ 与 $\boldsymbol{C}$ 相似.

④ 若矩阵 $\boldsymbol{A}$ 与 $\boldsymbol{B}$ 相似,又多项式 $f(x) = a_n x^n + a_{n-1} x^{n-1} + \cdots + a_1 x + a_0$,则矩阵 $f(\boldsymbol{A})$ 与 $f(\boldsymbol{B})$ 相似.

⑤ 相似矩阵具有相同的特征多项式和特征方程,因而具有相同的特征值.

(3) 矩阵的相似对角化

① n 阶方阵 $\boldsymbol{A}$ 与对角阵 $\boldsymbol{\Lambda}$ 相似的充分必要条件是 $\boldsymbol{A}$ 有 n 个线性无关的特征向量.

② 若 n 阶方阵 $\boldsymbol{A}$ 的 n 个特征值互异,则 $\boldsymbol{A}$ 与对角阵相似.

③ n 阶方阵 $\boldsymbol{A}$ 与对角阵 $\boldsymbol{\Lambda}$ 相似的充分必要条件是 $\boldsymbol{A}$ 的 k_i 重特征值 λ_i 所对应的特征向量中恰好有 k_i 个线性无关.

④ 矩阵的相似对角化

设 $\lambda_1, \lambda_2, \cdots \lambda_n$ 为 n 阶方阵 $\boldsymbol{A}$ 的特征值，$\boldsymbol{p}_1, \boldsymbol{p}_2, \cdots, \boldsymbol{p}_n$ 为对应的特征向量且线性无关，令矩阵 $\boldsymbol{P}=[\boldsymbol{p}_1, \boldsymbol{p}_2, \cdots, \boldsymbol{p}_n]$，则有 $\boldsymbol{P}^{-1}\boldsymbol{AP}=\boldsymbol{\Lambda}=\mathrm{diag}(\lambda_1, \lambda_2, \cdots, \lambda_n)$，即方阵 $\boldsymbol{A}$ 相似于对角阵 $\boldsymbol{\Lambda}$.

3. 施密特正交化

(1) 向量的内积与正交

设 n 维向量 $\boldsymbol{\alpha}=(a_1, a_2, \cdots, a_n)^{\mathrm{T}}$，$\boldsymbol{\beta}=(b_1, b_2, \cdots, b_n)^{\mathrm{T}}$，定义

$$[\boldsymbol{\alpha}, \boldsymbol{\beta}]=a_1b_1+a_2b_2+\cdots+a_nb_n=\boldsymbol{\alpha}^{\mathrm{T}}\boldsymbol{\beta}$$

为向量 $\boldsymbol{\alpha}$ 与 $\boldsymbol{\beta}$ 的内积. 若 $[\boldsymbol{\alpha}, \boldsymbol{\beta}]=0$，称向量 $\boldsymbol{\alpha}$ 与 $\boldsymbol{\beta}$ 正交.

内积具有下列性质：

① $[\boldsymbol{\alpha}, \boldsymbol{\beta}]=[\boldsymbol{\beta}, \boldsymbol{\alpha}]$.

② $[\boldsymbol{\alpha}+\boldsymbol{\beta}, \boldsymbol{\gamma}]=[\boldsymbol{\alpha}, \boldsymbol{\gamma}]+[\boldsymbol{\beta}, \boldsymbol{\gamma}]$.

③ $[\lambda\boldsymbol{\alpha}, \boldsymbol{\beta}]=\lambda[\boldsymbol{\alpha}, \boldsymbol{\beta}]$.

④ $[\boldsymbol{\alpha}, \boldsymbol{\alpha}]\geqslant 0$，当且仅当 $\boldsymbol{\alpha}=\boldsymbol{0}$ 时等号成立. 其中 $\boldsymbol{\alpha}, \boldsymbol{\beta}, \boldsymbol{\gamma}$ 是 n 维实向量，λ 是实数.

⑤ 正交非零向量组(两两正交的一组非零向量)必线性无关.

(2) 向量的长度、单位向量、标准正交向量组

设 n 维实向量 $\boldsymbol{\alpha}=(a_1, a_2, \cdots, a_n)^{\mathrm{T}}$，称

$$\|\boldsymbol{\alpha}\|=\sqrt{[\boldsymbol{\alpha}, \boldsymbol{\alpha}]}=\sqrt{\boldsymbol{\alpha}^{\mathrm{T}}\boldsymbol{\alpha}}=\sqrt{a_1^2+a_2^2+\cdots+a_n^2}$$

为向量 $\boldsymbol{\alpha}$ 的长度或模.

当 $\|\boldsymbol{\alpha}\|=1$ 时，称 $\boldsymbol{\alpha}$ 为单位向量.

$\boldsymbol{\alpha}^0=\dfrac{\boldsymbol{\alpha}}{\|\boldsymbol{\alpha}\|}$ 表示与非零向量 $\boldsymbol{\alpha}$ 同方向的单位向量，称 $\boldsymbol{\alpha}^0$ 为非零向量 $\boldsymbol{\alpha}$ 的单位化向量.

单位向量组成的正交向量组称为标准正交向量组.

(3) 施密特正交化的步骤

① 正交化　线性无关的 n 维向量组 $\boldsymbol{\alpha}_1, \boldsymbol{\alpha}_2, \cdots, \boldsymbol{\alpha}_r(r\leqslant n)\Rightarrow$ 正交向量组 $\boldsymbol{\beta}_1, \boldsymbol{\beta}_2, \cdots, \boldsymbol{\beta}_r$

$$\boldsymbol{\beta}_1=\boldsymbol{\alpha}_1,\ \boldsymbol{\beta}_2=\boldsymbol{\alpha}_2-\frac{[\boldsymbol{\beta}_1, \boldsymbol{\alpha}_2]}{[\boldsymbol{\beta}_1, \boldsymbol{\beta}_1]}\boldsymbol{\beta}_1,\ \cdots,$$

$$\boldsymbol{\beta}_i=\boldsymbol{\alpha}_i-\frac{[\boldsymbol{\beta}_1, \boldsymbol{\alpha}_i]}{[\boldsymbol{\beta}_1, \boldsymbol{\beta}_1]}\boldsymbol{\beta}_1-\frac{[\boldsymbol{\beta}_2, \boldsymbol{\alpha}_i]}{[\boldsymbol{\beta}_2, \boldsymbol{\beta}_2]}\boldsymbol{\beta}_2-\cdots-\frac{[\boldsymbol{\beta}_{i-1}, \boldsymbol{\alpha}_i]}{[\boldsymbol{\beta}_{i-1}, \boldsymbol{\beta}_{i-1}]}\boldsymbol{\beta}_{i-1}\quad (i=1, 2, \cdots, r).$$

② 规范化(即单位化)　正交向量组$\boldsymbol{\beta}_1, \boldsymbol{\beta}_2, \cdots, \boldsymbol{\beta}_r \Rightarrow$标准正交向量组$\boldsymbol{\beta}_1^0, \boldsymbol{\beta}_2^0, \cdots, \boldsymbol{\beta}_r^0$

$$\boldsymbol{\beta}_i^0 = \frac{\boldsymbol{\beta}_i}{\|\boldsymbol{\beta}_i\|} \quad (i=1, 2, \cdots, r).$$

注　通过上述方法所得到的标准正交向量组$\boldsymbol{\beta}_1^0, \boldsymbol{\beta}_2^0, \cdots, \boldsymbol{\beta}_r^0$与原向量组$\boldsymbol{\alpha}_1, \boldsymbol{\alpha}_2, \cdots, \boldsymbol{\alpha}_r$等价.

4. 正交矩阵

(1) 定义

如果n阶方阵$\boldsymbol{A}$满足$\boldsymbol{A}\boldsymbol{A}^{\mathrm{T}} = \boldsymbol{A}^{\mathrm{T}}\boldsymbol{A} = \boldsymbol{E}$(即$\boldsymbol{A}^{-1} = \boldsymbol{A}^{\mathrm{T}}$),则称$\boldsymbol{A}$为正交矩阵.

方阵$\boldsymbol{A}$为正交矩阵$\Leftrightarrow \boldsymbol{A}$的行(列)向量组为标准正交向量组.

(2) 性质

设$\boldsymbol{A}, \boldsymbol{B}$为$n$阶正交矩阵,则

① $|\boldsymbol{A}| = \pm 1$.

② $\boldsymbol{A}^{\mathrm{T}}, \boldsymbol{A}^{-1}$也是正交矩阵.

③ $\boldsymbol{AB}$也是正交矩阵.

5. 实对称矩阵的对角化

(1) 实对称矩阵的性质

① 实对称矩阵的特征值都是实数.

② 实对称矩阵不同的特征值所对应的特征向量必相互正交.

③ 实对称矩阵$\boldsymbol{A}$的对应于k重特征值的特征向量中恰好有k个线性无关.

④ 若$\boldsymbol{A}$为实对称矩阵,则存在正交矩阵$\boldsymbol{Q}$,使得

$$\boldsymbol{Q}^{-1}\boldsymbol{AQ} = \boldsymbol{Q}^{\mathrm{T}}\boldsymbol{AQ} = \boldsymbol{\Lambda} = \begin{bmatrix} \lambda_1 & & & \\ & \lambda_2 & & \\ & & \ddots & \\ & & & \lambda_n \end{bmatrix},$$

其中$\lambda_1, \lambda_2, \cdots, \lambda_n$为实对称矩阵$\boldsymbol{A}$的特征值,即$\boldsymbol{A}$相似于对角阵$\boldsymbol{\Lambda}$.

⑤ 实对称矩阵$\boldsymbol{A}$与$\boldsymbol{B}$相似的充分必要条件是$\boldsymbol{A}$与$\boldsymbol{B}$有相同的特征值.

(2) 实对称矩阵相似对角化中正交矩阵$\boldsymbol{Q}$的计算

① 由特征方程$|\lambda\boldsymbol{E} - \boldsymbol{A}| = 0$,求出$n$阶实对称矩阵$\boldsymbol{A}$的所有特征值$\lambda_1, \lambda_2, \cdots, \lambda_n$.

② 求出对应于特征值$\lambda_1, \lambda_2, \cdots, \lambda_n$的特征向量.若$\lambda_i$为单特征值,则将对应的特征向量单位化;若$\lambda_i$为$k_i$重特征值($k_i > 1$),则将对应的$k_i$个线性无关的特征向量先正交化、再单位化;最后将所得的标准正交向量组作为矩阵$\boldsymbol{Q}$的列向量

组，则正交矩阵 $\boldsymbol{Q}$ 为实对称矩阵 $\boldsymbol{A}$ 相似对角化中的相似变换矩阵.

注意　正交矩阵 $\boldsymbol{Q}$ 列向量组的排序必须与对角矩阵 $\boldsymbol{\Lambda}$ 中主对角线上特征值 $\lambda_1, \lambda_2, \cdots, \lambda_n$ 的排序一致.

三、重点难点

本章重点　方阵的特征值、特征向量的概念、性质和计算，矩阵相似对角化的条件，实对称矩阵的相似对角化.

本章难点　特征多项式 $|\lambda\boldsymbol{E}-\boldsymbol{A}|$ 是一个含 λ 的 n 阶行列式，计算上有一定的难度；向量正交化方法，正交矩阵的概念和性质，矩阵是否可以相似对角化的判定，实对称矩阵相似对角化中的正交矩阵的计算.

四、常见错误

错误 1　将特征多项式写成 $|\lambda\boldsymbol{E}-\boldsymbol{A}|=\begin{vmatrix}\lambda-a_{11} & a_{12} & \cdots & a_{1n}\\ a_{21} & \lambda-a_{22} & \cdots & a_{2n}\\ \vdots & \vdots & & \vdots\\ a_{n1} & a_{n2} & \cdots & \lambda-a_{nn}\end{vmatrix}$.

分析　上述错误非常普遍，这种错误会导致特征值、特征向量的计算错误，甚至导致矩阵是否相似对角阵的结论错误，其后果十分严重，读者必须加以重视，避免这种错误的产生.

正确写出矩阵 $\boldsymbol{A}$ 的特征多项式 $|\lambda\boldsymbol{E}-\boldsymbol{A}|=\begin{vmatrix}\lambda-a_{11} & -a_{12} & \cdots & -a_{1n}\\ -a_{21} & \lambda-a_{22} & \cdots & -a_{2n}\\ \vdots & \vdots & & \vdots\\ -a_{n1} & -a_{n2} & \cdots & \lambda-a_{nn}\end{vmatrix}$,

可以分两步：先将矩阵 $\boldsymbol{A}$ 的所有元素反号；然后在主对角线元素上加上 λ. 特征多项式 $|\lambda\boldsymbol{E}-\boldsymbol{A}|$ 是一个含 λ 的 n 阶行列式，相比具体的数字行列式，计算上有一定的难度.

错误 2　将特征多项式写成 $|\lambda\boldsymbol{E}-\boldsymbol{A}|=\begin{bmatrix}\lambda-a_{11} & -a_{12} & \cdots & -a_{1n}\\ -a_{21} & \lambda-a_{22} & \cdots & -a_{2n}\\ \vdots & \vdots & & \vdots\\ -a_{n1} & -a_{n2} & \cdots & \lambda-a_{nn}\end{bmatrix}$.

分析 上述错误也很普遍，一是在求特征值时把特征多项式写成矩阵，二是在求特征向量时把齐次线性方程组的系数矩阵 $\lambda_i\boldsymbol{E}-\boldsymbol{A}$ 写成行列式. 虽然从表面上看只是写错记号，但本质上是混淆行列式和矩阵的概念.

在求特征值时，用到第一章行列式的知识；在求特征向量时，用到第四章线性方程组的知识，所以是对前面所学知识的综合运用.

错误 3 把齐次线性方程组 $(\lambda_i\boldsymbol{E}-\boldsymbol{A})\boldsymbol{x}=\boldsymbol{0}$ 的零解作为特征向量.

分析 造成这种错误的原因是不了解特征向量为非零向量.

方阵 $\boldsymbol{A}$ 对应于特征值 λ_i 的特征向量是齐次线性方程组 $(\lambda_i\boldsymbol{E}-\boldsymbol{A})\boldsymbol{x}=\boldsymbol{0}$ 的所有非零解. 如果 $\boldsymbol{p}_1, \boldsymbol{p}_2, \cdots, \boldsymbol{p}_s$ 为齐次线性方程组 $(\lambda_i\boldsymbol{E}-\boldsymbol{A})\boldsymbol{x}=\boldsymbol{0}$ 的一个基础解系，则矩阵 $\boldsymbol{A}$ 对应于特征值 λ_i 的特征向量是 $k_1\boldsymbol{p}_1+k_2\boldsymbol{p}_2+\cdots+k_s\boldsymbol{p}_s$ ($k_1, k_2, \cdots, k_s$ 不全为零).

错误 4 相似矩阵有相同的特征值和特征向量.

分析 相似矩阵有相同的特征值，但特征向量未必相同.

设矩阵 $\boldsymbol{A}$ 与 $\boldsymbol{B}$ 相似，$\boldsymbol{B}=\boldsymbol{P}^{-1}\boldsymbol{AP}$，若 $\boldsymbol{x}$ 为矩阵 $\boldsymbol{A}$ 对应于特征值 λ 的特征向量，即 $\boldsymbol{Ax}=\lambda\boldsymbol{x}$，则 $\boldsymbol{B}(\boldsymbol{P}^{-1}\boldsymbol{x})=\boldsymbol{P}^{-1}\boldsymbol{AP}(\boldsymbol{P}^{-1}\boldsymbol{x})=\boldsymbol{P}^{-1}\boldsymbol{Ax}=\boldsymbol{P}^{-1}(\lambda\boldsymbol{x})=\lambda(\boldsymbol{P}^{-1}\boldsymbol{x})$，所以 $\boldsymbol{P}^{-1}\boldsymbol{x}$ 为矩阵 $\boldsymbol{B}$ 对应于特征值 λ 的特征向量.

错误 5 相似变换矩阵中特征向量的排序与对角阵 $\boldsymbol{\Lambda}$ 中特征值的排序不一致.

分析 $\lambda_1, \lambda_2, \cdots, \lambda_n$ 为矩阵 $\boldsymbol{A}$ 的特征值，$\boldsymbol{p}_1, \boldsymbol{p}_2, \cdots, \boldsymbol{p}_n$ 为对应的线性无关的特征向量，则相似变换矩阵 $\boldsymbol{P}=[\boldsymbol{p}_1, \boldsymbol{p}_2, \cdots, \boldsymbol{p}_n]$，$\boldsymbol{P}^{-1}\boldsymbol{AP}=\boldsymbol{\Lambda}=\mathrm{diag}(\lambda_1, \lambda_2, \cdots, \lambda_n)$.

例如，三阶方阵 $\boldsymbol{A}$ 的特征值分别为 1, 2, 3，对应的特征向量分别为 $\boldsymbol{p}_1, \boldsymbol{p}_2, \boldsymbol{p}_3$，若取相似变换矩阵 $\boldsymbol{P}=[\boldsymbol{p}_2, \boldsymbol{p}_1, \boldsymbol{p}_3]$，则 $\boldsymbol{P}^{-1}\boldsymbol{AP}=\begin{bmatrix}2 & & \\ & 1 & \\ & & 3\end{bmatrix}$.

错误 6 若矩阵 $\boldsymbol{A}$ 与 $\boldsymbol{B}$ 有相同的特征值，则矩阵 $\boldsymbol{A}$ 与 $\boldsymbol{B}$ 相似.

分析 相似矩阵有相同的特征值，其逆命题并不成立.

例如 $\boldsymbol{A}=\begin{bmatrix}1 & 0\\ 0 & 1\end{bmatrix}$，$\boldsymbol{B}=\begin{bmatrix}1 & 1\\ 0 & 1\end{bmatrix}$，$\boldsymbol{A}$ 与 $\boldsymbol{B}$ 有相同的特征值 1, 1，但矩阵 $\boldsymbol{A}$ 与 $\boldsymbol{B}$ 不相似，因为与矩阵 $\boldsymbol{A}$ 相似的只能是单位矩阵，而 $\boldsymbol{B}\neq\boldsymbol{E}$.

注意下列结论是正确的：若实对称矩阵 $\boldsymbol{A}, \boldsymbol{B}$ 有相同的特征值，则矩阵 $\boldsymbol{A}$ 与 $\boldsymbol{B}$ 相似. 事实上，若实对称矩阵 $\boldsymbol{A}, \boldsymbol{B}$ 有相同的特征值 $\lambda_1, \lambda_2, \cdots, \lambda_n$，由于实对称矩阵 $\boldsymbol{A}, \boldsymbol{B}$ 都相似于对角阵 $\boldsymbol{\Lambda}=\mathrm{diag}(\lambda_1, \lambda_2, \cdots, \lambda_n)$，由传递性可得矩阵 $\boldsymbol{A}$ 与 $\boldsymbol{B}$ 相似. 所以，对于两个实对称矩阵，相似的充分必要条件是有相同的特征值.

五、典 型 例 题

【例 1】　求矩阵 $\boldsymbol{A}=\begin{bmatrix}0&1&1&-1\\1&0&-1&1\\1&-1&0&1\\-1&1&1&0\end{bmatrix}$ 的特征值和特征向量.

解　由 $|\lambda\boldsymbol{E}-\boldsymbol{A}|=\begin{vmatrix}\lambda&-1&-1&1\\-1&\lambda&1&-1\\-1&1&\lambda&-1\\1&-1&-1&\lambda\end{vmatrix}=(\lambda-1)\begin{vmatrix}1&-1&-1&1\\1&\lambda&1&-1\\1&1&\lambda&-1\\1&-1&-1&\lambda\end{vmatrix}$

$$=(\lambda-1)\begin{vmatrix}1&-1&-1&1\\0&\lambda+1&2&-2\\0&2&\lambda+1&-2\\0&0&0&\lambda-1\end{vmatrix}=(\lambda-1)^3(\lambda+3),$$

得矩阵 $\boldsymbol{A}$ 的特征值 $\lambda_1=-3$，$\lambda_2=\lambda_3=\lambda_4=1$.

对于 $\lambda_1=-3$，解方程 $(-3\boldsymbol{E}-\boldsymbol{A})\boldsymbol{x}=\boldsymbol{0}$. 由

$$-3\boldsymbol{E}-\boldsymbol{A}=\begin{bmatrix}-3&-1&-1&1\\-1&-3&1&-1\\-1&1&-3&-1\\1&-1&-1&-3\end{bmatrix}\rightarrow\begin{bmatrix}1&0&0&-1\\0&1&0&1\\0&0&1&1\\0&0&0&0\end{bmatrix},\text{得 }\boldsymbol{p}_1=\begin{bmatrix}1\\-1\\-1\\1\end{bmatrix},$$

所以 $k_1\boldsymbol{p}_1(k_1\neq0)$ 为 $\boldsymbol{A}$ 对应于特征值 $\lambda_1=-3$ 的特征向量.

对于 $\lambda_2=\lambda_3=\lambda_4=1$，解方程 $(\boldsymbol{E}-\boldsymbol{A})\boldsymbol{x}=\boldsymbol{0}$. 由

$$\boldsymbol{E}-\boldsymbol{A}=\begin{bmatrix}1&-1&-1&1\\-1&1&1&-1\\-1&1&1&-1\\1&-1&-1&1\end{bmatrix}\rightarrow\begin{bmatrix}1&-1&-1&1\\0&0&0&0\\0&0&0&0\\0&0&0&0\end{bmatrix},$$

得
$$\boldsymbol{p}_2=\begin{bmatrix}1\\1\\0\\0\end{bmatrix},\ \boldsymbol{p}_3=\begin{bmatrix}1\\0\\1\\0\end{bmatrix},\ \boldsymbol{p}_4=\begin{bmatrix}-1\\0\\0\\1\end{bmatrix}.$$

所以 $k_2\boldsymbol{p}_2+k_3\boldsymbol{p}_3+k_4\boldsymbol{p}_4(k_2,k_3,k_4$ 不全为零$)$ 为 $\boldsymbol{A}$ 对应于特征值 $\lambda_2=\lambda_3=\lambda_4=1$ 的特征向量.

【例 2】 若方阵 $\boldsymbol{A}=(a_{ij})_{n\times n}$ 满足 $\sum\limits_{j=1}^{n}|a_{ij}|<1,(i=1,2,\cdots,n)$，$\lambda$ 为方阵 $\boldsymbol{A}$ 的特征值，则 $|\lambda|<1$.

证明 设 $\boldsymbol{x}=[x_1,x_2,\cdots,x_n]^{\mathrm{T}}$ 为方阵 $\boldsymbol{A}$ 的对应于特征值 λ 的特征向量，则 $\boldsymbol{Ax}=\lambda\boldsymbol{x}$，

即 $\sum\limits_{j=1}^{n}a_{ij}x_j=\lambda x_i,(i=1,2,\cdots,n)$，设 $|x_k|=\max\limits_{1\leqslant i\leqslant n}\{|x_i|\}$，由于 $\boldsymbol{x}$ 为非零向量，故 $|x_k|>0$，所以有

$$|\lambda|=\left|\frac{\lambda x_k}{x_k}\right|=\left|\frac{\sum\limits_{j=1}^{n}a_{kj}x_j}{x_k}\right|\leqslant\sum_{j=1}^{n}|a_{ij}|\frac{|x_j|}{|x_k|}\leqslant\sum_{j=1}^{n}|a_{ij}|<1.$$

【例 3】 若 $\lambda\neq 0$ 是可逆方阵 $\boldsymbol{A}$ 的特征值，试证：λ^{-1} 是逆矩阵 $\boldsymbol{A}^{-1}$ 的特征值，$|\boldsymbol{A}|\lambda^{-1}$ 是伴随矩阵 $\boldsymbol{A}^*$ 的特征值.

证 因为 $\boldsymbol{A}$ 可逆，它的特征值 $\lambda\neq 0$，在 $\boldsymbol{Ax}=\lambda\boldsymbol{x}$ 两端同时乘上 $\boldsymbol{A}^{-1}$ 并整理得 $\boldsymbol{A}^{-1}\boldsymbol{x}=\lambda^{-1}\boldsymbol{x}$，即 λ^{-1} 是逆矩阵 $\boldsymbol{A}^{-1}$ 的特征值；

由 $\boldsymbol{A}^*=|\boldsymbol{A}|\boldsymbol{A}^{-1}$ 可知，$|\boldsymbol{A}|\lambda^{-1}$ 是伴随矩阵 $\boldsymbol{A}^*$ 的特征值.

【例 4】 设 λ 是 n 阶方阵 $\boldsymbol{A}$ 的一个特征值. (1) 求矩阵 $\boldsymbol{A}^3$，$\boldsymbol{A}^2+\boldsymbol{A}-2\boldsymbol{E}$ 的一个特征值；(2) 若 $\boldsymbol{A}$ 可逆，求 $3\boldsymbol{E}-\boldsymbol{A}^{-1}$，$\boldsymbol{E}+(\boldsymbol{A}^*)^2$ 的一个特征值.

分析 若 λ 是方阵 $\boldsymbol{A}$ 的特征值，则 $f(\lambda)=a_n\lambda^n+a_{n-1}\lambda^{n-1}+\cdots+a_1\lambda+a_0$ 是矩阵 $f(\boldsymbol{A})=a_n\boldsymbol{A}^n+a_{n-1}\boldsymbol{A}^{n-1}+\cdots+a_1\boldsymbol{A}+a_0\boldsymbol{E}$ 的特征值.

解 (1)显然，λ^3 是 $\boldsymbol{A}^3$ 的一个特征值. $\lambda^2+\lambda-2$ 是矩阵 $\boldsymbol{A}^2+\boldsymbol{A}-2\boldsymbol{E}$ 的一个特征值.

(2) λ^{-1} 是 $\boldsymbol{A}^{-1}$ 的一个特征值，于是 $3-\lambda^{-1}$ 是 $3\boldsymbol{E}-\boldsymbol{A}^{-1}$ 的一个特征值；$|\boldsymbol{A}|\lambda^{-1}$ 是 $\boldsymbol{A}^*$ 的一个特征值，于是 $1+\dfrac{|\boldsymbol{A}|^2}{\lambda^2}$ 是 $\boldsymbol{E}+(\boldsymbol{A}^*)^2$ 的一个特征值.

【例 5】 设有四阶方阵 $\boldsymbol{A}$ 满足 $|3\boldsymbol{E}+\boldsymbol{A}|=0$，$\boldsymbol{AA}^{\mathrm{T}}=3\boldsymbol{E}$，$|\boldsymbol{A}|<0$，求方阵 $\boldsymbol{A}$ 的伴随矩阵 $\boldsymbol{A}^*$ 的一个特征值.

解 由已知 $|3\boldsymbol{E}+\boldsymbol{A}|=0$，知 -3 是方阵 $\boldsymbol{A}$ 的一个特征值.

又 $\boldsymbol{AA}^{\mathrm{T}}=3\boldsymbol{E}$，于是 $|\boldsymbol{AA}^{\mathrm{T}}|=|3\boldsymbol{E}|=3^4$. 由 $|\boldsymbol{AA}^{\mathrm{T}}|=|\boldsymbol{A}||\boldsymbol{A}^{\mathrm{T}}|=|\boldsymbol{A}|^2$ 得 $|\boldsymbol{A}|=\pm 9$，又 $|\boldsymbol{A}|<0$，所以 $|\boldsymbol{A}|=-9$，于是 $\boldsymbol{A}^*$ 的一个特征值为 $\dfrac{|\boldsymbol{A}|}{\lambda}=\dfrac{-9}{-3}=3$.

【例 6】 已知四阶方阵 $\boldsymbol{A}$ 相似于 $\boldsymbol{B}$，$\boldsymbol{A}$ 的特征值为 2，3，5，7，$\boldsymbol{E}$ 为四阶单位矩阵，则 $|\boldsymbol{B}-\boldsymbol{E}|=$ ________.

解 $\boldsymbol{A}$ 相似于 $\boldsymbol{B}$，则 $\boldsymbol{A}$、$\boldsymbol{B}$ 有相同的特征值，所以 $\boldsymbol{B}$ 的特征值为 2，3，5，7，进而 $\boldsymbol{B}-\boldsymbol{E}$ 的特征值为 1，2，4，6. 所以 $|\boldsymbol{B}-\boldsymbol{E}|=1\cdot 2\cdot 4\cdot 6=48$.

注　方阵的行列式也可以通过方阵的特征值来计算.

【例7】　设 $\boldsymbol{A}=\boldsymbol{\alpha}\boldsymbol{\alpha}^{\mathrm{T}}$，其中 $\boldsymbol{\alpha}$ 为三维列向量，且 $\boldsymbol{\alpha}^{\mathrm{T}}\boldsymbol{\alpha}=2$，则 $|\boldsymbol{E}-\boldsymbol{A}^n|=$ ________.

解　由 $\boldsymbol{A}\boldsymbol{\alpha}=(\boldsymbol{\alpha}\boldsymbol{\alpha}^{\mathrm{T}})\boldsymbol{\alpha}=2\boldsymbol{\alpha}$，知 $\boldsymbol{A}$ 的一个特征值为2；若取垂直于 $\boldsymbol{\alpha}$ 的两个线性无关的三维向量 $\boldsymbol{\gamma}_1$，$\boldsymbol{\gamma}_2$，则有 $\boldsymbol{A}\boldsymbol{\gamma}_1=(\boldsymbol{\alpha}\boldsymbol{\alpha}^{\mathrm{T}})\boldsymbol{\gamma}_1=\boldsymbol{\alpha}(\boldsymbol{\alpha}^{\mathrm{T}}\boldsymbol{\gamma}_1)=\boldsymbol{0}$，同理 $\boldsymbol{A}\boldsymbol{\gamma}_2=\boldsymbol{0}$，因而0是 $\boldsymbol{A}$ 的二重特征值，因此 $\boldsymbol{A}$ 的特征值为2，0，0，于是 $\boldsymbol{E}-\boldsymbol{A}^n$ 的特征值为 $1-2^n$，1，1，故 $|\boldsymbol{E}-\boldsymbol{A}^n|=1-2^n$.

【例8】　判断下列矩阵是否与对角阵相似，如果相似，求出相似变换矩阵 $\boldsymbol{P}$，使 $\boldsymbol{P}^{-1}\boldsymbol{A}\boldsymbol{P}$ 为对角矩阵.

(1) $\boldsymbol{A}=\begin{bmatrix}2&0&1\\0&2&1\\1&1&1\end{bmatrix}$；　(2) $\boldsymbol{A}=\begin{bmatrix}-1&2&2\\3&-1&1\\2&2&-1\end{bmatrix}$；　(3) $\boldsymbol{A}=\begin{bmatrix}1&-3&3\\3&-5&3\\6&-6&4\end{bmatrix}$.

解　(1) $|\lambda\boldsymbol{E}-\boldsymbol{A}|=\begin{vmatrix}\lambda-2&0&-1\\0&\lambda-2&-1\\-1&-1&\lambda-1\end{vmatrix}$

$$=(\lambda-2)\begin{vmatrix}\lambda-2&-1\\-1&\lambda-1\end{vmatrix}-\begin{vmatrix}0&-1\\\lambda-2&-1\end{vmatrix}$$

$$=(\lambda-2)(\lambda^2-3\lambda+2-1-1)=\lambda(\lambda-2)(\lambda-3),$$

特征值为 $\lambda_1=0$，$\lambda_2=2$，$\lambda_3=3$，因为特征值互异，所以矩阵 $\boldsymbol{A}$ 可以相似对角化.

对应的特征向量为 $\boldsymbol{p}_1=\begin{bmatrix}-1\\-1\\2\end{bmatrix}$，$\boldsymbol{p}_2=\begin{bmatrix}-1\\1\\0\end{bmatrix}$，$\boldsymbol{p}_3=\begin{bmatrix}1\\1\\1\end{bmatrix}$，

所以相似变换矩阵为 $\boldsymbol{P}=[\boldsymbol{p}_1,\ \boldsymbol{p}_2,\ \boldsymbol{p}_3]=\begin{bmatrix}-1&-1&1\\-1&1&1\\2&0&1\end{bmatrix}$，使得 $\boldsymbol{P}^{-1}\boldsymbol{A}\boldsymbol{P}=\begin{bmatrix}0&&\\&2&\\&&3\end{bmatrix}$.

(2) $|\lambda\boldsymbol{E}-\boldsymbol{A}|=\begin{vmatrix}\lambda+1&-2&-2\\-3&\lambda+1&-1\\-2&-2&\lambda+1\end{vmatrix}=(\lambda+3)^2(\lambda-3)$，

特征值为 $\lambda_1=\lambda_2=-3$，$\lambda_3=3$，对于 $\lambda_1=\lambda_2=-3$，解方程 $(-3\boldsymbol{E}-\boldsymbol{A})\boldsymbol{x}=\boldsymbol{0}$.

由 $-3\boldsymbol{E}-\boldsymbol{A}=\begin{bmatrix}-2&-2&-2\\-3&-2&-1\\-2&-2&-2\end{bmatrix}\rightarrow\begin{bmatrix}1&0&-1\\0&1&2\\0&0&0\end{bmatrix}$,得 $R(-3\boldsymbol{E}-\boldsymbol{A})=2$,于是对应于特征值 $\lambda_1=\lambda_2=-3$ 的线性无关特征向量个数为 $3-2=1\neq 2$,即线性无关特征向量个数不等于特征值的重数,因此矩阵 $\boldsymbol{A}$ 不能相似对角化.

(3) $|\lambda\boldsymbol{E}-\boldsymbol{A}|=\begin{vmatrix}\lambda-1&3&-3\\-3&\lambda+5&-3\\-6&6&\lambda-4\end{vmatrix}=(\lambda+2)^2(\lambda-4)$,

特征值为 $\lambda_1=\lambda_2=-2$, $\lambda_3=4$,对于 $\lambda_1=\lambda_2=-2$,解方程 $(-2\boldsymbol{E}-\boldsymbol{A})\boldsymbol{x}=\boldsymbol{0}$. 由

$$-2\boldsymbol{E}-\boldsymbol{A}=\begin{bmatrix}-3&3&-3\\-3&3&-3\\-6&6&-6\end{bmatrix}\rightarrow\begin{bmatrix}1&-1&1\\0&0&0\\0&0&0\end{bmatrix},\text{得 }\boldsymbol{p}_1=\begin{bmatrix}1\\1\\0\end{bmatrix},\ \boldsymbol{p}_2=\begin{bmatrix}-1\\0\\1\end{bmatrix},$$

由于线性无关特征向量个数等于特征值的重数,故矩阵 $\boldsymbol{A}$ 可以相似对角化.

对于 $\lambda_3=4$,解方程 $(4\boldsymbol{E}-\boldsymbol{A})\boldsymbol{x}=\boldsymbol{0}$,得 $\boldsymbol{p}_3=\begin{bmatrix}1\\1\\2\end{bmatrix}$.

令 $\boldsymbol{P}=[\boldsymbol{p}_1,\ \boldsymbol{p}_2,\ \boldsymbol{p}_3]=\begin{bmatrix}1&-1&1\\1&0&1\\0&1&2\end{bmatrix}$,则 $\boldsymbol{P}^{-1}\boldsymbol{AP}=\begin{bmatrix}-2&0&0\\0&-2&0\\0&0&4\end{bmatrix}$.

注 判断矩阵 $\boldsymbol{A}$ 是否与对角阵相似,如果相似,求出相似变换矩阵 $\boldsymbol{P}$,解题步骤如下:

① 求出 $\boldsymbol{A}$ 的全部特征值.

② 如果 $\boldsymbol{A}$ 的所有特征值各不相同,则 $\boldsymbol{A}$ 可以相似对角化. 如果 $\boldsymbol{A}$ 有特征值为重根,则先求重特征值所对应的特征向量,若线性无关特征向量的个数等于对应特征值的重数,则 $\boldsymbol{A}$ 可以相似对角化,否则 $\boldsymbol{A}$ 不可以相似对角化.

③ 在 $\boldsymbol{A}$ 可以相似对角化的情况下,将 n 个线性无关的特征向量作为相似变换矩阵 $\boldsymbol{P}$ 的列向量,则 $\boldsymbol{P}^{-1}\boldsymbol{AP}=\boldsymbol{\Lambda}$ 为对角阵,注意特征向量的排序与特征值的排序必须一致.

【例 9】 设 n 阶方阵 $\boldsymbol{A}$ 满足 $\boldsymbol{A}^2-3\boldsymbol{A}+2\boldsymbol{E}=\boldsymbol{O}$,证明方阵 $\boldsymbol{A}$ 相似于对角阵.

解 由 $\boldsymbol{A}^2-3\boldsymbol{A}+2\boldsymbol{E}=\boldsymbol{O}$ 知道特征值 λ 满足方程 $\lambda^2-3\lambda+2=0$,故 $\lambda=1$ 或 $\lambda=2$,由于 $\boldsymbol{A}^2-3\boldsymbol{A}+2\boldsymbol{E}=(2\boldsymbol{E}-\boldsymbol{A})(\boldsymbol{E}-\boldsymbol{A})=\boldsymbol{O}$,所以 $R(2\boldsymbol{E}-\boldsymbol{A})+R(\boldsymbol{E}-\boldsymbol{A})\leqslant n$,又 $(2\boldsymbol{E}-\boldsymbol{A})-(\boldsymbol{E}-\boldsymbol{A})=\boldsymbol{E}$,因此

$$n=R(\boldsymbol{E})=R((2\boldsymbol{E}-\boldsymbol{A})-(\boldsymbol{E}-\boldsymbol{A}))\leqslant R(2\boldsymbol{E}-\boldsymbol{A})+R(\boldsymbol{E}-\boldsymbol{A})\leqslant n$$

于是 $R(2\boldsymbol{E}-\boldsymbol{A})+R(\boldsymbol{E}-\boldsymbol{A})=n$,即$(n-R(2\boldsymbol{E}-\boldsymbol{A}))+(n-R(\boldsymbol{E}-\boldsymbol{A}))=n$

即属于特征值 2 的线性无关特征向量个数与属于 1 的线性无关特征向量个数之和等于 n,因此 $\boldsymbol{A}$ 有 n 个线性无关的特征向量,从而 $\boldsymbol{A}$ 相似于对角阵.

【例 10】 设 $\boldsymbol{A}=\begin{bmatrix}4 & 6 & 0\\ -3 & -5 & 0\\ -3 & -6 & 1\end{bmatrix}$,求 $\boldsymbol{A}^{100}$.

分析 求矩阵 $\boldsymbol{A}$ 的乘幂 $\boldsymbol{A}^n$,可以先找出相似变换矩阵 $\boldsymbol{P}$,使 $\boldsymbol{P}^{-1}\boldsymbol{A}\boldsymbol{P}=\boldsymbol{\Lambda}$ 为对角矩阵,然后利用 $\boldsymbol{A}^n=\boldsymbol{P}\boldsymbol{\Lambda}^n\boldsymbol{P}^{-1}$ 求解.

解 $|\lambda\boldsymbol{E}-\boldsymbol{A}|=\begin{vmatrix}\lambda-4 & -6 & 0\\ 3 & \lambda+5 & 0\\ 3 & 6 & \lambda-1\end{vmatrix}=(\lambda+2)(\lambda-1)^2$,

$\boldsymbol{A}$ 的特征值为 $\lambda_1=-2,\lambda_2=\lambda_3=1$,

当 $\lambda_1=-2$ 时,解方程 $(-2\boldsymbol{E}-\boldsymbol{A})\boldsymbol{x}=\boldsymbol{0}$, 得 $\boldsymbol{p}_1=\begin{bmatrix}-1\\ 1\\ 1\end{bmatrix}$;

当 $\lambda_2=\lambda_3=1$ 时,解方程 $(\boldsymbol{E}-\boldsymbol{A})\boldsymbol{x}=\boldsymbol{0}$. 得 $\boldsymbol{p}_2=\begin{bmatrix}-2\\ 1\\ 0\end{bmatrix}$, $\boldsymbol{p}_3=\begin{bmatrix}0\\ 0\\ 1\end{bmatrix}$,

令 $\boldsymbol{P}=[\boldsymbol{p}_1,\ \boldsymbol{p}_2,\ \boldsymbol{p}_3]=\begin{bmatrix}-1 & -2 & 0\\ 1 & 1 & 0\\ 1 & 0 & 1\end{bmatrix}$,则

$$\boldsymbol{P}^{-1}=\begin{bmatrix}1 & 2 & 0\\ -1 & -1 & 0\\ -1 & -2 & 1\end{bmatrix},\ \boldsymbol{\Lambda}=\begin{bmatrix}-2 & 0 & 0\\ 0 & 1 & 0\\ 0 & 0 & 1\end{bmatrix},$$

$$\boldsymbol{A}^{100}=\boldsymbol{P}\boldsymbol{\Lambda}^{100}\boldsymbol{P}^{-1}=\begin{bmatrix}-1 & -2 & 0\\ 1 & 1 & 0\\ 1 & 0 & 1\end{bmatrix}\begin{bmatrix}(-2)^{100} & 0 & 0\\ 0 & 1 & 0\\ 0 & 0 & 1\end{bmatrix}\begin{bmatrix}1 & 2 & 0\\ -1 & -1 & 0\\ -1 & -2 & 1\end{bmatrix}$$

$$=\begin{bmatrix}-2^{100}+2 & -2^{100}+2 & 0\\ 2^{100}-1 & 2^{101}-1 & 0\\ 2^{100}-1 & 2^{101}-2 & 1\end{bmatrix}.$$

【例 11】 设矩阵 $\boldsymbol{A}=\begin{bmatrix}0 & 1 & 1 & -1\\ 1 & 0 & -1 & 1\\ 1 & -1 & 0 & 1\\ -1 & 1 & 1 & 0\end{bmatrix}$,求一个正交矩阵 $\boldsymbol{Q}$,使得

$Q^{-1}AQ=\Lambda$ 为对角阵.

解 由本章例 1,矩阵 A 的特征值为 $\lambda_1=-3$, $\lambda_2=\lambda_3=\lambda_4=1$,

对应特征向量为 $p_1=\begin{bmatrix}1\\-1\\-1\\1\end{bmatrix}$; $p_2=\begin{bmatrix}1\\1\\0\\0\end{bmatrix}$, $p_3=\begin{bmatrix}1\\0\\1\\0\end{bmatrix}$, $p_4=\begin{bmatrix}-1\\0\\0\\1\end{bmatrix}$.

p_1 与 p_2, p_3, p_4 都正交,但 p_2, p_3, p_4 并不正交,所以先将它们正交化.

取 $q_2=p_2$,

$$q_3=p_3-\frac{[q_2,\ p_3]}{[q_2,\ q_2]}q_2=\begin{bmatrix}1\\0\\1\\0\end{bmatrix}-\frac{1}{2}\begin{bmatrix}1\\1\\0\\0\end{bmatrix}=\begin{bmatrix}1/2\\-1/2\\1\\0\end{bmatrix},$$

$$q_4=p_4-\frac{[q_2,\ p_4]}{[q_2,\ q_2]}q_2-\frac{[q_3,\ p_4]}{[q_3,\ q_3]}q_3=\begin{bmatrix}-1\\0\\0\\1\end{bmatrix}+\frac{1}{2}\begin{bmatrix}1\\1\\0\\0\end{bmatrix}+\frac{1}{3}\begin{bmatrix}1/2\\-1/2\\1\\0\end{bmatrix}=\begin{bmatrix}-1/3\\1/3\\1/3\\1\end{bmatrix},$$

再单位化 $p_1^0=\dfrac{p_1}{\|p_1\|}$, $q_2^0=\dfrac{q_2}{\|q_2\|}$, $q_3^0=\dfrac{q_3}{\|q_3\|}$, $q_4^0=\dfrac{q_4}{\|q_4\|}$,

可得正交矩阵 $Q=[p_1^0,\ q_2^0,\ q_3^0,\ q_4^0]=\begin{bmatrix}1/2 & 1/\sqrt{2} & 1/\sqrt{6} & -1/2\sqrt{3}\\-1/2 & 1/\sqrt{2} & -1/\sqrt{6} & 1/2\sqrt{3}\\-1/2 & 0 & 2/\sqrt{6} & 1/2\sqrt{3}\\1/2 & 0 & 0 & 3/2\sqrt{3}\end{bmatrix}$,

有

$$Q^{-1}AQ=Q^{\mathrm{T}}AQ=\Lambda=\begin{bmatrix}-3 & & & \\ & 1 & & \\ & & 1 & \\ & & & 1\end{bmatrix}.$$

【例 12】 设矩阵 $A=\begin{bmatrix}1 & -2 & -4\\-2 & x & -2\\-4 & -2 & 1\end{bmatrix}$ 与 $\Lambda=\begin{bmatrix}5 & 0 & 0\\0 & -4 & 0\\0 & 0 & y\end{bmatrix}$ 相似,(1) 求 x, y;(2) 求一个正交矩阵 P,使 $P^{-1}AP$ 为对角矩阵.

解 (1) 因为 A 与 Λ 相似,故有相同的特征值,从而两矩阵的迹及行列式分别相等. 于是

$$\begin{cases}1+x+1=5-4+y\\-40-15x=-20y\end{cases}\quad 解得\begin{cases}x=4\\y=5\end{cases}.$$

(2) 由(1) 知 $\boldsymbol{A}=\begin{bmatrix}1&-2&-4\\-2&4&-2\\-4&-2&1\end{bmatrix}$ 与 $\boldsymbol{\Lambda}=\begin{bmatrix}5&0&0\\0&-4&0\\0&0&5\end{bmatrix}$ 相似，所以 $\boldsymbol{A}$ 的特征值为 $\lambda_2=-4$，$\lambda_1=\lambda_3=5$，

当 $\lambda_2=-4$ 时，解方程 $(-4\boldsymbol{E}-\boldsymbol{A})\boldsymbol{x}=\boldsymbol{0}$，得 $\boldsymbol{p}_2=\begin{bmatrix}2\\1\\2\end{bmatrix}$，

当 $\lambda_1=\lambda_3=5$ 时，解方程 $(5\boldsymbol{E}-\boldsymbol{A})\boldsymbol{x}=\boldsymbol{0}$，得 $\boldsymbol{p}_1=\begin{bmatrix}-1\\2\\0\end{bmatrix}$，$\boldsymbol{p}_3=\begin{bmatrix}-1\\0\\1\end{bmatrix}$.

由于 $\boldsymbol{p}_2$ 与 $\boldsymbol{p}_1$，$\boldsymbol{p}_3$ 显然正交，所以只需将 $\boldsymbol{p}_1$，$\boldsymbol{p}_3$ 正交化.

取 $\boldsymbol{\beta}_1=\boldsymbol{p}_1$，$\boldsymbol{\beta}_3=\boldsymbol{p}_3-\dfrac{[\boldsymbol{\beta}_1,\boldsymbol{p}_3]}{[\boldsymbol{\beta}_1,\boldsymbol{\beta}_1]}\boldsymbol{\beta}_1=\begin{bmatrix}-1\\0\\1\end{bmatrix}-\dfrac{1}{5}\begin{bmatrix}-1\\2\\0\end{bmatrix}=\dfrac{1}{5}\begin{bmatrix}-4\\-2\\5\end{bmatrix}$，再取 $\boldsymbol{\beta}_2=\boldsymbol{p}_2=\begin{bmatrix}2\\1\\2\end{bmatrix}$.

再单位化　$\boldsymbol{\beta}_1^0=\begin{bmatrix}-\dfrac{1}{\sqrt{5}}\\\dfrac{2}{\sqrt{5}}\\0\end{bmatrix}$，$\boldsymbol{\beta}_2^0=\begin{bmatrix}\dfrac{2}{\sqrt{5}}\\\dfrac{1}{\sqrt{5}}\\\dfrac{2}{\sqrt{5}}\end{bmatrix}$，$\boldsymbol{\beta}_3^0=\begin{bmatrix}\dfrac{-4}{3\sqrt{5}}\\\dfrac{-2}{3\sqrt{5}}\\\dfrac{5}{3\sqrt{5}}\end{bmatrix}$.

令 $\boldsymbol{P}=[\boldsymbol{\beta}_1^0,\boldsymbol{\beta}_2^0,\boldsymbol{\beta}_3^0]=\begin{bmatrix}-\dfrac{1}{\sqrt{5}}&\dfrac{2}{\sqrt{5}}&\dfrac{-4}{3\sqrt{5}}\\\dfrac{2}{\sqrt{5}}&\dfrac{1}{\sqrt{5}}&\dfrac{-2}{3\sqrt{5}}\\0&\dfrac{2}{\sqrt{5}}&\dfrac{5}{3\sqrt{5}}\end{bmatrix}$，有 $\boldsymbol{P}^{-1}\boldsymbol{AP}=\boldsymbol{P}^{\mathrm{T}}\boldsymbol{AP}=\boldsymbol{\Lambda}$

$$=\begin{bmatrix}5&0&0\\0&-4&0\\0&0&5\end{bmatrix}.$$

【例 13】　设 n 阶对称矩阵 $\boldsymbol{A}$ 满足 $\boldsymbol{A}^2-6\boldsymbol{A}+8\boldsymbol{E}=\boldsymbol{O}$，证明 $\boldsymbol{A}-3\boldsymbol{E}$ 为正交矩阵.

证 $\boldsymbol{A}$ 为对称矩阵，所以 $\boldsymbol{A}=\boldsymbol{A}^{\mathrm{T}}$，

由 $\boldsymbol{A}^2-6\boldsymbol{A}+8\boldsymbol{E}=\boldsymbol{O}$ 得 $\boldsymbol{A}^2-6\boldsymbol{A}+9\boldsymbol{E}=\boldsymbol{E}$，即

$$\begin{aligned}(\boldsymbol{A}-3\boldsymbol{E})(\boldsymbol{A}-3\boldsymbol{E})^{\mathrm{T}}&=(\boldsymbol{A}-3\boldsymbol{E})(\boldsymbol{A}^{\mathrm{T}}-3\boldsymbol{E}^{\mathrm{T}})=(\boldsymbol{A}-3\boldsymbol{E})(\boldsymbol{A}-3\boldsymbol{E})\\&=\boldsymbol{A}^2-6\boldsymbol{A}+9\boldsymbol{E}=\boldsymbol{E},\end{aligned}$$

故 $\boldsymbol{A}-3\boldsymbol{E}$ 为正交矩阵.

【例 14】 设 n 阶实对称矩阵 $\boldsymbol{A}$ 满足 $\boldsymbol{A}^2=\boldsymbol{A}$，$0<R(\boldsymbol{A})=r<n$，计算行列式 $|\boldsymbol{E}+\boldsymbol{A}+\boldsymbol{A}^2+\cdots+\boldsymbol{A}^n|$.

证 由 $\boldsymbol{A}^2=\boldsymbol{A}$ 可知矩阵 $\boldsymbol{A}$ 的特征值 λ 满足方程 $\lambda^2=\lambda$，于是 $\boldsymbol{A}$ 的特征值只能是 1 和 0. 由于 $\boldsymbol{A}$ 为实对称矩阵，所以存在正交矩阵 $\boldsymbol{Q}$，使得

$$\boldsymbol{Q}^{-1}\boldsymbol{A}\boldsymbol{Q}=\boldsymbol{Q}^{T}\boldsymbol{A}\boldsymbol{Q}=\boldsymbol{\Lambda}=\begin{pmatrix}1&&&&&\\&\ddots&&&&\\&&1&&&\\&&&0&&\\&&&&\ddots&\\&&&&&0\end{pmatrix},$$

由于 $R(\boldsymbol{A})=r$，所以上式中 1 的个数为 r，即 $\boldsymbol{A}$ 的特征值为 $\underbrace{1,\cdots,1}_{r个}$，$\underbrace{0,\cdots,0}_{n-r个}$，

于是 $\boldsymbol{E}+\boldsymbol{A}+\boldsymbol{A}^2+\cdots+\boldsymbol{A}^n$ 的特征值为 $\underbrace{n+1,\cdots,n+1}_{r个}$，$\underbrace{1,\cdots,1}_{n-r个}$ 所以

$$|\boldsymbol{E}+\boldsymbol{A}+\boldsymbol{A}^2+\cdots+\boldsymbol{A}^n|=(n+1)^r$$

六、习 题 详 解

习题 5-1

1. 求下列矩阵的特征值和特征向量：

(1) $\begin{bmatrix}1&0\\-2&-3\end{bmatrix}$.　　(2) $\begin{bmatrix}-2&1&2\\0&2&0\\-3&1&3\end{bmatrix}$.

(3) $\begin{bmatrix}3&1&1\\0&2&0\\-4&-4&-2\end{bmatrix}$.　　(4) $\begin{bmatrix}2&0&0\\2&1&1\\1&-1&3\end{bmatrix}$.

(5) $\begin{bmatrix} 2 & -1 & 1 \\ 0 & 1 & 1 \\ -1 & 1 & 1 \end{bmatrix}$.

解:(1) $|\lambda E - A| = \begin{vmatrix} \lambda-1 & 0 \\ 2 & \lambda+3 \end{vmatrix} = (\lambda-1)(\lambda+3)$,所以 A 的特征值为 $\lambda_1 = 1$, $\lambda_2 = -3$.

当 $\lambda_1 = 1$ 时,解方程 $(E-A)x = 0$. 由

$$E - A = \begin{bmatrix} 0 & 0 \\ 2 & 4 \end{bmatrix} \to \begin{bmatrix} 1 & 2 \\ 0 & 0 \end{bmatrix},\text{得 } p_1 = \begin{bmatrix} -2 \\ 1 \end{bmatrix},$$

所以 $k_1 p_1 (k_1 \neq 0)$ 为 A 对应于特征值 $\lambda_1 = 1$ 的特征向量.

当 $\lambda_2 = -3$ 时,解方程 $(-3E-A)x = 0$. 由

$$-3E - A = \begin{bmatrix} -4 & 0 \\ 2 & 0 \end{bmatrix} \to \begin{bmatrix} 1 & 0 \\ 0 & 0 \end{bmatrix},\text{得 } p_2 = \begin{bmatrix} 0 \\ 1 \end{bmatrix},$$

所以 $k_2 p_2 (k_2 \neq 0)$ 为 A 对应于特征值 $\lambda_2 = -3$ 的特征向量.

(2) $|\lambda E - A| = \begin{vmatrix} \lambda+2 & -1 & -2 \\ 0 & \lambda-2 & 0 \\ 3 & -1 & \lambda-3 \end{vmatrix} = \lambda(\lambda-1)(\lambda-2)$,得 $\lambda_1 = 0$, $\lambda_2 = 1$, $\lambda_3 = 2$.

当 $\lambda_1 = 0$ 时,解方程 $-Ax = 0$. 由

$$-A = \begin{bmatrix} 2 & -1 & -2 \\ 0 & -2 & 0 \\ 3 & -1 & -3 \end{bmatrix} \to \begin{bmatrix} 1 & 0 & -1 \\ 0 & 1 & 0 \\ 0 & 0 & 0 \end{bmatrix},\text{得 } p_1 = \begin{bmatrix} 1 \\ 0 \\ 1 \end{bmatrix},$$

所以 $k_1 p_1 (k_1 \neq 0)$ 为 A 对应于特征值 $\lambda_1 = -1$ 的特征向量.

当 $\lambda_2 = 1$ 时,解方程 $(E-A)x = 0$. 由

$$E - A = \begin{bmatrix} 3 & -1 & -2 \\ 0 & -1 & 0 \\ 3 & -1 & -2 \end{bmatrix} \to \begin{bmatrix} 1 & 0 & -\frac{2}{3} \\ 0 & 1 & 0 \\ 0 & 0 & 0 \end{bmatrix},\text{得 } p_2 = \begin{bmatrix} 2 \\ 0 \\ 3 \end{bmatrix}.$$

所以 $k_2 p_2 (k_2 \neq 0)$ 为 A 对应于特征值 $\lambda_2 = 1$ 的特征向量.

当 $\lambda_3 = 2$ 时,解方程 $(2E-A)x = 0$. 由

$$2E - A = \begin{bmatrix} 4 & -1 & -2 \\ 0 & 0 & 0 \\ 3 & -1 & -1 \end{bmatrix} \to \begin{bmatrix} 1 & 0 & -1 \\ 0 & 1 & -2 \\ 0 & 0 & 0 \end{bmatrix},\text{得 } p_3 = \begin{bmatrix} 1 \\ 2 \\ 1 \end{bmatrix},$$

所以 $k_3 p_3 (k_3 \neq 0)$ 为 A 对应于特征值 $\lambda_3 = 2$ 的特征向量.

(3) $|\lambda E - A| = \begin{vmatrix} \lambda-3 & -1 & -1 \\ 0 & \lambda-2 & 0 \\ 4 & 4 & \lambda+2 \end{vmatrix} = (\lambda+1)(\lambda-2)^2$,得 $\lambda_1 = -1$, $\lambda_2 = \lambda_3 = 2$.

当 $\lambda_1=-1$ 时,解方程 $(-\boldsymbol{E}-\boldsymbol{A})\boldsymbol{x}=\boldsymbol{0}$. 由

$$-\boldsymbol{E}-\boldsymbol{A}=\begin{bmatrix}-4&-1&-1\\0&-3&0\\4&4&1\end{bmatrix}\to\begin{bmatrix}1&0&\frac{1}{4}\\0&1&0\\0&0&0\end{bmatrix},\text{得 }\boldsymbol{p}_1=\begin{bmatrix}-1\\0\\4\end{bmatrix}.$$

所以 $k_1\boldsymbol{p}_1(k_1\neq 0)$ 为 $\boldsymbol{A}$ 对应于特征值 $\lambda_1=-1$ 的特征向量.

当 $\lambda_2=\lambda_3=2$ 时,解方程 $(2\boldsymbol{E}-\boldsymbol{A})\boldsymbol{x}=\boldsymbol{0}$. 由

$$2\boldsymbol{E}-\boldsymbol{A}=\begin{bmatrix}-1&-1&-1\\0&0&0\\4&4&4\end{bmatrix}\to\begin{bmatrix}1&1&1\\0&0&0\\0&0&0\end{bmatrix},\text{得 }\boldsymbol{p}_2=\begin{bmatrix}-1\\1\\0\end{bmatrix},\ \boldsymbol{p}_3=\begin{bmatrix}-1\\0\\1\end{bmatrix},$$

所以 $k_2\boldsymbol{p}_2+k_3\boldsymbol{p}_3(k_2,k_3$ 不全为零) 为 $\boldsymbol{A}$ 对应于特征值 $\lambda_2=\lambda_3=2$ 的特征向量.

(4) $|\lambda\boldsymbol{E}-\boldsymbol{A}|=\begin{vmatrix}\lambda-2&0&0\\-2&\lambda-1&-1\\-1&1&\lambda-3\end{vmatrix}=(\lambda-2)^3$,得 $\lambda_1=\lambda_2=\lambda_3=2$,

当 $\lambda_1=\lambda_2=\lambda_3=2$ 时,解方程 $(2\boldsymbol{E}-\boldsymbol{A})\boldsymbol{x}=\boldsymbol{0}$. 由

$$2\boldsymbol{E}-\boldsymbol{A}=\begin{bmatrix}0&0&0\\-2&1&-1\\-1&1&-1\end{bmatrix}\to\begin{bmatrix}1&0&0\\0&1&-1\\0&0&0\end{bmatrix},\text{得 }\boldsymbol{p}_1=\begin{bmatrix}0\\1\\1\end{bmatrix},$$

所以 $k_1\boldsymbol{p}_1(k_1\neq 0)$ 为 $\boldsymbol{A}$ 对应于特征值 $\lambda_1=\lambda_2=\lambda_3=2$ 的特征向量.

(5) $$|\lambda\boldsymbol{E}-\boldsymbol{A}|=\begin{vmatrix}\lambda-2&1&-1\\0&\lambda-1&-1\\1&-1&\lambda-1\end{vmatrix}=(\lambda-2)\begin{vmatrix}\lambda-1&-1\\-1&\lambda-1\end{vmatrix}+\begin{vmatrix}1&-1\\\lambda-1&-1\end{vmatrix}$$

$$=(\lambda-2)^2\lambda+(\lambda-2)=(\lambda-1)^2(\lambda-2),$$

得 $\lambda_1=\lambda_2=1,\ \lambda_3=2$.

当 $\lambda_1=\lambda_2=1$ 时,解方程 $(\boldsymbol{E}-\boldsymbol{A})\boldsymbol{x}=\boldsymbol{0}$. 由

$$\boldsymbol{E}-\boldsymbol{A}=\begin{bmatrix}-1&1&-1\\0&0&-1\\1&-1&0\end{bmatrix}\to\begin{bmatrix}1&-1&0\\0&0&1\\0&0&0\end{bmatrix},\text{得 }\boldsymbol{p}_1=\begin{bmatrix}1\\1\\0\end{bmatrix}.$$

所以 $k_1\boldsymbol{p}_1(k_1\neq 0)$ 为 $\boldsymbol{A}$ 对应于特征值 $\lambda_1=\lambda_2=1$ 的特征向量.

当 $\lambda_3=2$ 时,解方程 $(2\boldsymbol{E}-\boldsymbol{A})\boldsymbol{x}=\boldsymbol{0}$. 由

$$2\boldsymbol{E}-\boldsymbol{A}=\begin{bmatrix}0&1&-1\\0&1&-1\\1&-1&1\end{bmatrix}\to\begin{bmatrix}1&0&0\\0&1&-1\\0&0&0\end{bmatrix},\text{得 }\boldsymbol{p}_2=\begin{bmatrix}0\\1\\1\end{bmatrix},$$

所以 $k_2\boldsymbol{p}_2(k_2\neq 0)$ 为 $\boldsymbol{A}$ 对应于特征值 $\lambda_3=2$ 的特征向量.

2. 已知向量 $\boldsymbol{x}=\begin{bmatrix}1\\k\\1\end{bmatrix}$ 是矩阵 $\boldsymbol{A}=\begin{bmatrix}2&1&1\\1&2&1\\1&1&2\end{bmatrix}$ 的逆矩阵 $\boldsymbol{A}^{-1}$ 的特征向量,试求常数 k 的值.

解　设矩阵 $\boldsymbol{A}^{-1}$ 的特征向量 $\boldsymbol{x}$ 对应于特征值 λ，则由定义得 $\boldsymbol{A}^{-1}\boldsymbol{x}=\lambda\boldsymbol{x}$，于是 $\lambda\boldsymbol{A}\boldsymbol{x}=\boldsymbol{x}$，即

$$\lambda\begin{bmatrix}2&1&1\\1&2&1\\1&1&2\end{bmatrix}\begin{bmatrix}1\\k\\1\end{bmatrix}=\begin{bmatrix}1\\k\\1\end{bmatrix},$$

由此得方程组 $\begin{cases}\lambda(3+k)=1\\\lambda(2+2k)=k\end{cases}$，解得 $\begin{cases}\lambda_1=1\\k_1=-2\end{cases}$，$\begin{cases}\lambda_2=\dfrac{1}{4},\\k_2=1\end{cases}$

因此当 $k=-2$ 时，$\boldsymbol{x}$ 是 $\boldsymbol{A}^{-1}$ 属于特征值 $\lambda=1$ 的特征向量；当 $k=1$ 时，$\boldsymbol{x}$ 是 $\boldsymbol{A}^{-1}$ 属于特征值 $\lambda=\dfrac{1}{4}$ 的特征向量.

3. 设 λ_1 和 λ_2 是方阵 $\boldsymbol{A}$ 的两个不同特征值，$\boldsymbol{x}_1$ 和 $\boldsymbol{x}_2$ 是分别属于 λ_1 和 λ_2 的特征向量. 试证明 $a\boldsymbol{x}_1+b\boldsymbol{x}_2$ 不是 $\boldsymbol{A}$ 的特征向量，其中 a，b 是非零常数.

证(反证法)　若 $a\boldsymbol{x}_1+b\boldsymbol{x}_2$ 是 $\boldsymbol{A}$ 的特征向量，则有 $\boldsymbol{A}(a\boldsymbol{x}_1+b\boldsymbol{x}_2)=\lambda(a\boldsymbol{x}_1+b\boldsymbol{x}_2)$，由于 $\boldsymbol{A}\boldsymbol{x}_1=\lambda\boldsymbol{x}_1$，$\boldsymbol{A}\boldsymbol{x}_2=\lambda\boldsymbol{x}_2$，则 $\boldsymbol{A}(a\boldsymbol{x}_1+b\boldsymbol{x}_2)=\lambda_1 a\boldsymbol{x}_1+\lambda_2 b\boldsymbol{x}_2$. 从而 $\lambda_1 a\boldsymbol{x}_1+\lambda_2 b\boldsymbol{x}_2=\lambda(a\boldsymbol{x}_1+b\boldsymbol{x}_2)$，于是 $(\lambda_1-\lambda)a\boldsymbol{x}_1+(\lambda_2-\lambda)b\boldsymbol{x}_2=\boldsymbol{0}$，又由于 $\boldsymbol{x}_1$ 和 $\boldsymbol{x}_2$ 线性无关，故 $(\lambda_1-\lambda)a=(\lambda_2-\lambda)b=0$，其中 a，b 是非零常数，所以 $(\lambda_1-\lambda)=(\lambda_2-\lambda)=0$，于是 $\lambda_1=\lambda_2=\lambda$，这与 $\lambda_1\neq\lambda_2$ 矛盾. 故 $a\boldsymbol{x}_1+b\boldsymbol{x}_2$ 不是 $\boldsymbol{A}$ 的特征向量.

4. 设 $\boldsymbol{A}^2=\boldsymbol{E}$，证明 $\boldsymbol{A}$ 的特征值只能为 ±1.

证　设 $\boldsymbol{A}\boldsymbol{x}=\lambda\boldsymbol{x}$，$\boldsymbol{x}\neq\boldsymbol{0}$，则 $\boldsymbol{A}^2\boldsymbol{x}=\boldsymbol{A}(\boldsymbol{A}\boldsymbol{x})=\boldsymbol{A}(\lambda\boldsymbol{x})=\lambda\boldsymbol{A}\boldsymbol{x}=\lambda^2\boldsymbol{x}$.

因为 $\boldsymbol{A}^2=\boldsymbol{E}$，所以 $\boldsymbol{A}^2\boldsymbol{x}=\boldsymbol{E}\boldsymbol{x}$，即 $\lambda^2\boldsymbol{x}=\boldsymbol{x}$，故 $(\lambda^2-1)\boldsymbol{x}=\boldsymbol{0}$，因为 $\boldsymbol{x}\neq\boldsymbol{0}$，所以 $\lambda=\pm1$.

5. 设矩阵 $\boldsymbol{A}=\begin{bmatrix}1&-1&0\\2&x&0\\4&2&y\end{bmatrix}$ 的特征值为 1，2，3，求 x，y 的值.

解　由特征值的性质 1 可以知道. $1+x+y=1+2+3$，$y(x+2)=1\times2\times3$，解得 $x=4$，$y=1$.

6. 已知三阶方阵 $\boldsymbol{A}$ 的特征值为 1，2，-1，求(1) $|\boldsymbol{A}^2-3\boldsymbol{A}-4\boldsymbol{E}|$，(2) $|\boldsymbol{A}^*-\boldsymbol{A}|$.

解　(1) 令 $f(x)=x^2-3x-4$，因为 1，2，-1，是 $\boldsymbol{A}$ 的特征值，所以 $f(1)$，$f(2)$，$f(-1)$ 为 $f(\boldsymbol{A})=\boldsymbol{A}^2-3\boldsymbol{A}-4\boldsymbol{E}$ 的特征值，$|\boldsymbol{A}^2-3\boldsymbol{A}-4\boldsymbol{E}|=f(1)f(2)f(-1)=(-6)\cdot(-6)\cdot0=0$.

(2) $$|\boldsymbol{A}^*-\boldsymbol{A}|=||\boldsymbol{A}|\boldsymbol{A}^{-1}-\boldsymbol{A}|=|-2\boldsymbol{A}^{-1}-\boldsymbol{A}|=\frac{1}{|\boldsymbol{A}|}|-2\boldsymbol{E}-\boldsymbol{A}^2|$$

$$=-\frac{1}{2}|-2\boldsymbol{E}-\boldsymbol{A}^2|=\left(-\frac{1}{2}\right)\cdot(-3)\cdot(-6)\cdot(-3)=27.$$

7. 已知矩阵

$$\boldsymbol{A}=\begin{bmatrix}3&1&0\\-1&1&0\\-1&-1&x\end{bmatrix}$$

有三重特征值 $\lambda=2$，求 x 和对应于 $\lambda=2$ 的特征向量.

解：由 $2+2+2=3+1+x$ 得，$x=2$，

解方程 $(2\boldsymbol{E}-\boldsymbol{A})\boldsymbol{x}=\boldsymbol{0}$. 由

$$2\boldsymbol{E}-\boldsymbol{A}=\begin{bmatrix}-1&-1&0\\1&1&0\\1&1&0\end{bmatrix}\rightarrow\begin{bmatrix}1&1&0\\0&0&0\\0&0&0\end{bmatrix}\text{得 }\boldsymbol{p}_1=\begin{bmatrix}-1\\1\\0\end{bmatrix},\ \boldsymbol{p}_2=\begin{bmatrix}0\\0\\1\end{bmatrix},$$

所以 $k_1\boldsymbol{p}_1+k_2\boldsymbol{p}_2(k_1,\ k_2$ 不全为零）为 $\boldsymbol{A}$ 对应于特征值 $\lambda_1=\lambda_2=\lambda_3=2$ 的特征向量.

8. 若 $\lambda\neq0$ 是 $\boldsymbol{AB}$ 的特征值，则 λ 必是 $\boldsymbol{BA}$ 的特征值（$\boldsymbol{A}$，$\boldsymbol{B}$ 不一定是方阵）.

证明　由题意，存在非零向量 $\boldsymbol{x}$，使得 $\boldsymbol{ABx}=\lambda\boldsymbol{x}$，式子两边同时左乘 $\boldsymbol{B}$ 得，$\boldsymbol{BABx}=\lambda\boldsymbol{Bx}$，记 $\boldsymbol{y}=\boldsymbol{Bx}$，则显然 $\boldsymbol{y}\neq\boldsymbol{0}$（否则 $\lambda\boldsymbol{x}=\boldsymbol{ABx}=\boldsymbol{0}$，矛盾）于是 $\boldsymbol{BAy}=\lambda\boldsymbol{y}$，所以 λ 必是 $\boldsymbol{BA}$ 的特征值.

9. 设 $\boldsymbol{A}$ 是三阶可逆矩阵，已知 $\boldsymbol{A}^{-1}$ 的特征值为 1，2，4，A_{ij} 是 $|\boldsymbol{A}|$ 的元素 a_{ij} 的代数余子式，求 $\boldsymbol{A}_{11}+\boldsymbol{A}_{22}+\boldsymbol{A}_{33}$.

解　由 $\boldsymbol{A}^{-1}$ 的特征值为 1，2，4 知，$|\boldsymbol{A}^{-1}|=8$，$|\boldsymbol{A}|=\frac{1}{8}$，于是 $\boldsymbol{A}^*$ 的特征值为 $\frac{1}{8}$，$\frac{1}{4}$，$\frac{1}{2}$. 故 $\boldsymbol{A}_{11}+\boldsymbol{A}_{22}+\boldsymbol{A}_{33}=\mathrm{tr}(\boldsymbol{A}^*)=\frac{1}{8}+\frac{1}{4}+\frac{1}{2}=\frac{7}{8}$.

习题 5-2

1. 设 $\boldsymbol{A}$ 为可逆矩阵，证明 $\boldsymbol{AB}$ 与 $\boldsymbol{BA}$ 相似.

证　因为 $\boldsymbol{AB}=\boldsymbol{A}^{-1}(\boldsymbol{AB})\boldsymbol{A}$，$\boldsymbol{AB}$ 与 $\boldsymbol{BA}$ 相似.

2. 已知 $\boldsymbol{A}$ 为 n 阶可逆矩阵，$\boldsymbol{A}$ 与 $\boldsymbol{B}$ 相似. 证明

(1) $\boldsymbol{A}^{\mathrm{T}}$ 与 $\boldsymbol{B}^{\mathrm{T}}$ 相似；(2) $\boldsymbol{A}^{-1}$ 与 $\boldsymbol{B}^{-1}$ 相似；(3) $\boldsymbol{A}^*$ 与 B^* 相似.

证明　由题意，存在可逆方阵 $\boldsymbol{P}$，使得 $\boldsymbol{B}=\boldsymbol{P}^{-1}\boldsymbol{AP}$

(1) $\boldsymbol{B}^{\mathrm{T}}=(\boldsymbol{P}^{-1}\boldsymbol{AP})^{\mathrm{T}}=\boldsymbol{P}^{\mathrm{T}}\boldsymbol{A}^{\mathrm{T}}(\boldsymbol{P}^{\mathrm{T}})^{-1}=((\boldsymbol{P}^{\mathrm{T}})^{-1})^{-1}\boldsymbol{A}^{\mathrm{T}}((\boldsymbol{P}^{\mathrm{T}})^{-1})=\boldsymbol{Q}^{-1}\boldsymbol{A}^{\mathrm{T}}\boldsymbol{Q}$，其中 $\boldsymbol{Q}=(\boldsymbol{P}^{\mathrm{T}})^{-1}$，所以 $\boldsymbol{A}^{\mathrm{T}}$ 与 $\boldsymbol{B}^{\mathrm{T}}$ 相似.

(2) $\boldsymbol{B}^{-1}=(\boldsymbol{P}^{-1}\boldsymbol{AP})^{-1}=\boldsymbol{P}^{-1}\boldsymbol{A}^{-1}\boldsymbol{P}$，所以 $\boldsymbol{A}^{-1}$ 与 $\boldsymbol{B}^{-1}$ 相似；

(3) $\boldsymbol{A}^*=|\boldsymbol{A}|\boldsymbol{A}^{-1}$，$\boldsymbol{B}^*=|\boldsymbol{B}|\boldsymbol{B}^{-1}$，

于是 $\boldsymbol{B}^*=|\boldsymbol{B}|\boldsymbol{B}^{-1}=|\boldsymbol{P}^{-1}\boldsymbol{AP}|\boldsymbol{P}^{-1}\boldsymbol{A}^{-1}\boldsymbol{P}=|\boldsymbol{A}|\boldsymbol{P}^{-1}\boldsymbol{A}^{-1}\boldsymbol{P}=\boldsymbol{P}^{-1}(|\boldsymbol{A}|\boldsymbol{A}^{-1})\boldsymbol{P}=\boldsymbol{P}^{-1}(\boldsymbol{A}^*)\boldsymbol{P}$
所以 $\boldsymbol{A}^*$ 与 $\boldsymbol{B}^*$ 相似.

3. 已知 $\boldsymbol{A}=\begin{bmatrix}-2&1&1\\0&2&0\\-4&1&3\end{bmatrix}$ (1) $\boldsymbol{A}$ 能否对角化？若能，求相似变换矩阵 $\boldsymbol{P}$ 和对角阵 $\boldsymbol{\Lambda}$，使得 $\boldsymbol{P}^{-1}\boldsymbol{AP}=\boldsymbol{\Lambda}$. (2) 求 $\boldsymbol{A}^{10}$.

解　(1) 由 $|\lambda\boldsymbol{E}-\boldsymbol{A}|=\begin{vmatrix}\lambda+2&-1&-1\\0&\lambda-2&0\\4&-1&\lambda-3\end{vmatrix}=(\lambda+1)(\lambda-2)^2$，

得特征值为 $\lambda_1=-1$，$\lambda_2=\lambda_3=2$，

当 $\lambda_1=-1$ 时，解方程 $(-\boldsymbol{E}-\boldsymbol{A})\boldsymbol{x}=\boldsymbol{0}$. 由

$$-E-A=\begin{bmatrix}1&-1&-1\\0&-3&0\\4&-1&-4\end{bmatrix}\rightarrow\begin{bmatrix}1&0&-1\\0&1&0\\0&0&0\end{bmatrix},\text{得 } p_1=\begin{bmatrix}1\\0\\1\end{bmatrix}.$$

当 $\lambda_2=\lambda_3=2$ 时,解方程 $(2E-A)x=0$. 由

$$2E-A=\begin{bmatrix}4&-1&-1\\0&0&0\\4&-1&-1\end{bmatrix}\rightarrow\begin{bmatrix}1&-\frac{1}{4}&-\frac{1}{4}\\0&0&0\\0&0&0\end{bmatrix},\text{得 } p_2=\begin{bmatrix}\frac{1}{4}\\1\\0\end{bmatrix},\ p_3=\begin{bmatrix}\frac{1}{4}\\0\\1\end{bmatrix}.$$

取 $P=[p_1,\ p_2,\ p_3]=\begin{bmatrix}1&\frac{1}{4}&\frac{1}{4}\\0&1&0\\1&0&1\end{bmatrix}$,则 $P^{-1}AP=\Lambda=\mathrm{diag}(-1,\ 2,\ 2)$

(2) $$A^{10}=P\Lambda^{10}P^{-1}=\begin{bmatrix}1&\frac{1}{4}&\frac{1}{4}\\0&1&0\\1&0&1\end{bmatrix}\begin{bmatrix}(-1)^{10}&&\\&2^{10}&\\&&2^{10}\end{bmatrix}\begin{bmatrix}1&\frac{1}{4}&\frac{1}{4}\\0&1&0\\1&0&1\end{bmatrix}^{-1}$$

$$=\frac{1}{3}\begin{bmatrix}4-2^{10}&-1+2^{10}&-1+2^{10}\\0&3\times2^{10}&0\\4-4\times2^{10}&-1+2^{10}&-1+4\times2^{10}\end{bmatrix}$$

4. 设三阶方阵 A, $4E-A$ 和 $3E+A$ 都不可逆,问能否对角化?若能对角化,写出对角阵.

解　因为三阶方阵 A, $4E-A$ 和 $3E+A$ 都不可逆. 所以 $|A|=|4E-A|=|3E+A|=0$ 即 $|0E-A|=|4E-A|=|-3E-A|=0$,从而 A 有三个不同的特征值 0, 4, -3. 所以 A 可以对角化.

5. 已知矩阵 A 相似于矩阵 $B=\begin{bmatrix}3&0\\0&4\end{bmatrix}$,求 $|A-2E|$.

解　A 相似于矩阵 B,所以它们有相同的特征值,于是 A 的特征值为 3, 4,从而 $A-2E$ 的特征值为 1, 2,则 $|A-2E|=1\cdot2=2$

6. 已知 $P=\begin{bmatrix}2&-1\\3&-2\end{bmatrix}$,且 $P^{-1}AP=\begin{bmatrix}-1&0\\0&2\end{bmatrix}$,求 A, A^k(k 为正整数).

解: $P=\begin{bmatrix}2&-1\\3&-2\end{bmatrix}$,计算得 $P^{-1}=\begin{bmatrix}2&-1\\3&-2\end{bmatrix}$, 由题意

$$A=P\begin{bmatrix}-1&0\\0&2\end{bmatrix}P^{-1}=\begin{bmatrix}2&-1\\3&-2\end{bmatrix}\begin{bmatrix}-1&0\\0&2\end{bmatrix}\begin{bmatrix}2&-1\\3&-2\end{bmatrix}=\begin{bmatrix}-10&6\\-18&11\end{bmatrix},$$

$$A^k=P\begin{bmatrix}-1&0\\0&2\end{bmatrix}^kP^{-1}=\begin{bmatrix}2&-1\\3&-2\end{bmatrix}\begin{bmatrix}(-1)^k&0\\0&2^k\end{bmatrix}\begin{bmatrix}2&-1\\3&-2\end{bmatrix}$$

$$=\begin{bmatrix}4\cdot(-1)^k-3\cdot2^k&2\cdot(-1)^{k+1}-2^{k+1}\\6\cdot(-1)^k-3\cdot2^{k+1}&3\cdot(-1)^{k+1}+2^{k+2}\end{bmatrix}.$$

7. 证明(1) 若二阶实矩阵 A 的行列式 $|A|<0$,则 A 与对角形矩阵相似.

(2) 若 $bc>0$,则二阶实矩阵 $\boldsymbol{A}=\begin{pmatrix}a & b\\ c & d\end{pmatrix}$ 与对角形矩阵相似.

证明 (1) 特征多项式 $f(\lambda)=|\lambda\boldsymbol{E}-\boldsymbol{A}|=\lambda^2-(\lambda_1+\lambda_2)\lambda+\lambda_1\lambda_2=\lambda^2-(\lambda_1+\lambda_2)\lambda+|\boldsymbol{A}|$,由于 $|\boldsymbol{A}|<0$ 所以方程有两个不同的特征值,因此 $\boldsymbol{A}$ 与对角形矩阵相似.

(2) 特征多项式 $f(\lambda)=|\lambda E-\boldsymbol{A}|=\lambda^2-(a+d)\lambda+ad-bc$

二次方程判别式 $\Delta=(a+d)^2-4(ad-bc)=(a-d)^2+4bc>0$(因 $bc>0$),所以方程有两个不同的特征值,因此 $\boldsymbol{A}$ 与对角形矩阵相似.

8. 设

$$\boldsymbol{A}=\begin{bmatrix}2 & 0 & 0\\ 0 & x & 2\\ 0 & 2 & 3\end{bmatrix},\boldsymbol{B}=\begin{bmatrix}1 & 0 & 0\\ 0 & 2 & 0\\ 0 & 0 & y\end{bmatrix},$$

且 $\boldsymbol{A}$ 与 $\boldsymbol{B}$ 相似.

(1) 确定 x,y 的值;

(2) 求可逆矩阵 $\boldsymbol{P}$,使得 $\boldsymbol{P}^{-1}\boldsymbol{AP}=\boldsymbol{B}$.

解:(1) $\boldsymbol{A}$ 与 $\boldsymbol{B}$ 相似. 所以 $\begin{cases}2+x+3=1+2+y\\ 2(4-3x)=2y\end{cases}$ 解得 $\begin{cases}x=3\\ y=5\end{cases}$

(2) $\boldsymbol{A}$ 与 $\boldsymbol{B}$ 相似,于是它们具有相同的特征值,所以 $\boldsymbol{A}$ 的特征值为 1, 2, 5

当 $\lambda_1=1$ 时,解方程 $(\boldsymbol{E}-\boldsymbol{A})\boldsymbol{x}=\boldsymbol{0}$. 由

$$\boldsymbol{E}-\boldsymbol{A}=\begin{bmatrix}-1 & 0 & 0\\ 0 & -2 & -2\\ 0 & -2 & -2\end{bmatrix}\rightarrow\begin{bmatrix}1 & 0 & 0\\ 0 & 1 & 1\\ 0 & 0 & 0\end{bmatrix},\text{得 }\boldsymbol{p}_1=\begin{bmatrix}0\\ -1\\ 1\end{bmatrix}.$$

当 $\lambda_2=2$ 时,解方程 $(2\boldsymbol{E}-\boldsymbol{A})\boldsymbol{x}=\boldsymbol{0}$. 由

$$2\boldsymbol{E}-\boldsymbol{A}=\begin{bmatrix}0 & 0 & 0\\ 0 & -2 & -2\\ 0 & -2 & -2\end{bmatrix}\rightarrow\begin{bmatrix}0 & 1 & 0\\ 0 & 0 & 1\\ 0 & 0 & 0\end{bmatrix},\text{得 }\boldsymbol{p}_2=\begin{bmatrix}1\\ 0\\ 0\end{bmatrix}.$$

当 $\lambda_3=5$ 时,解方程 $(5\boldsymbol{E}-\boldsymbol{A})\boldsymbol{x}=\boldsymbol{0}$. 由

$$5\boldsymbol{E}-\boldsymbol{A}=\begin{bmatrix}3 & 0 & 0\\ 0 & -2 & -2\\ 0 & -2 & -2\end{bmatrix}\rightarrow\begin{bmatrix}1 & 0 & 0\\ 0 & 1 & -1\\ 0 & 0 & 0\end{bmatrix},\text{得 }\boldsymbol{p}_3=\begin{bmatrix}0\\ 1\\ 1\end{bmatrix}.$$

取 $\boldsymbol{P}=[\boldsymbol{p}_1,\boldsymbol{p}_2,\boldsymbol{p}_3]=\begin{bmatrix}0 & 1 & 0\\ -1 & 0 & 1\\ 1 & 0 & 1\end{bmatrix}$,则 $\boldsymbol{P}^{-1}\boldsymbol{AP}=\boldsymbol{B}$

9. 设 $\boldsymbol{A}$ 为三阶矩阵,$\boldsymbol{p}_1,\boldsymbol{p}_2,\boldsymbol{p}_3$ 是线性无关的三维列向量,且满足

$$\boldsymbol{Ap}_1=\boldsymbol{p}_1+\boldsymbol{p}_2+\boldsymbol{p}_3,\boldsymbol{Ap}_2=2\boldsymbol{p}_2+\boldsymbol{p}_3,\boldsymbol{Ap}_3=2\boldsymbol{p}_2+3\boldsymbol{p}_3,$$

(1) 求矩阵 $\boldsymbol{B}$,使得 $\boldsymbol{A}[\boldsymbol{p}_1,\boldsymbol{p}_2,\boldsymbol{p}_3]=[\boldsymbol{p}_1,\boldsymbol{p}_2,\boldsymbol{p}_3]\boldsymbol{B}$;

(2) 求矩阵 $\boldsymbol{A}$ 的特征值；

(3) 求可逆阵 $\boldsymbol{P}$,使得 $\boldsymbol{P}^{-1}\boldsymbol{AP}$ 为对角阵.

解:(1) $\boldsymbol{Ap}_1=[\boldsymbol{p}_1,\ \boldsymbol{p}_2,\ \boldsymbol{p}_3]\begin{bmatrix}1\\1\\1\end{bmatrix}$, $\boldsymbol{Ap}_2=[\boldsymbol{p}_1,\ \boldsymbol{p}_2,\ \boldsymbol{p}_3]\begin{bmatrix}0\\2\\1\end{bmatrix}$, $\boldsymbol{Ap}_3=[\boldsymbol{p}_1,\ \boldsymbol{p}_2,\ \boldsymbol{p}_3]\begin{bmatrix}0\\2\\3\end{bmatrix}$,

于是 $\boldsymbol{A}[\boldsymbol{p}_1,\ \boldsymbol{p}_2,\ \boldsymbol{p}_3]=[\boldsymbol{p}_1,\ \boldsymbol{p}_2,\ \boldsymbol{p}_3]\begin{bmatrix}1&0&0\\1&2&2\\1&1&3\end{bmatrix}$,所以 $\boldsymbol{B}=\begin{bmatrix}1&0&0\\1&2&2\\1&1&3\end{bmatrix}$,

(2) 矩阵$[\boldsymbol{p}_1,\ \boldsymbol{p}_2,\ \boldsymbol{p}_3]$可逆,于是 $\boldsymbol{A}$ 与 $\boldsymbol{B}$ 相似,$\boldsymbol{B}$ 的特征方程为

$$|\lambda\boldsymbol{E}-\boldsymbol{B}|=\begin{vmatrix}\lambda-1&0&0\\-1&\lambda-2&-2\\-1&-1&\lambda-3\end{vmatrix}=(\lambda-1)^2(\lambda-4)=0,$$

$\boldsymbol{B}$ 的特征值为 $\lambda_1=\lambda_2=1$, $\lambda_3=4$,即 $\boldsymbol{A}$ 的特征值为 $\lambda_1=\lambda_2=1$, $\lambda_3=4$.

(3) 先将 $\boldsymbol{B}$ 对角化

当 $\lambda_1=\lambda_2=1$ 时,解方程$(\boldsymbol{E}-\boldsymbol{B})\boldsymbol{x}=\boldsymbol{0}$. 由

$$\boldsymbol{E}-\boldsymbol{B}=\begin{bmatrix}0&0&0\\-1&-1&-2\\-1&-1&-2\end{bmatrix}\to\begin{bmatrix}1&1&2\\0&0&0\\0&0&0\end{bmatrix},\text{得 }\boldsymbol{\xi}_1=\begin{bmatrix}-1\\1\\0\end{bmatrix},\ \boldsymbol{\xi}_2=\begin{bmatrix}-2\\0\\1\end{bmatrix}.$$

当 $\lambda_3=4$ 时,解方程$(4\boldsymbol{E}-\boldsymbol{B})\boldsymbol{x}=\boldsymbol{0}$. 由

$$4\boldsymbol{E}-\boldsymbol{B}=\begin{bmatrix}3&0&0\\-1&2&-2\\-1&-1&1\end{bmatrix}\to\begin{bmatrix}1&0&0\\0&1&-1\\0&0&0\end{bmatrix},\text{得 }\boldsymbol{\xi}_3=\begin{bmatrix}0\\1\\1\end{bmatrix}.$$

取 $\boldsymbol{Q}=[\boldsymbol{\xi}_1,\ \boldsymbol{\xi}_2,\ \boldsymbol{\xi}_3]=\begin{bmatrix}-1&-2&0\\1&0&1\\0&1&1\end{bmatrix}$,则

$$\begin{aligned}\boldsymbol{\Lambda}&=\boldsymbol{Q}^{-1}\boldsymbol{BQ}=\boldsymbol{Q}^{-1}[\boldsymbol{p}_1,\ \boldsymbol{p}_2,\ \boldsymbol{p}_3]^{-1}\boldsymbol{A}[\boldsymbol{p}_1,\ \boldsymbol{p}_2,\ \boldsymbol{p}_3]\boldsymbol{Q}\\&=[-\boldsymbol{p}_1+\boldsymbol{p}_2,\ -2\boldsymbol{p}_1+\boldsymbol{p}_3,\ \boldsymbol{p}_2+\boldsymbol{p}_3]^{-1}\boldsymbol{A}[-\boldsymbol{p}_1+\boldsymbol{p}_2,\ -2\boldsymbol{p}_1+\boldsymbol{p}_3,\ \boldsymbol{p}_2+\boldsymbol{p}_3]\end{aligned}$$

所以取可逆矩阵 $\boldsymbol{P}=[-\boldsymbol{p}_1+\boldsymbol{p}_2,\ -2\boldsymbol{p}_1+\boldsymbol{p}_3,\ \boldsymbol{p}_2+\boldsymbol{p}_3]$,$\boldsymbol{P}^{-1}\boldsymbol{AP}$ 为对角阵.

10. 设$\begin{cases}x_n=x_{n-1}+2y_{n-1},\\y_n=4x_{n-1}+3y_{n-1},\end{cases}$ 当 $x_0=1$, $y_0=-1$ 时,求 x_{100}.

解:写成矩阵形式为$\begin{bmatrix}x_n\\y_n\end{bmatrix}=\begin{bmatrix}1&2\\4&3\end{bmatrix}\begin{bmatrix}x_{n-1}\\y_{n-1}\end{bmatrix}$记 $\boldsymbol{A}=\begin{bmatrix}1&2\\4&3\end{bmatrix}$, $\boldsymbol{Z}_n=\begin{bmatrix}x_n\\y_n\end{bmatrix}$,则 $\boldsymbol{Z}_n=\boldsymbol{AZ}_{n-1}$,

$\boldsymbol{Z}_{100}=\boldsymbol{A}^{100}\boldsymbol{Z}_0$,下面将 $\boldsymbol{A}=\begin{bmatrix}1&2\\4&3\end{bmatrix}$对角化,$\boldsymbol{A}$ 的特征多项式为

$$|\lambda\boldsymbol{E}-\boldsymbol{A}|=\begin{vmatrix}\lambda-1&-2\\-4&\lambda-3\end{vmatrix}=(\lambda+1)(\lambda-5),\text{特征值为 }\lambda_1=-1,\lambda_2=5$$

进一步求得它们所对应的特征向量分别为

$\boldsymbol{\alpha}_1=\begin{bmatrix}-1\\1\end{bmatrix}$，$\boldsymbol{\alpha}_2=\begin{bmatrix}1\\2\end{bmatrix}$，令 $\boldsymbol{P}=\begin{bmatrix}-1&1\\1&2\end{bmatrix}$，计算得 $\boldsymbol{P}^{-1}=-\frac{1}{3}\begin{bmatrix}2&-1\\-1&-1\end{bmatrix}$，

则有 $\boldsymbol{P}^{-1}\boldsymbol{AP}=\begin{bmatrix}-1&\\&5\end{bmatrix}$，也即 $\boldsymbol{A}=\boldsymbol{P}\begin{bmatrix}-1&\\&5\end{bmatrix}\boldsymbol{P}^{-1}$，于是

$$\boldsymbol{Z}_{100}=\boldsymbol{A}^{100}\boldsymbol{Z}_0=\boldsymbol{P}\begin{bmatrix}-1&\\&5\end{bmatrix}^{100}\boldsymbol{P}^{-1}\boldsymbol{Z}_0=-\frac{1}{3}\cdot\begin{bmatrix}-1&1\\1&2\end{bmatrix}\begin{bmatrix}1&\\&5^{100}\end{bmatrix}\begin{bmatrix}2&-1\\-1&-1\end{bmatrix}\begin{bmatrix}1\\-1\end{bmatrix}=\begin{bmatrix}1\\-1\end{bmatrix},$$

所以 $x_{100}=1$.

11. 若矩阵 $\boldsymbol{A}$ 与 $\boldsymbol{B}$ 相似，矩阵 $\boldsymbol{C}$ 与 $\boldsymbol{D}$ 相似，则 $\begin{bmatrix}\boldsymbol{A}&\boldsymbol{O}\\\boldsymbol{O}&\boldsymbol{C}\end{bmatrix}$ 与 $\begin{bmatrix}\boldsymbol{B}&\boldsymbol{O}\\\boldsymbol{O}&\boldsymbol{D}\end{bmatrix}$ 相似.

证明　矩阵 $\boldsymbol{A}$ 与 $\boldsymbol{B}$ 相似，于是存在可逆方阵 $\boldsymbol{P}$，使得 $\boldsymbol{B}=\boldsymbol{P}^{-1}\boldsymbol{AP}$，

矩阵 $\boldsymbol{C}$ 与 $\boldsymbol{D}$ 相似，于是存在可逆方阵 $\boldsymbol{Q}$，使得 $\boldsymbol{D}=\boldsymbol{Q}^{-1}\boldsymbol{CQ}$

$$\begin{bmatrix}\boldsymbol{B}&\boldsymbol{O}\\\boldsymbol{O}&\boldsymbol{D}\end{bmatrix}=\begin{bmatrix}\boldsymbol{P}^{-1}\boldsymbol{AP}&\boldsymbol{O}\\\boldsymbol{O}&\boldsymbol{Q}^{-1}\boldsymbol{CQ}\end{bmatrix}=\begin{bmatrix}\boldsymbol{P}^{-1}&\boldsymbol{O}\\\boldsymbol{O}&\boldsymbol{Q}^{-1}\end{bmatrix}\begin{bmatrix}\boldsymbol{A}&\boldsymbol{O}\\\boldsymbol{O}&\boldsymbol{C}\end{bmatrix}\begin{bmatrix}\boldsymbol{P}&\boldsymbol{O}\\\boldsymbol{O}&\boldsymbol{Q}\end{bmatrix}$$
$$=\begin{bmatrix}\boldsymbol{P}&\boldsymbol{O}\\\boldsymbol{O}&\boldsymbol{Q}\end{bmatrix}^{-1}\begin{bmatrix}\boldsymbol{A}&\boldsymbol{O}\\\boldsymbol{O}&\boldsymbol{C}\end{bmatrix}\begin{bmatrix}\boldsymbol{P}&\boldsymbol{O}\\\boldsymbol{O}&\boldsymbol{Q}\end{bmatrix}$$

这说明 $\begin{bmatrix}\boldsymbol{A}&\boldsymbol{O}\\\boldsymbol{O}&\boldsymbol{C}\end{bmatrix}$ 与 $\begin{bmatrix}\boldsymbol{B}&\boldsymbol{O}\\\boldsymbol{O}&\boldsymbol{D}\end{bmatrix}$ 相似.

12. 若方阵 $\boldsymbol{A}\neq\boldsymbol{O}$，$\boldsymbol{A}^k=\boldsymbol{O}$（$k\geqslant 2$ 为正整数），称 $\boldsymbol{A}$ 为幂零阵. 求证：

(1) 幂零阵的特征值只能是 0；

(2) $|\boldsymbol{E}+\boldsymbol{A}|=1$

(3) $\boldsymbol{A}$ 不可能相似于对角阵.

证明　(1) 设 λ 是 $\boldsymbol{A}$ 的特征值，则有列向量 $\boldsymbol{x}\neq\boldsymbol{0}$ 使 $\boldsymbol{Ax}=\lambda\boldsymbol{x}$，从而有 $\boldsymbol{A}^k\boldsymbol{x}=\lambda^k\boldsymbol{x}$，由 $\boldsymbol{A}^k=\boldsymbol{O}$ 得，再由 $\boldsymbol{x}\neq\boldsymbol{0}$ 得 $\lambda=0$，所以 $\boldsymbol{A}$ 的特征值只能为 0

(2) 因为 $\boldsymbol{A}$ 的特征值均为 0，故 $\boldsymbol{A}+\boldsymbol{E}$ 的特征值均为 1，由 $|\boldsymbol{A}+\boldsymbol{E}|$ 等于 $\boldsymbol{A}+\boldsymbol{E}$ 的各特征值之积得到 $|\boldsymbol{E}+\boldsymbol{A}|=1$

(3) 设 $\boldsymbol{A}$ 能相似于对角阵，则存在可逆矩阵 $\boldsymbol{P}$ 使得 $\boldsymbol{P}^{-1}\boldsymbol{AP}=\boldsymbol{\Lambda}=\begin{bmatrix}\lambda_1&&\\&\ddots&\\&&\lambda_n\end{bmatrix}$，由于 $\boldsymbol{A}$ 的特征值全为 0，所以 $\lambda_i=0$，$(i=1,2,\cdots,n)$，这时有 $\boldsymbol{P}^{-1}\boldsymbol{AP}=\boldsymbol{O}$，从而 $\boldsymbol{A}=\boldsymbol{O}$，这与已知条件 $\boldsymbol{A}\neq\boldsymbol{O}$ 矛盾，故 $\boldsymbol{A}$ 不能相似于对角阵.

习题 5-3

1. 判断下列向量组中哪些是规范正交向量组：

(1) $\begin{bmatrix}1\\0\end{bmatrix}$，$\begin{bmatrix}0\\3\end{bmatrix}$.　　(2) $\begin{bmatrix}1/\sqrt{2}\\1/\sqrt{2}\end{bmatrix}$，$\begin{bmatrix}-1/\sqrt{2}\\1/\sqrt{2}\end{bmatrix}$.

(3) $\begin{bmatrix} 1/\sqrt{3} \\ 1/\sqrt{3} \\ -1/\sqrt{3} \end{bmatrix}, \begin{bmatrix} 1/\sqrt{2} \\ 0 \\ 1/\sqrt{2} \end{bmatrix}, \begin{bmatrix} -1/\sqrt{2} \\ 0 \\ 1/\sqrt{2} \end{bmatrix}$.　　(4) $\begin{bmatrix} 1/\sqrt{6} \\ -2/\sqrt{6} \\ 1/\sqrt{6} \end{bmatrix}, \begin{bmatrix} -1/\sqrt{2} \\ 0 \\ 1/\sqrt{2} \end{bmatrix}, \begin{bmatrix} 1/\sqrt{3} \\ 1/\sqrt{3} \\ 1/\sqrt{3} \end{bmatrix}$.

解:(1) 不是　(2) 是　(3) 不是　(4) 是

2. 将下列向量组正交规范化:

(1) $\begin{bmatrix} 3 \\ 4 \end{bmatrix}, \begin{bmatrix} 2 \\ 3 \end{bmatrix}$.　　(2) $\begin{bmatrix} 1 \\ 1 \\ 1 \end{bmatrix}, \begin{bmatrix} 0 \\ 1 \\ 1 \end{bmatrix}, \begin{bmatrix} 1 \\ 0 \\ 1 \end{bmatrix}$.

(3) $\begin{bmatrix} 1 \\ 1 \\ 0 \\ 0 \end{bmatrix}, \begin{bmatrix} 0 \\ 1 \\ 1 \\ 1 \end{bmatrix}, \begin{bmatrix} 3 \\ 4 \\ 0 \end{bmatrix}$.　　(4) $\begin{bmatrix} 1 \\ 1 \\ 0 \\ 0 \end{bmatrix}, \begin{bmatrix} 1 \\ 0 \\ 1 \\ 0 \end{bmatrix}, \begin{bmatrix} -1 \\ 0 \\ 0 \\ 1 \end{bmatrix}$.

解:(1) 正交化

取　$\boldsymbol{\beta}_1 = \boldsymbol{\alpha}_1 = \begin{bmatrix} 3 \\ 4 \end{bmatrix}$;

$$\boldsymbol{\beta}_2 = \boldsymbol{\alpha}_2 - \frac{[\boldsymbol{\beta}_1, \boldsymbol{\alpha}_2]}{[\boldsymbol{\beta}_1, \boldsymbol{\beta}_1]}\boldsymbol{\beta}_1 = \begin{bmatrix} 2 \\ 3 \end{bmatrix} - \frac{18}{25}\begin{bmatrix} 3 \\ 4 \end{bmatrix} = \frac{1}{25}\begin{bmatrix} -4 \\ 3 \end{bmatrix}$$

单位化得 $\boldsymbol{\beta}_1^0 = \frac{1}{5}\begin{bmatrix} 3 \\ 4 \end{bmatrix}, \boldsymbol{\beta}_2^0 = \frac{1}{5}\begin{bmatrix} -4 \\ 3 \end{bmatrix}$.

(2) 正交化

取　$\boldsymbol{\beta}_1 = \boldsymbol{\alpha}_1 = \begin{bmatrix} 1 \\ 1 \\ 1 \end{bmatrix}$;

$$\boldsymbol{\beta}_2 = \boldsymbol{\alpha}_2 - \frac{[\boldsymbol{\beta}_1, \boldsymbol{\alpha}_2]}{[\boldsymbol{\beta}_1, \boldsymbol{\beta}_1]}\boldsymbol{\beta}_1 = \begin{bmatrix} 0 \\ 1 \\ 1 \end{bmatrix} - \frac{2}{3}\begin{bmatrix} 1 \\ 1 \\ 1 \end{bmatrix} = \frac{1}{3}\begin{bmatrix} -2 \\ 1 \\ 1 \end{bmatrix};$$

$$\boldsymbol{\beta}_3 = \boldsymbol{\alpha}_3 - \frac{[\boldsymbol{\beta}_1, \boldsymbol{\alpha}_3]}{[\boldsymbol{\beta}_1, \boldsymbol{\beta}_1]}\boldsymbol{\beta}_1 - \frac{[\boldsymbol{\beta}_2, \boldsymbol{\alpha}_3]}{[\boldsymbol{\beta}_2, \boldsymbol{\beta}_2]}\boldsymbol{\beta}_2 = \begin{bmatrix} 1 \\ 0 \\ 1 \end{bmatrix} - \frac{2}{3}\begin{bmatrix} 1 \\ 1 \\ 1 \end{bmatrix} + \frac{1}{6}\begin{bmatrix} -2 \\ 1 \\ 1 \end{bmatrix} = \frac{1}{6}\begin{bmatrix} 0 \\ -3 \\ 3 \end{bmatrix}.$$

单位化得 $\boldsymbol{\beta}_1^0 = \frac{1}{\sqrt{3}}\begin{bmatrix} 1 \\ 1 \\ 1 \end{bmatrix}, \boldsymbol{\beta}_2^0 = \frac{1}{\sqrt{6}}\begin{bmatrix} -2 \\ 1 \\ 1 \end{bmatrix}, \boldsymbol{\beta}_3^0 = \frac{1}{\sqrt{2}}\begin{bmatrix} 0 \\ -1 \\ 1 \end{bmatrix}$.

(3) 正交化

取　$\boldsymbol{\beta}_1 = \boldsymbol{\alpha}_1 = \begin{bmatrix} 1 \\ 1 \\ 0 \end{bmatrix}$;

$$\boldsymbol{\beta}_2 = \boldsymbol{\alpha}_2 - \frac{[\boldsymbol{\beta}_1, \boldsymbol{\alpha}_2]}{[\boldsymbol{\beta}_1, \boldsymbol{\beta}_1]}\boldsymbol{\beta}_1 = \begin{bmatrix} 0 \\ 1 \\ 1 \end{bmatrix} - \frac{1}{2}\begin{bmatrix} 1 \\ 1 \\ 0 \end{bmatrix} = \frac{1}{2}\begin{bmatrix} -1 \\ 1 \\ 2 \end{bmatrix};$$

$$\boldsymbol{\beta}_3=\boldsymbol{\alpha}_3-\frac{[\boldsymbol{\beta}_1,\boldsymbol{\alpha}_3]}{[\boldsymbol{\beta}_1,\boldsymbol{\beta}_1]}\boldsymbol{\beta}_1-\frac{[\boldsymbol{\beta}_2,\boldsymbol{\alpha}_3]}{[\boldsymbol{\beta}_2,\boldsymbol{\beta}_2]}\boldsymbol{\beta}_2=\begin{bmatrix}3\\4\\0\end{bmatrix}-\frac{7}{2}\begin{bmatrix}1\\1\\0\end{bmatrix}-\frac{1}{6}\begin{bmatrix}-1\\1\\2\end{bmatrix}=\frac{1}{3}\begin{bmatrix}-1\\1\\-1\end{bmatrix}.$$

单位化得 $\boldsymbol{\beta}_1^0=\frac{1}{\sqrt{2}}\begin{bmatrix}1\\1\\0\end{bmatrix}$，$\boldsymbol{\beta}_2^0=\frac{1}{\sqrt{6}}\begin{bmatrix}-1\\1\\2\end{bmatrix}$，$\boldsymbol{\beta}_3^0=\frac{1}{\sqrt{3}}\begin{bmatrix}-1\\1\\-1\end{bmatrix}$.

(4) 正交化

取　$\boldsymbol{\beta}_1=\boldsymbol{\alpha}_1$；

$$\boldsymbol{\beta}_2=\boldsymbol{\alpha}_2-\frac{[\boldsymbol{\beta}_1,\boldsymbol{\alpha}_2]}{[\boldsymbol{\beta}_1,\boldsymbol{\beta}_1]}\boldsymbol{\beta}_1=\begin{bmatrix}1\\0\\1\\0\end{bmatrix}-\frac{1}{2}\begin{bmatrix}1\\1\\0\\0\end{bmatrix}=\begin{bmatrix}1/2\\-1/2\\1\\0\end{bmatrix};$$

$$\boldsymbol{\beta}_3=\boldsymbol{\alpha}_3-\frac{[\boldsymbol{\beta}_1,\boldsymbol{\alpha}_3]}{[\boldsymbol{\beta}_1,\boldsymbol{\beta}_1]}\boldsymbol{\beta}_1-\frac{[\boldsymbol{\beta}_2,\boldsymbol{\alpha}_3]}{[\boldsymbol{\beta}_2,\boldsymbol{\beta}_2]}\boldsymbol{\beta}_2=\begin{bmatrix}-1\\0\\0\\1\end{bmatrix}+\frac{1}{2}\begin{bmatrix}1\\1\\0\\0\end{bmatrix}+\frac{1}{3}\begin{bmatrix}1/2\\-1/2\\1\\0\end{bmatrix}=\begin{bmatrix}-1/3\\1/3\\1/3\\1\end{bmatrix}.$$

单位化得 $\boldsymbol{\beta}_1^0=\begin{bmatrix}1/\sqrt{2}\\1/\sqrt{2}\\0\\0\end{bmatrix}$，$\boldsymbol{\beta}_2^0=\begin{bmatrix}1/\sqrt{6}\\-1/\sqrt{6}\\2/\sqrt{6}\\0\end{bmatrix}$，$\boldsymbol{\beta}_3^0=\begin{bmatrix}-1/2\sqrt{3}\\1/2\sqrt{3}\\1/2\sqrt{3}\\3/2\sqrt{3}\end{bmatrix}$.

3. 已知 $\boldsymbol{\alpha}_1=\begin{bmatrix}1\\2\\-1\end{bmatrix}$，求一组非零向量 $\boldsymbol{\alpha}_2,\boldsymbol{\alpha}_3$，使 $\boldsymbol{\alpha}_1,\boldsymbol{\alpha}_2,\boldsymbol{\alpha}_3$ 两两正交.

解　与 $\boldsymbol{\alpha}_1=\begin{bmatrix}1\\2\\-1\end{bmatrix}$，正交的向量 $\boldsymbol{\alpha}=\begin{bmatrix}x_1\\x_2\\x_3\end{bmatrix}$ 满足 $[\boldsymbol{\alpha}_1,\boldsymbol{\alpha}]=\boldsymbol{\alpha}_1^{\mathrm{T}}\boldsymbol{\alpha}=0$，即 $x_1+2x_2-x_3=0$

基础解系为 $\boldsymbol{\eta}_1=\begin{bmatrix}-2\\1\\0\end{bmatrix}$，$\boldsymbol{\eta}_2=\begin{bmatrix}1\\0\\1\end{bmatrix}$，然后将 $\boldsymbol{\eta}_1,\boldsymbol{\eta}_2$ 施密特正交化

取 $\boldsymbol{\alpha}_2=\boldsymbol{\eta}_1=\begin{bmatrix}-2\\1\\0\end{bmatrix}$，$\boldsymbol{\alpha}_3=\boldsymbol{\eta}_2-\frac{[\boldsymbol{\eta}_2,\boldsymbol{\alpha}_2]}{[\boldsymbol{\alpha}_2,\boldsymbol{\alpha}_2]}\boldsymbol{\alpha}_2=\begin{bmatrix}1\\0\\1\end{bmatrix}-\left(-\frac{2}{5}\right)\begin{bmatrix}-2\\1\\0\end{bmatrix}=\begin{bmatrix}\frac{1}{5}\\\frac{2}{5}\\1\end{bmatrix}$

4. 证明正交矩阵的特征值为 1 或 −1.

证明 设 $\boldsymbol{Ax}=\lambda\boldsymbol{x}$,则 $\boldsymbol{x}^{\mathrm{T}}\boldsymbol{A}^{\mathrm{T}}=\lambda\boldsymbol{x}^{\mathrm{T}}$,于是 $\boldsymbol{x}^{\mathrm{T}}\boldsymbol{A}^{\mathrm{T}}\boldsymbol{Ax}=\lambda^2\boldsymbol{x}^{\mathrm{T}}\boldsymbol{x}$,

由于 $\boldsymbol{A}$ 为正交矩阵,所以

$$\boldsymbol{A}^{\mathrm{T}}\boldsymbol{A}=\boldsymbol{E}.$$

因而有 $\boldsymbol{x}^{\mathrm{T}}\boldsymbol{x}=\lambda^2\boldsymbol{x}^{\mathrm{T}}\boldsymbol{x}$,

由于特征向量 $\boldsymbol{x}\neq\boldsymbol{0}$,所以

$$\boldsymbol{x}^{\mathrm{T}}\boldsymbol{x}>0$$

因此 $\lambda^2=1$,即 $\lambda=\pm1$.

习题 5-4

1. 已知1,1,-1是三阶实对称矩阵 $\boldsymbol{A}$ 的特征值,且属于-1的特征向量是 $\boldsymbol{\xi}=\begin{bmatrix}1\\0\\1\end{bmatrix}$,求 $\boldsymbol{A}$.

解:设 $\boldsymbol{\alpha}=\begin{bmatrix}x_1\\x_2\\x_3\end{bmatrix}$ 为 $\boldsymbol{A}$ 的属于特征值 $\lambda=1$ 的特征向量,则 $\boldsymbol{\xi}$ 与 $\boldsymbol{\alpha}$ 必正交,

即 $[\boldsymbol{\xi},\boldsymbol{\alpha}]=\boldsymbol{\xi}^{\mathrm{T}}\boldsymbol{\alpha}=0$,于是有 $x_1+x_3=0$.

所以 $\boldsymbol{A}$ 的属于二重特征值 $\lambda=1$ 的两个线性无关特征向量为 $\boldsymbol{\alpha}_1=\begin{bmatrix}0\\1\\0\end{bmatrix}$, $\boldsymbol{\alpha}_2=\begin{bmatrix}-1\\0\\1\end{bmatrix}$.

令 $\boldsymbol{P}=\begin{bmatrix}0&-1&1\\1&0&0\\0&1&1\end{bmatrix}$, $\boldsymbol{\Lambda}=\begin{bmatrix}1&&\\&1&\\&&-1\end{bmatrix}$,有 $\boldsymbol{P}^{-1}\boldsymbol{AP}=\boldsymbol{\Lambda}$,由 $\boldsymbol{P}^{-1}=\begin{bmatrix}0&1&0\\-1/2&0&1/2\\1/2&0&1/2\end{bmatrix}$,

所以 $\boldsymbol{A}=\boldsymbol{P\Lambda P}^{-1}=\begin{bmatrix}0&-1&1\\1&0&0\\0&1&1\end{bmatrix}\begin{bmatrix}1&&\\&1&\\&&-1\end{bmatrix}\begin{bmatrix}0&1&0\\-1/2&0&1/2\\1/2&0&1/2\end{bmatrix}=\begin{bmatrix}0&0&-1\\0&1&0\\-1&0&0\end{bmatrix}$.

2. 试求正交矩阵 $\boldsymbol{Q}$ 和对角阵 $\boldsymbol{\Lambda}$,使得 $\boldsymbol{Q}^{-1}\boldsymbol{AQ}=\boldsymbol{Q}^{\mathrm{T}}\boldsymbol{AQ}=\boldsymbol{\Lambda}$:

(1) $\begin{bmatrix}2&-2&0\\-2&1&-2\\0&-2&0\end{bmatrix}$; (2) $\begin{bmatrix}2&2&-2\\2&5&-4\\-2&-4&5\end{bmatrix}$; (3) $\begin{bmatrix}-1&-2&2&-2\\-2&-1&-2&2\\2&-2&-1&-2\\-2&2&-2&-1\end{bmatrix}$.

解:(1) $|\lambda\boldsymbol{E}-\boldsymbol{A}|=\begin{vmatrix}\lambda-2&2&0\\2&\lambda-1&2\\0&2&\lambda\end{vmatrix}=(\lambda+2)(\lambda-1)(\lambda-4)=0$,

得特征值 $\lambda_1=-2$, $\lambda_2=1$, $\lambda_3=4$.

对应特征向量分别为 $\boldsymbol{p}_1=\begin{bmatrix}1\\2\\2\end{bmatrix}$，$\boldsymbol{p}_2=\begin{bmatrix}-2\\-1\\2\end{bmatrix}$，$\boldsymbol{p}_3=\begin{bmatrix}2\\-2\\1\end{bmatrix}$.

因为实对称矩阵的三个特征值互异，所以 $\boldsymbol{p}_1$，$\boldsymbol{p}_2$，$\boldsymbol{p}_3$ 两两正交，故只需将它们单位化. 由

$$\|\boldsymbol{p}_1\|=\|\boldsymbol{p}_2\|=\|\boldsymbol{p}_3\|=3,$$

得正交矩阵 $\boldsymbol{Q}=[\boldsymbol{p}_1^0,\boldsymbol{p}_2^0,\boldsymbol{p}_3^0]=\begin{bmatrix}1/3&-2/3&2/3\\2/3&-1/3&-2/3\\2/3&2/3&1/3\end{bmatrix}$，

使得 $\boldsymbol{Q}^{-1}\boldsymbol{A}\boldsymbol{Q}=\boldsymbol{Q}^{\mathrm{T}}\boldsymbol{A}\boldsymbol{Q}=\boldsymbol{\Lambda}=\begin{bmatrix}-2&&\\&1&\\&&4\end{bmatrix}$.

(2) $|\lambda\boldsymbol{E}-\boldsymbol{A}|=\begin{vmatrix}\lambda-2&-2&2\\-2&\lambda-5&4\\2&4&\lambda-5\end{vmatrix}=(\lambda-10)(\lambda-1)^2=0$，

得 $\lambda_1=10$，$\lambda_2=\lambda_3=1$.

对应于 $\lambda_1=10$，

$$10\boldsymbol{E}-\boldsymbol{A}=\begin{bmatrix}8&-2&2\\-2&5&4\\2&4&5\end{bmatrix}\to\begin{bmatrix}1&0&1/2\\0&1&1\\0&0&0\end{bmatrix}，得\ \boldsymbol{p}_1=\begin{bmatrix}-1\\-2\\2\end{bmatrix}，令\ \boldsymbol{q}_1=\boldsymbol{p}_1=\begin{bmatrix}-1\\-2\\2\end{bmatrix}.$$

对应于 $\lambda_2=\lambda_3=1$，

$$\boldsymbol{E}-\boldsymbol{A}=\begin{bmatrix}-1&-2&2\\-2&-4&4\\2&4&-4\end{bmatrix}\to\begin{bmatrix}1&2&-2\\0&0&0\\0&0&0\end{bmatrix}，得\ \boldsymbol{p}_2=\begin{bmatrix}-2\\1\\0\end{bmatrix}\ \boldsymbol{p}_3=\begin{bmatrix}2\\0\\1\end{bmatrix},$$

因为实对称矩阵的不同特征值对应的特征向量正交，所以 $\boldsymbol{p}_1$，与 $\boldsymbol{p}_2$，$\boldsymbol{p}_3$ 两两正交，故先将 $\boldsymbol{p}_2$，$\boldsymbol{p}_3$ 正交化. 取 $\boldsymbol{q}_2=\boldsymbol{p}_2$，$\boldsymbol{q}_3=\boldsymbol{p}_3-\dfrac{[\boldsymbol{q}_2,\boldsymbol{p}_3]}{[\boldsymbol{q}_2,\boldsymbol{q}_2]}\boldsymbol{q}_2=\begin{bmatrix}2\\0\\1\end{bmatrix}+\dfrac{4}{5}\begin{bmatrix}-2\\1\\0\end{bmatrix}=\dfrac{1}{5}\begin{bmatrix}2\\4\\5\end{bmatrix}$.

单位化 $\boldsymbol{q}_1^0=\begin{bmatrix}-1/3\\-2/3\\2/3\end{bmatrix}$，$\boldsymbol{q}_2^0=\begin{bmatrix}-2/\sqrt{5}\\1/\sqrt{5}\\0\end{bmatrix}$，$\boldsymbol{q}_3^0=\begin{bmatrix}2/3\sqrt{5}\\4/3\sqrt{5}\\5/3\sqrt{5}\end{bmatrix}$，

得正交矩阵

$$\boldsymbol{Q}=[\boldsymbol{q}_1^0,\boldsymbol{q}_2^0,\boldsymbol{q}_3^0]=\begin{bmatrix}-1/3&-2/\sqrt{5}&2/3\sqrt{5}\\-2/3&1/\sqrt{5}&4/3\sqrt{5}\\2/3&0&5/3\sqrt{5}\end{bmatrix},$$

有
$$Q^{-1}AQ=Q^{\mathrm{T}}AQ=\Lambda=\begin{bmatrix}10&&\\&1&\\&&1\end{bmatrix}.$$

(3) $$|\lambda E-A|=\begin{vmatrix}\lambda&-1&-1&1\\-1&\lambda&1&-1\\-1&1&\lambda&-1\\1&-1&-1&\lambda\end{vmatrix}=(\lambda-1)\begin{vmatrix}1&-1&-1&1\\1&\lambda&1&-1\\1&1&\lambda&-1\\1&-1&-1&\lambda\end{vmatrix}$$
$$=(\lambda-1)\begin{vmatrix}1&-1&-1&1\\0&\lambda+1&2&-2\\0&2&\lambda+1&-2\\0&0&0&\lambda-1\end{vmatrix}=(\lambda-1)^3(\lambda+3),$$

得 $\lambda_1=-3$, $\lambda_2=\lambda_3=\lambda_4=1$.

对应于 $\lambda_1=-3$ 的特征向量为 $p_1=\begin{bmatrix}1\\-1\\-1\\1\end{bmatrix}$；

对应于 $\lambda_2=\lambda_3=\lambda_4=1$ 的特征向量为 $p_2=\begin{bmatrix}1\\1\\0\\0\end{bmatrix}$，$p_3=\begin{bmatrix}1\\0\\1\\0\end{bmatrix}$，$p_4=\begin{bmatrix}-1\\0\\0\\1\end{bmatrix}$.

p_1 与 p_2，p_3，p_4 都正交，但 p_2，p_3，p_4 并不正交，所以先将它们正交化.

p_2，p_3，p_4 正交化后的结果：

$$q_2=\begin{bmatrix}1\\1\\0\\0\end{bmatrix},\ q_3=\begin{bmatrix}1/2\\-1/2\\1\\0\end{bmatrix},\ q_4=\begin{bmatrix}-1/3\\1/3\\1/3\\1\end{bmatrix}.$$

从而 p_1 与 q_2，q_3，q_4 两两正交，再将 p_1，q_2，q_3，q_4 单位化，可得正交矩阵

$$Q=[p_1^0,q_2^0,q_3^0,q_4^0]=\begin{bmatrix}1/2&1/\sqrt{2}&1/\sqrt{6}&-1/2\sqrt{3}\\-1/2&1/\sqrt{2}&-1/\sqrt{6}&1/2\sqrt{3}\\-1/2&0&2/\sqrt{6}&1/2\sqrt{3}\\1/2&0&0&3/2\sqrt{3}\end{bmatrix},$$

有

$$Q^{-1}AQ=Q^{\mathrm{T}}AQ=\Lambda=\begin{bmatrix}-3&&&\\&1&&\\&&1&\\&&&1\end{bmatrix}.$$

3. 设二阶实对称矩阵 $\boldsymbol{A}$ 的一个特征值为 1，$\boldsymbol{A}$ 的对应于特征值 1 的特征向量为$(1, -1)^{\mathrm{T}}$. 如果 $|\boldsymbol{A}|=-2$，则

(1) 求 $\boldsymbol{A}$ 的另一个特征值和对应的特征向量.

(2) 求正交矩阵 $\boldsymbol{Q}$,使 $\boldsymbol{Q}^{-1}\boldsymbol{A}\boldsymbol{Q}=\boldsymbol{Q}^{\mathrm{T}}\boldsymbol{A}\boldsymbol{Q}=\boldsymbol{\Lambda}$ 为对角矩阵.

解：由于 $|\boldsymbol{A}|=-2$,即两个特征值之积为 -2,所以另一个特征值为 -2. 由于实对称矩阵的不同特征值的特征向量正交,所以另一个特征向量为$(1, 1)^{\mathrm{T}}$.

(2) 正交矩阵 $\boldsymbol{Q}=\dfrac{1}{\sqrt{2}}\begin{bmatrix}1 & 1\\ -1 & 1\end{bmatrix}$, $\boldsymbol{Q}^{-1}\boldsymbol{A}\boldsymbol{Q}=\boldsymbol{Q}^{\mathrm{T}}\boldsymbol{A}\boldsymbol{Q}=\boldsymbol{\Lambda}=\begin{bmatrix}1 & \\ & -2\end{bmatrix}$

4. 设 $\boldsymbol{A}$ 为实对称矩阵,证明:存在实对称矩阵 $\boldsymbol{B}$,使得 $\boldsymbol{A}=\boldsymbol{B}^3$

证明　$\boldsymbol{A}$ 为实对称矩阵,存在正交矩阵 $\boldsymbol{Q}$,使 $\boldsymbol{Q}^{-1}\boldsymbol{A}\boldsymbol{Q}=\boldsymbol{Q}^{\mathrm{T}}\boldsymbol{A}\boldsymbol{Q}=\boldsymbol{\Lambda}$，于是

$$\boldsymbol{A}=\boldsymbol{Q}\boldsymbol{\Lambda}\boldsymbol{Q}^{-1}=\boldsymbol{Q}\boldsymbol{\Lambda}\boldsymbol{Q}^{\mathrm{T}}=\boldsymbol{Q}\begin{bmatrix}\lambda_1 & & & \\ & \lambda_2 & & \\ & & \ddots & \\ & & & \lambda_n\end{bmatrix}\boldsymbol{Q}^{\mathrm{T}}=\boldsymbol{Q}\begin{bmatrix}\lambda_1^{1/3} & & & \\ & \lambda_2^{1/3} & & \\ & & \ddots & \\ & & & \lambda_n^{1/3}\end{bmatrix}^3\boldsymbol{Q}^{\mathrm{T}}=\boldsymbol{B}^3,$$

其中 $\boldsymbol{B}=\boldsymbol{Q}\begin{bmatrix}\lambda_1^{1/3} & & & \\ & \lambda_2^{1/3} & & \\ & & \ddots & \\ & & & \lambda_n^{1/3}\end{bmatrix}\boldsymbol{Q}^{\mathrm{T}}$,显然 $\boldsymbol{B}$ 为实对称矩阵.

七、补充习题

1. 填空题

(1) 已知 $\lambda=1$ 是三阶方阵 $\boldsymbol{A}$ 的一个特征值,且 $|\boldsymbol{A}|=2$,则 $\boldsymbol{A}^{-1}$ 的特征值为________;$\boldsymbol{A}^2-2\boldsymbol{A}+2\boldsymbol{E}$ 的特征值为________;$(\boldsymbol{A}^*)^2+\boldsymbol{E}$ 的特征值为________.

(2) 若 n 阶方阵 $\boldsymbol{A}$ 满足 $\boldsymbol{A}^2-3\boldsymbol{A}+2\boldsymbol{E}=\boldsymbol{O}$,则 $\boldsymbol{A}$ 必有特征值________.

(3) 设 $\boldsymbol{A}$ 是 n 阶方阵,$\lambda=2, 4, \ldots 2n$ 是 $\boldsymbol{A}$ 的 n 个特征值,行列式 $|\boldsymbol{A}-3\boldsymbol{E}|=$ ________.

(4) 设 $\boldsymbol{A}$ 为三阶方阵，其特征值为 3, 2, 1,其对应的特征向量分别为 $\boldsymbol{\alpha}_1, \boldsymbol{\alpha}_2, \boldsymbol{\alpha}_3$,记 $\boldsymbol{P}=[\boldsymbol{\alpha}_2, \boldsymbol{\alpha}_1, \boldsymbol{\alpha}_3]$,则 $\boldsymbol{P}^{-1}\boldsymbol{A}\boldsymbol{P}=$ ________.

(5) 设矩阵 $\boldsymbol{A}=\begin{bmatrix}1 & -3 & 3\\ 3 & m & 3\\ 6 & -6 & n\end{bmatrix}$ 的特征值 $\lambda_1=-2$, $\lambda_2=4$, 参数 $m=$ ________, $n=$ ________.

(6) 设 $\boldsymbol{A}=\begin{bmatrix}0 & 0 & 1\\ x & 1 & y\\ 1 & 0 & 0\end{bmatrix}$ 有三个线性无关的特征向量,则 $x+y=$ ________.

(7) 已知 $A=\begin{bmatrix}1/9 & -8/9 & -4/9\\ -8/9 & 1/9 & -4/9\\ -4/9 & -4/9 & 7/9\end{bmatrix}$，则 $A^{-1}=$ ________.

(8) 设 $A=(a_{ij})_{3\times 3}$ 是实正交矩阵，且 $a_{11}=1$，$b=[1,\ 0,\ 0]^{T}$，则线性方程组 $Ax=b$ 的解是________.

2. 单项选择题

(1) 设 $A=\begin{bmatrix}1 & -1 & 1\\ 5 & -6 & 2\\ 7 & -8 & 2\end{bmatrix}$，则以下向量中为 A 的特征向量的是(　　).

(A) $[1,\ 1,\ 1]^{T}$　　(B) $[1,\ 1,\ 3]^{T}$　　(C) $[1,\ 1,\ 0]^{T}$　　(D) $[1,\ 0,\ -1]^{T}$

(2) A 是 n 阶方阵，λ_1，λ_2 是 A 的特征值，对应的特征向量分别为 p_1，p_2，下列命题正确的是(　　).

(A) p_1，p_2 的分量成比例时，$\lambda_1=\lambda_2$

(B) p_1+p_2 是 A 的特征向量时，$\lambda_1\neq\lambda_2$

(C) $\lambda_1=\lambda_2$ 时，必有 $p_1=p_2$

(D) $\lambda_1\neq\lambda_2$，若 $\lambda_3=\lambda_1+\lambda_2$ 也是 A 的特征值，则对应的特征向量是 p_1+p_2

(3) n 阶方阵 A 可以相似对角化充要条件是(　　).

(A) A 有 n 个不同的特征值

(B) A 有 n 个不同的特征向量

(C) A 有 n 个两两正交的特征向量

(D) A 的任一特征值的重数与其线性无关的特征向量的个数相同

(4) 设 A，B 是 n 阶矩阵，且 A 相似于 B，则(　　).

(A) A^{-1} 相似于 B^{-1}

(B) A 与 B 有相同的特征值和特征向量

(C) 对任意常数 k，有 $kE-A$ 与 $kE-B$ 相似

(D) A 与 B 都相似于同一对角阵

(5) 设 A 为三阶方阵，且满足 $|3E+2A|=0$，$AA^{T}=4E$，$|A|<0$，其中 E 为三阶单位阵，则 A 的伴随矩阵 A^{*} 的一个特征值是(　　).

(A) $\dfrac{3}{4}$　　(B) $\dfrac{4}{3}$　　(C) $\dfrac{\sqrt{2}}{3}$　　(D) $\dfrac{3\sqrt{2}}{2}$

(6) 已知 A 为 n 阶实对称矩阵，下列命题中不正确的是(　　).

(A) A 一定可以对角化　　(B) A 必定有 n 个不同特征值

(C) A 不同特征值的特征向量必正交　　(D) A 的特征值都是实数

(7) 下列矩阵是正交矩阵的是(　　).

(A) $\begin{pmatrix}\cos\theta & -\sin\theta\\ -\sin\theta & \cos\theta\end{pmatrix}$　　(B) $\begin{pmatrix}1 & & \\ & -1 & \\ & & -1\end{pmatrix}$

(C) $\begin{pmatrix}1&0&1\\1&1&0\\0&1&1\end{pmatrix}$ (D) $\begin{pmatrix}\sqrt{2}/2&1/6&\sqrt{3}/3\\0&\sqrt{6}/6&-\sqrt{3}/3\\\sqrt{2}/2&\sqrt{10}/6&-\sqrt{3}/3\end{pmatrix}$

(8) 设 $\boldsymbol{A}$ 为 n 阶实对称矩阵，$\boldsymbol{B}$ 为 n 阶可逆矩阵，$\boldsymbol{Q}$ 为 n 阶正交阵，则与 $\boldsymbol{A}$ 有相同特征值的矩阵是(　　).

(A) $\boldsymbol{B}^{-1}\boldsymbol{Q}^{\mathrm{T}}\boldsymbol{AQB}$　(B) $(\boldsymbol{B}^{-1})^{\mathrm{T}}\boldsymbol{Q}^{\mathrm{T}}\boldsymbol{AQB}^{-1}$　(C) $\boldsymbol{B}^{\mathrm{T}}\boldsymbol{Q}^{\mathrm{T}}\boldsymbol{AQB}$　(D) $\boldsymbol{BQ}^{\mathrm{T}}\boldsymbol{AQ}(\boldsymbol{B}^{\mathrm{T}})^{-1}$

3. 设矩阵 $\boldsymbol{A}=\begin{bmatrix}3&2&-2\\-k&-1&k\\4&2&-3\end{bmatrix}$，问当 k 为何值时，存在相似变换矩阵 $\boldsymbol{P}$，使 $\boldsymbol{P}^{-1}\boldsymbol{AP}$ 为对角矩阵？求出矩阵 $\boldsymbol{P}$ 和对角阵.

4. 设矩阵 $\boldsymbol{A}=\begin{bmatrix}0&-1&0\\1&0&0\\0&0&-1\end{bmatrix}$，$\boldsymbol{B}=\boldsymbol{P}^{-1}\boldsymbol{AP}$，其中 $\boldsymbol{P}$ 为三阶可逆矩阵，求 $\boldsymbol{B}^{2004}-2\boldsymbol{A}^2$.

5. 某试验性生产线每年1月份进行熟练工与非熟练工的人数统计，然后将1/6的熟练工支援其他生产部门，其缺额由招收的非熟练工补齐. 新、老非熟练工经过培训及实践至年终考核有2/5成为熟练工. 设第 n 年1月份统计的熟练工和非熟练工所占百分比分别为 x_n，y_n，记向量 $\begin{bmatrix}x_n\\y_n\end{bmatrix}$.

(1) 求 $\begin{bmatrix}x_{n+1}\\y_{n+1}\end{bmatrix}$ 与 $\begin{bmatrix}x_n\\y_n\end{bmatrix}$ 的关系式并写成矩阵形式：$\begin{bmatrix}x_{n+1}\\y_{n+1}\end{bmatrix}=\boldsymbol{A}\begin{bmatrix}x_n\\y_n\end{bmatrix}$；

(2) 验证 $\boldsymbol{\eta}_1=\begin{bmatrix}4\\1\end{bmatrix}$，$\boldsymbol{\eta}_2=\begin{bmatrix}-1\\1\end{bmatrix}$ 是 $\boldsymbol{A}$ 的两个线性无关的特征向量，并求出相应的特征值；

(3) 当 $\begin{bmatrix}x_1\\y_1\end{bmatrix}=\begin{bmatrix}\frac{1}{2}\\\frac{1}{2}\end{bmatrix}$ 时，求 $\begin{bmatrix}x_{n+1}\\y_{n+1}\end{bmatrix}$.

6. 将向量组 $\boldsymbol{\alpha}_1=\begin{bmatrix}1\\1\\1\end{bmatrix}$，$\boldsymbol{\alpha}_2=\begin{bmatrix}1\\0\\1\end{bmatrix}$，$\boldsymbol{\alpha}_3=\begin{bmatrix}1\\1\\0\end{bmatrix}$ 正交规范化.

7. 求齐次线性方程 $x_1+x_2-x_3=0$ 的全体解向量组的一组标准正交向量组.

8. 三阶实对称矩阵 $\boldsymbol{A}$ 的特征值为 λ_1，λ_2，λ_3，对应于 λ_1，λ_2 的特征向量分别为 $\boldsymbol{p}_1=[-1,-1,1]^{\mathrm{T}}$，$\boldsymbol{p}_2=[1,-2,-1]^{\mathrm{T}}$，求对应于 λ_3 的特征向量.

9. 用正交矩阵将实对称矩阵 $\boldsymbol{A}$ 对角化，其中 $\boldsymbol{A}=\begin{bmatrix}2&2&-2\\2&5&-4\\-2&-4&5\end{bmatrix}$.

10. 设矩阵 $\boldsymbol{A}=\begin{bmatrix}3&2&2\\2&3&2\\2&2&3\end{bmatrix}$，$\boldsymbol{P}=\begin{bmatrix}0&1&0\\1&0&1\\0&0&1\end{bmatrix}$，$\boldsymbol{B}=\boldsymbol{P}^{-1}\boldsymbol{A}^*\boldsymbol{P}$，求 $\boldsymbol{B}+2\boldsymbol{E}$ 的特征值与特征向量，其中 $\boldsymbol{A}^*$ 为 $\boldsymbol{A}$ 的伴随矩阵，$\boldsymbol{E}$ 为3阶单位矩阵.

解答和提示

1. (1) 1; 1; 5.　(2) 1, 2.　(3) $-(2n-3)!!$.　(4) $\begin{bmatrix}2 & & \\ & 3 & \\ & & 1\end{bmatrix}$.　(5) $m=-5$, $n=4$;

(6) 0; 1.　(7) $\boldsymbol{A}^{-1}=\boldsymbol{A}^{\mathrm{T}}=\begin{bmatrix}1/9 & -8/9 & -4/9\\ -8/9 & 1/9 & -4/9\\ -4/9 & -4/9 & 7/9\end{bmatrix}$.　(8) $[1, 0, 0]^{\mathrm{T}}$.

2. (1) A　(2) A　(3) D　(4) C　(5) B　(6) B　(7) B　(8) A

3. $k=0$, $\boldsymbol{P}=[\boldsymbol{p}_1, \boldsymbol{p}_2, \boldsymbol{p}_3]=\begin{bmatrix}-1 & 1 & 1\\ 2 & 0 & 0\\ 0 & 2 & 1\end{bmatrix}$,则 $\boldsymbol{P}^{-1}\boldsymbol{A}\boldsymbol{P}=\begin{bmatrix}-1 & 0 & 0\\ 0 & -1 & 0\\ 0 & 0 & 1\end{bmatrix}$

4. $\begin{bmatrix}3 & & \\ & 3 & \\ & & -1\end{bmatrix}$,

5. (1) $\begin{bmatrix}x_{n+1}\\ y_{n+1}\end{bmatrix}=\begin{bmatrix}9/10 & 2/5\\ 1/10 & 3/5\end{bmatrix}\begin{bmatrix}x_n\\ y_n\end{bmatrix}$;　(2) $\lambda_1=1$, $\lambda_2=\dfrac{1}{2}$;

(3) $\begin{bmatrix}x_{n+1}\\ y_{n+1}\end{bmatrix}=\dfrac{1}{10}\begin{bmatrix}8-3\left(\dfrac{1}{2}\right)^n\\ 2+3\left(\dfrac{1}{2}\right)^n\end{bmatrix}$.

6. $\boldsymbol{\beta}_1^0=\begin{bmatrix}\dfrac{\sqrt{3}}{3}\\ \dfrac{\sqrt{3}}{3}\\ \dfrac{\sqrt{3}}{3}\end{bmatrix}$, $\boldsymbol{\beta}_2^0=\begin{bmatrix}\dfrac{\sqrt{6}}{6}\\ -\dfrac{\sqrt{6}}{3}\\ \dfrac{\sqrt{6}}{6}\end{bmatrix}$, $\boldsymbol{\beta}_3^0=\begin{bmatrix}\dfrac{\sqrt{2}}{2}\\ 0\\ -\dfrac{\sqrt{2}}{2}\end{bmatrix}$.

7. 一组标准正交基 $\boldsymbol{\beta}_1^0=\begin{bmatrix}-\dfrac{\sqrt{2}}{2}\\ \dfrac{\sqrt{2}}{2}\\ 0\end{bmatrix}$　$\boldsymbol{\beta}_2^0=\begin{bmatrix}\dfrac{\sqrt{6}}{6}\\ \dfrac{\sqrt{6}}{6}\\ \dfrac{\sqrt{6}}{3}\end{bmatrix}$

8. $[1, 0, 1]^{\mathrm{T}}$.

9. 取 $\boldsymbol{P}=\dfrac{1}{3\sqrt{2}}\begin{bmatrix}\sqrt{2} & 0 & 4\\ 2\sqrt{2} & 3 & -1\\ -2\sqrt{2} & 3 & 1\end{bmatrix}$,有 $\boldsymbol{P}^{-1}\boldsymbol{A}\boldsymbol{P}=\boldsymbol{P}^{\mathrm{T}}\boldsymbol{A}\boldsymbol{P}=\boldsymbol{\Lambda}=\begin{bmatrix}10 & 0 & 0\\ 0 & 1 & 0\\ 0 & 0 & 1\end{bmatrix}$

10. $\lambda_1=\lambda_2=9$, $k_1\begin{bmatrix}-1\\ 1\\ 0\end{bmatrix}+k_2\begin{bmatrix}-2\\ 0\\ 1\end{bmatrix}$ $(k_1^2+k_2^2\neq 0)$, $\lambda_3=3$, $k_3\begin{bmatrix}0\\ 1\\ 1\end{bmatrix}$ $(k_3\neq 0)$.

第六章　二　次　型

一、基 本 要 求

1. 掌握二次型的概念及其矩阵表示，了解二次型的秩、标准形、规范形、正负惯性指数等概念，了解合同变换和合同矩阵的概念.

2. 熟练掌握用正交变换把二次型化成标准形的方法，了解用配方法、初等变换法化二次型为标准形，知道惯性定律.

3. 了解正定二次型和正定矩阵的概念，掌握正定二次型及正定矩阵的判别法.

二、内 容 提 要

1. 二次型

(1) 二次型

$$f(x_1, x_2, \cdots, x_n) = a_{11}x_1^2 + 2a_{12}x_1x_2 + 2a_{13}x_1x_3 + \cdots + 2a_{1n}x_1x_n + a_{22}x_2^2 + 2a_{23}x_2x_3 + \cdots + 2a_{2n}x_2x_n + \cdots + a_{nn}x_n^2$$

仅限于实二次型，即系数 a_{ij} 为实数($i, j=1, 2, \cdots, n$).

(2) 二次型的矩阵形式

$$f = \boldsymbol{x}^{\mathrm{T}}\boldsymbol{A}\boldsymbol{x}$$

上式中 $\boldsymbol{A}=\begin{bmatrix} a_{11} & a_{12} & \cdots & a_{1n} \\ a_{21} & a_{22} & \cdots & a_{2n} \\ \vdots & \vdots & & \vdots \\ a_{n1} & a_{n2} & \cdots & a_{nn} \end{bmatrix}$ ($a_{ij}=a_{ji}, i, j=1, 2, \cdots, n$), $\boldsymbol{x}=\begin{bmatrix} x_1 \\ x_2 \\ \vdots \\ x_n \end{bmatrix}$，实对称矩阵 $\boldsymbol{A}$ 称为二次型 f 的矩阵，二次型 f 称为实对称矩阵 $\boldsymbol{A}$ 的二次型. 实对称矩

阵 $\boldsymbol{A}$ 的秩称为二次型 f 的秩.

(3) 标准形

$$f = a_{11}x_1^2 + a_{22}x_2^2 + \cdots + a_{nn}x_n^2$$

标准形的特点是只含平方项,其矩阵为对角阵.

2. 二次型化为标准形

(1) 矩阵合同的定义

设 $\boldsymbol{A}, \boldsymbol{B}$ 为两个 n 阶方阵,如果存在 n 阶可逆方阵 $\boldsymbol{C}$,使 $\boldsymbol{B} = \boldsymbol{C}^{\mathrm{T}}\boldsymbol{A}\boldsymbol{C}$,则称矩阵 $\boldsymbol{A}$ 与矩阵 $\boldsymbol{B}$ 合同.

(2) 矩阵合同的性质

① 反身性 矩阵 $\boldsymbol{A}$ 与 $\boldsymbol{A}$ 合同.

② 对称性 若矩阵 $\boldsymbol{A}$ 与 $\boldsymbol{B}$ 合同,则矩阵 $\boldsymbol{B}$ 与 $\boldsymbol{A}$ 合同.

③ 传递性 若矩阵 $\boldsymbol{A}$ 与 $\boldsymbol{B}$ 合同,而矩阵 $\boldsymbol{B}$ 与 $\boldsymbol{C}$ 合同,则矩阵 $\boldsymbol{A}$ 与 $\boldsymbol{C}$ 合同.

④ 任何实对称矩阵 $\boldsymbol{A}$ 必合同于对角矩阵

$$\boldsymbol{\Lambda} = \begin{bmatrix} 1 & & & & & & & & \\ & \ddots & & & & & & & \\ & & 1 & & & & & & \\ & & & -1 & & & & & \\ & & & & \ddots & & & & \\ & & & & & -1 & & & \\ & & & & & & 0 & & \\ & & & & & & & \ddots & \\ & & & & & & & & 0 \end{bmatrix},$$

其中主对角线上非零元素的个数等于 $\boldsymbol{A}$ 的秩,1 和 -1 的个数分别等于 $\boldsymbol{A}$ 的正、负特征值的个数.

⑤ 实对称矩阵 $\boldsymbol{A}$ 与 $\boldsymbol{B}$ 合同$\Leftrightarrow R(\boldsymbol{A})=R(\boldsymbol{B})$,且 $\boldsymbol{A}$ 与 $\boldsymbol{B}$ 的正特征值的个数相等.

(3) 二次型化为标准形

经可逆线性变换 $\boldsymbol{x} = \boldsymbol{C}\boldsymbol{y}$ (矩阵 $\boldsymbol{C}$ 可逆),

$$f = \boldsymbol{x}^{\mathrm{T}}\boldsymbol{A}\boldsymbol{x} = (\boldsymbol{C}\boldsymbol{y})^{\mathrm{T}}\boldsymbol{A}(\boldsymbol{C}\boldsymbol{y}) = \boldsymbol{y}^{\mathrm{T}}\boldsymbol{C}^{\mathrm{T}}\boldsymbol{A}\boldsymbol{C}\boldsymbol{y} = \boldsymbol{y}^{\mathrm{T}}\boldsymbol{B}\boldsymbol{y} = k_1y_1^2 + k_2y_2^2 + \cdots + k_ny_n^2,$$

即二次型化为标准形,其中 $\boldsymbol{B} = \boldsymbol{C}^{\mathrm{T}}\boldsymbol{A}\boldsymbol{C} = \mathrm{diag}(k_1, k_2, \cdots, k_n)$.

(4) 化二次型为标准形的方法

① 正交变换法

对于任一实二次型 $f=\boldsymbol{x}^{\mathrm{T}}\boldsymbol{A}\boldsymbol{x}$（$\boldsymbol{A}$ 为实对称矩阵），一定存在正交变换 $\boldsymbol{x}=\boldsymbol{Q}\boldsymbol{y}$（$\boldsymbol{Q}$ 为正交矩阵），使得二次型 f 化为标准形 $f=\lambda_1 y_1^2+\lambda_2 y_2^2+\cdots+\lambda_n y_n^2$，其中 λ_i $(i=1, 2, \cdots, n)$ 为二次型矩阵 $\boldsymbol{A}$ 的特征值.

② 拉格朗日配方法

把变量配成完全平方化二次型为标准形.

③ 初等变换法

构造一个 $2n\times n$ 矩阵 $\begin{bmatrix}\boldsymbol{A}\\ \cdots\\ \boldsymbol{E}\end{bmatrix}$，对 $\begin{bmatrix}\boldsymbol{A}\\ \cdots\\ \boldsymbol{E}\end{bmatrix}$ 每作一次初等列变换，同时仅对 $\boldsymbol{A}$ 作一次相应的行变换，最后将 $\begin{bmatrix}\boldsymbol{A}\\ \cdots\\ \boldsymbol{E}\end{bmatrix}$ 化为 $\begin{bmatrix}\boldsymbol{C}^{\mathrm{T}}\boldsymbol{A}\boldsymbol{C}\\ \cdots\\ \boldsymbol{C}\end{bmatrix}$. 当 $\boldsymbol{C}^{\mathrm{T}}\boldsymbol{A}\boldsymbol{C}$ 为对角阵时，$\boldsymbol{E}$ 就化为线性变换矩阵 $\boldsymbol{C}$.

注 二次型通过上述三种方法化成的标准形不一定相同，也就是说二次型的标准形不唯一.

3. 惯性定律

(1) 惯性定律

实二次型 $f=\boldsymbol{x}^{\mathrm{T}}\boldsymbol{A}\boldsymbol{x}$，经可逆线性变换 $\boldsymbol{x}=\boldsymbol{C}\boldsymbol{y}$（矩阵 $\boldsymbol{C}$ 可逆）可化成标准形

$$f=k_1 y_1^2+k_2 y_2^2+\cdots+k_r y_r^2 (k_i\neq 0, i=1, 2, \cdots, r),$$

其中 r 为二次型的秩(即 $r=R(\boldsymbol{A})$)，$k_1, k_2, \cdots, k_r$ 中正数、负数的个数是确定的. 标准形中正平方项的个数 p 称为二次型的正惯性指数，负平方项的个数 $q=r-p$ 称为二次型的负惯性指数.

二次型的正惯性指数、负惯性指数分别等于二次型矩阵 $\boldsymbol{A}$ 的正、负特征值的个数，且 $p+q=r=R(\boldsymbol{A})$.

(2) 二次型化为规范形

实二次型 $f=\boldsymbol{x}^{\mathrm{T}}\boldsymbol{A}\boldsymbol{x}$，经可逆线性变换 $\boldsymbol{x}=\boldsymbol{C}\boldsymbol{y}$（矩阵 $\boldsymbol{C}$ 可逆）可化成规范形

$$f=y_1^2+\cdots+y_p^2-y_{p+1}^2-\cdots-y_r^2$$

其中 r 为二次型的秩(即 $r=R(\boldsymbol{A})$)，p 为二次型的正惯性指数(即矩阵 $\boldsymbol{A}$ 的正特征值的个数). 由惯性定律可知，二次型的规范形是唯一的.

实对称矩阵 $\boldsymbol{A}$ 与 $\boldsymbol{B}$ 合同 $\Leftrightarrow$ 二次型 $f=\boldsymbol{x}^{\mathrm{T}}\boldsymbol{A}\boldsymbol{x}$ 与 $f=\boldsymbol{x}^{\mathrm{T}}\boldsymbol{B}\boldsymbol{x}$ 有相同的规范形.

4. 正定二次型

(1) 设实二次型 $f(x_1, x_2, \cdots, x_n)=\boldsymbol{x}^{\mathrm{T}}\boldsymbol{A}\boldsymbol{x}$($\boldsymbol{A}$ 为实对称矩阵)，如果对于任意 $\boldsymbol{x}=(x_1, x_2, \cdots, x_n)^{\mathrm{T}}\neq\boldsymbol{0}$，恒有 $f>0$(或 $f<0$)，当且仅当 $\boldsymbol{x}=\boldsymbol{0}$ 时 $f=0$，则

称 f 为正定(或负定) 二次型,并称实对称矩阵 $\boldsymbol{A}$ 为正定(或负定) 矩阵.

(2) 任一实二次型,经过实的可逆线性变换,其正定性保持不变.

(3) 设实二次型 $f=\boldsymbol{x}^{\mathrm{T}}\boldsymbol{A}\boldsymbol{x}$ 的秩为 r,正惯性指数为 p,负惯性指数为 q,则下列说法等价:

① 实二次型 $f=\boldsymbol{x}^{\mathrm{T}}\boldsymbol{A}\boldsymbol{x}$ 是正定的,即实对称矩阵 $\boldsymbol{A}$ 是正定的.

② f 的正惯性指数 $p=r=n$.

③ $\boldsymbol{A}$ 与单位阵 $\boldsymbol{E}$ 合同.

④ 存在可逆矩阵 $\boldsymbol{P}$,使得 $\boldsymbol{A}=\boldsymbol{P}^{\mathrm{T}}\boldsymbol{P}$.

⑤ $\boldsymbol{A}$ 的 n 个特征值全大于零.

⑥ f 的规范形为 $f=\boldsymbol{y}^{\mathrm{T}}\boldsymbol{y}$ ($\boldsymbol{y}$ 为 n 维列向量).

⑦ 实对称矩阵 $\boldsymbol{A}$ 的 n 个顺序主子式全大于 0.

三、重点难点

本章重点:二次型的概念及其矩阵表示,化二次型为标准形,熟练掌握用正交变换法化二次型为标准形(这一问题与实对称矩阵正交相似于对角矩阵形式不同,但实质相同);正定二次型的定义及判定.

本章难点:结合二次型的秩、相似矩阵的性质以及特征值的性质和概念来考查二次型化为标准形问题;抽象二次型或实对称矩阵的正定性判别及其相关的证明.

四、常见错误

错误 1　写错二次型矩阵.

分析　二次型和实对称矩阵一一对应,对二次型的研究转化为对二次型矩阵的研究,第五章有关实对称矩阵的结论和相似对角化的方法在二次型中非常重要.写对二次矩阵,是研究二次型的第一步,如果这一步出错,那么后面的计算也就毫无意义了.读者只要仔细就可以避免出现这种错误.

例如　在写出二次型 $f(x_1, x_2, x_3)=x_1^2-3x_3^2+2x_1x_2+8x_2x_3$ 的矩阵时常见以下错误:

(1) $\boldsymbol{A}=\begin{bmatrix}1&2&0\\0&0&8\\0&0&-3\end{bmatrix}$;　　(2) $\boldsymbol{A}=\begin{bmatrix}1&1&0\\1&-3&4\\0&4&0\end{bmatrix}$,

第一种错误比较普遍,为了避免这种错误,首先将 x_1x_2 的系数除以 2,将所得的结果填入二次型矩阵的第 1 行第 2 列和第 2 行第 1 列，以此类推. 避免第二种错误应注意二次型平方项的系数与二次型矩阵主对角线元素的次序对应. 注意到上述两点，不难得出正确的结果：

$$\boldsymbol{A}=\begin{bmatrix}1&1&0\\1&0&4\\0&4&-3\end{bmatrix}.$$

错误 2　混淆矩阵等价、相似、合同的概念.

分析　$\boldsymbol{A}$ 与 $\boldsymbol{B}$ 等价 $\Leftrightarrow \boldsymbol{B}=\boldsymbol{PAQ}$（$\boldsymbol{P}$, $\boldsymbol{Q}$ 可逆，$\boldsymbol{A}$, $\boldsymbol{B}$ 为同型矩阵但未必是方阵）

$\boldsymbol{A}$ 与 $\boldsymbol{B}$ 合同 $\Leftrightarrow \boldsymbol{B}=\boldsymbol{C}^{\mathrm{T}}\boldsymbol{AC}$（$\boldsymbol{C}$ 可逆）

$\boldsymbol{A}$ 与 $\boldsymbol{B}$ 相似 $\Leftrightarrow \boldsymbol{B}=\boldsymbol{P}^{-1}\boldsymbol{AP}$

对照上述三个不同概念，不难看出：

$\boldsymbol{A}$ 与 $\boldsymbol{B}$ 合同 $\Rightarrow \boldsymbol{A}$ 与 $\boldsymbol{B}$ 等价；$\boldsymbol{A}$ 与 $\boldsymbol{B}$ 相似 $\Rightarrow \boldsymbol{A}$ 与 $\boldsymbol{B}$ 等价.

$\boldsymbol{A}$ 与 $\boldsymbol{B}$ 合同 $\nRightarrow \boldsymbol{A}$ 与 $\boldsymbol{B}$ 相似；$\boldsymbol{A}$ 与 $\boldsymbol{B}$ 相似 $\nRightarrow \boldsymbol{A}$ 与 $\boldsymbol{B}$ 合同.

$\boldsymbol{A}$ 与 $\boldsymbol{B}$ 为正交相似（即 $\boldsymbol{B}=\boldsymbol{Q}^{-1}\boldsymbol{AQ}=\boldsymbol{Q}^{\mathrm{T}}\boldsymbol{AQ}$，$\boldsymbol{Q}$ 为正交阵）$\Rightarrow \boldsymbol{A}$ 与 $\boldsymbol{B}$ 合同.

错误 3　若实对称矩阵 $\boldsymbol{A}$ 与 $\boldsymbol{B}$ 合同，则 $\boldsymbol{A}$ 与 $\boldsymbol{B}$ 有相同的特征值.

分析　实对称矩阵 $\boldsymbol{A}$ 与 $\boldsymbol{B}$ 合同 $\Leftrightarrow R(\boldsymbol{A})=R(\boldsymbol{B})$，且 $\boldsymbol{A}$ 与 $\boldsymbol{B}$ 的正特征值的个数相等.

实对称矩阵 $\boldsymbol{A}$ 与 $\boldsymbol{B}$ 合同 $\nRightarrow \boldsymbol{A}$ 与 $\boldsymbol{B}$ 有相同的特征值.

例如　实对称矩阵 $\boldsymbol{A}=\begin{bmatrix}1&1\\1&1\end{bmatrix}$ 与 $\boldsymbol{B}=\begin{bmatrix}1&2\\2&4\end{bmatrix}$ 合同，$\boldsymbol{A}$ 的特征值为 0, 2, $\boldsymbol{B}$ 的特征值为 0, 5, $\boldsymbol{A}$ 与 $\boldsymbol{B}$ 的特征值并不相同.

注　实对称矩阵 $\boldsymbol{A}$ 与 $\boldsymbol{B}$ 有相同的特征值 $\Rightarrow \boldsymbol{A}$ 与 $\boldsymbol{B}$ 合同.

事实上，若实对称矩阵 $\boldsymbol{A}$ 与 $\boldsymbol{B}$ 有相同的特征值，则 $\boldsymbol{A}$ 与 $\boldsymbol{B}$ 正交相似于同一个对角阵 $\boldsymbol{\Lambda}$，于是 $\boldsymbol{A}$, $\boldsymbol{B}$ 都合同于 $\boldsymbol{\Lambda}$，所以 $\boldsymbol{A}$ 与 $\boldsymbol{B}$ 合同.

错误 4　若实二次型 $f=\boldsymbol{x}^{\mathrm{T}}\boldsymbol{Ax}$，经可逆线性变换 $\boldsymbol{x}=\boldsymbol{Cy}$（矩阵 $\boldsymbol{C}$ 可逆）化成标准形.

$$f=k_1y_1^2+k_2y_2^2+\cdots+k_ry_r^2\ (k_i\neq 0,\ i=1,\ 2,\ \cdots,\ r),$$

则 $k_1, k_2, \cdots, k_r, \underbrace{0, \cdots, 0}_{n-r个}$ 为 $\boldsymbol{A}$ 的特征值.

分析　二次型经可逆线性变换化成标准形有正交变换法、拉格朗日配方法和初等变换法，不同方法得到的标准形可能不一样. 若采用正交变换法化二次型 $f=\boldsymbol{x}^{\mathrm{T}}\boldsymbol{Ax}$ 为标准形

$$f=\lambda_1y_1^2+\lambda_2y_2^2+\cdots+\lambda_ry_r^2\ (\lambda_i\neq 0,\ i=1,\ 2,\ \cdots,\ r),$$

则 $\lambda_1, \lambda_2, \cdots, \lambda_r, \underbrace{0, \cdots, 0}_{n-r个}$ 为 $\boldsymbol{A}$ 的特征值.

由惯性定律,$k_1, k_2, \cdots, k_r$ 中正数、负数的个数是唯一的,即为二次型 $f=\boldsymbol{x}^{\mathrm{T}}\boldsymbol{A}\boldsymbol{x}$ 的正、负惯性指数,且 $r=R(\boldsymbol{A})$.

用不同方法得到的标准形可能不一样,然而由合同的传递性,不同标准形对应的矩阵是合同的.

错误 5 若二次型的负惯性指数为零,则二次型为正定的.

分析 $f=\boldsymbol{x}^{\mathrm{T}}\boldsymbol{A}\boldsymbol{x}$ 正定 $\Leftrightarrow p=r=n \Rightarrow p=r\leqslant n$ (即 $q=0$)

二次型的负惯性指数为零,即 $p=r$. 如果 $r=n$,则二次型为正定的;如果 $r<n$,则二次型为半正定的(即对任意 $\boldsymbol{x}, f=\boldsymbol{x}^{\mathrm{T}}\boldsymbol{A}\boldsymbol{x}\geqslant 0$).

五、典型例题

【例 1】 求二次型 $f(x_1, x_2, x_3)=4x_2^2-3x_3^2+4x_1x_2-4x_1x_3+8x_2x_3$ 的标准形,并写出相应的可逆线性变换.

分析 二次型化为标准形,可以采用三种不同方法,其中最常用也最重要的是正交变换法.

解一 (正交变换法)

二次型 f 对应的矩阵为

$$\boldsymbol{A}=\begin{bmatrix} 0 & 2 & -2 \\ 2 & 4 & 4 \\ -2 & 4 & -3 \end{bmatrix},$$

矩阵 $\boldsymbol{A}$ 的特征多项式为

$$|\lambda\boldsymbol{E}-\boldsymbol{A}|=\begin{vmatrix} \lambda & -2 & 2 \\ -2 & \lambda-4 & -4 \\ 2 & -4 & \lambda+3 \end{vmatrix}=(\lambda-1)(\lambda^2-36),$$

令 $|\lambda\boldsymbol{E}-\boldsymbol{A}|=0$,可得矩阵 $\boldsymbol{A}$ 的特征值 $\lambda_1=-6, \lambda_2=1, \lambda_3=6$.

对应特征向量分别为 $\boldsymbol{\xi}_1=\begin{bmatrix} 1 \\ -1 \\ 2 \end{bmatrix}, \boldsymbol{\xi}_2=\begin{bmatrix} 2 \\ 0 \\ -1 \end{bmatrix}, \boldsymbol{\xi}_3=\begin{bmatrix} 1 \\ 5 \\ 2 \end{bmatrix}$,

(由于实对称矩阵对应于不同特征值的特征向量必正交,读者可以根据上述性质进行自查.)

经单位化,得 $\boldsymbol{p}_1=\frac{1}{\sqrt{6}}\begin{bmatrix} 1 \\ -1 \\ 2 \end{bmatrix}, \boldsymbol{p}_2=\frac{1}{\sqrt{5}}\begin{bmatrix} 2 \\ 0 \\ -1 \end{bmatrix}, \boldsymbol{p}_3=\frac{1}{\sqrt{30}}\begin{bmatrix} 1 \\ 5 \\ 2 \end{bmatrix}$,

令矩阵 $Q=(p_1, p_2, p_3)=\begin{bmatrix}\frac{1}{\sqrt{6}} & \frac{2}{\sqrt{5}} & \frac{1}{\sqrt{30}}\\ -\frac{1}{\sqrt{6}} & 0 & \frac{5}{\sqrt{30}}\\ \frac{2}{\sqrt{6}} & -\frac{1}{\sqrt{5}} & \frac{2}{\sqrt{30}}\end{bmatrix}$,则 Q 为正交矩阵,于是通过正交变换 $x=Qy$,即

$$\begin{cases}x_1=\frac{1}{\sqrt{6}}y_1+\frac{2}{\sqrt{5}}y_2+\frac{1}{\sqrt{30}}y_3,\\ x_2=-\frac{1}{\sqrt{6}}y_1+\frac{5}{\sqrt{30}}y_3,\\ x_3=\frac{2}{\sqrt{6}}y_1-\frac{1}{\sqrt{5}}y_2+\frac{2}{\sqrt{30}}y_3,\end{cases}$$

二次型化为标准形

$$f=-6y_1^2+y_2^2+6y_3^2.$$

解二 (拉格朗日配方法)

此二次型中不含 x_1 的平方项,所以先将含有 x_2 的各项合并在一起,配成完全平方项:

$$\begin{aligned}f(x_1, x_2, x_3)&=4x_2^2-3x_3^2+4x_1x_2-4x_1x_3+8x_2x_3\\&=(4x_2^2+4x_1x_2+8x_2x_3)-3x_3^2-4x_1x_3\\&=(x_1+2x_2+2x_3)^2-x_1^2-4x_3^2-4x_1x_3-3x_3^2-4x_1x_3\\&=(x_1+2x_2+2x_3)^2-x_1^2-7x_3^2-8x_1x_3\\&=(x_1+2x_2+2x_3)^2-(x_1+4x_3)^2+9x_3^2;\end{aligned}$$

令 $\begin{cases}y_1=x_1+2x_2+2x_3,\\ y_2=x_1+4x_3,\\ y_3=x_3,\end{cases}$ 即 $\begin{cases}x_1=y_2-4y_3,\\ x_2=\frac{1}{2}y_1-\frac{1}{2}y_2+y_3,\\ x_3=y_3.\end{cases}$

记 $C=\begin{bmatrix}0 & 1 & -4\\ 1/2 & -1/2 & 1\\ 0 & 0 & 1\end{bmatrix}$,上述线性变换可写成 $x=Cy$,由于矩阵 C 可逆,所以通过可逆线性变换 $x=Cy$,二次型化为标准形

$$f = y_1^2 - y_2^2 + 9y_3^2.$$

解三 （初等变换法）

二次型的矩阵

$$\boldsymbol{A} = \begin{bmatrix} 0 & 2 & -2 \\ 2 & 4 & 4 \\ -2 & 4 & -3 \end{bmatrix},$$

对矩阵$\begin{bmatrix} \boldsymbol{A} \\ \cdots \\ \boldsymbol{E} \end{bmatrix}$先进行初等列变换，再对 $\boldsymbol{A}$ 施以相同的初等行变换，当二次型矩阵 $\boldsymbol{A}$ 化为对角矩阵时，单位矩阵 $\boldsymbol{E}$ 就化为所求的可逆线性变换矩阵 $\boldsymbol{P}$.

$$\begin{bmatrix} \boldsymbol{A} \\ \cdots \\ \boldsymbol{E} \end{bmatrix} = \begin{bmatrix} 0 & 2 & -2 \\ 2 & 4 & 4 \\ -2 & 4 & -3 \\ \hdashline 1 & 0 & 0 \\ 0 & 1 & 0 \\ 0 & 0 & 1 \end{bmatrix} \xrightarrow{c_1 \leftrightarrow c_2} \begin{bmatrix} 2 & 0 & -2 \\ 4 & 2 & 4 \\ 4 & -2 & -3 \\ \hdashline 0 & 1 & 0 \\ 1 & 0 & 0 \\ 0 & 0 & 1 \end{bmatrix} \xrightarrow{r_1 \leftrightarrow r_2} \begin{bmatrix} 4 & 2 & 4 \\ 2 & 0 & -2 \\ 4 & -2 & -3 \\ \hdashline 0 & 1 & 0 \\ 1 & 0 & 0 \\ 0 & 0 & 1 \end{bmatrix}$$

$$\xrightarrow[c_3 - c_1]{c_2 - \frac{1}{2}c_1} \begin{bmatrix} 4 & 0 & 0 \\ 2 & -1 & -4 \\ 4 & -4 & -7 \\ \hdashline 0 & 1 & 0 \\ 1 & -1/2 & -1 \\ 0 & 0 & 1 \end{bmatrix} \xrightarrow[r_3 - r_1]{r_2 - \frac{1}{2}r_1} \begin{bmatrix} 4 & 0 & 0 \\ 0 & -1 & -4 \\ 0 & -4 & -7 \\ \hdashline 0 & 1 & 0 \\ 1 & -1/2 & -1 \\ 0 & 0 & 1 \end{bmatrix}$$

$$\xrightarrow{c_3 - 4c_2} \begin{bmatrix} 4 & 0 & 0 \\ 0 & -1 & 0 \\ 0 & -4 & 9 \\ \hdashline 0 & 1 & -4 \\ 1 & -1/2 & 1 \\ 0 & 0 & 1 \end{bmatrix} \xrightarrow{r_3 - 4r_2} \begin{bmatrix} 4 & 0 & 0 \\ 0 & -1 & 0 \\ 0 & 0 & 9 \\ \hdashline 0 & 1 & -4 \\ 1 & -1/2 & 1 \\ 0 & 0 & 1 \end{bmatrix},$$

令 $\boldsymbol{P} = \begin{bmatrix} 0 & 1 & -4 \\ 1 & -1/2 & 1 \\ 0 & 0 & 1 \end{bmatrix}$，$\boldsymbol{x} = \boldsymbol{P}\boldsymbol{y}$，即$\begin{cases} x_1 = y_2 - 4y_3, \\ x_2 = y_1 - \frac{1}{2}y_2 + y_3, \\ x_3 = y_3, \end{cases}$

由于矩阵 $\boldsymbol{P}$ 可逆，所以通过可逆线性变换 $\boldsymbol{x} = \boldsymbol{P}\boldsymbol{y}$，二次型化为标准形

$$f = 4y_1^2 - y_2^2 + 9y_3^2.$$

由本例可知，二次型的标准形不是唯一的，用不同的方法可以得到不同的标准形，然而由惯性定律可知不同标准形中所含正平方项和负平方项的个数是唯一确定的，因而二次型的规范形 $f=y_1^2+y_2^2-y_3^2$ 是唯一确定的.

【例 2】 证明二次型 $f=\boldsymbol{x}^{\mathrm{T}}\boldsymbol{A}\boldsymbol{x}$ 在 $\|\boldsymbol{x}\|=1$ 时的最大值为对称矩阵 $\boldsymbol{A}$ 的最大特征值，最小值为 $\boldsymbol{A}$ 的最小特征值.

证明 设 $\lambda_1\geqslant\lambda_2\geqslant\cdots\geqslant\lambda_n$ 为 $\boldsymbol{A}$ 的 n 个特征值，则存在正交矩阵 $\boldsymbol{Q}=(\boldsymbol{q}_1,\ \boldsymbol{q}_2,\ \cdots,\ \boldsymbol{q}_n)$，其中 $\boldsymbol{q}_i$ 是 $\boldsymbol{A}$ 的对应于特征值 λ_i 的单位特征向量，在正交变换 $\boldsymbol{x}=\boldsymbol{Q}\boldsymbol{y}$ 下，二次型 $f=\boldsymbol{x}^{\mathrm{T}}\boldsymbol{A}\boldsymbol{x}$ 化为标准形，即 $f=\boldsymbol{x}^{\mathrm{T}}\boldsymbol{A}\boldsymbol{x}=\lambda_1y_1^2+\lambda_2y_2^2+\cdots+\lambda_ny_n^2$，

又 $\|\boldsymbol{x}\|^2=\boldsymbol{x}^{\mathrm{T}}\boldsymbol{x}=\boldsymbol{y}^{\mathrm{T}}\boldsymbol{Q}^{\mathrm{T}}\boldsymbol{Q}\boldsymbol{y}=\boldsymbol{y}^{\mathrm{T}}\boldsymbol{y}=\|\boldsymbol{y}\|^2$，即正交变换不改变向量的长度，从而

$$\max_{\|\boldsymbol{x}\|=1}f=\max_{\|\boldsymbol{x}\|=1}\boldsymbol{x}^{\mathrm{T}}\boldsymbol{A}\boldsymbol{x}=\max_{\|\boldsymbol{y}\|=1}(\lambda_1y_1^2+\lambda_2y_2^2+\cdots+\lambda_ny_n^2)\leqslant\lambda_1\max_{\|\boldsymbol{y}\|=1}\sum_{i=1}^{n}y_i^2=\lambda_1,$$

取 $\boldsymbol{y}=(1,\ 0,\ \cdots,\ 0)^{\mathrm{T}}$，$\boldsymbol{x}=\boldsymbol{Q}\boldsymbol{y}$，则 $\|\boldsymbol{x}\|=\|\boldsymbol{y}\|=1$，二次型对应的值为 $f=\lambda_1$.

同理 $\min\limits_{\|\boldsymbol{x}\|=1}f=\min\limits_{\|\boldsymbol{x}\|=1}\boldsymbol{x}^{\mathrm{T}}\boldsymbol{A}\boldsymbol{x}=\min\limits_{\|\boldsymbol{y}\|=1}(\lambda_1y_1^2+\lambda_2y_2^2+\cdots+\lambda_ny_n^2)\geqslant\lambda_n\min\limits_{\|\boldsymbol{y}\|=1}\sum\limits_{i=1}^{n}y_i^2=\lambda_n$，

取 $\boldsymbol{y}=(0,\ 0,\ \cdots,\ 1)^{\mathrm{T}}$，$\boldsymbol{x}=\boldsymbol{Q}\boldsymbol{y}$，则 $\|\boldsymbol{x}\|=\|\boldsymbol{y}\|=1$，二次型对应的值为 $f=\lambda_n$.

于是 $\min\limits_{\|\boldsymbol{x}\|=1}f=\min\limits_{1\leqslant i\leqslant n}\{\lambda_i\}$，$\max\limits_{\|\boldsymbol{x}\|=1}f=\max\limits_{1\leqslant i\leqslant n}\{\lambda_i\}$.

【例 3】 已知二次型 $f=x_1^2+ax_2^2+x_3^2+2bx_1x_2+2x_1x_3+2x_2x_3$ 经过正交变换 $\boldsymbol{x}=\boldsymbol{Q}\boldsymbol{y}$ 可化成标准形 $f=y_2^2+4y_3^2$，求 a，b 的值及正交矩阵 $\boldsymbol{Q}$.

解 二次型 f 的矩阵 $\boldsymbol{A}=\begin{bmatrix}1&b&1\\b&a&1\\1&1&1\end{bmatrix}$，

由题设条件知，$\boldsymbol{A}$ 的特征值为 0，1，4，由特征值的性质可得

$$\begin{cases}1+a+1=0+1+4\\2b-1-b^2=0\times1\times4\end{cases},$$

解得 $\begin{cases}a=3\\b=1\end{cases}$，于是 $\boldsymbol{A}=\begin{bmatrix}1&1&1\\1&3&1\\1&1&1\end{bmatrix}$.

对应特征向量分别为 $\boldsymbol{\xi}_1=(1,\ 0,\ -1)^{\mathrm{T}}$，$\boldsymbol{\xi}_2=(1,\ -1,\ 1)^{\mathrm{T}}$，$\boldsymbol{\xi}_3=(1,\ 2,\ 1)^{\mathrm{T}}$，

单位化得

$$\boldsymbol{p}_1=\frac{1}{\|\boldsymbol{\xi}_1\|}\boldsymbol{\xi}_1=\left(\frac{1}{\sqrt{2}},0,\frac{1}{\sqrt{2}}\right)^{\mathrm{T}},$$

$$\boldsymbol{p}_2=\frac{1}{\|\boldsymbol{\xi}_2\|}\boldsymbol{\xi}_2=\left(\frac{1}{\sqrt{3}},-\frac{1}{\sqrt{3}},\frac{1}{\sqrt{3}}\right)^{\mathrm{T}},$$

$$\boldsymbol{p}_3=\frac{1}{\|\boldsymbol{\xi}_3\|}\boldsymbol{\xi}_3=\left(\frac{1}{\sqrt{6}},\frac{2}{\sqrt{6}},\frac{1}{\sqrt{6}}\right)^{\mathrm{T}},$$

令 $\boldsymbol{Q}=[\boldsymbol{p}_1,\boldsymbol{p}_2,\boldsymbol{p}_3]$,则 $\boldsymbol{Q}$ 为所求的正交矩阵.

【例 4】 下列矩阵中,与矩阵

$$\boldsymbol{A}=\begin{bmatrix}1&2&0\\2&1&0\\0&0&1\end{bmatrix}$$

合同的矩阵是( ).

(A) $\begin{bmatrix}1&&\\&1&\\&&1\end{bmatrix}$ (B) $\begin{bmatrix}1&&\\&1&\\&&-1\end{bmatrix}$

(C) $\begin{bmatrix}1&&\\&-1&\\&&-1\end{bmatrix}$ (D) $\begin{bmatrix}-1&&\\&-1&\\&&-1\end{bmatrix}$

分析 实对称矩阵 $\boldsymbol{A}$ 与 $\boldsymbol{B}$ 合同$\Leftrightarrow R(\boldsymbol{A})=R(\boldsymbol{B})$,且 $\boldsymbol{A}$ 与 $\boldsymbol{B}$ 的正特征值的个数相等.

实对称矩阵 $\boldsymbol{A}$ 与 $\boldsymbol{B}$ 合同 $\Leftrightarrow$ 二次型 $f=\boldsymbol{x}^{\mathrm{T}}\boldsymbol{A}\boldsymbol{x}$ 与 $f=\boldsymbol{x}^{\mathrm{T}}\boldsymbol{B}\boldsymbol{x}$ 有相同的规范形.

解一 矩阵 $\boldsymbol{A}$ 的特征多项式为

$$|\lambda\boldsymbol{E}-\boldsymbol{A}|=\begin{vmatrix}\lambda-1&-2&0\\-2&\lambda-1&0\\0&0&\lambda-1\end{vmatrix}=(\lambda-1)(\lambda+1)(\lambda-3),$$

由此可知,$\boldsymbol{A}$ 的特征值为$\lambda_1=1,\lambda_2=-1,\lambda_3=3$,故二次型的标准形中正项项数(正惯性指数)$p=2$,负项项数(负惯性指数)$q=1$,与 $\boldsymbol{A}$ 合同的矩阵对应的二次型有相同的正负惯性指数,故选(B).

解二 实对称矩阵 $\boldsymbol{A}$ 所对应的二次型为

$$f(x_1,x_2,x_3)=x_1^2+x_2^2+x_3^2+4x_1x_2,$$

利用配方法,二次型可化为

$$f(x_1,x_2,x_3)=(x_1+2x_2)^2-3x_2^2+x_3^2.$$

$$\text{令}\begin{cases} y_1 = x_1 + 2x_2, \\ y_2 = \qquad\qquad x_3, \\ y_3 = \sqrt{3}x_2, \end{cases} \quad \text{即}\begin{cases} x_1 = y_1 \quad - \dfrac{2}{\sqrt{3}}y_3, \\ x_2 = \qquad\quad \dfrac{1}{\sqrt{3}}y_3, \\ x_3 = \quad y_2, \end{cases}$$

得到二次型的规范形为

$$f = y_1^2 + y_2^2 - y_3^2,$$

即存在可逆矩阵 $\boldsymbol{C}$,使得 $\boldsymbol{C}^{\mathrm{T}}\boldsymbol{AC} = \mathrm{diag}(1, 1, -1)$,故应选(B).

【例 5】 设 $f = x_1^2 + x_2^2 + 5x_3^2 + 2ax_1x_2 - 2x_1x_3 + 4x_2x_3$ 为正定二次型,求 a.

解 由正定二次型的判定定理,对 f 的矩阵 $\boldsymbol{A}$ 进行讨论.

$$\boldsymbol{A} = \begin{pmatrix} 1 & a & -1 \\ a & 1 & 2 \\ -1 & 2 & 5 \end{pmatrix},$$

$\boldsymbol{A}$ 正定 $\Leftrightarrow \begin{vmatrix} 1 & a \\ a & 1 \end{vmatrix} > 0$ 且 $|\boldsymbol{A}| > 0$.

$$\begin{vmatrix} 1 & a \\ a & 1 \end{vmatrix} > 0 \Rightarrow a^2 < 1;\ |\boldsymbol{A}| = -a(5a+4) > 0 \Rightarrow -\frac{4}{5} < a < 0,$$

所以,当 $-\dfrac{4}{5} < a < 0$ 时,$\boldsymbol{A}$ 正定从而 f 正定.

注 判断二次型(或实对称矩阵)为正定,常用的方法有:

① 定义法:若对 $\forall\, \boldsymbol{x} \in R^n$, $\boldsymbol{x} \neq \boldsymbol{0}$,恒有 $f = \boldsymbol{x}^{\mathrm{T}}\boldsymbol{Ax} > 0$,则二次型 f 正定,矩阵 $\boldsymbol{A}$ 为正定矩阵.

② 规范形中正惯性指数和矩阵阶数相同.

③ 二次型矩阵的特征值均大于 0.

④ 二次型矩阵的顺序主子式大于 0.

如果不要求写出所作的可逆线性代换,采用方法(3)和方法(4)判断比较方便.

【例 6】 设 $\boldsymbol{A}$, $\boldsymbol{B}$ 分别为 m, n 阶正定矩阵,试判定分块矩阵 $\boldsymbol{C} = \begin{pmatrix} \boldsymbol{A} & \boldsymbol{O} \\ \boldsymbol{O} & \boldsymbol{B} \end{pmatrix}$ 是否是正定矩阵.

解 根据正定矩阵的定义,二次型 $f = \boldsymbol{x}^{\mathrm{T}}\boldsymbol{Ax}$ 正定的充分必要条件是对于任意的 $\boldsymbol{x} \neq \boldsymbol{0}$,有 $f = \boldsymbol{x}^{\mathrm{T}}\boldsymbol{Ax} > 0$. 设 $\boldsymbol{x} = (x_1, x_2, \cdots, x_m)^{\mathrm{T}}$, $\boldsymbol{y} = (y_1, y_2, \cdots, y_n)^{\mathrm{T}}$,

$z=\begin{pmatrix}x\\y\end{pmatrix}$，$z\neq 0$，则 x，y 不全为零，不妨设 $x\neq 0$，由 B 为正定矩阵可知，$y^T By\geqslant 0$；则

$$z^T Cz=z^T\begin{pmatrix}A&O\\O&B\end{pmatrix}z=(x^T\quad y^T)\begin{pmatrix}A&O\\O&B\end{pmatrix}\begin{pmatrix}x\\y\end{pmatrix}=x^T Ax+y^T By\geqslant x^T Ax>0,$$

从而 C 为正定矩阵.

【例 7】 设矩阵 $A=\begin{pmatrix}1&0&1\\0&2&0\\1&0&0\end{pmatrix}$，$B=(kE+A)^2$，其中 k 为实数，E 为单位矩阵，求对角矩阵 Λ，使得 B 与 Λ 相似，并求 k 为何值时，B 为正定矩阵.

解　由 $|\lambda E-A|=\begin{vmatrix}\lambda-1&0&-1\\0&\lambda-2&0\\\lambda-1&0&\lambda-1\end{vmatrix}=\lambda(\lambda-2)^2=0$，可得 A 的特征值为 0，2，2. 从而矩阵 B 的特征值为 k^2，$(k+2)^2$，$(k+2)^2$. 实对称矩阵 B 相似于对角矩阵

$$\Lambda=\begin{pmatrix}k^2&0&0\\0&(k+2)^2&0\\0&0&(k+2)^2\end{pmatrix},$$

于是，当 $k\neq 0$，$k\neq -2$ 时，矩阵 B 的特征值全大于 0，此时矩阵 B 为正定矩阵.

【例 8】 设 A 为 3 阶实对称矩阵，$R(A)=2$，且满足 $A^3+2A^2=O$，

(1) 求 A 的全部特征值；

(2) 当 k 为何值时，$A+kE$ 为正定矩阵？

解　(1) 设 λ 是 A 的特征值，因为 $A^3+2A^2=O$，从而 λ 应满足 $\lambda^3+2\lambda^2=0$，解得 $\lambda=-2$ 或者 $\lambda=0$.

因为 $R(A)=2$ 所以 A 的特征值为 $\lambda_1=\lambda_2=-2$，$\lambda_3=0$.

(2) 因为 A 是实对称矩阵，从而 $A+kE$ 也是实对称矩阵；

$A+kE$ 的特征值为 $-2+k$，$-2+k$，k，

由

$$\begin{cases}-2+k>0\\-2+k>0,\\k>0\end{cases}$$

解得 $k>2$，即 $k>2$ 时，$A+kE$ 的特征值全大于 0，即 $A+kE$ 为正定矩阵.

注　① 由条件 $A^3+2A^2=O$ 只能得到 A 的特征值是 -2 或 0，但不能确定 -2

和 0 一定是 $\boldsymbol{A}$ 的特征值. 例如 $\boldsymbol{A}=\begin{bmatrix}0&1\\0&0\end{bmatrix}$满足 $\boldsymbol{A}^3+2\boldsymbol{A}^2=\boldsymbol{O}$,但 -2 不是 $\boldsymbol{A}$ 的特征值.

② 如果只有条件 $\boldsymbol{A}^3+2\boldsymbol{A}^2=\boldsymbol{O}$ 和 $R(\boldsymbol{A})=2$,而没有 $\boldsymbol{A}$ 为实对称矩阵这一条件,也不能说明 $\boldsymbol{A}$ 的特征值为 $-2,-2,0$. 例如 $\boldsymbol{A}=\begin{bmatrix}-2&0&0\\0&0&1\\0&0&0\end{bmatrix}$满足 $\boldsymbol{A}^3+2\boldsymbol{A}^2=\boldsymbol{O}$ 和 $R(\boldsymbol{A})=2$,但是 $\boldsymbol{A}$ 的特征值是 $-2,0,0$.

在类似问题中,矩阵的可对角化条件是本质而且至关重要.

【例 9】 设 $\boldsymbol{A}$ 为 n 阶实对称矩阵, 且满足 $\boldsymbol{A}^3+\boldsymbol{A}^2+\boldsymbol{A}=3\boldsymbol{E}$, 证明 $\boldsymbol{A}$ 是正定矩阵.

分析 实对称矩阵的特征值是实数.

证 设 λ 是 $\boldsymbol{A}$ 的特征值, 因为 $\boldsymbol{A}^3+\boldsymbol{A}^2+\boldsymbol{A}=3\boldsymbol{E}$, 从而有

$$\lambda^3+\lambda^2+\lambda-3=0,$$

解得 $\lambda=1$ 或 $\lambda=-1\pm\sqrt{2}\mathrm{i}$.

因为 $\boldsymbol{A}$ 为 n 阶实对称矩阵,所以特征值只能是实数 1,从而 $\boldsymbol{A}$ 为正定矩阵.

【例 10】 设 $\boldsymbol{A}$ 为 n 阶实对称矩阵, 证明秩 $R(\boldsymbol{A})=n$ 的充分必要条件是存在一个 n 阶实矩阵 $\boldsymbol{B}$,使得 $\boldsymbol{AB}+\boldsymbol{B}^{\mathrm{T}}\boldsymbol{A}$ 是正定矩阵.

证 充分性(反证法) 假设 $R(\boldsymbol{A})<n$,则齐次线性方程组 $\boldsymbol{Ax}=\boldsymbol{0}$ 有非零解 $\boldsymbol{x}$,故 $\boldsymbol{x}^{\mathrm{T}}\boldsymbol{A}=\boldsymbol{x}^{\mathrm{T}}\boldsymbol{A}^{\mathrm{T}}=(\boldsymbol{Ax})^{\mathrm{T}}=\boldsymbol{0}$, 于是

$$\boldsymbol{x}^{\mathrm{T}}(\boldsymbol{AB}+\boldsymbol{B}^{\mathrm{T}}\boldsymbol{A})\boldsymbol{x}=\boldsymbol{x}^{\mathrm{T}}\boldsymbol{ABx}+\boldsymbol{x}^{\mathrm{T}}\boldsymbol{B}^{\mathrm{T}}\boldsymbol{Ax}=0,$$

这与 $\boldsymbol{AB}+\boldsymbol{B}^{\mathrm{T}}\boldsymbol{A}$ 是正定矩阵矛盾,故 $R(\boldsymbol{A})=n$.

必要性:因为 $R(\boldsymbol{A})=n$,所以 $\boldsymbol{A}$ 的特征值 $\lambda_1,\lambda_2,\cdots,\lambda_n$ 都不为 0,取 $\boldsymbol{B}=\boldsymbol{A}$,则

$$\boldsymbol{AB}+\boldsymbol{B}^{\mathrm{T}}\boldsymbol{A}=\boldsymbol{AA}+\boldsymbol{A}^{\mathrm{T}}\boldsymbol{A}=\boldsymbol{AA}+\boldsymbol{AA}=2\boldsymbol{A}^2,$$

$\boldsymbol{AB}+\boldsymbol{B}^{\mathrm{T}}\boldsymbol{A}$ 的特征值为 $2\lambda_1^2,2\lambda_2^2,\cdots,2\lambda_n^2$ 全部大于 0,所以 $\boldsymbol{AB}+\boldsymbol{B}^{\mathrm{T}}\boldsymbol{A}$ 是正定矩阵.

【例 11】 设 $\boldsymbol{A},\boldsymbol{B}$ 均为 n 阶正定矩阵,证明:$\boldsymbol{AB}$ 是正定矩阵的充要条件是 $\boldsymbol{A}$ 与 $\boldsymbol{B}$ 可交换.

分析 实对称矩阵 $\boldsymbol{A}$ 正定的充分必要条件是存在一个可逆矩阵 $\boldsymbol{P}$, 使得 $\boldsymbol{A}=\boldsymbol{P}^{\mathrm{T}}\boldsymbol{P}$.

证 充分性 因为 $\boldsymbol{A}$ 与 $\boldsymbol{B}$ 可交换,即 $\boldsymbol{AB}=\boldsymbol{BA}$,则

$$(\boldsymbol{AB})^{\mathrm{T}}=\boldsymbol{B}^{\mathrm{T}}\boldsymbol{A}^{\mathrm{T}}=\boldsymbol{BA}=\boldsymbol{AB},$$

即 $\boldsymbol{AB}$ 为对称矩阵.

又 $\boldsymbol{A}$, $\boldsymbol{B}$ 均为 n 阶正定矩阵，故存在可逆矩阵 $\boldsymbol{P}, \boldsymbol{Q}$ 使得 $\boldsymbol{A}=\boldsymbol{P}^{\mathrm{T}}\boldsymbol{P}$, $\boldsymbol{B}=\boldsymbol{Q}^{\mathrm{T}}\boldsymbol{Q}$,

所以 $$\boldsymbol{Q}(\boldsymbol{AB})\boldsymbol{Q}^{-1}=\boldsymbol{Q}(\boldsymbol{P}^{\mathrm{T}}\boldsymbol{P})(\boldsymbol{Q}^{\mathrm{T}}\boldsymbol{Q})\boldsymbol{Q}^{-1}=\boldsymbol{QP}^{\mathrm{T}}\boldsymbol{PQ}^{\mathrm{T}}=(\boldsymbol{PQ}^{\mathrm{T}})^{\mathrm{T}}\boldsymbol{PQ}^{\mathrm{T}},$$

因为 $\boldsymbol{PQ}^{\mathrm{T}}$ 可逆，所以 $(\boldsymbol{PQ}^{\mathrm{T}})^{\mathrm{T}}\boldsymbol{PQ}^{\mathrm{T}}$ 是正定矩阵.

上式表明 $\boldsymbol{AB}$ 相似于正定矩阵，因为 $\boldsymbol{AB}$ 对称，所以 $\boldsymbol{AB}$ 是正定矩阵.

必要性　因为 $\boldsymbol{A}$, $\boldsymbol{B}$, $\boldsymbol{AB}$ 均为 n 阶正定矩阵，所以 $\boldsymbol{A}$, $\boldsymbol{B}$, $\boldsymbol{AB}$ 均为 n 阶实对称矩阵，即 $\boldsymbol{A}^{\mathrm{T}}=\boldsymbol{A}$, $\boldsymbol{B}^{\mathrm{T}}=\boldsymbol{B}$, $\boldsymbol{AB}=(\boldsymbol{AB})^{\mathrm{T}}=\boldsymbol{B}^{\mathrm{T}}\boldsymbol{A}^{\mathrm{T}}=\boldsymbol{BA}$，所以 $\boldsymbol{A}$ 与 $\boldsymbol{B}$ 可交换.

【例 12】 设矩阵

$$\boldsymbol{A}=\begin{bmatrix}1 & 1 & \cdots & 1\\ x_1 & x_2 & \cdots & x_s\\ x_1^2 & x_2^2 & \cdots & x_s^2\\ \vdots & \vdots & \vdots & \vdots\\ x_1^n & x_2^n & \cdots & x_s^{n-1}\end{bmatrix},$$

其中 $x_i \neq x_j (i\neq j;\ i,\ j=1,\ 2,\ \cdots,\ s)$. 试讨论矩阵 $\boldsymbol{B}=\boldsymbol{A}^{\mathrm{T}}\boldsymbol{A}$ 的正定性.

解　$\boldsymbol{A}$ 为 $n\times s$ 矩阵，$\boldsymbol{B}$ 为 $s\times s$ 矩阵，需分情况讨论：

(1) 若 $s>n$，则 $R(\boldsymbol{A})\leqslant n<s$. 所以方程组 $\boldsymbol{Ax}=\boldsymbol{0}$ 必有非零解 $\boldsymbol{x}_0$，使得 $\boldsymbol{Ax}_0=\boldsymbol{0}$.

于是，对于任意的 n 维列向量 $\boldsymbol{x}\neq\boldsymbol{0}$，有

$$\boldsymbol{x}^{\mathrm{T}}\boldsymbol{Bx}=\boldsymbol{x}^{\mathrm{T}}(\boldsymbol{A}^{\mathrm{T}}\boldsymbol{A})\boldsymbol{x}=(\boldsymbol{Ax})^{\mathrm{T}}(\boldsymbol{Ax})\geqslant 0,$$

且存在 $\boldsymbol{x}_0\neq\boldsymbol{0}$，有 $\boldsymbol{x}_0^{\mathrm{T}}\boldsymbol{Bx}_0=\boldsymbol{x}_0^{\mathrm{T}}(\boldsymbol{A}^{\mathrm{T}}\boldsymbol{A})\boldsymbol{x}_0=(\boldsymbol{Ax}_0)^{\mathrm{T}}(\boldsymbol{Ax}_0)=0$，所以矩阵 $\boldsymbol{B}$ 不是正定矩阵，而是半正定矩阵.

(2) 若 $s=n$，则 $\boldsymbol{A}$ 为 n 阶矩阵，$|\boldsymbol{A}|$ 是 n 阶范德蒙行列式. 由 $x_i\neq x_j(i\neq j;\ i,\ j=1,\ 2,\ \cdots,\ s)$ 知 $|\boldsymbol{A}|\neq 0$，所以 $\boldsymbol{A}$ 为可逆矩阵，从而 $\boldsymbol{B}=\boldsymbol{A}^{\mathrm{T}}\boldsymbol{A}$ 是正定矩阵.

(3) 若 $s<n$，则由矩阵 $\boldsymbol{A}$ 的前 s 行可得到一个 $s\times s$ 子矩阵，其行列式为 s 阶范德蒙行列式，此行列式的值不为 0，故 $R(\boldsymbol{A})=s$. 所以齐次线性方程组 $\boldsymbol{Ax}=\boldsymbol{0}$ 只有零解，即对任意的 s 维列向量 $\boldsymbol{x}\neq\boldsymbol{0}$，必有 $\boldsymbol{Ax}\neq\boldsymbol{0}$. 于是，对任意的 s 维列向量 $\boldsymbol{x}\neq\boldsymbol{0}$，有

$$\boldsymbol{x}^{\mathrm{T}}\boldsymbol{Bx}=\boldsymbol{x}^{\mathrm{T}}(\boldsymbol{A}^{\mathrm{T}}\boldsymbol{A})\boldsymbol{x}=(\boldsymbol{Ax})^{\mathrm{T}}(\boldsymbol{Ax})>0,$$

所以 $\boldsymbol{B}$ 为正定矩阵.

六、习题详解

习题 6-1

1. 写出下列二次型的矩阵表达式:

(1) $f=-2x^2-6y^2-4z^2+2xy+2yz$;

(2) $f=x_1x_2-2x_2x_3+4x_1x_3$;

(3) $f=x_1^2+3x_2^2+9x_3^2+x_4^2-2x_1x_2+2x_1x_3+2x_1x_4-2x_2x_3+2x_2x_4+2x_3x_4$.

解:(1) $f=\begin{bmatrix}x & y & z\end{bmatrix}\begin{bmatrix}-2 & 1 & 0\\ 1 & -6 & 1\\ 0 & 1 & -4\end{bmatrix}\begin{bmatrix}x\\ y\\ z\end{bmatrix}$.

(2) $f=\begin{bmatrix}x_1 & x_2 & x_3\end{bmatrix}\begin{bmatrix}0 & 1/2 & 2\\ 1/2 & 0 & -1\\ 2 & -1 & 0\end{bmatrix}\begin{bmatrix}x_1\\ x_2\\ x_3\end{bmatrix}$.

(3) $f=\begin{bmatrix}x_1 & x_2 & x_3 & x_4\end{bmatrix}\begin{bmatrix}1 & -1 & 1 & 1\\ -1 & 3 & -1 & 1\\ 1 & -1 & 9 & 1\\ 1 & 1 & 1 & 1\end{bmatrix}\begin{bmatrix}x_1\\ x_2\\ x_3\\ x_4\end{bmatrix}$.

2. 写出下列实对称矩阵所对应的二次型:

(1) $\boldsymbol{A}=\begin{bmatrix}2 & 1 & -3\\ 1 & 0 & -2\\ -3 & -2 & -6\end{bmatrix}$;

(2) $\boldsymbol{A}=\begin{bmatrix}a_1 & 1 & 1 & \cdots & 1\\ 1 & a_2 & 0 & \cdots & 0\\ 1 & 0 & a_3 & \cdots & 0\\ \vdots & \vdots & \vdots & \vdots & \vdots\\ 1 & 0 & 0 & \cdots & a_n\end{bmatrix}$.

解:(1) $f=2x_1^2-6x_3^2+2x_1x_2-6x_1x_3-4x_2x_3$.

(2) $f=a_1x_1^2+a_2x_2^2+\cdots+a_nx_n^2+2x_1x_2+2x_1x_3+\cdots+2x_1x_n$.

3. 求下列二次型的秩:

(1) $f=-x^2+2\sqrt{5}xy+3y^2+2z^2-4yz$;

(2) $f=x_1^2+4x_2^2+4x_3^2-4x_1x_2+4x_1x_3-8x_2x_3$;

(3) $f=x_1^2+5x_2^2-x_3^2+6x_1x_2-4x_2x_3$.

解:二次型的秩即为二次型矩阵的秩.

(1) 该二次型的矩阵为

$$A=\begin{bmatrix}1&\sqrt{5}&0\\\sqrt{5}&3&-2\\0&-2&2\end{bmatrix},$$

因为 $|A|=-8\neq 0$,所以 $R(A)=3$,从而该二次型的秩也是 3.

(2) 二次型的矩阵为

$$A=\begin{bmatrix}1&-2&2\\-2&4&-4\\2&-4&4\end{bmatrix},$$

因为 A 的任意两行元素成比例,所以 $R(A)=1$,从而该二次型的秩也是 1.

(也可用初等变换求矩阵 A 的秩)

(3) 二次型的矩阵为

$$A=\begin{bmatrix}1&3&0\\3&5&-2\\0&-2&-1\end{bmatrix},$$

因为 $|A|=0$,且存在一个二阶子式 $\begin{vmatrix}1&3\\3&5\end{vmatrix}=-4\neq 0$,所以 $R(A)=2$,从而该二次型的秩也是 2.(也可用初等变换求矩阵 A 的秩)

习题 6-2

1. 用正交变换将下列二次型化成为标准形,并写出相应的正交变换:

(1) $f=x_1^2+2x_2^2+3x_3^2-4x_1x_2-4x_2x_3$;

(2) $f=2x_1^2+5x_2^2+5x_3^2+4x_1x_2-4x_1x_3-8x_2x_3$;

(3) $f=x^2+y^2+z^2+4xy+4yz+4xz$.

解:(1) 二次型的矩阵为

$$A=\begin{bmatrix}1&-2&0\\-2&2&-2\\0&-2&3\end{bmatrix},$$

由 $|\lambda E-A|=\begin{vmatrix}\lambda-1&2&0\\2&\lambda-2&2\\0&2&\lambda-3\end{vmatrix}=(\lambda-2)(\lambda-5)(\lambda+1)=0$,得矩阵 A 的特征值为 $\lambda_1=2,\ \lambda_2=5,\ \lambda_3=-1$.

对应特征向量分别为 $p_1=[-2,\ 1,\ 2]^T,\ p_2=[1,\ -2,\ 2]^T,\ p_3=[2,\ 2,\ 1]^T$,

因为实对称矩阵 A 的三个特征值互异,故 $p_1,\ p_2,\ p_3$ 必两两正交,所以只需将它们单位化,即得正交矩阵

$$Q=[p_1^0,\ p_2^0,\ p_3^0]=\begin{bmatrix}-2/3 & 1/3 & 2/3\\ 1/3 & -2/3 & 2/3\\ 2/3 & 2/3 & 1/3\end{bmatrix},$$

通过正交变换 $x=Qy$，即$\begin{cases}x_1=-\frac{2}{3}y_1+\frac{1}{3}y_2+\frac{2}{3}y_3,\\ x_2=\ \ \frac{1}{3}y_1-\frac{2}{3}y_2+\frac{2}{3}y_3,\\ x_3=\ \ \frac{2}{3}y_1+\frac{2}{3}y_2+\frac{1}{3}y_3.\end{cases}$

二次型化为标准形 $f=2y_1^2+5y_2^2-y_3^2$.

(2) 二次型的矩阵为

$$A=\begin{bmatrix}2 & 2 & -2\\ 2 & 5 & -4\\ -2 & -4 & 5\end{bmatrix},$$

由 $|\lambda E-A|=\begin{vmatrix}\lambda-2 & -2 & 2\\ -2 & \lambda-5 & 4\\ 2 & 4 & \lambda-5\end{vmatrix}=(\lambda-1)^2(\lambda-10)=0$，得矩阵 A 的特征值为

$$\lambda_1=\lambda_2=1,\ \lambda_3=10.$$

对应特征向量分别为 $p_1=[-2,\ 1,\ 0]^{T}$，$p_2=[2,\ 0,\ 1]^{T}$；$p_3=[-1,\ -2,\ 2]^{T}$，将 p_1，p_2 正交化，

令 $q_1=p_1=\begin{bmatrix}-2\\ 1\\ 0\end{bmatrix}$，

$$q_2=p_2-\frac{(p_2,\ p_1)}{\|p_1\|^2}p_1=\frac{1}{5}\begin{bmatrix}2\\ 4\\ 5\end{bmatrix};$$

因为 q_1，q_2，p_3 已经两两正交，只需将它们单位化即得正交矩阵，令

$$Q=[q_1^0,\ q_2^0,\ p_3^0]=\begin{bmatrix}-\frac{2}{\sqrt{5}} & \frac{2}{\sqrt{45}} & -\frac{1}{3}\\ \frac{1}{\sqrt{5}} & \frac{4}{\sqrt{45}} & -\frac{2}{3}\\ 0 & \frac{5}{\sqrt{45}} & \frac{2}{3}\end{bmatrix},$$

通过正交变换 $x=Qy$，即

$$\begin{cases} x_1 = -\dfrac{2}{\sqrt{5}}y_1 + \dfrac{2}{\sqrt{45}}y_2 - \dfrac{1}{3}y_3, \\ x_2 = \dfrac{1}{\sqrt{5}}y_1 + \dfrac{4}{\sqrt{45}}y_2 - \dfrac{2}{3}y_3, \\ x_3 = \dfrac{5}{\sqrt{45}}y_2 + \dfrac{2}{3}y_3. \end{cases}$$

二次型化为标准形 $f = y_1^2 + y_2^2 + 10y_3^2$.

(3) 二次型的矩阵为

$$\boldsymbol{A} = \begin{bmatrix} 1 & 2 & 2 \\ 2 & 1 & 2 \\ 2 & 2 & 1 \end{bmatrix},$$

由 $|\lambda \boldsymbol{E} - \boldsymbol{A}| = \begin{vmatrix} \lambda-1 & -2 & -2 \\ -2 & \lambda-1 & -2 \\ -2 & -2 & \lambda-1 \end{vmatrix} = (\lambda-5)(\lambda+1)^2 = 0$,得矩阵 $\boldsymbol{A}$ 的特征值为 $\lambda_1 = 5$, $\lambda_2 = \lambda_3 = -1$.

对应特征向量分别为 $\boldsymbol{p}_1 = [1, 1, 1]^{\mathrm{T}}$; $\boldsymbol{p}_2 = [-1, 1, 0]^{\mathrm{T}}$, $\boldsymbol{p}_3 = [-1, 0, 1]^{\mathrm{T}}$,

将 $\boldsymbol{p}_2$, $\boldsymbol{p}_3$ 正交化,

令 $\boldsymbol{q}_2 = \boldsymbol{p}_2 = \begin{bmatrix} -1 \\ 1 \\ 0 \end{bmatrix}$,

$$\boldsymbol{q}_3 = \boldsymbol{p}_3 - \frac{(\boldsymbol{p}_3, \boldsymbol{p}_2)}{\|\boldsymbol{p}_2\|^2}\boldsymbol{p}_2 = -\frac{1}{2}\begin{bmatrix} 1 \\ 1 \\ -2 \end{bmatrix};$$

因为 $\boldsymbol{p}_1$, $\boldsymbol{q}_2$, $\boldsymbol{q}_3$ 已经两两正交,只需将它们单位化即得正交矩阵,令

$$\boldsymbol{Q} = [\boldsymbol{p}_1^0, \boldsymbol{q}_2^0, \boldsymbol{q}_3^0] = \begin{bmatrix} \dfrac{1}{\sqrt{3}} & -\dfrac{1}{\sqrt{2}} & -\dfrac{1}{\sqrt{6}} \\ \dfrac{1}{\sqrt{3}} & \dfrac{1}{\sqrt{2}} & -\dfrac{1}{\sqrt{6}} \\ \dfrac{1}{\sqrt{3}} & 0 & \dfrac{2}{\sqrt{6}} \end{bmatrix}$$

通过正交变换 $\boldsymbol{x} = \boldsymbol{Q}\boldsymbol{y}$,其中 $\boldsymbol{x} = \begin{bmatrix} x \\ y \\ z \end{bmatrix}$, $\boldsymbol{y} = \begin{bmatrix} x' \\ y' \\ z' \end{bmatrix}$,即

$$\begin{cases} x = \dfrac{1}{\sqrt{3}}x' - \dfrac{1}{\sqrt{2}}y' - \dfrac{1}{\sqrt{6}}z', \\ y = \dfrac{1}{\sqrt{3}}x' + \dfrac{1}{\sqrt{2}}y' - \dfrac{1}{\sqrt{6}}z', \\ z = \dfrac{1}{\sqrt{3}}x' + \dfrac{2}{\sqrt{6}}z'. \end{cases}$$

二次型化为标准形 $f = 5x'^2 - y'^2 - z'^2$.

2. 用拉格朗日配方法化下列二次型为标准形,并写出相应的可逆线性变换:

(1) $f = x_1^2 + 2x_2^2 + 2x_1x_2 - 2x_1x_3$;

(2) $f = 2x_1x_2 - x_1x_3 + x_1x_4 - x_2x_3 + x_2x_4 - 2x_3x_4$.

解:(1) $f = x_1^2 + 2x_2^2 + 2x_1x_2 - 2x_1x_3$

$$\begin{aligned}
&= (x_1^2 + 2x_1x_2 - 2x_1x_3) + 2x_2^2 \\
&= (x_1 + x_2 - x_3)^2 - (x_2 - x_3)^2 + 2x_2^2 \\
&= (x_1 + x_2 - x_3)^2 + (x_2^2 + 2x_2x_3) - x_3^2 \\
&= (x_1 + x_2 - x_3)^2 + (x_2 + x_3)^2 - 2x_3^2;
\end{aligned}$$

令$\begin{cases} y_1 = x_1 + x_2 - x_3, \\ y_2 = x_2 + x_3, \\ y_3 = x_3, \end{cases}$即在线性变换$\begin{cases} x_1 = y_1 - y_2 + 2y_3, \\ x_2 = y_2 - y_3, \\ x_3 = y_3. \end{cases}$下,

可将二次型化为标准形 $f = y_1^2 + y_2^2 - 2y_3^2$.

(2) 此二次型中不含平方项,首先将其变成有平方项的二次型. 因为二次型中含有 x_1x_2 乘积项,故先作变换

$$\begin{cases} x_1 = y_1 + y_2, \\ x_2 = y_1 - y_2, \\ x_3 = y_3, \\ x_4 = y_4, \end{cases}$$

$$\begin{aligned}
f &= 2x_1x_2 - x_1x_3 + x_1x_4 - x_2x_3 + x_2x_4 - 2x_3x_4 \\
&= 2y_1^2 - 2y_2^2 - 2y_1y_3 + 2y_1y_4 - 2y_3y_4 \\
&= 2\left(y_1 - \frac{y_3 - y_4}{2}\right)^2 - 2y_2^2 - \frac{1}{2}(y_3 + y_4)^2,
\end{aligned}$$

令

$$\begin{cases} z_1 = y_1 - \frac{1}{2}y_3 + \frac{1}{2}y_4, \\ z_2 = y_2, \\ z_3 = y_3 + y_4, \\ z_4 = y_4, \end{cases}$$

即在线性变换

$$\begin{cases} x_1 = z_1 + z_2 + \frac{1}{2}z_3 - z_4, \\ x_2 = z_1 - z_2 + \frac{1}{2}z_3 - z_4, \\ x_3 = z_3 - z_4, \\ x_4 = z_4, \end{cases} \text{下},$$

可将二次型化为标准形 $f=2z_1^2-2z_2^2-\frac{1}{2}z_3^2$.

3. 用初等变换法化下列二次型为标准形,并写出相应的可逆线性变换:

(1) $f=x_1^2-x_2^2+x_3^2+4x_1x_2+4x_2x_3$;

(2) $f=2x_1x_2-2x_1x_3+x_2x_3$.

解:(1) 二次型的矩阵为

$$A=\begin{bmatrix}1&2&0\\2&-1&2\\0&2&1\end{bmatrix},$$

$$\begin{bmatrix}A\\ \hdashline E\end{bmatrix}=\begin{bmatrix}1&2&0\\2&-1&2\\0&2&1\\ \hdashline 1&0&0\\0&1&0\\0&0&1\end{bmatrix}\xrightarrow{c_2-2c_1}\begin{bmatrix}1&0&0\\2&-5&2\\0&2&1\\ \hdashline 1&-2&0\\0&1&0\\0&0&1\end{bmatrix}\xrightarrow{r_2-2r_1}\begin{bmatrix}1&0&0\\0&-5&2\\0&2&1\\ \hdashline 1&-2&0\\0&1&0\\0&0&1\end{bmatrix}$$

$$\xrightarrow{c_3+\frac{2}{5}c_2}\begin{bmatrix}1&0&0\\0&-5&0\\0&2&9/5\\ \hdashline 1&-2&-4/5\\0&1&2/5\\0&0&1\end{bmatrix}\xrightarrow{r_3+\frac{2}{5}r_2}\begin{bmatrix}1&0&0\\0&-5&0\\0&0&9/5\\ \hdashline 1&-2&-4/5\\0&1&2/5\\0&0&1\end{bmatrix}$$

由此可知,在线性变换

$$\begin{cases}x_1=y_1-2y_2-\frac{4}{5}y_3,\\ x_2=\qquad\ y_2+\frac{2}{5}y_3,\\ x_3=\qquad\qquad\ \ y_3,\end{cases}\quad 下,$$

可将二次型化成标准形 $f=y_1^2-5y_2^2+\frac{9}{5}y_3^2$.

(2) 二次型的矩阵为

$$A=\begin{bmatrix}0&1&-1\\1&0&1/2\\-1&1/2&0\end{bmatrix},$$

$$\begin{bmatrix}A\\ \hdashline E\end{bmatrix}=\begin{bmatrix}0&1&-1\\1&0&1/2\\-1&1/2&0\\ \hdashline 1&0&0\\0&1&0\\0&0&1\end{bmatrix}\xrightarrow{c_1+c_2}\begin{bmatrix}1&1&-1\\1&0&1/2\\-1/2&1/2&0\\1&0&0\\1&1&0\\0&0&1\end{bmatrix}\xrightarrow{r_1+r_2}\begin{bmatrix}2&1&-1/2\\1&0&1/2\\-1/2&1/2&0\\1&0&0\\1&1&0\\0&0&1\end{bmatrix}$$

$$\xrightarrow[c_3+\frac{1}{4}c_1]{c_2-\frac{1}{2}c_1}\begin{bmatrix}2&0&0\\1&-1/2&3/4\\-1/2&3/4&-1/8\\\hdashline 1&-1/2&1/4\\1&1/2&1/4\\0&0&1\end{bmatrix}\xrightarrow[r_3+\frac{1}{4}r_1]{r_2-\frac{1}{2}r_1}\begin{bmatrix}2&0&0\\0&-1/2&3/4\\0&3/4&-1/8\\\hdashline 1&-1/2&1/4\\1&1/2&1/4\\0&0&1\end{bmatrix}$$

$$\xrightarrow{c_3+\frac{3}{2}c_2}\begin{bmatrix}2&0&0\\0&-1/2&0\\0&3/4&1\\\hdashline 1&-1/2&-1/2\\1&1/2&1\\0&0&1\end{bmatrix}\xrightarrow{r_3+\frac{3}{2}r_2}\begin{bmatrix}2&0&0\\0&-1/2&0\\0&0&1\\\hdashline 1&-1/2&-1/2\\1&1/2&1\\0&0&1\end{bmatrix}$$，由此矩阵知，在线性变换

$$\begin{cases}x_1=y_1-\frac{1}{2}y_2-\frac{1}{2}y_3,\\x_2=y_1+\frac{1}{2}y_2\quad+y_3,\\x_3=\qquad\qquad\quad y_3,\end{cases}$$ 下

二次型可化为标准形 $f=2y_1^2-\frac{1}{2}y_2^2+y_3^2$.

4. 设二次型 $f=x_1^2+x_2^2+x_3^2+2\alpha x_1x_2+2\beta x_2x_3+2x_1x_3$，经正交变换 $\boldsymbol{x}=\boldsymbol{P}\boldsymbol{y}$ 后化成 $f=y_2^2+2y_3^2$，其中 $\boldsymbol{x}=[x_1,x_2,x_3]^{\mathrm{T}}$，$\boldsymbol{y}=[y_1,y_2,y_3]^{\mathrm{T}}$ 都是三维列向量，$\boldsymbol{P}$ 为三阶正交矩阵，试求常数 α，β.

解：记原二次型及其标准形所对应的矩阵分别为 $\boldsymbol{A}$，$\boldsymbol{B}$，即

$$\boldsymbol{A}=\begin{bmatrix}1&\alpha&1\\\alpha&1&\beta\\1&\beta&1\end{bmatrix},\quad \boldsymbol{B}=\begin{bmatrix}0&0&0\\0&1&0\\0&0&2\end{bmatrix},$$

由 $\boldsymbol{P}^{-1}\boldsymbol{A}\boldsymbol{P}=\boldsymbol{B}$ 可知，$|\lambda\boldsymbol{E}-\boldsymbol{A}|=|\lambda\boldsymbol{E}-\boldsymbol{B}|$，即

$$\begin{vmatrix}\lambda-1&-\alpha&-1\\-\alpha&\lambda-1&-\beta\\-1&-\beta&\lambda-1\end{vmatrix}=\begin{vmatrix}\lambda&0&0\\0&\lambda-1&0\\0&0&\lambda-2\end{vmatrix},$$

得到 $\lambda^3-3\lambda^2+(2-\alpha^2-\beta^2)\lambda+(\alpha-\beta)^2=\lambda^3-3\lambda^2+2\lambda$，

比较多项式两边的系数得到

$\begin{cases}2-\alpha^2-\beta^2=2\\(\alpha-\beta)^2=0\end{cases}$，解得 $\alpha=\beta=0$.

5. 已知二次型 $f(x_1,x_2,x_3)=(1-\alpha)x_1^2+(1-\alpha)x_2^2+2x_3^2+2(1+\alpha)x_1x_2$ 的秩为 2，

(1) 求 α 的值；

(2) 求正交变换 $\boldsymbol{x}=\boldsymbol{Q}\boldsymbol{y}$，将该二次型化成标准形；

(3) 指出方程 $f(x_1, x_2, x_3) = 1$ 表示何种二次曲面.

解:(1) 二次型的矩阵为

$$A = \begin{bmatrix} 1-\alpha & 1+\alpha & 0 \\ 1+\alpha & 1-\alpha & 0 \\ 0 & 0 & 2 \end{bmatrix},$$

二次型的秩即为矩阵 $\boldsymbol{A}$ 的秩,所以 $R(\boldsymbol{A}) = 2$,从而应该有 $|\boldsymbol{A}| = 0$,解得 $\alpha = 0$.

(2) 由(1)知

$$A = \begin{bmatrix} 1 & 1 & 0 \\ 1 & 1 & 0 \\ 0 & 0 & 2 \end{bmatrix},$$

由 $|\lambda \boldsymbol{E} - \boldsymbol{A}| = \begin{vmatrix} \lambda-1 & -1 & 0 \\ -1 & \lambda-1 & 0 \\ 0 & 0 & \lambda-2 \end{vmatrix} = \lambda(\lambda-2)^2 = 0$,解得矩阵 $\boldsymbol{A}$ 的特征值为 $\lambda_1 = \lambda_2 = 2, \lambda_3 = 0$.

对应特征向量分别为 $\boldsymbol{p}_1 = [1, 1, 0]^{\mathrm{T}}$, $\boldsymbol{p}_2 = [0, 0, 1]^{\mathrm{T}}$; $\boldsymbol{p}_3 = [-1, 1, 0]^{\mathrm{T}}$.

因为 $\boldsymbol{p}_1, \boldsymbol{p}_2, \boldsymbol{p}_3$ 已经两两正交,只需将它们单位化即得正交矩阵,令

$$\boldsymbol{Q} = [\boldsymbol{p}_1^0, \boldsymbol{p}_2^0, \boldsymbol{p}_3^0] = \begin{bmatrix} \frac{1}{\sqrt{2}} & 0 & -\frac{1}{\sqrt{2}} \\ \frac{1}{\sqrt{2}} & 0 & \frac{1}{\sqrt{2}} \\ 0 & 1 & 0 \end{bmatrix},$$

在正交变换 $\begin{cases} x_1 = \frac{1}{\sqrt{2}} y_1 - \frac{1}{\sqrt{2}} y_3, \\ x_2 = \frac{1}{\sqrt{2}} y_1 + \frac{1}{\sqrt{2}} y_3, \\ x_3 = y_2, \end{cases}$ 下

二次型化为标准形 $f = 2y_1^2 + 2y_2^2$;

(3) $f = 2y_1^2 + 2y_2^2 = 1$ 表示圆柱面.

习题 6-3

1. 判别下列二次型的正定性:

(1) $f = 5x_1^2 + 3x_2^2 + x_3^2 - 4x_1x_2 - 2x_2x_3$;

(2) $f = -2x_1^2 - 6x_2^2 - 4x_3^2 + 2x_1x_2 + 2x_1x_3$;

(3) $f = x_1^2 + x_2^2 + 14x_3^2 + 7x_4^2 + 6x_1x_3 + 4x_1x_4 - 4x_2x_3$.

解:用正交变换或配方法或初等变换法将二次型化为标准形,然后再判别二次型的正定性.

(1) 用配方法可将二次型化为标准形 $f = 5y_1^2 + \frac{11}{5}y_2^2 + \frac{6}{11}y_3^2$,可知该二次型是正定二次型.

(2) 用配方法可将二次型化为标准形 $f=-2y_1^2-\frac{11}{2}y_2^2-\frac{38}{11}y_3^2$，可知该二次型是负定二次型.

(3) 用配方法可将二次型化为标准形 $f=y_1^2+y_2^2+y_3^2-33y_4^2$，可知该二次型是不定二次型.

2. 讨论 k 取何值时，二次型

$$f=x_1^2+x_2^2+5x_3^2+2kx_1x_2-2x_1x_3+4x_2x_3,$$

是正定二次型.

解：二次型的矩阵

$$\boldsymbol{A}=\begin{bmatrix}1 & k & -1\\ k & 1 & 2\\ -1 & 2 & 5\end{bmatrix},$$

$\boldsymbol{A}$ 为正定矩阵当且仅当 $\boldsymbol{A}$ 各阶顺序主子式大于 0，即

$$\begin{vmatrix}1 & k\\ k & 1\end{vmatrix}=1-k^2>0,\ |\boldsymbol{A}|=\begin{vmatrix}1 & k & -1\\ k & 1 & 2\\ -1 & 2 & 5\end{vmatrix}=-5k^2-4k>0,$$

从而解得 $-\frac{4}{5}<k<0$，即 $-\frac{4}{5}<k<0$ 时二次型为正定二次型.

3. 设 $\boldsymbol{A}$ 是正定矩阵，证明 $|\boldsymbol{A}+\boldsymbol{E}|>1$.

证　正定矩阵 $\boldsymbol{A}$ 的特征值 $\lambda_i>0\ (i=1,2,\cdots,n)$，于是 $\boldsymbol{A}+\boldsymbol{E}$ 的特征值 $\lambda_i+1>1\ (i=1,2,\cdots,n)$ 所以

$$|\boldsymbol{A}+\boldsymbol{E}|=\prod_{i=1}^{n}(\lambda_i+1)>1.$$

4. 设 $\boldsymbol{A}$ 是正定矩阵，证明 $\boldsymbol{A}^{\mathrm{T}}$，$\boldsymbol{A}^*$ 都是正定矩阵.

证　因为 $\boldsymbol{A}$ 正定，则 $\boldsymbol{A}^{\mathrm{T}}=\boldsymbol{A}$ 且 $\boldsymbol{A}$ 合同于一单位矩阵 $\boldsymbol{E}$，即存在一可逆矩阵 $\boldsymbol{P}$，使得 $\boldsymbol{A}=\boldsymbol{P}^{\mathrm{T}}\boldsymbol{P}$，从而 $\boldsymbol{A}^{\mathrm{T}}=\boldsymbol{P}^{\mathrm{T}}\boldsymbol{P}$，即 $\boldsymbol{A}^{\mathrm{T}}$ 合同于一单位矩阵 $\boldsymbol{E}$，从而 $\boldsymbol{A}^{\mathrm{T}}$ 正定.

又因为 $\boldsymbol{A}$ 正定，所以 $\boldsymbol{A}$ 的特征值 $\lambda_i>0\ (i=1,2,\cdots,n)$，又 $(\boldsymbol{A}^*)^{\mathrm{T}}=(\boldsymbol{A}^{\mathrm{T}})^*=\boldsymbol{A}^*$，故 $\boldsymbol{A}^*$ 为对称矩阵，且 $\boldsymbol{A}^*$ 的特征值为 $\frac{1}{\lambda_i}|\boldsymbol{A}|>0\ (i=1,2,\cdots,n)$，故 $\boldsymbol{A}^*$ 是正定矩阵.

5. 设 $\boldsymbol{A}$ 为 m 阶正定矩阵，$\boldsymbol{B}$ 是 $m\times n$ 实矩阵，试证 $\boldsymbol{B}^{\mathrm{T}}\boldsymbol{A}\boldsymbol{B}$ 正定的充分必要条件是 $R(\boldsymbol{B})=n$.

证　充分性：显然 $\boldsymbol{B}^{\mathrm{T}}\boldsymbol{A}\boldsymbol{B}$ 是对称矩阵，设任意向量 $\boldsymbol{x}\neq\boldsymbol{0}$，则

$$\boldsymbol{x}^{\mathrm{T}}(\boldsymbol{B}^{\mathrm{T}}\boldsymbol{A}\boldsymbol{B})\boldsymbol{x}=(\boldsymbol{B}\boldsymbol{x})^{\mathrm{T}}\boldsymbol{A}(\boldsymbol{B}\boldsymbol{x}),$$

因为 $R(\boldsymbol{B})=n$，所以 $\boldsymbol{B}\boldsymbol{x}=\boldsymbol{0}$ 有唯一零解，即若 $\boldsymbol{x}\neq\boldsymbol{0}$，则 $\boldsymbol{B}\boldsymbol{x}\neq\boldsymbol{0}$，又因为 $\boldsymbol{A}$ 为 m 阶正定矩阵，从而 $\boldsymbol{x}^{\mathrm{T}}(\boldsymbol{B}^{\mathrm{T}}\boldsymbol{A}\boldsymbol{B})\boldsymbol{x}=(\boldsymbol{B}\boldsymbol{x})^{\mathrm{T}}\boldsymbol{A}(\boldsymbol{B}\boldsymbol{x})>0$，即 $\boldsymbol{B}^{\mathrm{T}}\boldsymbol{A}\boldsymbol{B}$ 正定.

必要性：因为 $\boldsymbol{B}^{\mathrm{T}}\boldsymbol{A}\boldsymbol{B}$ 正定，所以对任意向量 $\boldsymbol{x}\neq\boldsymbol{0}$，则

$$x^T(B^TAB)x=(Bx)^TA(Bx)>0,$$

其中必有 $Bx\neq 0$,即 $Bx=0$ 有唯一零解,从而 $R(B)=n$.

6. 设 A 为 n 阶实对称矩阵，且满足 $A^3-6A^2+11A-6E=O$, 证明 A 是正定矩阵.

解　设 λ 是 A 的特征值，因为 $A^3-6A^2+11A-6E=O$, 从而有

$$\lambda^3-6\lambda^2+11\lambda-6=0,$$

解得 $\lambda_1=1,\lambda_2=2,\lambda_3=3$. 因为 A 为 n 阶实对称矩阵,所以特征值只能是 1，2，3,全大于 0,从而 A 为正定矩阵.

七、补 充 习 题

1. 填空题

(1) 设二次型 $f(x_1,x_2,x_3)=-4x_1x_2+2x_1x_3+2tx_2x_3$ 的秩为 2，则 $t=$________.

(2) 设二次型 $f(x_1,x_2,x_3)=(a_1x_1+a_2x_2+a_3x_3)^2$，则它所对应的实对称矩阵是________.

(3) 设二次型 $f(x_1,x_2,x_3)=(x_1x_2x_3)\begin{bmatrix}1&4&2\\2&1&0\\0&2&2\end{bmatrix}\begin{bmatrix}x_1\\x_2\\x_3\end{bmatrix}$，则它所对应的实对称矩阵 $A=$________;其秩 $R(A)=$________.

(4) 设二次型 $f(x_1,x_2,x_3)=x^TAx$ 经正交变换化为标准形 $y_1^2-y_2^2$，则其正惯性指数为________;负惯性指数为________；符号差为________；A 的特征值为________；$|A|=$________.

(5) 若二次型 $f(x_1,x_2,x_3)=-x_1^2-4x_2^2-2x_3^2+2tx_1x_2+2x_1x_3$ 是负定的，则 t 的取值范围是________.

(6) 设 n 阶实对称矩阵 A 的特征值为 1，2，…，n,则当 t________时,$tE-A$ 为正定矩阵.

(7) 设矩阵 $A=\begin{bmatrix}0&1&0\\1&0&0\\0&0&2\end{bmatrix}$，$B=\begin{bmatrix}2&0&0\\0&-2&0\\0&0&2\end{bmatrix}$，则存在可逆矩阵 $P=$________，使 $P^TAP=B$.

(8) 设二阶实对称矩阵 $A=\begin{bmatrix}a_{11}&a_{12}\\a_{12}&a_{22}\end{bmatrix}$，1/4，1/9 是它的特征值,则曲线 $a_{11}x^2+2a_{12}xy+a_{22}y^2=1$ 所围图形的面积 $S=$________.

2. 单项选择题

(1) 设 $A=\begin{bmatrix}2&0&0\\0&1&0\\0&0&-1\end{bmatrix}$,则与 A 合同的矩阵是(　　).

(A) $\begin{bmatrix}1&0&0\\0&1&0\\0&0&1\end{bmatrix}$　　(B) $\begin{bmatrix}-1&0&0\\0&3&0\\0&0&2\end{bmatrix}$

(C) $\begin{bmatrix} -2 & 0 & 0 \\ 0 & -1 & 0 \\ 0 & 0 & 1 \end{bmatrix}$ (D) $\begin{bmatrix} 1 & 0 & 0 \\ 0 & 2 & 0 \\ 0 & 0 & 2 \end{bmatrix}$

(2) 设 $\boldsymbol{A}$ 是 n 阶实对称矩阵,秩为 r,符号差为 s,则必有(　　).

(A) r 是奇数,s 是偶数 (B) r 是偶数,s 是奇数

(C) r, s 均为偶数 (D) r, s 或均为偶数,或均为奇数

(3) n 阶实对称矩阵 $\boldsymbol{A}$ 为正定的充分必要条件是(　　).

(A) $\boldsymbol{A}$ 的所有子式大于零 (B) $\boldsymbol{A}^{-1}$ 为正定矩阵

(C) $R(\boldsymbol{A})=n$ (D) $\boldsymbol{A}$ 的所有特征值非负

(4) 设 $\boldsymbol{A}$, $\boldsymbol{B}$ 为 n 阶正定矩阵,则 $\boldsymbol{AB}$ 是(　　).

(A) 实对称矩阵 (B) 正交矩阵

(C) 正定矩阵 (D) 可逆矩阵

(5) 二次型 $f(x_1, x_2, \cdots, x_n)=\boldsymbol{x}^{\mathrm{T}}\boldsymbol{Ax}$ 是正定的充分必要条件是(　　).

(A) 存在可逆矩阵 $\boldsymbol{P}$, 使得 $\boldsymbol{P}^{-1}\boldsymbol{AP}=\boldsymbol{E}$

(B) 存在正交矩阵 $\boldsymbol{Q}$, 使得 $\boldsymbol{Q}^{-1}\boldsymbol{AQ}=\boldsymbol{Q}^{\mathrm{T}}\boldsymbol{AQ}=\begin{bmatrix} \lambda_1 & & & \\ & \lambda_2 & & \\ & & \ddots & \\ & & & \lambda_n \end{bmatrix}$($\lambda_1, \lambda_2, \cdots, \lambda_n$ 为 $\boldsymbol{A}$ 的特征值,且 $\lambda_1, \lambda_2, \cdots, \lambda_n$ 都大于 0)

(C) 存在 n 阶矩阵 $\boldsymbol{C}$, 使得 $\boldsymbol{A}=\boldsymbol{C}^{\mathrm{T}}\boldsymbol{C}$

(D) 存在 $\boldsymbol{x}=\begin{bmatrix} x_1 \\ x_2 \\ \vdots \\ x_n \end{bmatrix}$,其中 $x_i\neq 0\ (i=1, 2, \cdots, n)$,有 $\boldsymbol{x}^{\mathrm{T}}\boldsymbol{Ax}>0$

(6) 若矩阵 $\boldsymbol{A}=\begin{bmatrix} 1 & 0 & 0 \\ 0 & m & n+2 \\ 0 & m-1 & m \end{bmatrix}$ 为正定矩阵, 则 m 必定满足(　　).

(A) $m>\frac{1}{2}$ (B) $m<\frac{3}{2}$

(C) $m>-2$ (D) 与 n 有关,不能确定

(7) 设 $\boldsymbol{A}=(a_{ij})_{n\times n}$ 为实对称矩阵,二次型 $f(x_1, x_2, \cdots, x_n)=\sum\limits_{i=1}^{n}(\sum\limits_{j=1}^{n}a_{ij}x_i)^2$ 为正定二次型的充分必要条件是(　　).

(A) $|\boldsymbol{A}|=0$ (B) $|\boldsymbol{A}|>0$

(C) $|\boldsymbol{A}|\neq 0$ (D) $\boldsymbol{A}$ 的各阶顺序主子式大于零

(8) 设实二次型 $f(x_1, x_2, x_3)=(x_1+a_1x_2)^2+(x_2+a_2x_3)^2+(x_3+a_3x_1)^2$,其中 $a_i(i=1, 2, 3)$ 为实数,当 $a_i(i=1, 2, 3)$ 满足(　　)条件时,此二次型为正定二次型.

(A) $a_1\cdot a_2\cdot a_3\neq -1$ (B) $a_1+a_2+a_3>0$

(C) $a_i(i=1,2,3)$ 为任意实数　　　　(D) $a_i>0\ (i=1,2,\cdots,n)$

3. 已知二次型 $f(x_1,x_2,x_3)=(1-a)x_1^2+(1-a)x_2^2+2x_3^2+2(1+a)x_1x_2$ 的秩为 2，求

(1) a 的值；

(2) 正交变换 $\boldsymbol{x}=\boldsymbol{Q}\boldsymbol{y}$，把 $f(x_1,x_2,x_3)$ 化为标准形；

(3) 求方程 $f(x_1,x_2,x_3)=0$ 的解.

4. 试用直角坐标变换化简二次曲面方程

$$6x^2-2y^2+6z^2+4xz+8x-4y-8z+5=0,$$

并说出它表示何种二次曲面.

5. $\boldsymbol{A}$ 为 $m\times n$ 实矩阵，$\boldsymbol{E}$ 为 n 阶单位阵，已知 $\boldsymbol{B}=\lambda\boldsymbol{E}+\boldsymbol{A}^{\mathrm{T}}\boldsymbol{A}$，证明当 $\lambda>0$ 时，矩阵 $\boldsymbol{B}$ 正定.

6. 设 $\boldsymbol{A}$ 为 n 阶正定矩阵，$\boldsymbol{E}$ 为 n 阶单位阵，证明 $|\boldsymbol{A}+2\boldsymbol{E}|>2^n$.

7. 实二次型 $f(x_1,x_2,\cdots,x_n)=\boldsymbol{x}^{\mathrm{T}}\boldsymbol{A}\boldsymbol{x}(\boldsymbol{A}^{\mathrm{T}}=\boldsymbol{A})$ 是正定二次型，证明 $\boldsymbol{A}$ 的主对角线上的元素 $a_{ii}>0\ (i=1,2,\cdots,n)$.

8. 设 $\boldsymbol{U}$ 为可逆矩阵，$\boldsymbol{A}=\boldsymbol{U}^{\mathrm{T}}\boldsymbol{U}$，证明 $f=\boldsymbol{x}^{\mathrm{T}}\boldsymbol{A}\boldsymbol{x}$ 为正定二次型.

9. 设 $\boldsymbol{A}$ 为 n 阶实对称矩阵，$R(\boldsymbol{A})=n$，证明 $\boldsymbol{A}^2$ 是正定矩阵.

解答和提示

1. (1) 0.　(2) $\begin{bmatrix} a_1^2 & a_1a_2 & a_1a_3 \\ a_1a_2 & a_2^2 & a_2a_3 \\ a_1a_3 & a_2a_3 & a_3^2 \end{bmatrix}$.　(3) $\begin{bmatrix} 1 & 3 & 1 \\ 3 & 1 & 1 \\ 1 & 1 & 2 \end{bmatrix}$；3.　(4) 1；1；0；1，$-1$，0；0.

(5) $(-\sqrt{2},\sqrt{2})$.　(6) $>n$.　(7) $\begin{bmatrix} 1 & -1 & 0 \\ 1 & 1 & 0 \\ 0 & 0 & 1 \end{bmatrix}$.　(8) 6π.

2. (1) B　(2) D　(3) B　(4) D　(5) B　(6) A　(7) C　(8) A

3. (1) $a=0$；　(2) $\boldsymbol{Q}=\begin{bmatrix} 1/\sqrt{2} & 0 & -1/\sqrt{2} \\ 1/\sqrt{2} & 0 & 1/\sqrt{2} \\ 0 & 1 & 0 \end{bmatrix}$；　(3) $x=k\begin{bmatrix} -1 \\ 1 \\ 0 \end{bmatrix}\ (k\in R)$.

4. 在直角坐标变换 $\begin{cases} x=\dfrac{1}{\sqrt{2}}\tilde{x}+\dfrac{1}{\sqrt{2}}\tilde{z}-1, \\ y=\tilde{y}-1, \\ z=-\dfrac{1}{\sqrt{2}}\tilde{x}+\dfrac{1}{\sqrt{2}}\tilde{z}+1, \end{cases}$ 下，

原方程化为 $4\tilde{x}^2-2\tilde{y}^2+8\tilde{z}^2=1$，其图形为单叶双曲面.

5. 证明：由题知，$\boldsymbol{A}^{\mathrm{T}}\boldsymbol{A}$ 为对称矩阵，对 $\forall\,\boldsymbol{x}\neq\boldsymbol{0}$，

$$\begin{aligned} \boldsymbol{x}^{\mathrm{T}}\boldsymbol{B}\boldsymbol{x} &= \boldsymbol{x}^{\mathrm{T}}(\lambda\boldsymbol{E}+\boldsymbol{A}^{\mathrm{T}}\boldsymbol{A})\boldsymbol{x} \\ &= \lambda\boldsymbol{x}^{\mathrm{T}}\boldsymbol{x}+(\boldsymbol{A}\boldsymbol{x})^{\mathrm{T}}\boldsymbol{A}\boldsymbol{x} \\ &> 0\ (\because \lambda>0) \end{aligned}$$

从而 $\lambda>0$ 时，$\boldsymbol{B}$ 为正定矩阵.

6. 证明：正定矩阵 $\mathbf{A}$ 的特征值 $\lambda_i>0\ (i=1,2,\cdots,n)$，于是矩阵 $\mathbf{A}+2\boldsymbol{E}$ 的特征值 $\lambda_i+2>2\ (i=1,2,\cdots,n)$，

故 $|\mathbf{A}+2\boldsymbol{E}|=\prod_{i=1}^{n}(\lambda_i+2)>2^n$.

7. 证明：因为 $f(x_1,x_2,\cdots,x_n)=\boldsymbol{x}^{\mathrm{T}}\boldsymbol{A}\boldsymbol{x}(\mathbf{A}^{\mathrm{T}}=\mathbf{A})$ 是正定二次型，即对任意非零列向量 $\boldsymbol{x}=(x_1,x_2,\cdots,x_n)^{\mathrm{T}}\neq\mathbf{0}$，有 $\boldsymbol{x}^{\mathrm{T}}\boldsymbol{A}\boldsymbol{x}>0$，依次取 $\boldsymbol{x}=\boldsymbol{\varepsilon}_i=(0,\cdots,0,1,0,\cdots,0)(i=1,2,3,\cdots,n)$，则有 $\boldsymbol{\varepsilon}_i^{\mathrm{T}}\boldsymbol{A}\boldsymbol{\varepsilon}_i=a_{ii}>0$.

8. 证明：因为 $\mathbf{A}=\boldsymbol{U}^{\mathrm{T}}\boldsymbol{U}$，显然 $\mathbf{A}^{\mathrm{T}}=\mathbf{A}$，即 $\mathbf{A}$ 是对称矩阵，对任意非零列向量 $\boldsymbol{x}=(x_1,x_2,\cdots,x_n)^{\mathrm{T}}\neq\mathbf{0}$，有

$$\boldsymbol{x}^{\mathrm{T}}\boldsymbol{A}\boldsymbol{x}=\boldsymbol{x}^{\mathrm{T}}\boldsymbol{U}^{\mathrm{T}}\boldsymbol{U}\boldsymbol{x}=(\boldsymbol{U}\boldsymbol{x})^{\mathrm{T}}\boldsymbol{U}\boldsymbol{x}>0,$$

这是因为 $\boldsymbol{U}$ 为可逆矩阵，所以 $\boldsymbol{x}\neq\mathbf{0}$ 必有 $\boldsymbol{U}\boldsymbol{x}\neq\mathbf{0}$，从而上式成立，即 $f=\boldsymbol{x}^{\mathrm{T}}\boldsymbol{A}\boldsymbol{x}$ 为正定二次型.

9. 证明：易得 $\mathbf{A}^2$ 是实对称矩阵，对于任意非零列向量 $\boldsymbol{x}\neq\mathbf{0}$，有 $\boldsymbol{x}^{\mathrm{T}}\mathbf{A}^2\boldsymbol{x}=\boldsymbol{x}^{\mathrm{T}}\mathbf{A}\mathbf{A}\boldsymbol{x}=\boldsymbol{x}^{\mathrm{T}}\mathbf{A}^{\mathrm{T}}\mathbf{A}\boldsymbol{x}=(\mathbf{A}\boldsymbol{x})^{\mathrm{T}}\mathbf{A}\boldsymbol{x}>0$，

这是因为 $R(\mathbf{A})=n$，所以 $\boldsymbol{x}\neq\mathbf{0}$ 必有 $\mathbf{A}\boldsymbol{x}\neq\mathbf{0}$，从而上式成立，即 $f=\boldsymbol{x}^{\mathrm{T}}\mathbf{A}^2\boldsymbol{x}$ 为正定二次型. 从而 $\mathbf{A}^2$ 是正定矩阵.

第七章　线性空间与线性变换

一、基 本 要 求

1. 了解线性空间的概念，了解线性空间的基与维数，知道基变换与坐标变换的原理.

2. 了解线性变换的概念，会求线性变换的矩阵，知道线性变换在不同基下的矩阵一定相似. 知道线性变换的秩.

二、内 容 提 要

1. 线性空间

(1) 线性空间

V 是一个非空集合，F 为一个数域，如果对任意两个元素 $\boldsymbol{\alpha}$，$\boldsymbol{\beta} \in V$，总有唯一的一个元素 $\boldsymbol{\gamma} \in V$ 与之对应，称为 $\boldsymbol{\alpha}$ 与 $\boldsymbol{\beta}$ 的和，记作 $\boldsymbol{\gamma} = \boldsymbol{\alpha} + \boldsymbol{\beta}$；又对于任一数 $k \in F$ 及任一元素 $\boldsymbol{\alpha} \in V$，总有唯一的一个元素 $\boldsymbol{\delta} \in V$ 与之对应，称为数 k 与 $\boldsymbol{\alpha}$ 的积，记作 $\boldsymbol{\delta} = k\boldsymbol{\alpha}$. 并且这两种运算满足下述八条运算规则(设 $\boldsymbol{\alpha}$，$\boldsymbol{\beta}$，$\boldsymbol{\gamma} \in V$，$k$，$l \in F$)：

① $\boldsymbol{\alpha} + \boldsymbol{\beta} = \boldsymbol{\beta} + \boldsymbol{\alpha}$；

② $(\boldsymbol{\alpha} + \boldsymbol{\beta}) + \boldsymbol{\gamma} = \boldsymbol{\alpha} + (\boldsymbol{\beta} + \boldsymbol{\gamma})$；

③ 在 V 中存在零元素 $\boldsymbol{\theta}$，对任何 $\boldsymbol{\alpha} \in V$，都有 $\boldsymbol{\alpha} + \boldsymbol{\theta} = \boldsymbol{\alpha}$；

④ 对任何 $\boldsymbol{\alpha} \in V$，都有 $\boldsymbol{\alpha}$ 的负元素 $\boldsymbol{\beta} \in V$，使 $\boldsymbol{\alpha} + \boldsymbol{\beta} = \boldsymbol{\theta}$；

⑤ $1 \cdot \boldsymbol{\alpha} = \boldsymbol{\alpha}$；

⑥ $k(l\boldsymbol{\alpha}) = (kl)\boldsymbol{\alpha}$；

⑦ $(k + l)\boldsymbol{\alpha} = k\boldsymbol{\alpha} + l\boldsymbol{\alpha}$；

⑧ $k(\boldsymbol{\alpha} + \boldsymbol{\beta}) = k\boldsymbol{\beta} + k\boldsymbol{\alpha}$.

则称 V 为数域 F 上的线性空间(简称线性空间)，线性空间中的加法和数乘运算称为线性运算.

注①　如果集合所定义的加法和数乘运算就是通常的实数间的加法和乘法运

算,只要检验加法和数乘运算是否封闭,如果封闭,则这两种运算一定满足八条运算法则.

如果集合所定义的加法和数乘运算不是通常的实数间的加法和乘法运算,除了检验加法和数乘运算封闭之外,还要仔细检验是否满足八条运算法则.

注② 几个常用的线性空间:R^n 表示实数域 R 上的 n 维向量按向量的线性运算构成的线性空间,$R^{m\times n}$ 表示实数域 R 上的 $m\times n$ 矩阵按矩阵的线性运算构成的线性空间.

(2) 子空间

L 是线性空间 V 的一个非空子集,若 L 对于 V 中所定义的加法和数乘运算也构成线性空间,则称 L 是 V 的子空间.

线性空间 V 的非空子集 L 构成子空间的充分必要条件是 L 对 V 中线性运算封闭.

(3) 维数与基

类似于 n 维向量,对于一般线性空间的元素可以定义线性组合和线性相关性等概念,也具有同样的性质及定理.

线性空间 V 中的 r 个元素 $\boldsymbol{\alpha}_1, \boldsymbol{\alpha}_2, \cdots, \boldsymbol{\alpha}_r$ 满足:

① $\boldsymbol{\alpha}_1, \boldsymbol{\alpha}_2, \cdots, \boldsymbol{\alpha}_r$ 线性无关;

② V 中任一 $\boldsymbol{\alpha}$ 可由 $\boldsymbol{\alpha}_1, \boldsymbol{\alpha}_2, \cdots, \boldsymbol{\alpha}_r$ 线性表示,则 $\boldsymbol{\alpha}_1, \boldsymbol{\alpha}_2, \cdots, \boldsymbol{\alpha}_r$ 称为线性空间 V 的一个基,r 称为线性空间 V 的维数.

维数为 r 的线性空间称为 r 维线性空间,记作 V_r.

(4) 坐标

设 $\boldsymbol{\alpha}_1, \boldsymbol{\alpha}_2, \cdots, \boldsymbol{\alpha}_n$ 是线性空间 V_n 的一个基,对任一 $\boldsymbol{\alpha}\in V_n$,都有唯一的表示式

$$\boldsymbol{\alpha} = a_1\boldsymbol{\alpha}_1 + a_2\boldsymbol{\alpha}_2 + \cdots + a_n\boldsymbol{\alpha}_n = [\boldsymbol{\alpha}_1, \boldsymbol{\alpha}_2, \cdots, \boldsymbol{\alpha}_n]\begin{bmatrix} a_1 \\ a_2 \\ \vdots \\ a_n \end{bmatrix},$$

则称有序数组 $a_1, a_2, \cdots, a_n$ 为 $\boldsymbol{\alpha}$ 在基 $\boldsymbol{\alpha}_1, \boldsymbol{\alpha}_2, \cdots, \boldsymbol{\alpha}_n$ 下的坐标.

(5) 基变换与坐标变换

① 基变换:

$\boldsymbol{\alpha}_1, \boldsymbol{\alpha}_2, \cdots, \boldsymbol{\alpha}_n$; $\boldsymbol{\beta}_1, \boldsymbol{\beta}_2, \cdots, \boldsymbol{\beta}_n$ 为 n 维线性空间 V_n 的两个基,

若 $\boldsymbol{\beta}_j = [\boldsymbol{\alpha}_1, \boldsymbol{\alpha}_2, \cdots, \boldsymbol{\alpha}_n]\begin{bmatrix} p_{1j} \\ p_{2j} \\ \vdots \\ p_{nj} \end{bmatrix}$ $(j = 1, 2, \cdots, n)$,

记 $\boldsymbol{P}=\begin{bmatrix} p_{11} & p_{12} & \cdots & p_{1n} \\ p_{21} & p_{22} & \cdots & p_{2n} \\ \vdots & \vdots & & \vdots \\ p_{n1} & p_{n2} & \cdots & p_{nn} \end{bmatrix}$,

则$[\boldsymbol{\beta}_1, \boldsymbol{\beta}_2, \cdots, \boldsymbol{\beta}_n]=[\boldsymbol{\alpha}_1, \boldsymbol{\alpha}_2, \cdots, \boldsymbol{\alpha}_n]\boldsymbol{P}$,

上式称为由基 $\boldsymbol{\alpha}_1, \boldsymbol{\alpha}_2, \cdots, \boldsymbol{\alpha}_n$ 到基 $\boldsymbol{\beta}_1, \boldsymbol{\beta}_2, \cdots, \boldsymbol{\beta}_n$ 的基变换公式,$\boldsymbol{P}$ 称为由基 $\boldsymbol{\alpha}_1, \boldsymbol{\alpha}_2, \cdots, \boldsymbol{\alpha}_n$ 到基 $\boldsymbol{\beta}_1, \boldsymbol{\beta}_2, \cdots, \boldsymbol{\beta}_n$ 的过渡矩阵.

由于 $\boldsymbol{\alpha}_1, \boldsymbol{\alpha}_2, \cdots, \boldsymbol{\alpha}_n$ 和 $\boldsymbol{\beta}_1, \boldsymbol{\beta}_2, \cdots, \boldsymbol{\beta}_n$ 都线性无关,所以过渡矩阵 $\boldsymbol{P}$ 可逆.

② 坐标变换:

线性空间 V_n 中的元素 $\boldsymbol{\alpha}$ 在基 $\boldsymbol{\alpha}_1, \boldsymbol{\alpha}_2, \cdots, \boldsymbol{\alpha}_n$ 下的坐标为 $\begin{bmatrix} x_1 \\ x_2 \\ \vdots \\ x_n \end{bmatrix}$,在基 $\boldsymbol{\beta}_1, \boldsymbol{\beta}_2, \cdots, \boldsymbol{\beta}_n$ 下的坐标为 $\begin{bmatrix} y_1 \\ y_2 \\ \vdots \\ y_n \end{bmatrix}$,$\boldsymbol{P}$ 为由基 $\boldsymbol{\alpha}_1, \boldsymbol{\alpha}_2, \cdots, \boldsymbol{\alpha}_n$ 到基 $\boldsymbol{\beta}_1, \boldsymbol{\beta}_2, \cdots, \boldsymbol{\beta}_n$ 的过渡矩阵,则有坐标变换公式

$$\begin{bmatrix} x_1 \\ x_2 \\ \vdots \\ x_n \end{bmatrix}=\boldsymbol{P}\begin{bmatrix} y_1 \\ y_2 \\ \vdots \\ y_n \end{bmatrix}, \quad \text{或} \begin{bmatrix} y_1 \\ y_2 \\ \vdots \\ y_n \end{bmatrix}=\boldsymbol{P}^{-1}\begin{bmatrix} x_1 \\ x_2 \\ \vdots \\ x_n \end{bmatrix}.$$

2. 线性变换

(1) 变换的定义

设 A 与 B 是两个非空集合,若对任意 $\boldsymbol{\alpha}\in A$,按照一定的法则,总有 B 中一个确定的元素 $\boldsymbol{\beta}$ 与之对应,则称此法则为集合 A 到集合 B 的变换(或映射). 记作 $\boldsymbol{\beta}=T(\boldsymbol{\alpha})$,或 $\boldsymbol{\beta}=T\boldsymbol{\alpha}(\boldsymbol{\alpha}\in A)$. 称 $\boldsymbol{\beta}$ 为 $\boldsymbol{\alpha}$ 在变换 T 下的象,$\boldsymbol{\alpha}$ 为 $\boldsymbol{\beta}$ 在变换 T 下的原象. A 称为变换 T 的源集,象的全体所构成的集合称为象集,记作 $T(A)$, 即

$$T(A)=\{\boldsymbol{\beta} \mid \boldsymbol{\beta}=T(\boldsymbol{\alpha}), \boldsymbol{\alpha}\in A\},$$

若 $A=B$,则 T 是集合 A 到自身的变换,称 T 为集合 A 中的变换.

(2) 线性变换的定义

A 与 B 为 R 上两个线性空间，T 是从 A 到 B 的一个变换. 若变换 T 满足下列条件：

① 任取 $\boldsymbol{\alpha}, \boldsymbol{\beta} \in A$，有 $T(\boldsymbol{\alpha}+\boldsymbol{\beta}) = T(\boldsymbol{\alpha}) + T(\boldsymbol{\beta})$；

② 任取 $\boldsymbol{\alpha} \in A,\ k \in R$，有 $T(k\boldsymbol{\alpha}) = kT(\boldsymbol{\alpha})$.

则称 T 为从 A 到 B 的线性变换.

(3) 线性变换的运算

① 设 T_1, T_2 是 V 中的两个线性变换，对任意 $\boldsymbol{\alpha} \in V$，有

$$(T_1 + T_2)\boldsymbol{\alpha} = T_1(\boldsymbol{\alpha}) + T_2(\boldsymbol{\alpha}),$$

称作 T_1, T_2 的和，记作 $T_1 + T_2$.

② 设 T 是 V 中的线性变换，$k \in R$，对任意 $\boldsymbol{\alpha} \in V$，有

$$(kT)\boldsymbol{\alpha} = kT(\boldsymbol{\alpha}),$$

称为 T 与 k 的数量积，记作 kT.

③ 设 T_1, T_2 是 V 中的两个线性变换，对任意 $\boldsymbol{\alpha} \in V$，有

$$(T_1T_2)\boldsymbol{\alpha} = T_1(T_2(\boldsymbol{\alpha})),$$

称作 T_1 与 T_2 的乘积，记作 T_1T_2.

④ 设 T_1 是 V 中的线性变换，若存在一个线性变换 T_2，有

$$T_1T_2 = T_2T_1 = I,$$

其中 I 为恒等变换，即对任意 $\boldsymbol{\alpha} \in V$，有 $I(\boldsymbol{\alpha}) = \boldsymbol{\alpha}$，称 T_2 是 T_1 的逆变换，记作 $T_2 = T_1^{-1}$.

可以证明：$T_1+T_2,\ kT,\ T_1T_2,\ T_1^{-1}$ 仍是线性变换.

(4) 线性变换的性质

T 是线性空间 V 中的一个线性变换，则

① $T(\boldsymbol{\theta}) = \boldsymbol{\theta},\ T(-\boldsymbol{\alpha}) = -T(\boldsymbol{\alpha}),\ \boldsymbol{\alpha} \in V$；

② 若 $\boldsymbol{\beta} = k_1\boldsymbol{\alpha}_1 + k_2\boldsymbol{\alpha}_2 + \cdots + k_r\boldsymbol{\alpha}_r$，则

$$T(\boldsymbol{\beta}) = k_1T(\boldsymbol{\alpha}_1) + k_2T(\boldsymbol{\alpha}_2) + \cdots + k_rT(\boldsymbol{\alpha}_r),$$

即线性变换保持线性组合与线性关系式不变；

③ 若 $\boldsymbol{\alpha}_1, \boldsymbol{\alpha}_2, \cdots, \boldsymbol{\alpha}_r$ 线性相关，则 $T(\boldsymbol{\alpha}_1), T(\boldsymbol{\alpha}_2), \cdots, T(\boldsymbol{\alpha}_r)$ 仍线性相关.

(5) 线性变换的矩阵表示

$\boldsymbol{\alpha}_1, \boldsymbol{\alpha}_2, \cdots, \boldsymbol{\alpha}_n$ 是线性空间 V_n 的一个基，T 是 V_n 中的线性变换，若

$$T(\boldsymbol{\alpha}_j) = [\boldsymbol{\alpha}_1, \boldsymbol{\alpha}_2, \cdots, \boldsymbol{\alpha}_n]\begin{bmatrix} a_{1j} \\ a_{2j} \\ \vdots \\ a_{nj} \end{bmatrix} \ (j = 1, 2, \cdots, n)，记\boldsymbol{A} = \begin{bmatrix} a_{11} & a_{12} & \cdots & a_{1n} \\ a_{21} & a_{22} & \cdots & a_{2n} \\ \vdots & \vdots & & \vdots \\ a_{n1} & a_{n2} & \cdots & a_{nn} \end{bmatrix},$$

$T([\boldsymbol{\alpha}_1, \boldsymbol{\alpha}_2, \cdots, \boldsymbol{\alpha}_n]) = [T(\boldsymbol{\alpha}_1), T(\boldsymbol{\alpha}_2), \cdots, T(\boldsymbol{\alpha}_n)]$，则

$$T([\boldsymbol{\alpha}_1, \boldsymbol{\alpha}_2, \cdots, \boldsymbol{\alpha}_n]) = [\boldsymbol{\alpha}_1, \boldsymbol{\alpha}_2, \cdots, \boldsymbol{\alpha}_n]\boldsymbol{A},$$

矩阵 $\boldsymbol{A}$ 称为线性变换 T 在基 $\boldsymbol{\alpha}_1, \boldsymbol{\alpha}_2, \cdots, \boldsymbol{\alpha}_n$ 下的矩阵.

V_n 中的线性变换与 n 阶方阵一一对应，线性变换的运算就可转化为矩阵运算.

设 $\boldsymbol{\alpha}_1, \boldsymbol{\alpha}_2, \cdots, \boldsymbol{\alpha}_n$ 是 n 维线性空间 V 中的一个基，线性变换 T_1，T_2 在基 $\boldsymbol{\alpha}_1, \boldsymbol{\alpha}_2, \cdots, \boldsymbol{\alpha}_n$ 下的矩阵为 $\boldsymbol{A}$ 和 $\boldsymbol{B}$，则

① $T_1 + T_2$ 在这个基下的矩阵为 $\boldsymbol{A}+\boldsymbol{B}$.

② T_1T_2 在这个基下的矩阵为 $\boldsymbol{AB}$.

③ $kT_1(k\in R)$在这个基下的矩阵为 $k\boldsymbol{A}$.

④ 若 T_1 是可逆的线性变换，则其逆变换 T_1^{-1} 在这个基下的矩阵为 $\boldsymbol{A}^{-1}$.

⑤ T 是 n 维线性空间 V 中的线性变换，在 V 的一个基 $\boldsymbol{\alpha}_1, \boldsymbol{\alpha}_2, \cdots, \boldsymbol{\alpha}_n$ 下，T 的矩阵为 $\boldsymbol{A}$，元素 $\boldsymbol{\alpha}$ 的坐标为$[x_1, x_2, \cdots, x_n]^{\mathrm{T}}$，$T(\boldsymbol{\alpha})$的坐标为$[y_1, y_2, \cdots, y_n]^{\mathrm{T}}$，则

$$\begin{bmatrix} y_1 \\ y_2 \\ \vdots \\ y_n \end{bmatrix} = \boldsymbol{A}\begin{bmatrix} x_1 \\ x_2 \\ \vdots \\ x_n \end{bmatrix},(\text{或记为 } \boldsymbol{y} = \boldsymbol{Ax}).$$

(6) 同一线性变换在不同基下的矩阵相似

设 n 维线性空间 V 的基 $\boldsymbol{\alpha}_1, \boldsymbol{\alpha}_2, \cdots, \boldsymbol{\alpha}_n$ 到基 $\boldsymbol{\beta}_1, \boldsymbol{\beta}_2, \cdots, \boldsymbol{\beta}_n$ 的过渡矩阵为 $\boldsymbol{P}$，又线性变换 T 在这两组基下的矩阵分别为 $\boldsymbol{A}$ 和 $\boldsymbol{B}$，则 $\boldsymbol{B} = \boldsymbol{P}^{-1}\boldsymbol{AP}$.

三、重点难点

本章重点：线性空间、子空间、基、维数、坐标的概念；线性变换及其矩阵表示.

本章难点：基变换和坐标变换.

四、常见错误

错误 1　线性空间的元素就是 n 维向量，线性空间 V 中的加法和数乘运算就是 n 维向量的加法和数乘运算.

分析　这是概念错误，尽管线性空间也称为向量空间，线性空间的元素也称为向量，但线性空间的元素不一定是 R^n 中的 n 维向量，因而线性空间 V 中的加法和数乘运算的定义可能与 n 维向量完全不同.

例如　实数域 R 上的线性空间 $V=\mathrm{R}^+$ 为正实数集合，在其中定义加法和数乘运算为

$$a \oplus b = ab,\ \lambda \otimes a = a^\lambda,\ (\lambda \in \mathrm{R},\ a,\ b \in \mathrm{R}^+)$$

按照上述运算规则，$3 \oplus 5 = 15 \neq 8$，$(-2) \otimes 3 = 3^{-2} = \frac{1}{9} \neq -6$.

虽然线性空间不同于 R^n，但许多概念、性质、结论都和第三章中的相似，所以读者应该注意对照和类比，重视两者之间存在的差异.

错误 2　元素 $\boldsymbol{\alpha}$ 在基 $\boldsymbol{\alpha}_1,\ \boldsymbol{\alpha}_2,\ \cdots,\ \boldsymbol{\alpha}_n$ 下的坐标为 $\begin{bmatrix} x_1 \\ x_2 \\ \vdots \\ x_n \end{bmatrix}$，在基 $\boldsymbol{\beta}_1,\ \boldsymbol{\beta}_2,\ \cdots,\ \boldsymbol{\beta}_n$ 下的坐标为 $\begin{bmatrix} y_1 \\ y_2 \\ \vdots \\ y_n \end{bmatrix}$，$\boldsymbol{P}$ 为由基 $\boldsymbol{\alpha}_1,\ \boldsymbol{\alpha}_2,\ \cdots,\ \boldsymbol{\alpha}_n$ 到基 $\boldsymbol{\beta}_1,\ \boldsymbol{\beta}_2,\ \cdots,\ \boldsymbol{\beta}_n$ 的过渡矩阵，则

$$\begin{bmatrix} y_1 \\ y_2 \\ \vdots \\ y_n \end{bmatrix} = \boldsymbol{P} \begin{bmatrix} x_1 \\ x_2 \\ \vdots \\ x_n \end{bmatrix}.$$

分析　这种错误较为常见，正确的坐标变换公式应该是 $\begin{bmatrix} y_1 \\ y_2 \\ \vdots \\ y_n \end{bmatrix} = \boldsymbol{P}^{-1} \begin{bmatrix} x_1 \\ x_2 \\ \vdots \\ x_n \end{bmatrix}$. 类似的错误有：

(1) 由基 $\boldsymbol{\alpha}_1,\ \boldsymbol{\alpha}_2,\ \cdots,\ \boldsymbol{\alpha}_n$ 到基 $\boldsymbol{\beta}_1,\ \boldsymbol{\beta}_2,\ \cdots,\ \boldsymbol{\beta}_n$ 的过渡矩阵为 $\boldsymbol{P}$，则 $[\boldsymbol{\alpha}_1,\ \boldsymbol{\alpha}_2,\ \cdots,\ \boldsymbol{\alpha}_n] = [\boldsymbol{\beta}_1,\ \boldsymbol{\beta}_2,\ \cdots,\ \boldsymbol{\beta}_n]\boldsymbol{P}$，或 $[\boldsymbol{\beta}_1,\ \boldsymbol{\beta}_2,\ \cdots,\ \boldsymbol{\beta}_n] = [\boldsymbol{\alpha}_1,\ \boldsymbol{\alpha}_2,\ \cdots,\ \boldsymbol{\alpha}_n]\boldsymbol{P}^{-1}$.

(正确的是 $[\boldsymbol{\beta}_1,\ \boldsymbol{\beta}_2,\ \cdots,\ \boldsymbol{\beta}_n] = [\boldsymbol{\alpha}_1,\ \boldsymbol{\alpha}_2,\ \cdots,\ \boldsymbol{\alpha}_n]\boldsymbol{P}$)

(2) 矩阵 A 为线性变换 T 在基 $\boldsymbol{\alpha}_1,\ \boldsymbol{\alpha}_2,\ \cdots,\ \boldsymbol{\alpha}_n$ 下的矩阵，则

$$T([\boldsymbol{\alpha}_1,\ \boldsymbol{\alpha}_2,\ \cdots,\ \boldsymbol{\alpha}_n]) = \boldsymbol{A}[\boldsymbol{\alpha}_1,\ \boldsymbol{\alpha}_2,\ \cdots,\ \boldsymbol{\alpha}_n].$$

（正确的是 $T([\boldsymbol{\alpha}_1, \boldsymbol{\alpha}_2, \cdots, \boldsymbol{\alpha}_n]) = [\boldsymbol{\alpha}_1, \boldsymbol{\alpha}_2, \cdots, \boldsymbol{\alpha}_n]\boldsymbol{A}$）

(3) 由基 $\boldsymbol{\alpha}_1, \boldsymbol{\alpha}_2, \cdots, \boldsymbol{\alpha}_n$ 到基 $\boldsymbol{\beta}_1, \boldsymbol{\beta}_2, \cdots, \boldsymbol{\beta}_n$ 的过渡矩阵为 $\boldsymbol{P}$，线性变换 T 在这两组基下的矩阵分别为 $\boldsymbol{A}$ 和 $\boldsymbol{B}$，则 $\boldsymbol{B} = \boldsymbol{PAP}^{-1}$.

（正确的是 $\boldsymbol{B} = \boldsymbol{P}^{-1}\boldsymbol{AP}$）

错误 3　若 $\boldsymbol{\alpha}_1, \boldsymbol{\alpha}_2, \cdots, \boldsymbol{\alpha}_r$ 线性无关，则 $T(\boldsymbol{\alpha}_1), T(\boldsymbol{\alpha}_2), \cdots, T(\boldsymbol{\alpha}_r)$ 线性无关.

分析　$\boldsymbol{\alpha}_1, \boldsymbol{\alpha}_2, \cdots, \boldsymbol{\alpha}_r$ 线性相关 $\Rightarrow T(\boldsymbol{\alpha}_1), T(\boldsymbol{\alpha}_2), \cdots, T(\boldsymbol{\alpha}_r)$ 线性相关

$\boldsymbol{\alpha}_1, \boldsymbol{\alpha}_2, \cdots, \boldsymbol{\alpha}_r$ 线性无关 $\not\Rightarrow T(\boldsymbol{\alpha}_1), T(\boldsymbol{\alpha}_2), \cdots, T(\boldsymbol{\alpha}_r)$ 线性无关

例如，零变换 $T(\boldsymbol{\alpha}) = \boldsymbol{0}$，$\forall \boldsymbol{\alpha} \in V$，$\boldsymbol{\alpha}_1, \boldsymbol{\alpha}_2, \cdots, \boldsymbol{\alpha}_r$ 线性无关，而 $T(\boldsymbol{\alpha}_1), T(\boldsymbol{\alpha}_2), \cdots, T(\boldsymbol{\alpha}_r)$ 都是零向量，故线性相关.

五、典 型 例 题

【例 1】　验证所给矩阵集合对于矩阵的加法和数乘运算构成线性空间，并写出各个空间的一个基.

(1) 2 阶方阵的全体 S_1；

(2) 主对角线上的元素之和等于 0 的 2 阶矩阵的全体 S_2；

(3) 2 阶对称矩阵的全体 S_3.

解　(1) 设 $\boldsymbol{A}, \boldsymbol{B} \in S_1$，即 $\boldsymbol{A}, \boldsymbol{B}$ 分别为二阶方阵，显然

$$\boldsymbol{A} + \boldsymbol{B} \in S_1, \quad k\boldsymbol{A} \in S_1,$$

所以 S_1 对于矩阵的加法和数乘运算构成线性空间.

$$\boldsymbol{\varepsilon}_1 = \begin{pmatrix} 1 & 0 \\ 0 & 0 \end{pmatrix}, \quad \boldsymbol{\varepsilon}_2 = \begin{pmatrix} 0 & 1 \\ 0 & 0 \end{pmatrix}, \quad \boldsymbol{\varepsilon}_3 = \begin{pmatrix} 0 & 0 \\ 1 & 0 \end{pmatrix}, \quad \boldsymbol{\varepsilon}_4 = \begin{pmatrix} 0 & 0 \\ 0 & 1 \end{pmatrix},$$

是 S_1 的一个基.

(2) 设 $\boldsymbol{A}, \boldsymbol{B} \in S_2$，则 $\boldsymbol{A} = \begin{pmatrix} -a & b \\ c & a \end{pmatrix}$，$\boldsymbol{B} = \begin{pmatrix} -d & e \\ f & d \end{pmatrix}$，显然

$$\boldsymbol{A} + \boldsymbol{B} = \begin{pmatrix} -(a+d) & c+b \\ c+a & a+d \end{pmatrix} \in S_2, \quad k\boldsymbol{A} = \begin{pmatrix} -ka & kb \\ kc & ka \end{pmatrix} \in S_2,$$

所以 S_2 对于矩阵的加法和数乘运算构成线性空间.

$$\boldsymbol{\varepsilon}_1 = \begin{pmatrix} 1 & 0 \\ 0 & -1 \end{pmatrix}, \quad \boldsymbol{\varepsilon}_2 = \begin{pmatrix} 0 & 1 \\ 0 & 0 \end{pmatrix}, \quad \boldsymbol{\varepsilon}_3 = \begin{pmatrix} 0 & 0 \\ 1 & 0 \end{pmatrix}$$

是 S_2 的一个基.

(3) 设 $\boldsymbol{A}, \boldsymbol{B} \in S_3$，则 $\boldsymbol{A}^{\mathrm{T}} = \boldsymbol{A}$, $\boldsymbol{B}^{\mathrm{T}} = \boldsymbol{B}$, 因为

$$(\boldsymbol{A}+\boldsymbol{B})^{\mathrm{T}} = \boldsymbol{A}^{\mathrm{T}} + \boldsymbol{B}^{\mathrm{T}} = \boldsymbol{A}+\boldsymbol{B}, \text{即 } \boldsymbol{A}+\boldsymbol{B} \in S_3,$$
$$(k\boldsymbol{A})^{\mathrm{T}} = k\boldsymbol{A}^{\mathrm{T}} = k\boldsymbol{A}, \text{即 } k\boldsymbol{A} \in S_3,$$

所以 S_3 对于矩阵的加法和数乘运算构成线性空间.

$$\boldsymbol{\varepsilon}_1 = \begin{pmatrix} 1 & 0 \\ 0 & 0 \end{pmatrix}, \quad \boldsymbol{\varepsilon}_2 = \begin{pmatrix} 0 & 1 \\ 1 & 0 \end{pmatrix}, \quad \boldsymbol{\varepsilon}_3 = \begin{pmatrix} 0 & 0 \\ 0 & 1 \end{pmatrix}$$

是 S_3 的一个基.

【例 2】 在 R^4 中取两个基

(Ⅰ) $\boldsymbol{\varepsilon}_1 = (1, 0, 0, 0)^{\mathrm{T}}$, $\boldsymbol{\varepsilon}_2 = (0, 1, 0, 0)^{\mathrm{T}}$, $\boldsymbol{\varepsilon}_3 = (0, 0, 1, 0)^{\mathrm{T}}$, $\boldsymbol{\varepsilon}_4 = (0, 0, 0, 1)^{\mathrm{T}}$;

(Ⅱ) $\boldsymbol{\alpha}_1 = (2, 1, -1, 1)^{\mathrm{T}}$, $\boldsymbol{\alpha}_2 = (0, 3, 1, 0)^{\mathrm{T}}$, $\boldsymbol{\alpha}_3 = (5, 3, 2, 1)^{\mathrm{T}}$, $\boldsymbol{\alpha}_4 = (6, 6, 1, 3)^{\mathrm{T}}$.

(1) 求由基(Ⅰ)到基(Ⅱ)的过渡矩阵;

(2) 求向量 $\boldsymbol{\xi} = (x_1, x_2, x_3, x_4)^{\mathrm{T}}$ 在基(Ⅱ)下的坐标;

(3) 求在两个基下有相同坐标的向量 $\boldsymbol{\alpha}$.

解 (1) 由题意知

$$(\boldsymbol{\alpha}_1, \boldsymbol{\alpha}_2, \boldsymbol{\alpha}_3, \boldsymbol{\alpha}_4) = (\boldsymbol{\varepsilon}_1, \boldsymbol{\varepsilon}_2, \boldsymbol{\varepsilon}_3, \boldsymbol{\varepsilon}_4) \begin{pmatrix} 2 & 0 & 5 & 6 \\ 1 & 3 & 3 & 6 \\ -1 & 1 & 2 & 1 \\ 1 & 0 & 1 & 3 \end{pmatrix},$$

从而由基(Ⅰ)到基(Ⅱ)的过渡矩阵为

$$\boldsymbol{A} = \begin{pmatrix} 2 & 0 & 5 & 6 \\ 1 & 3 & 3 & 6 \\ -1 & 1 & 2 & 1 \\ 1 & 0 & 1 & 3 \end{pmatrix}.$$

(2) 因为

$$\boldsymbol{\xi} = \begin{pmatrix} x_1 \\ x_2 \\ x_3 \\ x_4 \end{pmatrix} = (\boldsymbol{\varepsilon}_1, \boldsymbol{\varepsilon}_2, \boldsymbol{\varepsilon}_3, \boldsymbol{\varepsilon}_4) \begin{pmatrix} x_1 \\ x_2 \\ x_3 \\ x_4 \end{pmatrix} = (\boldsymbol{\alpha}_1, \boldsymbol{\alpha}_2, \boldsymbol{\alpha}_3, \boldsymbol{\alpha}_4)\boldsymbol{A}^{-1} \begin{pmatrix} x_1 \\ x_2 \\ x_3 \\ x_4 \end{pmatrix},$$

向量 $\boldsymbol{\xi}$ 在基(Ⅱ)下的坐标为

$$\begin{pmatrix} y_1 \\ y_2 \\ y_3 \\ y_4 \end{pmatrix} = \boldsymbol{A}^{-1}\begin{pmatrix} x_1 \\ x_2 \\ x_3 \\ x_4 \end{pmatrix} = \begin{pmatrix} 2 & 0 & 5 & 6 \\ 1 & 3 & 3 & 6 \\ -1 & 1 & 2 & 1 \\ 1 & 0 & 1 & 3 \end{pmatrix}^{-1}\begin{pmatrix} x_1 \\ x_2 \\ x_3 \\ x_4 \end{pmatrix} = \frac{1}{27}\begin{pmatrix} 12 & 9 & -27 & -33 \\ 1 & 12 & -9 & -23 \\ 9 & 0 & 0 & -18 \\ -7 & -3 & 9 & 26 \end{pmatrix}\begin{pmatrix} x_1 \\ x_2 \\ x_3 \\ x_4 \end{pmatrix}.$$

(3) $\begin{pmatrix} y_1 \\ y_2 \\ y_3 \\ y_4 \end{pmatrix} = \begin{pmatrix} x_1 \\ x_2 \\ x_3 \\ x_4 \end{pmatrix} \Rightarrow \boldsymbol{A}^{-1}\begin{pmatrix} x_1 \\ x_2 \\ x_3 \\ x_4 \end{pmatrix} = \begin{pmatrix} x_1 \\ x_2 \\ x_3 \\ x_4 \end{pmatrix} \Rightarrow \boldsymbol{A}\begin{pmatrix} x_1 \\ x_2 \\ x_3 \\ x_4 \end{pmatrix} = \begin{pmatrix} x_1 \\ x_2 \\ x_3 \\ x_4 \end{pmatrix} \Rightarrow (\boldsymbol{A}-\boldsymbol{E})\begin{pmatrix} x_1 \\ x_2 \\ x_3 \\ x_4 \end{pmatrix} = \begin{pmatrix} 0 \\ 0 \\ 0 \\ 0 \end{pmatrix}$

即 $\begin{pmatrix} 1 & 0 & 5 & 6 \\ 1 & 2 & 3 & 6 \\ -1 & 1 & 1 & 1 \\ 1 & 0 & 1 & 2 \end{pmatrix}\begin{pmatrix} x_1 \\ x_2 \\ x_3 \\ x_4 \end{pmatrix} = \begin{pmatrix} 0 \\ 0 \\ 0 \\ 0 \end{pmatrix}$，解方程组得 $\boldsymbol{\alpha} = \begin{pmatrix} x_1 \\ x_2 \\ x_3 \\ x_4 \end{pmatrix} = k\begin{pmatrix} -1 \\ -1 \\ -1 \\ 1 \end{pmatrix}$ （k 为常数）.

【例 3】 说明 xoy 平面上变换 $T\begin{pmatrix} x \\ y \end{pmatrix} = \boldsymbol{A}\begin{pmatrix} x \\ y \end{pmatrix}$ 的几何意义，其中

(1) $\boldsymbol{A} = \begin{pmatrix} -1 & 0 \\ 0 & 1 \end{pmatrix}$； (2) $\boldsymbol{A} = \begin{pmatrix} 0 & 0 \\ 0 & 1 \end{pmatrix}$；

(3) $\boldsymbol{A} = \begin{pmatrix} 0 & 1 \\ 1 & 0 \end{pmatrix}$； (4) $\boldsymbol{A} = \begin{pmatrix} 0 & 1 \\ -1 & 0 \end{pmatrix}$.

解 (1) 因为 $T\begin{pmatrix} x \\ y \end{pmatrix} = \begin{pmatrix} -1 & 0 \\ 0 & 1 \end{pmatrix}\begin{pmatrix} x \\ y \end{pmatrix} = \begin{pmatrix} -x \\ y \end{pmatrix}$，所以在此变换下 $T(\boldsymbol{\alpha})$ 与 $\boldsymbol{\alpha}$ 关于 y 轴对称.

(2) 因为 $T\begin{pmatrix} x \\ y \end{pmatrix} = \begin{pmatrix} 0 & 0 \\ 0 & 1 \end{pmatrix}\begin{pmatrix} x \\ y \end{pmatrix} = \begin{pmatrix} 0 \\ y \end{pmatrix}$，所以在此变换下 $T(\boldsymbol{\alpha})$ 是 $\boldsymbol{\alpha}$ 在 y 轴上的投影.

(3) 因为 $T\begin{pmatrix} x \\ y \end{pmatrix} = \begin{pmatrix} 0 & 1 \\ 1 & 0 \end{pmatrix}\begin{pmatrix} x \\ y \end{pmatrix} = \begin{pmatrix} y \\ x \end{pmatrix}$，所以在此变换下 $T(\boldsymbol{\alpha})$ 与 $\boldsymbol{\alpha}$ 关于直线 $y = x$ 对称.

(4) 因为 $T\begin{pmatrix} x \\ y \end{pmatrix} = \begin{pmatrix} 0 & 1 \\ -1 & 0 \end{pmatrix}\begin{pmatrix} x \\ y \end{pmatrix} = \begin{pmatrix} y \\ -x \end{pmatrix}$，所以在此变换下 $T(\boldsymbol{\alpha})$ 是 $\boldsymbol{\alpha}$ 将顺时针旋转 $\frac{\pi}{2}$.

【例 4】 在向量空间 R^3 中,线性变换 σ, τ 如下:

$$\sigma\begin{pmatrix}x_1\\x_2\\x_3\end{pmatrix}=\begin{pmatrix}x_1\\x_2\\x_1+x_2\end{pmatrix},\quad \tau\begin{pmatrix}x_1\\x_2\\x_3\end{pmatrix}=\begin{pmatrix}x_1+x_2-x_3\\0\\x_3-x_1-x_2\end{pmatrix}$$

(1) 求 $\sigma+\tau$, 2σ;

(2) 求 $\sigma\tau$, $\tau\sigma$.

解 (1) $\sigma\begin{pmatrix}x_1\\x_2\\x_3\end{pmatrix}=\begin{pmatrix}x_1\\x_2\\x_1+x_2\end{pmatrix}=\begin{pmatrix}1&0&0\\0&1&0\\1&1&0\end{pmatrix}\begin{pmatrix}x_1\\x_2\\x_3\end{pmatrix}=\boldsymbol{A}\begin{pmatrix}x_1\\x_2\\x_3\end{pmatrix}$,

其中 $\boldsymbol{A}=\begin{pmatrix}1&0&0\\0&1&0\\1&1&0\end{pmatrix}$,

$$\tau\begin{pmatrix}x_1\\x_2\\x_3\end{pmatrix}=\begin{pmatrix}x_1+x_2-x_3\\0\\x_3-x_1-x_2\end{pmatrix}=\begin{pmatrix}1&1&-1\\0&0&0\\-1&-1&1\end{pmatrix}\begin{pmatrix}x_1\\x_2\\x_3\end{pmatrix}=\boldsymbol{B}\begin{pmatrix}x_1\\x_2\\x_3\end{pmatrix},$$

其中 $\boldsymbol{B}=\begin{pmatrix}1&1&-1\\0&0&0\\-1&-1&1\end{pmatrix}$,

$$(\sigma+\tau)\begin{pmatrix}x_1\\x_2\\x_3\end{pmatrix}=(\boldsymbol{A}+\boldsymbol{B})\begin{pmatrix}x_1\\x_2\\x_3\end{pmatrix}=\begin{pmatrix}2&1&-1\\0&1&0\\0&0&1\end{pmatrix}\begin{pmatrix}x_1\\x_2\\x_3\end{pmatrix}=\begin{pmatrix}2x_1+x_2-x_3\\x_2\\x_3\end{pmatrix},$$

$$2\sigma\begin{pmatrix}x_1\\x_2\\x_3\end{pmatrix}=2\boldsymbol{A}\begin{pmatrix}x_1\\x_2\\x_3\end{pmatrix}=\begin{pmatrix}2&0&0\\0&2&0\\2&2&0\end{pmatrix}\begin{pmatrix}x_1\\x_2\\x_3\end{pmatrix}=\begin{pmatrix}2x_1\\2x_2\\2x_1+2x_2\end{pmatrix}.$$

(2) $\sigma\tau\begin{pmatrix}x_1\\x_2\\x_3\end{pmatrix}=\boldsymbol{AB}\begin{pmatrix}x_1\\x_2\\x_3\end{pmatrix}=\begin{pmatrix}1&1&-1\\0&0&0\\1&1&-1\end{pmatrix}\begin{pmatrix}x_1\\x_2\\x_3\end{pmatrix}=\begin{pmatrix}x_1+x_2-x_3\\0\\x_1+x_2-x_3\end{pmatrix}$,

$\tau\sigma\begin{pmatrix}x_1\\x_2\\x_3\end{pmatrix}=\boldsymbol{BA}\begin{pmatrix}x_1\\x_2\\x_3\end{pmatrix}=\begin{pmatrix}0&0&0\\0&0&0\\0&0&0\end{pmatrix}\begin{pmatrix}x_1\\x_2\\x_3\end{pmatrix}=\begin{pmatrix}0\\0\\0\end{pmatrix}$,即 $\tau\sigma$ 为零变换.

【例 5】 在 R^3 中定义线性变换 σ 如下

$$\sigma(\boldsymbol{\alpha}) = (2x_2 + x_3, x_1 - 4x_2, 3x_1)^{\mathrm{T}}, \forall \boldsymbol{\alpha} = (x_1, x_2, x_3)^{\mathrm{T}} \in R^3.$$

(1) 求 σ 在基 $\boldsymbol{\varepsilon}_1 = (1, 0, 0)^{\mathrm{T}}$, $\boldsymbol{\varepsilon}_2 = (0, 1, 0)^{\mathrm{T}}$, $\boldsymbol{\varepsilon}_3 = (0, 0, 1)^{\mathrm{T}}$ 下的矩阵;

(2) 利用(1)中结论，求 σ 在基 $\boldsymbol{\alpha}_1 = (1, 1, 1)^{\mathrm{T}}$, $\boldsymbol{\alpha}_2 = (1, 1, 0)^{\mathrm{T}}$, $\boldsymbol{\alpha}_3 = (1, 0, 0)^{\mathrm{T}}$ 下的矩阵.

解　(1) $\sigma(\boldsymbol{\varepsilon}_1, \boldsymbol{\varepsilon}_2, \boldsymbol{\varepsilon}_3) = (\boldsymbol{\varepsilon}_1, \boldsymbol{\varepsilon}_2, \boldsymbol{\varepsilon}_3)\begin{pmatrix} 0 & 2 & 1 \\ 1 & -4 & 0 \\ 3 & 0 & 0 \end{pmatrix}$;

所以 σ 在基 $\boldsymbol{\varepsilon}_1, \boldsymbol{\varepsilon}_2, \boldsymbol{\varepsilon}_3$ 下的矩阵为 $\boldsymbol{A} = \begin{pmatrix} 0 & 2 & 1 \\ 1 & -4 & 0 \\ 3 & 0 & 0 \end{pmatrix}$.

(2) 从基 $\boldsymbol{\varepsilon}_1, \boldsymbol{\varepsilon}_2, \boldsymbol{\varepsilon}_3$ 到基 $\boldsymbol{\alpha}_1, \boldsymbol{\alpha}_2, \boldsymbol{\alpha}_3$ 的过渡矩阵为 $\boldsymbol{P} = \begin{pmatrix} 1 & 1 & 1 \\ 1 & 1 & 0 \\ 1 & 0 & 0 \end{pmatrix}$,

所以 σ 在 $\boldsymbol{\alpha}_1, \boldsymbol{\alpha}_2, \boldsymbol{\alpha}_3$ 下的矩阵为

$$\boldsymbol{B} = \boldsymbol{P}^{-1}\begin{pmatrix} 0 & 2 & 1 \\ 1 & -4 & 0 \\ 3 & 0 & 0 \end{pmatrix}\boldsymbol{P} = \begin{pmatrix} 0 & 0 & 1 \\ 0 & 1 & -1 \\ 1 & -1 & 0 \end{pmatrix}\begin{pmatrix} 0 & 2 & 1 \\ 1 & -4 & 0 \\ 3 & 0 & 0 \end{pmatrix}\begin{pmatrix} 1 & 1 & 1 \\ 1 & 1 & 0 \\ 1 & 0 & 0 \end{pmatrix}$$

$$= \begin{pmatrix} 3 & 3 & 3 \\ -6 & -6 & -2 \\ 6 & 5 & -1 \end{pmatrix}.$$

【例 6】　设 $\boldsymbol{\alpha}_1 = (-1, 0, -2)^{\mathrm{T}}$, $\boldsymbol{\alpha}_2 = (0, 1, 2)^{\mathrm{T}}$, $\boldsymbol{\alpha}_3 = (1, 2, 5)^{\mathrm{T}}$, $\boldsymbol{\beta}_1 = (-1, 1, 0)^{\mathrm{T}}$, $\boldsymbol{\beta}_2 = (1, 0, 1)^{\mathrm{T}}$, $\boldsymbol{\beta}_3 = (0, 1, 2)^{\mathrm{T}}$, $\boldsymbol{\xi} = (0, 3, 5)^{\mathrm{T}}$ 是 R^3 中的向量，σ 是 R^3 中的线性变换，并且 $\sigma(\boldsymbol{\alpha}_1) = (2, 0, -1)^{\mathrm{T}}$, $\sigma(\boldsymbol{\alpha}_2) = (0, 0, 1)^{\mathrm{T}}$, $\sigma(\boldsymbol{\alpha}_3) = (0, 1, 2)^{\mathrm{T}}$.

(1) 求 σ 在基 $\boldsymbol{\beta}_1, \boldsymbol{\beta}_2, \boldsymbol{\beta}_3$ 下的矩阵;

(2) 求 $\sigma(\boldsymbol{\xi})$ 在基 $\boldsymbol{\alpha}_1, \boldsymbol{\alpha}_2, \boldsymbol{\alpha}_3$ 下的坐标;

(3) 求 $\sigma(\boldsymbol{\xi})$ 在基 $\boldsymbol{\beta}_1, \boldsymbol{\beta}_2, \boldsymbol{\beta}_3$ 下的坐标.

解　(1) 令 $T_1 = \begin{pmatrix} -1 & 0 & 1 \\ 0 & 1 & 2 \\ -2 & 2 & 5 \end{pmatrix}$, $T_2 = \begin{pmatrix} -1 & 1 & 0 \\ 1 & 0 & 1 \\ 0 & 1 & 2 \end{pmatrix}$.

则从基 $\boldsymbol{\alpha}_1, \boldsymbol{\alpha}_2, \boldsymbol{\alpha}_3$ 到基 $\boldsymbol{\beta}_1, \boldsymbol{\beta}_2, \boldsymbol{\beta}_3$ 的过渡矩阵为

$$T = T_1^{-1}T_2 = \begin{pmatrix} 1 & 2 & -1 \\ -4 & -3 & 2 \\ 2 & 2 & -1 \end{pmatrix}T_2 = \begin{pmatrix} 1 & 0 & 0 \\ 1 & -2 & 1 \\ 0 & 1 & 0 \end{pmatrix}.$$

又

$$\sigma(\boldsymbol{\alpha}_1)=(2,\ 0,\ -1)^{\mathrm{T}}=3\boldsymbol{\alpha}_1-10\boldsymbol{\alpha}_2+5\boldsymbol{\alpha}_3,$$
$$\sigma(\boldsymbol{\alpha}_2)=(0,\ 0,\ 1)^{\mathrm{T}}=-\boldsymbol{\alpha}_1+2\boldsymbol{\alpha}_2-\boldsymbol{\alpha}_3,$$
$$\sigma(\boldsymbol{\alpha}_3)=(0,\ 1,\ 2)^{\mathrm{T}}=0\boldsymbol{\alpha}_1+\boldsymbol{\alpha}_2+0\boldsymbol{\alpha}_3,$$

所以 σ 在基 $\boldsymbol{\alpha}_1,\boldsymbol{\alpha}_2,\boldsymbol{\alpha}_3$ 下的矩阵为 $\boldsymbol{A}=\begin{pmatrix}3&-1&0\\-10&2&1\\5&-1&0\end{pmatrix}$,

从而 σ 在基 $\boldsymbol{\beta}_1,\boldsymbol{\beta}_2,\boldsymbol{\beta}_3$ 下的矩阵为

$$\boldsymbol{B}=T^{-1}\boldsymbol{A}T=\begin{pmatrix}1&0&0\\0&0&1\\-1&1&2\end{pmatrix}\begin{pmatrix}3&-1&0\\-10&2&1\\5&-1&0\end{pmatrix}\begin{pmatrix}1&0&0\\1&-2&1\\0&1&0\end{pmatrix}$$
$$=\begin{pmatrix}2&2&-1\\4&2&-1\\-2&-1&1\end{pmatrix};$$

(2) $\boldsymbol{\xi}=(0,\ 3,\ 5)^{\mathrm{T}}=\alpha_1+\alpha_2+\alpha_3$. 所以 $\sigma(\boldsymbol{\xi})$ 在基 $\boldsymbol{\alpha}_1,\boldsymbol{\alpha}_2,\boldsymbol{\alpha}_3$ 下的坐标为

$$\boldsymbol{A}\begin{pmatrix}1\\1\\1\end{pmatrix}=\begin{pmatrix}2\\-7\\4\end{pmatrix}.$$

(3) 由(2) 可知 $\sigma(\boldsymbol{\xi})=(\boldsymbol{\alpha}_1,\boldsymbol{\alpha}_2,\boldsymbol{\alpha}_3)\begin{pmatrix}2\\-7\\4\end{pmatrix}=(\boldsymbol{\beta}_1,\boldsymbol{\beta}_2,\boldsymbol{\beta}_3)T^{-1}\begin{pmatrix}2\\-7\\4\end{pmatrix}$,

所以 $\sigma(\boldsymbol{\xi})$ 在基 $\boldsymbol{\beta}_1,\boldsymbol{\beta}_2,\boldsymbol{\beta}_3$ 下的坐标为:

$$T^{-1}\begin{pmatrix}2\\-7\\4\end{pmatrix}=\begin{pmatrix}1&0&0\\0&0&1\\-1&1&2\end{pmatrix}\begin{pmatrix}2\\-7\\4\end{pmatrix}=\begin{pmatrix}2\\4\\-1\end{pmatrix}.$$

【例 7】 设 W_1,W_2 为向量空间 $V(F)$ 的两个子空间.

(1) 证明:$W_1\cap W_2$ 是 V 的子空间.

(2) $W_1\cup W_2$ 是否构成 V 的子空间,说明理由.

证明 (1) 显然 $\mathbf{0}\in W_1\cap W_2$,即 $W_1\cap W_2\neq\Phi$,任取 $\boldsymbol{\alpha}_1,\boldsymbol{\alpha}_2\in W_1\cap W_2$,$k\in F$,易知 $\boldsymbol{\alpha}_1+\boldsymbol{\alpha}_2\in W_1\cap W_2$,$k\boldsymbol{\alpha}_1\in W_1\cap W_2$,故 $W_1\cap W_2$ 是 V 的子空间.

(2) 不一定. 当 $W_1\subseteq W_2$ 或 $W_2\subseteq W_1$ 时,$W_1\cup W_2$ 是 V 的子空间. 但当 W_1 与 W_2 互不包含时,$W_1\cup W_2$ 不是 V 的子空间. 因为总存在 $\boldsymbol{\alpha}_1\in W_1$,$\boldsymbol{\alpha}_1\notin W_2$ 及 $\boldsymbol{\alpha}_2\notin W_1$,$\boldsymbol{\alpha}_2\in W_2$,则 $\boldsymbol{\alpha}_1,\boldsymbol{\alpha}_2\in W_1\cup W_2$,$\boldsymbol{\alpha}_1+\boldsymbol{\alpha}_2\notin W_1$,$\boldsymbol{\alpha}_1+\boldsymbol{\alpha}_2\notin W_2$,因而 $\boldsymbol{\alpha}_1$

$+\boldsymbol{\alpha}_2 \notin W_1 \cup W_2$.

六、习 题 详 解

习题 7-1

1. 判别下列集合对所指的运算是否构成线性空间：

(1) $V_1 = \{[0, x_2, \cdots, x_n]^T \mid x_2, \cdots, x_n \in R\}$；

(2) $V_2 = \{[x_1, x_2, \cdots, x_n]^T \mid x_1, x_2, \cdots, x_n \in R, x_1 + x_2 + \cdots + x_n = 1\}$；

(3) 设 $\boldsymbol{\alpha}, \boldsymbol{\beta}$ 为已知 n 维向量，向量集合 $V_3 = \{l\boldsymbol{\alpha} + \mu\boldsymbol{\beta} \mid l, \mu \in R\}$.

解：(1) 令 $\boldsymbol{\alpha} = [0, x_2, x_3, \cdots, x_n]^T \in V_1$, $\boldsymbol{\beta} = [0, y_2, y_3, \cdots, y_n]^T \in V_1$, $k \in R$,

则 $\boldsymbol{\alpha} + \boldsymbol{\beta} = [0, x_2 + y_2, x_3 + y_3, \cdots, x_n + y_n]^T \in V_1$,

$k\boldsymbol{\alpha} = [0, kx_2, kx_3, \cdots, kx_n]^T \in V_1$, V_1 所以构成线性空间.

(2) 令 $\boldsymbol{\alpha} = [x_1, x_2, x_3, \cdots, x_n]^T \in V_2$, $x_1 + x_2 + \cdots + x_n = 1$, $k = 2$

则 $k\boldsymbol{\alpha} = [2x_1, 2x_2, 2x_3, \cdots, 2x_n]^T$, $\because 2x_1 + 2x_2 + \cdots + 2x_n = 2$, $\therefore k\boldsymbol{\alpha} \notin V_2$,

关于数乘不封闭，所以 V_2 不构成线性空间.

(3) 令 $V_1 \boldsymbol{\gamma}_1 = l_1\boldsymbol{\alpha} + \mu_1\boldsymbol{\beta} \in V_3$, $\boldsymbol{\gamma}_2 = l_2\boldsymbol{\alpha} + \mu_2\boldsymbol{\beta} \in V_3$, $k \in R$,

则 $\boldsymbol{\gamma}_1 + \boldsymbol{\gamma}_2 = (l_1 + l_2)\boldsymbol{\alpha} + (\mu_1 + \mu_2)\boldsymbol{\beta} \in V_3$,

$k\boldsymbol{\gamma}_1 = kl_1\boldsymbol{\alpha} + k\mu_1\boldsymbol{\beta} \in V_3$，所以 V_3 构成线性空间.

2. 求下列线性空间的维数和一个基：

(1) $P[x]_n$：次数不超过 n 的多项式的全体，对通常多项式加法及数乘多项式运算构成的线性空间；

(2) 数域 P 上全体三阶对称矩阵对矩阵的加法与数乘矩阵的运算构成的线性空间.

解：(1) $\forall \boldsymbol{\alpha} = k_0 + k_1x + k_2x^2 + \cdots + k_nx^n$,

令 $\boldsymbol{e}_1 = 1, \boldsymbol{e}_2 = x, \cdots, \boldsymbol{e}_{n+1} = x^n$,

则 $\boldsymbol{e}_1, \boldsymbol{e}_2, \cdots, \boldsymbol{e}_{n+1}$ 线性无关，且 $\boldsymbol{\alpha} = k_1\boldsymbol{e}_1 + k_2\boldsymbol{e}_2 + k_3\boldsymbol{e}_3 + \cdots + k_{n+1}\boldsymbol{e}_{n+1}$,

所以维数是 $n+1$ 维，基 $1, x, x^2, \cdots, x^n$.

(2) 设三阶对称矩阵全体为 $\boldsymbol{S}$,

任取 $\boldsymbol{A} = \begin{bmatrix} a & d & e \\ d & b & f \\ e & f & c \end{bmatrix} \in \boldsymbol{S}$，则

$$\boldsymbol{A} = \begin{bmatrix} a & & \\ & 0 & \\ & & 0 \end{bmatrix} + \begin{bmatrix} 0 & & \\ & b & \\ & & 0 \end{bmatrix} + \begin{bmatrix} 0 & & \\ & 0 & \\ & & c \end{bmatrix} + \begin{bmatrix} 0 & d & 0 \\ d & 0 & 0 \\ 0 & 0 & 0 \end{bmatrix} + \begin{bmatrix} 0 & 0 & e \\ 0 & 0 & 0 \\ e & 0 & 0 \end{bmatrix} + \begin{bmatrix} 0 & 0 & 0 \\ 0 & 0 & f \\ 0 & f & 0 \end{bmatrix}$$

$$= a\begin{bmatrix} 1 & & \\ & 0 & \\ & & 0 \end{bmatrix} + b\begin{bmatrix} 0 & & \\ & 1 & \\ & & 0 \end{bmatrix} + c\begin{bmatrix} 0 & & \\ & 0 & \\ & & 1 \end{bmatrix} + d\begin{bmatrix} 0 & 1 & 0 \\ 1 & 0 & 0 \\ 0 & 0 & 0 \end{bmatrix} + e\begin{bmatrix} 0 & 0 & 1 \\ 0 & 0 & 0 \\ 1 & 0 & 0 \end{bmatrix} + f\begin{bmatrix} 0 & 0 & 0 \\ 0 & 0 & 1 \\ 0 & 1 & 0 \end{bmatrix}$$

令 $\boldsymbol{E}_1 = \begin{bmatrix} 1 & & \\ & 0 & \\ & & 0 \end{bmatrix}$，$\boldsymbol{E}_2 = \begin{bmatrix} 0 & & \\ & 1 & \\ & & 0 \end{bmatrix}$，$\boldsymbol{E}_3 = \begin{bmatrix} 0 & & \\ & 0 & \\ & & 1 \end{bmatrix}$，

$$\boldsymbol{E}_4 = \begin{bmatrix} 0 & 1 & 0 \\ 1 & 0 & 0 \\ 0 & 0 & 0 \end{bmatrix}, \boldsymbol{E}_5 = \begin{bmatrix} 0 & 0 & 1 \\ 0 & 0 & 0 \\ 1 & 0 & 0 \end{bmatrix}, \boldsymbol{E}_6 = \begin{bmatrix} 0 & 0 & 0 \\ 0 & 0 & 1 \\ 0 & 1 & 0 \end{bmatrix},$$

则 $\boldsymbol{E}_1, \boldsymbol{E}_2, \cdots, \boldsymbol{E}_6$ 线性无关，且任意的三阶对称矩阵都可以用它们线性表示，故维数是 6 维，基 $\begin{bmatrix} 1 & & \\ & 0 & \\ & & 0 \end{bmatrix}$，$\begin{bmatrix} 0 & & \\ & 1 & \\ & & 0 \end{bmatrix}$，$\begin{bmatrix} 0 & & \\ & 0 & \\ & & 1 \end{bmatrix}$，$\begin{bmatrix} 0 & 1 & 0 \\ 1 & 0 & 0 \\ 0 & 0 & 0 \end{bmatrix}$，$\begin{bmatrix} 0 & 0 & 1 \\ 0 & 0 & 0 \\ 1 & 0 & 0 \end{bmatrix}$，$\begin{bmatrix} 0 & 0 & 0 \\ 0 & 0 & 1 \\ 0 & 1 & 0 \end{bmatrix}$.

3. 在 R^3 中求向量 $\boldsymbol{\alpha} = (2, 6, 1)^{\mathrm{T}}$ 在基 $\boldsymbol{\alpha}_1 = (1, 3, 5)^{\mathrm{T}}$，$\boldsymbol{\alpha}_2 = (6, 3, 2)^{\mathrm{T}}$，$\boldsymbol{\alpha}_3 = (3, 1, 0)^{\mathrm{T}}$ 下的坐标.

解：设 $\boldsymbol{\varepsilon}_1, \boldsymbol{\varepsilon}_2, \boldsymbol{\varepsilon}_3$ 是 R^3 的自然基，则

$$(\boldsymbol{\alpha}_1, \boldsymbol{\alpha}_2, \boldsymbol{\alpha}_3) = (\boldsymbol{\varepsilon}_1, \boldsymbol{\varepsilon}_2, \boldsymbol{\varepsilon}_3)\boldsymbol{A},$$
$$(\boldsymbol{\varepsilon}_1, \boldsymbol{\varepsilon}_2, \boldsymbol{\varepsilon}_3) = (\boldsymbol{\alpha}_1, \boldsymbol{\alpha}_2, \boldsymbol{\alpha}_3)\boldsymbol{A}^{-1},$$

其中 $\boldsymbol{A} = \begin{pmatrix} 1 & 6 & 3 \\ 3 & 3 & 1 \\ 5 & 2 & 0 \end{pmatrix}$，$\quad \boldsymbol{A}^{-1} = \begin{pmatrix} -2 & 6 & -3 \\ 5 & -15 & 8 \\ -9 & 28 & -15 \end{pmatrix}$.

$$因为\ \boldsymbol{\alpha} = (\boldsymbol{\varepsilon}_1, \boldsymbol{\varepsilon}_2, \boldsymbol{\varepsilon}_3)\begin{pmatrix} 2 \\ 6 \\ 1 \end{pmatrix} = (\boldsymbol{\alpha}_1, \boldsymbol{\alpha}_2, \boldsymbol{\alpha}_3)\boldsymbol{A}^{-1}\begin{pmatrix} 2 \\ 6 \\ 1 \end{pmatrix}$$
$$= (\boldsymbol{\alpha}_1, \boldsymbol{\alpha}_2, \boldsymbol{\alpha}_3)\begin{pmatrix} -2 & 6 & -3 \\ 5 & -15 & 8 \\ -9 & 28 & -15 \end{pmatrix}\begin{pmatrix} 2 \\ 6 \\ 1 \end{pmatrix}$$
$$= (\boldsymbol{\alpha}_1, \boldsymbol{\alpha}_2, \boldsymbol{\alpha}_3)\begin{pmatrix} 28 \\ -72 \\ 135 \end{pmatrix},$$

所以向量 $\boldsymbol{\alpha}$ 在基 $\boldsymbol{\alpha}_1, \boldsymbol{\alpha}_2, \boldsymbol{\alpha}_3$ 下的坐标为 $(28, -72, 135)^{\mathrm{T}}$.

4. 设 U 是线性空间 V 的一个子空间，试证：若 U 与 V 的维数相等，则 $U = V$

证明：设 $\boldsymbol{\varepsilon}_1, \boldsymbol{\varepsilon}_2, \cdots, \boldsymbol{\varepsilon}_r$ 为 U 的一组基，它可扩充为整个空间 V 的一个基，由于 $\dim(U) = \dim(V)$，从而 $\boldsymbol{\varepsilon}_1, \boldsymbol{\varepsilon}_2, \cdots, \boldsymbol{\varepsilon}_r$ 也是 V 的一个基，则 $\forall \boldsymbol{x} \in V$，有 $\boldsymbol{x} = k_1\boldsymbol{\varepsilon}_1 + k_2\boldsymbol{\varepsilon}_2 + \cdots + k_r\boldsymbol{\varepsilon}_r$，因而 $x \in U$，故 $V \subseteq U$，又由题意知 $U \subseteq V$，于是有 $V = U$.

5. 在 R^3 取两个基

$$\boldsymbol{\alpha}_1 = [1, 2, 1]^{\mathrm{T}}, \boldsymbol{\alpha}_2 = [2, 3, 3]^{\mathrm{T}}, \boldsymbol{\alpha}_3 = [3, 7, 1]^{\mathrm{T}},$$
$$\boldsymbol{\beta}_1 = [3, 1, 4]^{\mathrm{T}}, \boldsymbol{\beta}_2 = [5, 2, 1]^{\mathrm{T}}, \boldsymbol{\beta}_3 = [1, 1, -6]^{\mathrm{T}}$$

试求坐标变换公式.

解：设 $\boldsymbol{\varepsilon}_1, \boldsymbol{\varepsilon}_2, \boldsymbol{\varepsilon}_3$ 是 R^3 的自然基，则

$$(\boldsymbol{\beta}_1, \boldsymbol{\beta}_2, \boldsymbol{\beta}_3) = (\boldsymbol{\varepsilon}_1, \boldsymbol{\varepsilon}_2, \boldsymbol{\varepsilon}_3)\boldsymbol{B},$$
$$(\boldsymbol{\varepsilon}_1, \boldsymbol{\varepsilon}_2, \boldsymbol{\varepsilon}_3) = (\boldsymbol{\beta}_1, \boldsymbol{\beta}_2, \boldsymbol{\beta}_3)\boldsymbol{B}^{-1}$$
$$(\boldsymbol{\alpha}_1, \boldsymbol{\alpha}_2, \boldsymbol{\alpha}_3) = (\boldsymbol{\varepsilon}_1, \boldsymbol{\varepsilon}_2, \boldsymbol{\varepsilon}_3)\boldsymbol{A} = (\boldsymbol{\beta}_1, \boldsymbol{\beta}_2, \boldsymbol{\beta}_3)\boldsymbol{B}^{-1}\boldsymbol{A},$$

其中
$$\boldsymbol{A} = \begin{pmatrix} 1 & 2 & 1 \\ 2 & 3 & 7 \\ 1 & 3 & 1 \end{pmatrix}, \quad \boldsymbol{B} = \begin{pmatrix} 3 & 5 & 1 \\ 1 & 2 & 1 \\ 4 & 1 & -6 \end{pmatrix}.$$

设任意向量 $\boldsymbol{\alpha}$ 在基 $\boldsymbol{\alpha}_1, \boldsymbol{\alpha}_2, \boldsymbol{\alpha}_3$ 下的坐标为 $(x_1, x_2, x_3)^{\mathrm{T}}$，则

$$\boldsymbol{\alpha} = (\boldsymbol{\alpha}_1, \boldsymbol{\alpha}_2, \boldsymbol{\alpha}_3)\begin{pmatrix} x_1 \\ x_2 \\ x_3 \end{pmatrix} = (\boldsymbol{\beta}_1, \boldsymbol{\beta}_2, \boldsymbol{\beta}_3)\boldsymbol{B}^{-1}\boldsymbol{A}\begin{pmatrix} x_1 \\ x_2 \\ x_3 \end{pmatrix},$$

故 $\boldsymbol{\alpha}$ 在基 $\boldsymbol{\beta}_1, \boldsymbol{\beta}_2, \boldsymbol{\beta}_3$ 下的坐标为

$$\begin{pmatrix} x_1' \\ x_2' \\ x_3' \end{pmatrix} = \boldsymbol{B}^{-1}\boldsymbol{A}\begin{pmatrix} x_1 \\ x_2 \\ x_3 \end{pmatrix} = \begin{pmatrix} 13 & 19 & \frac{181}{4} \\ -9 & -13 & -\frac{63}{2} \\ 7 & 10 & \frac{99}{4} \end{pmatrix}\begin{pmatrix} x_1 \\ x_2 \\ x_3 \end{pmatrix}.$$

6. 在二阶实矩阵所组成的线性空间中，已知两组基

$$\boldsymbol{E}_1 = \begin{bmatrix} 1 & 0 \\ 0 & 0 \end{bmatrix}, \boldsymbol{E}_2 = \begin{bmatrix} 0 & 1 \\ 0 & 0 \end{bmatrix}, \boldsymbol{E}_3 = \begin{bmatrix} 0 & 0 \\ 1 & 0 \end{bmatrix}, \boldsymbol{E}_4 = \begin{bmatrix} 0 & 0 \\ 0 & 1 \end{bmatrix};$$
$$\boldsymbol{G}_1 = \begin{bmatrix} 0 & 1 \\ 1 & 1 \end{bmatrix}, \boldsymbol{G}_2 = \begin{bmatrix} 1 & 0 \\ 1 & 1 \end{bmatrix}, \boldsymbol{G}_3 = \begin{bmatrix} 1 & 1 \\ 0 & 1 \end{bmatrix}, \boldsymbol{G}_4 = \begin{bmatrix} 1 & 1 \\ 1 & 0 \end{bmatrix},$$

求从基 $\boldsymbol{E}_1, \boldsymbol{E}_2, \boldsymbol{E}_3, \boldsymbol{E}_4$ 到 $\boldsymbol{G}_1, \boldsymbol{G}_2, \boldsymbol{G}_3, \boldsymbol{G}_4$ 的过渡矩阵，并求 $\begin{bmatrix} 0 & 1 \\ 2 & -3 \end{bmatrix}$ 在基 $\boldsymbol{G}_1, \boldsymbol{G}_2, \boldsymbol{G}_3, \boldsymbol{G}_4$ 下的坐标.

解：$\boldsymbol{G}_1 = \begin{bmatrix} 0 & 1 \\ 1 & 1 \end{bmatrix} = 0\cdot\boldsymbol{E}_1 + 1\cdot\boldsymbol{E}_2 + 1\cdot\boldsymbol{E}_3 + 1\cdot\boldsymbol{E}_4$，$\boldsymbol{G}_2 = \begin{bmatrix} 1 & 0 \\ 1 & 1 \end{bmatrix} = 1\cdot\boldsymbol{E}_1 + 0\cdot\boldsymbol{E}_2 + 1\cdot\boldsymbol{E}_3 + 1\cdot\boldsymbol{E}_4$，$\boldsymbol{G}_3 = \begin{bmatrix} 1 & 1 \\ 0 & 1 \end{bmatrix} = 1\cdot\boldsymbol{E}_1 + 1\cdot\boldsymbol{E}_2 + 0\cdot\boldsymbol{E}_3 + 1\cdot\boldsymbol{E}_4$，$\boldsymbol{G}_4 = \begin{bmatrix} 1 & 1 \\ 1 & 0 \end{bmatrix} = 1\cdot\boldsymbol{E}_1 + 1\cdot\boldsymbol{E}_2 + 1\cdot\boldsymbol{E}_3 + 0\cdot\boldsymbol{E}_4$，

所以 $[\boldsymbol{G}_1, \boldsymbol{G}_2, \boldsymbol{G}_3, \boldsymbol{G}_4] = [\boldsymbol{E}_1, \boldsymbol{E}_2, \boldsymbol{E}_3, \boldsymbol{E}_4]\boldsymbol{P}$，其中 $\boldsymbol{P} = \begin{bmatrix} 0 & 1 & 1 & 1 \\ 1 & 0 & 1 & 1 \\ 1 & 1 & 0 & 1 \\ 1 & 1 & 1 & 0 \end{bmatrix}$ 即为过渡矩阵.

$\begin{bmatrix} 0 & 1 \\ 2 & -3 \end{bmatrix}$ 在基 $\boldsymbol{E}_1, \boldsymbol{E}_2, \boldsymbol{E}_3, \boldsymbol{E}_4$ 下的坐标为 $[0, 1, 2, -3]^{\mathrm{T}}$，在基 $\boldsymbol{G}_1, \boldsymbol{G}_2, \boldsymbol{G}_3, \boldsymbol{G}_4$ 下的坐标

为

$$P^{-1}\begin{bmatrix}0\\1\\2\\-3\end{bmatrix}=\frac{1}{3}\begin{bmatrix}-2&1&1&1\\1&-2&1&1\\1&1&-2&1\\1&1&1&-2\end{bmatrix}\begin{bmatrix}0\\1\\2\\-3\end{bmatrix}=\begin{bmatrix}0\\-1\\-2\\3\end{bmatrix}.$$

7. 给了 R^3 中基 $\boldsymbol{\alpha}_1=[3,0,1]^{\mathrm{T}}$，$\boldsymbol{\alpha}_2=[-1,2,1]^{\mathrm{T}}$，$\boldsymbol{\alpha}_3=[0,-2,-1]^{\mathrm{T}}$，从基 $\boldsymbol{\alpha}_1$，$\boldsymbol{\alpha}_2$，$\boldsymbol{\alpha}_3$ 到基 $\boldsymbol{\beta}_1$，$\boldsymbol{\beta}_2$，$\boldsymbol{\beta}_3$ 的过渡矩阵为 $\boldsymbol{P}=\begin{bmatrix}1&0&1\\0&1&2\\0&1&3\end{bmatrix}$，求

(1) 向量 $\boldsymbol{\beta}=2\boldsymbol{\beta}_1+\boldsymbol{\beta}_3$ 在基 $\boldsymbol{e}_1=[1,0,0]^{\mathrm{T}}$，$\boldsymbol{e}_2=[0,1,0]^{\mathrm{T}}$，$\boldsymbol{e}_3=[0,0,1]^{\mathrm{T}}$ 下的坐标；

(2) 向量 $\boldsymbol{\alpha}=2\boldsymbol{\alpha}_1+\boldsymbol{\alpha}_3$ 在基 $\boldsymbol{\beta}_1$，$\boldsymbol{\beta}_2$，$\boldsymbol{\beta}_3$ 下的坐标.

解：令 $\boldsymbol{A}=\begin{bmatrix}3&-1&0\\0&2&-2\\1&1&-1\end{bmatrix}$，则 $\boldsymbol{B}=\boldsymbol{AP}=\begin{bmatrix}3&-1&0\\0&2&-2\\1&1&-1\end{bmatrix}\begin{bmatrix}1&0&1\\0&1&2\\0&1&3\end{bmatrix}=\begin{bmatrix}3&-1&1\\0&0&-2\\1&0&0\end{bmatrix}$，

所以 $\boldsymbol{\beta}_1=[3,0,1]^{\mathrm{T}}$，$\boldsymbol{\beta}_2=[-1,0,0]^{\mathrm{T}}$，$\boldsymbol{\beta}_3=[1,-2,0]^{\mathrm{T}}$ 故

(1) $\boldsymbol{\beta}=2\boldsymbol{\beta}_1+\boldsymbol{\beta}_3=[7,-2,2]^{\mathrm{T}}$；

(2) $\boldsymbol{\alpha}=2\boldsymbol{\alpha}_1+\boldsymbol{\alpha}_3=[\boldsymbol{\alpha}_1,\boldsymbol{\alpha}_2,\boldsymbol{\alpha}_3]\begin{bmatrix}2\\0\\1\end{bmatrix}$，所以 $\boldsymbol{\alpha}$ 在基 $\boldsymbol{\beta}_1$，$\boldsymbol{\beta}_2$，$\boldsymbol{\beta}_3$ 下的坐标为

$$\boldsymbol{P}^{-1}\begin{bmatrix}2\\0\\1\end{bmatrix}=\begin{bmatrix}1&1&-1\\0&3&-2\\0&-1&1\end{bmatrix}\begin{bmatrix}2\\0\\1\end{bmatrix}=\begin{bmatrix}1\\-2\\1\end{bmatrix}.$$

习题 7-2

1. 判断下面所定义的变换，哪些是线性的，哪些不是：

(1) 在向量空间 V 中，$\sigma(\boldsymbol{\xi})=\boldsymbol{\xi}+\boldsymbol{\alpha}$，$\boldsymbol{\alpha}$ 是 V 中一固定的向量；

(2) 在向量空间 R^3 中，$\sigma((x_1,x_2,x_3)^{\mathrm{T}})=(x_1^2,x_2+x_3,x_3^2)^{\mathrm{T}}$；

(3) 在向量空间 R^3 中，$\sigma((x_1,x_2,x_3)^{\mathrm{T}})=(2x_1-x_2,x_2+x_3,x_1)^{\mathrm{T}}$；

(4) 把复数域看作复数域上的向量空间，$\sigma(\boldsymbol{\xi})=\overline{\boldsymbol{\xi}}$.

解：(1) 当 $\boldsymbol{\alpha}=\boldsymbol{0}$ 时 $\because\ \sigma(\boldsymbol{\xi}+\boldsymbol{\eta})=\boldsymbol{\xi}+\boldsymbol{\eta}=\sigma(\boldsymbol{\xi})+\sigma(\boldsymbol{\eta})$，$\sigma(k\boldsymbol{\xi})=k\boldsymbol{\xi}=k\sigma(\boldsymbol{\xi})$，
所以 σ 是线性变换；

当 $\boldsymbol{\alpha}\neq\boldsymbol{0}$ 时 $\because\ \sigma(\boldsymbol{\xi}+\boldsymbol{\eta})=\boldsymbol{\xi}+\boldsymbol{\eta}+\boldsymbol{\alpha}\neq\sigma(\boldsymbol{\xi})+\sigma(\boldsymbol{\eta})=\boldsymbol{\xi}+\boldsymbol{\eta}+2\boldsymbol{\alpha}$，
所以 σ 不是线性变换.

(2) $k\sigma((x_1,x_2,x_3)^{\mathrm{T}})=(kx_1^2,kx_2+kx_3,kx_3^2)^{\mathrm{T}}$

$\sigma((kx_1,kx_2,kx_3)^{\mathrm{T}})=(k^2x_1^2,kx_2+kx_3,k^2x_3^2)^{\mathrm{T}}\neq k\sigma((x_1,x_2,x_3)^{\mathrm{T}})$，

所以 σ 不是线性变换.

(3) $\sigma((x_1+y_1, x_2+y_2, x_3+y_3)^{\mathrm{T}}) = (2(x_1+y_1)-(x_2+y_2),$

$$x_2+y_2+x_3+y_3, x_1+y_1)^{\mathrm{T}} = (2x_1-x_2, x_2+x_3, x_1)^{\mathrm{T}} + (2y_1-y_2, y_2+y_3, y_1)^{\mathrm{T}}$$
$$= \sigma((x_1, x_2, x_3)^{\mathrm{T}}) + \sigma((y_1, y_2, y_3)^{\mathrm{T}}),$$

$$k\sigma((x_1, x_2, x_3)^{\mathrm{T}}) = k(2x_1-x_2, x_2+x_3, x_1)^{\mathrm{T}},$$

而 $\sigma((kx_1, kx_2, kx_3)^{\mathrm{T}}) = (2kx_1-kx_2, kx_2+kx_3, kx_1)^{\mathrm{T}} = k(2x_1-x_2, x_2+x_3, x_1)^{\mathrm{T}}$

$$= k\sigma((x_1, x_2, x_3)^{\mathrm{T}}),$$

所以 σ 是线性变换.

(4) $\because \sigma(\boldsymbol{\xi}) = \overline{\boldsymbol{\xi}}$, k 是复数,$k\sigma(\boldsymbol{\xi}) = k\overline{\boldsymbol{\xi}}$,而 $\sigma(k\boldsymbol{\xi}) = \overline{k\boldsymbol{\xi}} = \overline{k}\,\overline{\boldsymbol{\xi}} \neq k\sigma(\boldsymbol{\xi})$,

所以 σ 不是线性变换.

2. 说明 xOy 平面上的变换 $T\left(\begin{bmatrix}x\\y\end{bmatrix}\right)=\boldsymbol{A}\begin{bmatrix}x\\y\end{bmatrix}$ 的几何意义,其中 $\boldsymbol{A}$ 为

(1) $\begin{bmatrix}1 & 0\\0 & 1\end{bmatrix}$;　(2) $\begin{bmatrix}0 & 1\\1 & 0\end{bmatrix}$;　(3) $\begin{bmatrix}0 & -1\\1 & 0\end{bmatrix}$;

(4) $\begin{bmatrix}0 & 0\\0 & 1\end{bmatrix}$;　(5) $\begin{bmatrix}0 & 0\\0 & 0\end{bmatrix}$;　(6) $\begin{bmatrix}-1 & 0\\0 & 1\end{bmatrix}$.

解:(1) $T\left(\begin{bmatrix}x\\y\end{bmatrix}\right)=\boldsymbol{A}\begin{bmatrix}x\\y\end{bmatrix}=\begin{bmatrix}x\\y\end{bmatrix}$ 恒等变换;

(2) $T\left(\begin{bmatrix}x\\y\end{bmatrix}\right)=\boldsymbol{A}\begin{bmatrix}x\\y\end{bmatrix}=\begin{bmatrix}y\\x\end{bmatrix}$ 关于直线 $y=x$ 的对称变换;

(3) $T\left(\begin{bmatrix}x\\y\end{bmatrix}\right)=\boldsymbol{A}\begin{bmatrix}x\\y\end{bmatrix}=\begin{bmatrix}-y\\x\end{bmatrix}$ 将向量逆时针旋转 90° 的变换;

(4) $T\left(\begin{bmatrix}x\\y\end{bmatrix}\right)=\boldsymbol{A}\begin{bmatrix}x\\y\end{bmatrix}=\begin{bmatrix}0\\y\end{bmatrix}$ 向 y 轴投影的变换;

(5) $T\left(\begin{bmatrix}x\\y\end{bmatrix}\right)=\boldsymbol{A}\begin{bmatrix}x\\y\end{bmatrix}=\begin{bmatrix}0\\0\end{bmatrix}$ 零变换;

(6) $T\left(\begin{bmatrix}x\\y\end{bmatrix}\right)=\boldsymbol{A}\begin{bmatrix}x\\y\end{bmatrix}=\begin{bmatrix}-x\\y\end{bmatrix}$ 关于 y 轴对称的变换.

3. 设 $\boldsymbol{\varepsilon}_1, \boldsymbol{\varepsilon}_2, \boldsymbol{\varepsilon}_3$ 是 F 上向量空间 V 的一个基. 已知 V 的线性变换 σ 在 $\boldsymbol{\varepsilon}_1, \boldsymbol{\varepsilon}_2, \boldsymbol{\varepsilon}_3$ 下的矩阵为

$$\boldsymbol{A} = \begin{pmatrix} a_{11} & a_{12} & a_{13}\\ a_{21} & a_{22} & a_{23}\\ a_{31} & a_{32} & a_{33}\end{pmatrix},$$

(1) 求 σ 在 $\boldsymbol{\varepsilon}_1, \boldsymbol{\varepsilon}_3, \boldsymbol{\varepsilon}_2$ 下的矩阵;

(2) 求 σ 在 $\boldsymbol{\varepsilon}_1, k\boldsymbol{\varepsilon}_2, \boldsymbol{\varepsilon}_3$ 下的矩阵($k\neq 0, k\in F$);

(3) 求 σ 在 $\boldsymbol{\varepsilon}_1, \boldsymbol{\varepsilon}_1+\boldsymbol{\varepsilon}_2, \boldsymbol{\varepsilon}_3$ 下的矩阵.

解:(1) $(\boldsymbol{\varepsilon}_1, \boldsymbol{\varepsilon}_3, \boldsymbol{\varepsilon}_2) = (\boldsymbol{\varepsilon}_1, \boldsymbol{\varepsilon}_2, \boldsymbol{\varepsilon}_3)\begin{pmatrix}1&0&0\\0&0&1\\0&1&0\end{pmatrix}$, $\boldsymbol{P} = \begin{pmatrix}1&0&0\\0&0&1\\0&1&0\end{pmatrix}$, $\boldsymbol{P}^{-1} = \begin{pmatrix}1&0&0\\0&0&1\\0&1&0\end{pmatrix}$, σ在 $\boldsymbol{\varepsilon}_1, \boldsymbol{\varepsilon}_3, \boldsymbol{\varepsilon}_2$ 下的矩阵为

$$\boldsymbol{P}^{-1}\boldsymbol{AP} = \begin{pmatrix}a_{11}&a_{13}&a_{12}\\a_{31}&a_{33}&a_{32}\\a_{21}&a_{23}&a_{22}\end{pmatrix}.$$

(2) $(\boldsymbol{\varepsilon}_1, k\boldsymbol{\varepsilon}_2, \boldsymbol{\varepsilon}_3) = (\boldsymbol{\varepsilon}_1, \boldsymbol{\varepsilon}_2, \boldsymbol{\varepsilon}_3)\begin{pmatrix}1&0&0\\0&k&0\\0&0&1\end{pmatrix}$, $\boldsymbol{P} = \begin{pmatrix}1&0&0\\0&k&0\\0&0&1\end{pmatrix}$, $\boldsymbol{P}^{-1} = \begin{pmatrix}1&0&0\\0&k^{-1}&0\\0&0&1\end{pmatrix}$, σ在 $\boldsymbol{\varepsilon}_1, k\boldsymbol{\varepsilon}_2, \boldsymbol{\varepsilon}_3$ 下的矩阵为

$$\boldsymbol{P}^{-1}\boldsymbol{AP} = \begin{pmatrix}a_{11}&ka_{12}&a_{13}\\\frac{1}{k}a_{21}&a_{22}&\frac{1}{k}a_{23}\\a_{31}&ka_{32}&a_{33}\end{pmatrix}.$$

(3) $(\boldsymbol{\varepsilon}_1, \boldsymbol{\varepsilon}_1+\boldsymbol{\varepsilon}_2, \boldsymbol{\varepsilon}_3) = (\boldsymbol{\varepsilon}_1, \boldsymbol{\varepsilon}_2, \boldsymbol{\varepsilon}_3)\begin{pmatrix}1&1&0\\0&1&0\\0&0&1\end{pmatrix}$, $\boldsymbol{P} = \begin{pmatrix}1&1&0\\0&1&0\\0&0&1\end{pmatrix}$, $\boldsymbol{P}^{-1} = \begin{pmatrix}1&-1&0\\0&1&0\\0&0&1\end{pmatrix}$, σ 在 $\boldsymbol{\varepsilon}_1, \boldsymbol{\varepsilon}_1+\boldsymbol{\varepsilon}_2, \boldsymbol{\varepsilon}_3$ 下的矩阵为

$$\boldsymbol{P}^{-1}\boldsymbol{AP} = \begin{pmatrix}a_{11}-a_{21}&a_{11}+a_{12}-a_{21}-a_{22}&a_{13}-a_{23}\\a_{21}&a_{21}+a_{22}&a_{23}\\a_{31}&a_{31}+a_{32}&a_{33}\end{pmatrix}.$$

4. 给定 R^3 的两个基

$$\boldsymbol{\alpha}_1 = (1, 0, 1)^{\mathrm{T}}, \boldsymbol{\alpha}_2 = (2, 1, 0)^{\mathrm{T}}, \boldsymbol{\alpha}_3 = (1, 1, 1)^{\mathrm{T}}$$

和
$$\boldsymbol{\beta}_1 = (1, 2, -1)^{\mathrm{T}}, \boldsymbol{\beta}_2 = (2, 2, -1)^{\mathrm{T}}, \boldsymbol{\beta}_3 = (2, -1, -1)^{\mathrm{T}}.$$

σ是R^3 的线性变换,且 $\sigma(\boldsymbol{\alpha}_i) = \boldsymbol{\beta}_i$, $i = 1, 2, 3$ 求

(1) 由基 $\boldsymbol{\alpha}_1, \boldsymbol{\alpha}_2, \boldsymbol{\alpha}_3$ 到基 $\boldsymbol{\beta}_1, \boldsymbol{\beta}_2, \boldsymbol{\beta}_3$ 的过渡矩阵;

(2) σ 关于基 $\boldsymbol{\alpha}_1, \boldsymbol{\alpha}_2, \boldsymbol{\alpha}_3$ 的矩阵;

(3) σ 关于基 $\boldsymbol{\beta}_1, \boldsymbol{\beta}_2, \boldsymbol{\beta}_3$ 的矩阵.

解:(1) 令 $\boldsymbol{\varepsilon}_1 = [1, 0, 0]^{\mathrm{T}}, \boldsymbol{\varepsilon}_2 = [0, 1, 0]^{\mathrm{T}}, \boldsymbol{\varepsilon}_3 = [0, 0, 1]^{\mathrm{T}}$,

则由 $\boldsymbol{\alpha}_1, \boldsymbol{\alpha}_2, \boldsymbol{\alpha}_3$ 到 $\boldsymbol{\varepsilon}_1, \boldsymbol{\varepsilon}_2, \boldsymbol{\varepsilon}_3$ 的过渡矩阵为 $\begin{pmatrix}1&2&1\\0&1&1\\1&0&1\end{pmatrix}^{-1}$,

由基 $\boldsymbol{\varepsilon}_1, \boldsymbol{\varepsilon}_2, \boldsymbol{\varepsilon}_3$ 到基 $\boldsymbol{\beta}_1, \boldsymbol{\beta}_2, \boldsymbol{\beta}_3$ 的过渡矩阵为 $\begin{pmatrix}1&2&2\\2&2&-1\\-1&-1&-1\end{pmatrix}$,

所以由基 $\boldsymbol{\alpha}_1, \boldsymbol{\alpha}_2, \boldsymbol{\alpha}_3$ 到基 $\boldsymbol{\beta}_1, \boldsymbol{\beta}_2, \boldsymbol{\beta}_3$ 的过渡矩阵为

$$\boldsymbol{P}=\begin{pmatrix}1&2&1\\0&1&1\\1&0&1\end{pmatrix}^{-1}\begin{pmatrix}1&2&2\\2&2&-1\\-1&-1&-1\end{pmatrix}=\begin{pmatrix}-2&-\frac{3}{2}&\frac{3}{2}\\1&\frac{3}{2}&\frac{3}{2}\\1&\frac{1}{2}&-\frac{5}{2}\end{pmatrix}.$$

(2) $\sigma(\boldsymbol{\alpha}_1, \boldsymbol{\alpha}_2, \boldsymbol{\alpha}_3)=(\boldsymbol{\beta}_1, \boldsymbol{\beta}_2, \boldsymbol{\beta}_3)=(\boldsymbol{\alpha}_1, \boldsymbol{\alpha}_2, \boldsymbol{\alpha}_3)\boldsymbol{P}$,

所以 σ 在基 $\boldsymbol{\alpha}_1, \boldsymbol{\alpha}_2, \boldsymbol{\alpha}_3$ 下的矩阵为 $\begin{pmatrix}-2&-\frac{3}{2}&\frac{3}{2}\\1&\frac{3}{2}&\frac{3}{2}\\1&\frac{1}{2}&-\frac{5}{2}\end{pmatrix}$.

(3) 同理 σ 关于基 $\boldsymbol{\beta}_1, \boldsymbol{\beta}_2, \boldsymbol{\beta}_3$ 的矩阵为 $\begin{pmatrix}-2&-\frac{3}{2}&\frac{3}{2}\\1&\frac{3}{2}&\frac{3}{2}\\1&\frac{1}{2}&-\frac{5}{2}\end{pmatrix}$.

5. 函数集合 $V_4=\{\boldsymbol{\alpha}=(a_3x^3+a_2x^2+a_1x+a_0)e^x \mid a_3, a_2, a_1, a_0\in R\}$ 对于函数的线性运算构成四维线性空间,在 V_4 中,取一个基 $\boldsymbol{\alpha}_1=x^3e^x$, $\boldsymbol{\alpha}_2=x^2e^x$, $\boldsymbol{\alpha}_3=xe^x$, $\boldsymbol{\alpha}_4=e^x$,求

(1) 微分运算 D 在基 $\boldsymbol{\alpha}_1, \boldsymbol{\alpha}_2, \boldsymbol{\alpha}_3, \boldsymbol{\alpha}_4$ 下的矩阵;

(2) $D(\boldsymbol{\alpha})$ 在基 $\boldsymbol{\alpha}_1, \boldsymbol{\alpha}_2, \boldsymbol{\alpha}_3, \boldsymbol{\alpha}_4$ 下的坐标.

解:(1) $D(\boldsymbol{\alpha}_1)=3x^2e^x+x^3e^x=3\boldsymbol{\alpha}_2+\boldsymbol{\alpha}_1$, $D(\boldsymbol{\alpha}_2)=2xe^x+x^2e^x=2\boldsymbol{\alpha}_3+\boldsymbol{\alpha}_2$,

$D(\boldsymbol{\alpha}_3)=e^x+xe^x=\boldsymbol{\alpha}_4+\boldsymbol{\alpha}_3$, $D(\boldsymbol{\alpha}_4)=e^x=\boldsymbol{\alpha}_4$,

$\boldsymbol{\alpha}_1, \boldsymbol{\alpha}_2, \boldsymbol{\alpha}_3, \boldsymbol{\alpha}_4$ 线性无关,为 V_4 的一个基.

$$(\boldsymbol{\beta}_1, \boldsymbol{\beta}_2, \boldsymbol{\beta}_3, \boldsymbol{\beta}_4)=(\boldsymbol{\alpha}_1, \boldsymbol{\alpha}_2, \boldsymbol{\alpha}_3, \boldsymbol{\alpha}_4)\begin{bmatrix}1&0&0&0\\3&1&0&0\\0&2&1&0\\0&0&1&1\end{bmatrix},$$

所以微分运算 D 在基 $\boldsymbol{\alpha}_1, \boldsymbol{\alpha}_2, \boldsymbol{\alpha}_3, \boldsymbol{\alpha}_4$ 下的矩阵为 $\boldsymbol{P}=\begin{bmatrix}1&0&0&0\\3&1&0&0\\0&2&1&0\\0&0&1&1\end{bmatrix}$.

(2) $$\begin{aligned}D(\boldsymbol{\alpha})&=a_3x^3e^x+(3a_3+a_2)x^2e^x+(2a_2+a_1)xe^x+(a_1+a_0)e^x\\&=a_3\boldsymbol{\alpha}_1+(3a_3+a_2)\boldsymbol{\alpha}_2+(2a_2+a_1)\boldsymbol{\alpha}_3+(a_1+a_0)\boldsymbol{\alpha}_4,\end{aligned}$$

$D(\boldsymbol{\alpha})$ 在基 $\boldsymbol{\alpha}_1, \boldsymbol{\alpha}_2, \boldsymbol{\alpha}_3, \boldsymbol{\alpha}_4$ 下的坐标为 $\begin{bmatrix}a_3\\3a_3+a_2\\2a_2+a_1\\a_1+a_0\end{bmatrix}$.

七、补 充 习 题

1. 填空题

(1) 定义了线性运算的集合称为________.

(2) 复数域 C 作为实数域 R 上的向量空间，维数等于________，它的一个基为________.

(3) 已知 a 是数域 P 中的一个固定的数，而 $W=\{(a, x_1, \cdots, x_n) \mid x_i \in P, i=1, 2, \cdots, n\}$ 是 P^n 的一个子空间，则 $a=$ ________，而 $\dim(W)=$ ________.

(4) 向量 $\boldsymbol{\xi}=(0, 0, 0, 1)^{\mathrm{T}}$ 关于基 $\boldsymbol{\alpha}_1=(1, 1, 0, 1)^{\mathrm{T}}$，$\boldsymbol{\alpha}_2=(2, 1, 3, 1)^{\mathrm{T}}$，$\boldsymbol{\alpha}_3=(1, 1, 0, 0)^{\mathrm{T}}$，$\boldsymbol{\alpha}_4=(0, 1, -1, -1)^{\mathrm{T}}$ 的坐标为________.

(5) 设 $\boldsymbol{\varepsilon}_1, \boldsymbol{\varepsilon}_2, \boldsymbol{\varepsilon}_3$ 是线性空间 V 的一组基，$\boldsymbol{\alpha}=x_1\boldsymbol{\varepsilon}_1+x_2\boldsymbol{\varepsilon}_2+x_3\boldsymbol{\varepsilon}_3$，则由基 $\boldsymbol{\varepsilon}_1, \boldsymbol{\varepsilon}_2, \boldsymbol{\varepsilon}_3$ 到基 $\boldsymbol{\varepsilon}_1, \boldsymbol{\varepsilon}_2, \boldsymbol{\varepsilon}_3$ 的过渡矩阵 $T=$ ________，而 $\boldsymbol{\alpha}$ 在基 $\boldsymbol{\varepsilon}_1, \boldsymbol{\varepsilon}_2, \boldsymbol{\varepsilon}_3$ 下的坐标是________.

(6) 已知 $V=\left\{\begin{pmatrix} 0 & 0 & a \\ a+b & c & 0 \\ 0 & c+b & 0 \end{pmatrix} \middle| a, b, c \in \mathrm{R}\right\}$ 是 $R^{3\times 3}$ 的一个子空间，则 $\dim(V)=$ ________，V 的一组基是________.

2. 判断题

(1) 已知 $V=\{(a+b\mathrm{i}, c+d\mathrm{i}) \mid a, b, c, d \in \mathrm{R}\}$ 为 R 上的线性空间，则 $\dim(V)=2$. (　　)

(2) 设 $\boldsymbol{A}, \boldsymbol{B} \in \mathrm{R}^{n\times n}$，$V$ 是 $\begin{pmatrix} \boldsymbol{A} \\ \boldsymbol{B} \end{pmatrix}\boldsymbol{x}=\boldsymbol{0}$ 的解空间，V_1 是 $\boldsymbol{A}\boldsymbol{x}=\boldsymbol{0}$ 的解空间，V_2 是 $(\boldsymbol{A}+\boldsymbol{B})\boldsymbol{x}=\boldsymbol{0}$ 的解空间，则 $V=V_1 \cap V_2$. (　　)

(3) 设线性空间 V 的子空间 W 中每个向量可由 W 中的线性无关的向量组 $\boldsymbol{\alpha}_1, \boldsymbol{\alpha}_2, \cdots, \boldsymbol{\alpha}_s$ 线性表出，则 $\dim(W)=s$. (　　)

(4) 若 $\boldsymbol{\alpha}_1, \boldsymbol{\alpha}_2, \boldsymbol{\alpha}_3, \boldsymbol{\alpha}_4$ 是数域 F 上的 4 维向量空间 V 的一组基，那么 $\boldsymbol{\alpha}_1, \boldsymbol{\alpha}_2, \boldsymbol{\alpha}_2+\boldsymbol{\alpha}_3, \boldsymbol{\alpha}_3+\boldsymbol{\alpha}_4$ 是 V 的一组基. (　　)

(5) n 维向量空间 V 的任意 n 个线性无关的向量都可构成 V 的一个基. (　　)

(6) 设 $\boldsymbol{\alpha}_1, \boldsymbol{\alpha}_2, \cdots, \boldsymbol{\alpha}_n$ 是向量空间 V 中 n 个向量，且 V 中每一个向量都可由 $\boldsymbol{\alpha}_1, \boldsymbol{\alpha}_2, \cdots, \boldsymbol{\alpha}_n$ 线性表示，则 $\boldsymbol{\alpha}_1, \boldsymbol{\alpha}_2, \cdots, \boldsymbol{\alpha}_n$ 是 V 的一组基. (　　)

(7) 设 $\boldsymbol{\alpha}_1, \boldsymbol{\alpha}_2, \cdots, \boldsymbol{\alpha}_n$ 是向量空间 V 的一个基，如果 $\boldsymbol{\beta}_1, \boldsymbol{\beta}_2, \cdots, \boldsymbol{\beta}_n$ 与 $\boldsymbol{\alpha}_1, \boldsymbol{\alpha}_2, \cdots, \boldsymbol{\alpha}_n$ 等价，则 $\boldsymbol{\beta}_1, \boldsymbol{\beta}_2, \cdots, \boldsymbol{\beta}_n$ 也是 V 的一个基. (　　)

(8) x^3 关于基 $x^3, x^3+x, x^2+1, x+1$ 的坐标为 $(1, 1, 0, 0)^{\mathrm{T}}$. (　　)

3. 已知 R^3 的一个基为 $\boldsymbol{\alpha}_1=(1, 1, 0)^{\mathrm{T}}$，$\boldsymbol{\alpha}_2=(0, 0, 2)^{\mathrm{T}}$，$\boldsymbol{\alpha}_3=(0, 3, 2)^{\mathrm{T}}$. 求向量 $\boldsymbol{\xi}=(5, 8, -2)^{\mathrm{T}}$ 关于这个基的坐标.

4. 已知 $\boldsymbol{\alpha}_1=(2, 1, -1, 1)^{\mathrm{T}}$，$\boldsymbol{\alpha}_2=(0, 3, 1, 0)^{\mathrm{T}}$，$\boldsymbol{\alpha}_3=(5, 3, 2, 1)^{\mathrm{T}}$，$\boldsymbol{\alpha}_4=(6, 6, 1, 3)^{\mathrm{T}}$ 是 R^4 的一个基. 求 R^4 的一个非零向量 $\boldsymbol{\xi}$，使它关于这个基的坐标与关于标准基的坐标相同.

5. 在线性空间 $\mathrm{R}^{2\times 2}$ 中，

$$A_1=\begin{pmatrix}1&2\\1&0\end{pmatrix},\ A_2=\begin{pmatrix}-1&1\\1&1\end{pmatrix},\ B_1=\begin{pmatrix}2&-1\\0&1\end{pmatrix},\ B_2=\begin{pmatrix}1&-1\\3&7\end{pmatrix}$$

(1) 求 $L(\boldsymbol{A}_1, \boldsymbol{A}_2)\cap L(\boldsymbol{B}_1, \boldsymbol{B}_2)$的维数与一组基.

(2) 求 $L(\boldsymbol{A}_1, \boldsymbol{A}_2)+L(\boldsymbol{B}_1, \boldsymbol{B}_2)$的维数与一组基.

6. 在线性空间 R^4 中,求由基 $\boldsymbol{\alpha}_1, \boldsymbol{\alpha}_2, \boldsymbol{\alpha}_3, \boldsymbol{\alpha}_4$ 到基 $\boldsymbol{\beta}_1, \boldsymbol{\beta}_2, \boldsymbol{\beta}_3, \boldsymbol{\beta}_4$ 的过渡矩阵,并求 $\boldsymbol{\alpha}=(1, 4, 2, 3)^{\mathrm{T}}$ 在基 $\boldsymbol{\alpha}_1, \boldsymbol{\alpha}_2, \boldsymbol{\alpha}_3, \boldsymbol{\alpha}_4$ 下的坐标,其中

$$\boldsymbol{\alpha}_1=(1, 0, 0, 0)^{\mathrm{T}},\ \boldsymbol{\alpha}_2=(4, 1, 0, 0)^{\mathrm{T}},\ \boldsymbol{\alpha}_3=(-3, 2, 1, 0)^{\mathrm{T}},\ \boldsymbol{\alpha}_4=(2, -3, 2, 1)^{\mathrm{T}},$$
$$\boldsymbol{\beta}_1=(1, 1, 8, 3)^{\mathrm{T}},\ \boldsymbol{\beta}_2=(0, 3, 7, 2)^{\mathrm{T}},\ \boldsymbol{\beta}_3=(1, 1, 6, 2)^{\mathrm{T}},\ \boldsymbol{\beta}_4=(-1, 4, -1, -1)^{\mathrm{T}}.$$

7. 函数集合 $V_3=\{\boldsymbol{\alpha}=(a_2x^2+a_1x+a_0)e^x \mid a_2, a_1, a_0\in\mathrm{R}\}$ 对于函数的线性运算构成 3 维线性空间,在 V_3 中取一个基 $\boldsymbol{\alpha}_1=x^2e^x$, $\boldsymbol{\alpha}_2=xe^x$, $\boldsymbol{\alpha}_3=e^x$, 求微分运算 D 在这个基下的矩阵.

8. V 为定义在实数域 R 上的函数构成的线性空间,令

$$W_1=\{f(x)\mid f(x)\in V,\ f(x)=f(-x)\},$$
$$W_2=\{f(x)\mid f(x)\in V,\ f(x)=-f(-x)\}$$

证明:(1) W_1, W_2皆为 V 的子空间;(2) 对于任意 $f(x)\in V$, 有唯一的 $f_1(x)\in W_1$ 和 $f_2(x)\in W_2$,使得 $f(x)=f_1(x)+f_2(x)$.

9. 已知向量空间 R^3 的线性变换 σ 为

$$\sigma(\boldsymbol{\alpha})=(x_1+x_2+x_3,\ x_2+x_3,\ -x_3)^{\mathrm{T}},\ \forall\boldsymbol{\alpha}=(x_1, x_2, x_3)^{\mathrm{T}}\in R^3,$$

证明 σ 是可逆变换,并求 σ^{-1}.

解答和提示

1. (1) 线性空间; (2) 2; 1, i; (3) 0, n; (4) $(1, 0, -1, 0)^{\mathrm{T}}$; (5) $\begin{pmatrix}0&0&1\\1&0&0\\0&1&0\end{pmatrix}$, $(x_3, x_2, x_1)^{\mathrm{T}}$; (6) $\begin{pmatrix}0&0&1\\1&0&0\\0&0&0\end{pmatrix}$, $\begin{pmatrix}0&0&0\\1&0&0\\0&1&0\end{pmatrix}$, $\begin{pmatrix}0&0&a\\0&1&0\\0&1&0\end{pmatrix}$.

2. (1) ×; (2) √; (3) √; (4) √; (5) √; (6) ×; (7) √; (8) ×.

3. $(5, -2, 1)^{\mathrm{T}}$.

4. $\boldsymbol{\xi}=(-k, -k, -k, k)^{\mathrm{T}}$.

5. $L(\boldsymbol{A}_1, \boldsymbol{A}_2)\cap L(\boldsymbol{B}_1, \boldsymbol{B}_2)=L\left(\begin{pmatrix}-5&2\\3&4\end{pmatrix}\right)$, 1;

$L(\boldsymbol{A}_1, \boldsymbol{A}_2)+L(\boldsymbol{B}_1, \boldsymbol{B}_2)=L(\boldsymbol{A}_1, \boldsymbol{A}_2, \boldsymbol{B}_1)$, 3.

6. $\boldsymbol{X}=\begin{pmatrix}-23 & -7 & -9 & 8\\ 6 & 3 & 3 & -1\\ 2 & 3 & 2 & 1\\ 3 & 2 & 2 & -1\end{pmatrix}$；$\boldsymbol{\alpha}=(\boldsymbol{\alpha}_1,\boldsymbol{\alpha}_2,\boldsymbol{\alpha}_3,\boldsymbol{\alpha}_4)\begin{pmatrix}-101\\ 21\\ -4\\ 3\end{pmatrix}$.

7. $\begin{pmatrix}1 & 0 & 0\\ 2 & 1 & 0\\ 0 & 1 & 1\end{pmatrix}$.

8. 证明：(1) W_1、W_2 分别是定义在实数域 R 上的偶函数和奇函数的集合，显然 W_1、W_2 关于函数的加法和数乘运算封闭，所以 W_1、W_2 皆为 V 的子空间.

(2) 设
$$f(x)=f_1(x)+f_2(x),\tag{Ⅰ}$$
其中 $f_1(x)\in W_1$，$f_2(x)\in W_2$，即 $f_1(-x)=f_1(x)$，$f_2(-x)=-f_2(x)$，

于是
$$f(-x)=f_1(-x)+f_2(-x)=f_1(x)-f_2(x),\tag{Ⅱ}$$
由(Ⅰ)、(Ⅱ)两式解得 $f_1(x)=\frac{1}{2}[f(x)+f(-x)]$，$f_2(x)=\frac{1}{2}[f(x)-f(-x)]$.

9. 解：$\forall\boldsymbol{\alpha}=(x_1,x_2,x_3)^{\mathrm{T}}\in R^3$，

$$\sigma\begin{pmatrix}x_1\\ x_2\\ x_3\end{pmatrix}=\begin{pmatrix}x_1+x_2+x_3\\ x_2+x_3\\ -x_3\end{pmatrix}=\begin{pmatrix}1 & 1 & 1\\ 0 & 1 & 1\\ 0 & 0 & -1\end{pmatrix}\begin{pmatrix}x_1\\ x_2\\ x_3\end{pmatrix}=\mathbf{A}\begin{pmatrix}x_1\\ x_2\\ x_3\end{pmatrix}\text{，其中 }\mathbf{A}=\begin{pmatrix}1 & 1 & 1\\ 0 & 1 & 1\\ 0 & 0 & -1\end{pmatrix},$$

由于 $|\mathbf{A}|\neq 0$，所以矩阵 $\mathbf{A}$ 可逆，且 $\mathbf{A}^{-1}=\begin{pmatrix}1 & -1 & 0\\ 0 & 1 & 1\\ 0 & 0 & -1\end{pmatrix}$，于是线性变换 σ 可逆，且

$$\sigma^{-1}\begin{pmatrix}x_1\\ x_2\\ x_3\end{pmatrix}=\mathbf{A}^{-1}\begin{pmatrix}x_1\\ x_2\\ x_3\end{pmatrix}=\begin{pmatrix}1 & -1 & 0\\ 0 & 1 & 1\\ 0 & 0 & -1\end{pmatrix}\begin{pmatrix}x_1\\ x_2\\ x_3\end{pmatrix}=\begin{pmatrix}x_1-x_2\\ x_2+x_3\\ -x_3\end{pmatrix}.$$

参 考 文 献

[1] 田原,沈亦一等. 线性代数. 上海:东华大学出版社,2013

[2] 同济大学数学系. 工程数学　线性代数. 北京:高等教育出版社,2007

[3] 同济大学数学系. 线性代数附册　学习辅导与习题全解. 北京:高等教育出版社,2007